建筑装饰工程计量与计价

于海莹　主编

科学出版社
北　京

内 容 简 介

全书共分6章（其中第6章请读者自行网络阅读），主要包括：绪论、建筑工程定额与计价规范、建筑面积计算、建筑装饰工程计量（建筑装饰工程计量基本方法、土石方工程、地基处理与边坡支护工程、桩基工程、砌筑工程、混凝土及钢筋混凝土工程、金属结构工程、木结构工程、门窗工程、屋面及防水工程、保温隔热防腐工程、楼地面装饰工程、墙柱面装饰与隔断幕墙工程、天棚工程、油漆涂料裱糊工程、其他装饰工程、拆除工程、措施项目）、建筑工程计价、实例。本书根据最新《建设工程工程量清单计价规范》（GB 50500—2013）、《房屋建筑与装饰工程工程量计算规范》（GB 50854—2013）、《建筑工程建筑面积计算规范》（GB /T50353—2013）、《房屋建筑与装饰工程消耗量定额》（TY 01—31—2015）、《住房城乡建设部财政部关于印发〈建筑安装工程费用项目组成〉的通知》（建标〔2013〕44号文）和省市工程造价管理文件，并结合实际工程编写。内容安排深入浅出，从定额的基本知识、工程量的计算、计价文件的编制到实例的应用，循序渐进，难度适宜，最后的实例从清单到招标控制价，逐项示例，解析透彻，便于教学和自学。

本书可作为高等院校工程造价、工程管理、土木工程、房地产开发与管理、财经类等专业的教材，还可用作造价师、造价员培训以及供工程设计、施工、管理和咨询等单位的技术及管理人员学习参考。

图书在版编目（CIP）数据

建筑装饰工程计量与计价/于海莹编著. —北京：科学出版社，2018.12（2020.1重印）

ISBN 978-7-03-057420-6

Ⅰ.①建… Ⅱ.①于… Ⅲ.①建筑装饰—工程造价 Ⅳ.①TU723.3

中国版本图书馆CIP数据核字（2018）第103659号

责任编辑：李小锐 唐 梅/责任校对：韩雨舟

责任印制：罗 科/封面设计：墨创文化

科学出版社 出版

北京东黄城根北街16号

邮政编码：100717

http://www.sciencep.com

成都锦瑞印刷有限责任公司印刷

科学出版社发行 各地新华书店经销

*

2018年12月第 一 版 开本：787×1092 1/16

2020年 1 月第二次印刷 印张：28

字数：660千字

定价：68.00元

（如有印装质量问题，我社负责调换）

建筑装饰工程计量与计价

编委会

主　编　于海莹

副主编　侯　兰

蒲云辉

王　婷

蒋　露

刘栩麟

邵俊虎

张　弛

前　言

《建筑装饰工程计量与计价》是根据最新《建设工程工程量清单计价规范》(GB 50500－2013)、《房屋建筑与装饰工程工程量计算规范》(GB 50854－2013)、《建筑工程建筑面积计算规范》(GB/T 50353－2013)、《房屋建筑与装饰工程消耗量定额》(TY 01-31－2015)、《16G101 图集》和《西南地区建筑标准设计通用图集》,《住房城乡建设部 财政部关于印发〈建筑安装工程费用项目组成〉的通知》(建标〔2013〕44 号文)和省市工程造价管理文件，并结合实际工程由长期从事建筑工程计量与计价教学和工程实践的教师共同编写，突出了教材的实用性、科学性和可操作性，更加适应应用型本(专)科的人才培养目标及教学需求。

全书共分 6 章（其中第 6 章请读者扫描二维码或登录网站阅读），主要包括：绪论、建筑工程定额与计价规范、建筑面积计算、建筑装饰工程计量、建筑装饰工程计价、实例。编写过程中，力求体系结构简洁明了，知识过渡合理，紧跟最新规范和相关文件(营改增等)。本书内容安排深入浅出，从定额的基本知识、工程量的计算、计价文件的编制到实例的应用，循序渐进，难度适宜，最后的实例从清单到招标控制价，逐项示例，解析透彻，便于教学和自学。书中尽量采用图示、表格等方式直观地表达应掌握的学习内容，全国统一规范和地方性文件相结合，故本教材具有新颖性、实用性、可读性和整体性强等特点。

本教材由四川师范大学于海莹主编，其中第 1 章和第 2 章由四川师范大学于海莹编写；第 3 章由成都工业学院蒋露编写；第 4 章由四川师范大学于海莹、成都大学蒲云辉、成都职业技术学院王婷、成都农业科技职业技术学院刘栩麟、成都工业学院蒋露编写，第 5 章和第 6 章由四川建筑职业技术学院侯兰编写，全书由于海莹统稿。

本书可作为高等院校工程造价、工程管理、土木工程、房地产开发与管理等专业本科及高职高专院校的教材，还可供工程设计、施工、管理和咨询等单位的技术及管理人员学习参考。同时，本书在编写过程中参考了大量有关文献资料，其中部分图片来自于网络，由于其作者实在无法考证，在此表示感谢，如有侵权请联系我们。同时，本书得到科学出版社的大力支持，在此一并致谢！由于编写时间仓促，水平有限，书中难免存在疏漏和不足之处，敬请广大读者批评指正！

编　者
2018 年 7 月

目　录

第1章　绪　　论

1.1　基本建设

1.1.1　基本建设的含义

1. 基本建设的概念

“基本建设”一词源于俄文，20世纪20年代，苏联开始使用这个术语，用来说明社会主义经济中基本的、需要耗用大量资金和劳动的固定资产的建设。具体地说，基本建设就是形成固定资产的经济活动过程，是实现社会扩大再生产的重要手段。固定资产扩大再生产的新建、扩建、改建、恢复工程及与之有关的工作均称为基本建设。因此可以认为基本建设是一种经济活动或固定资产投资活动，其结果是形成固定资产，即基本建设项目。在国民经济计划与统计中，固定资产投资被划分为“基本建设投资”与“更新改造措施投资”两类。我们这里所指的基本建设并非全部固定资产投资活动。

2. 基本建设的内容

基本建设是国民经济各部门固定资产的再生产，是人们使用各种施工机具对各种建筑材料、机械设备等进行建造和安装，使之成为固定资产的过程。其中包括生产性和非生产性固定资产的更新、改建、扩建和新建。与此相关的工作，如征用土地、勘察、设计、筹建机构、培训生产职工等也包括在内。基本建设主要包括以下内容。

(1)建筑工程：包括建筑物、构筑物、给排水、电器照明、暖通、园林和绿化等工程。

(2)设备安装工程：包括机械设备安装和电气设备安装工程。

(3)设备、工具、器具的购置。

(4)勘察与设计：地质勘察、地形测量和工程设计。

(5)其他基本建设工作：如征用土地、培训工人、生产准备等工作。

上述项目从酝酿、筹建、施工到验收等一系列工作都属于基本建设工作的内容。

3. 基本建设项目的分类

1)按建设项目性质分类

(1)新建项目：新开始建设的项目或对原有建设项目重新进行总体设计，经扩大规模后，其新增固定资产价值超过原有固定资产价值三倍以上的建设项目。

(2)扩建项目：为扩大原有主要产品的生产能力或效益，增加新产品的生产能力，在原有固定资产的基础上，兴建一些主要车间或其他固定资产的项目。

(3)改建项目：为了提高生产效益，改进产品质量或产品方向，对原有设备、工艺流程进行技术改造的项目，或为提高综合生产能力增加一些附属和辅助车间或非生产性工程项目。

(4)恢复项目：又叫重建项目，是指因重大自然灾害或战争而遭受破坏的固定资产按原来的规模重新建设或在恢复的同时进行扩建的工程项目。

(5)迁建项目：是指原有企业或事业单位，由于各种原因迁到另外的地方建设的项目。

2)按建设项目资金来源渠道分类

(1)国家投资的建设项目：国家预算直接安排基本建设投资的建设项目，其中包括财政统借统还的利用外资投资的项目。

(2)银行信用筹资的建设项目：通过银行信用方式，供应基本建设项目。资金的来源有银行自有资金、流通货币各项存款、金融债券等。

(3)自筹资金的建设项目：各地区、各部门按照财政制度提留的管理和自行分配于基本建设投资的项目，包括地方自筹、部门自筹和企业事业单位自筹三类。

(4)引进外资的建设项目：利用外资建设的项目。

3)按建设规模分类

建设项目的建设规模取决于其设计能力(非工业建设项目为效益)或投资额。工业建设项目分为大型项目、中型项目和小型项目；非工业项目一般分为大中型项目和小型项目。一个建设项目只属于其中的一种类型。分类的界限由国家颁发的《基本建设项目的大中小型划分标准》和《非工业建设项目大中型划分标准》确定。

4)按时间分类

(1)筹建项目是指在计划年度内，只做准备，还不能开工的项目。

(2)施工项目是指正在施工的项目。

(3)投产项目是指全部竣工，并已投产或交付使用的项目。

(4)收尾项目是指已经验收投产或交付使用、设计能力全部达到，但还遗留少量收尾工程的项目。

5)按用途分类

(1)生产性建设项目：是指直接用于物质生产或满足物质生产需要的建设项目。它包括工业、建筑业、农业、林业、水利、气象、运输、邮电、商业或物资供应、地质资源勘探等建设项目。

(2)非生产性建设项目：一般是指用于满足人民物质文化生活需要的建设项目。它包括住宅、文教卫生、科学实验研究、公共事业以及其他建设项目。

注：按用途分类是指按建设项目中单项工程的直接用途来划分，与单项工程无关的单纯购置则按该项购置的直接用途来划分。

1.1.2 工程项目建设程序

工程项目的建设是一种特殊的社会经济活动，有其内在特点和规律性。工程项目的建设程序就是这种内在特点和规律性的重要体现。

1. 建设项目的基本概念

建设项目是指具有设计任务书，按一个总体设计进行施工，经济上实行独立核算，建设和营运中具有独立法人负责的组织机构，是由一个或一个以上的单项工程组成的新增固定资产投资项目的统称。

建设项目必须遵循工程项目建设程序，并严格按照建设程序规定的先后次序从事工程建设工作。同时，建设项目还受到一定限制条件的约束，主要有建设工期的约束，即建设项目从决策立项到竣工投产应该在规定的工期内按时完成；投资规模的约束，即指建设项目投资额的大小直接影响建设项目完成的水平，也反映项目建设过程中工程造价的管理程度；质量条件的约束，指建设项目的完成受到决策水平、设计质量、施工质量等条件的影响，必须严格遵守建设工程各种质量标准，才能真正做到又好又快地建设，提高工程质量和投资效益。

2. 工程项目建设程序及内容

工程项目建设程序是建设项目从设想、论证、评估、决策、勘测、设计、施工到竣工验收、投入生产或交付使用等整个建设过程中，各项工作必须遵循的先后次序的法则。即按照建设项目发展的内在联系和发展过程，将建设程序划分为若干阶段，这些阶段有严格的先后次序，不能任意颠倒，这是建设项目科学决策和顺利进行的重要保证。

1)建设项目从前期准备到建设、投产或使用需要经历的几个主要阶段

(1)根据国民经济和社会发展长远规划，结合行业和地区发展规划的要求，提出项目建议书。

(2)在勘察、调查研究及详细技术经济论证的基础上编制可行性研究报告。

(3)根据项目的咨询评估情况，对建设项目进行决策。

(4)根据批准的可行性研究报告编制设计文件。

(5)初步设计经批准后，做好施工前的各项准备工作。

(6)组织施工，并根据工程建设进度，做好生产准备。

(7)项目按批准的设计内容建设完成，交付使用；对生产性建设项目，经投料试车验收合格后，正式投产，交付生产使用。

(8)使用一段时间或生产运营一段时间后(一般为两年)，进行项目后评估。

2)工程项目建设程序的内容

(1)项目建议书。

项目建议书是根据区域发展和行业发展规划的要求，结合与该项目相关的自然资源、生产力状况和市场预测等信息，经过调查研究分析，说明拟建项目建设的必要性、条件的可行性、获利的可能性，进而向国家和省、市、地区主管部门提出的立项建议书。

项目建议书是要求建设某一具体项目的建议文件，是建设程序中的最初阶段工作，是对拟建项目的初步设想，也是有关建设管理部门选择计划建设的工程项目的依据。项目建议书经批准后，可以进行详细的可行性研究工作，但并不表明项目非上不可，项目建议书不是项目的最终决策。

项目建议书应包括以下主要内容：建设项目提出的依据和必要性；产品方案、拟建规模和建设地点的初步设想；资源情况、建设条件、协作关系、引进技术和设备等方面的初步分析；投资估算和资金筹措的设想；项目的总体进度安排；经济效果和投资效益的分析和估计。

项目建议书根据拟建项目规模大小报送有关部门审批。

(2)可行性研究。

可行性研究是有关部门根据国民经济发展规划、地区和行业经济发展规划以及批准的项目建议书，运用多种科学研究方法，对建设项目投资决策前进行的技术、经济和环境等各方面进行系统的分析论证和方案优选，并得出项目可行与否的研究结论，形成可行性研究报告。

按照有关规定，不同行业的建设项目，其可行性研究内容可以有不同的侧重点，

但一般要求具备以下基本内容。

①总论。综述项目概论，项目提出的背景，投资必要性的经济意义，研究工作的依据及范围，可行性研究各部分的主要结论，存在的问题与建议，并列出建设项目主要技术经济指标。

②市场需求预测和拟建规模。主要内容包括：国内外需求情况的预测、国内现有工厂生产能力的估计、产品销售预测、价格分析、产品竞争能力、进入国内外市场的前景、拟建项目的规模、产品方案和发展方向的技术经济比较和分析。

③资源、原材料、燃料及公用设施情况。主要内容包括：经批准的资源储量、品位、成分以及开发条件的评述、原料、辅助材料、燃料的种类、数量、质量、来源和供应可能性、所需公用设施的数量、供应方式和供应条件、外部协作条件及签订协议和合同的情况等内容。

④建厂条件和厂址选择方案。主要内容包括：建厂的地理位置、气象、水文、地质、地形条件和社会经济状况，交通、运输及水、电、气、热的现状和发展趋势，厂址比较等选择意见，厂区总体布局方案等。

⑤设计方案。主要内容包括：确定项目的构成范围、技术来源和生产方法，主要技术工艺和设备造型方案的比较，引进技术和设备的必要性及来源国家，设备和国内外分工或合作制造方案的设想以及必要的工艺流程图，全厂布置方案的初步选择和建筑工程总量的估算，公用辅助设施和厂内外交通运输方式的比较和初步选择。

⑥环境保护与劳动安全。对项目建设地区的环境状况进行调查，预测项目对环境的影响，提出环境保护和“三废”治理的初步方案，提出劳动保护及安全生产等施工技术以及相应的措施方案。

⑦企业组织、劳动定员和人员培训。

⑧项目施工计划和资金筹备。

⑨投资估算和资金筹措。包括项目总投资估算、主体工程及辅助配套工程估算、流动资金估算等。资金筹措应注明资金来源、筹措方式、各种资金来源所占比例、资金成本及贷款的偿付方式等。

⑩项目社会经济效果综合评价与结论及建议。主要内容包括：生产成本估算、项目财务评价、国民经济评价、社会评价和不确定性分析、结论与建议等。

(3)项目评估。

我国项目建设可行性研究一般由有资质的工程咨询机构或设计单位承担，为确保可行性研究报告的科学性与可靠性，建设项目的可行性研究报告一般要经主管部门授权的工程咨询机构评估。需银行贷款项目，贷款银行一般也要对项目进行评估。项目评估的内容就是可行性研究的内容。经评估认可的项目可行性研究报告才能作为编制项目设计任务书的依据。

(4)编制设计任务书。

设计任务书是工程建设项目编制设计文件的主要依据。设计任务书是由建设单位组织设计单位按照批准的项目建议书和可行性研究报告编制的。设计任务书的主要内容就是可行性研究报告的主要内容，它是项目决策的依据。

设计任务书批准后，就要着手编制设计文件。根据建设项目的不同情况，我国的工程设计过程对一般工程项目分为两个阶段，即初步设计阶段和施工图设计阶段；对重大项目和技术复杂项目，可根据不同行业的特点和需要分为三个阶段，即初步设计阶段、技术设计(扩大初步设计)阶段、施工图设计阶段。

①初步设计。初步设计是根据批准的可行性研究报告和设计基础资料，对工程进行系统研究，概略计算，做出总体安排，拿出技术上可行、经济上合理的具体实施方案。

初步设计的主要内容包括：设计依据，设计指导思想，建设规模，产品方案，工艺流程，设备选型，主要建筑物、构筑物，占地面积，征地数量，生产组织，劳动定员，建设工期，总概算等文字说明和图纸。

设计概算是控制建设项目总投资的主要依据。初步设计阶段，应当根据实际情况编制总概算(包括综合概算和单位工程概算)；有扩大初步设计阶段的，还应当编制修正总概算。

初步设计是设计的第一阶段。如果初步设计提出的总概算超过可行性研究报告确定的总投资估算10%以上，需要重新报批可行性研究报告。

建设项目的初步设计和设计概算，应按照不同的管辖级别由相应的主管部门审批。未经批准的初步设计和设计概算的项目，一般不能进行施工图设计。

②技术设计(扩大初步设计)。为了进一步解决初步设计中的重大技术问题，如工艺流程、建筑结构、设备选型等，根据初步设计和进一步的调查研究资料进行技术设计。

③施工图设计。在初步设计或技术设计的基础上进行施工图设计，使设计达到建设项目施工和安装的要求。

施工图设计应结合建设项目的实际情况，完整准确地表达出建筑物的外形、内部空间的分割、结构体系以及建筑系统的组成和周围环境的协调。根据有关规定，建设单位应将施工图设计文件报县级以上人民政府建设行政主管部门或其他有关部门审查，未经审查批准的施工图设计文件不得使用。

施工图设计完成以后，应根据施工图、施工组织设计和有关规定编制施工图预算书。施工图预算书是建设单位筹集建设资金、控制投资合理使用、拨付和结算工程价款的重要依据，是施工单位进行施工准备、拟定降低和控制施工成本措施的重要依据。

(5)建设准备。

项目在开工建设之前，应当切实做好各项准备工作，其主要内容包括：组建项目法人、征地和拆迁、完成基本的“三通一平”、修建临时生产和生活设施等工作，组织落实建筑材料、设备和施工机械，准备施工图纸，建设工程报建，委托工程监理，组织施工招投标，办理施工许可证等。

(6)工程招投标及签订施工合同。

招投标是市场经济中的一种竞争形式，对于缩短建设工期、确保工程质量、降低工程造价、提高投资经济效益等均具有重要的作用。建设单位根据已批准的设计文件，对拟建项目实行公开招标或邀请招标，从中择优选定具有一定的技术、经济实力和管理经验，报价合理，能胜任承包任务且信誉好的施工单位承揽工程建设任务。施工单位中标后，应与建设单位签订施工合同。

(7)组织工程施工安装。

组织工程施工安装是建设项目付诸实施的重要一步。施工阶段一般包括土建、装饰、给排水、采暖通风、电气照明、工业管道及设备安装等。施工过程中，为保证工程质量，施工单位必须严格按照合理的施工顺序、施工图纸、施工验收规范等要求组织施工，加强工程项目成本核算，努力降低工程造价，按期完成工程建设任务。施工中因工程需要变更时，应取得设计单位和建设单位的同意。地下工程和隐蔽工程、基础和结构的关键部位，必须检验合格后才能进行下一道工序。对不符合质量要求的工程，要及时采取措施，不留隐患。不合格的工程不得交工。

(8)竣工验收。

建设项目按批准的设计文件所规定的内容建成后，便可以组织竣工验收，这是工程建设过程的最后一环，是检验设计和工程质量的重要步骤，是对工程建设成果的全面考核，也是工程项目由建设转入生产或使用的标志。凡列入固定资产投资计划的建设项目，不论其性质是新建、扩建、改建还是迁建，具备投产条件和使用条件的，都要及时组织验收，验收合格后，施工单位应向建设单位办理竣工移交和竣工结算手续，交付建设单位使用。按现行规定，建设项目的验收可视建设规模的大小和复杂程度分为初步验收和竣工验收两个阶段。

建设项目全部完成，各单项工程验收合格后，由项目主管部门或建设单位向负责验收的单位提出竣工验收申请报告。验收委员会或验收组应由行业主管部门、建设单位、投资方、监理、设计、施工、质检、消防以及其他有关部门组成。验收委员会或验收组应对工程设计、施工和设备质量等方面做出全面评价，不合格的工程不予验收。

对遗留问题提出具体的解决意见，限期落实完成。验收委员会或验收组应向主管部门提出验收报告，验收报告的内容包括：竣工图和竣工工程决算表，工程竣工结算书，隐蔽工程记录，工程定位测量记录，设计变更资料，建筑物、构筑物各种实验记录，质量事故处理报告，交付使用财产表等有关资料。

(9)建设项目后评估。

建设项目后评估是工程项目竣工投产、生产运营或使用一段时间后，再对项目的立项决策、设计施工、竣工投产、生产使用等全过程进行系统、客观的分析、总结和评价的一种技术经济活动，是固定资产管理的一项重要内容。通过建设项目后评估来确定建设项目目标的完成程度，以此达到肯定成绩、总结经验、研究问题、汲取教训、提出建议、改进工作、不断提高项目决策水平和投资效果的目的。

综上所述，工程项目建设程序与计价程序之间的关系如图 1.1.1 所示。

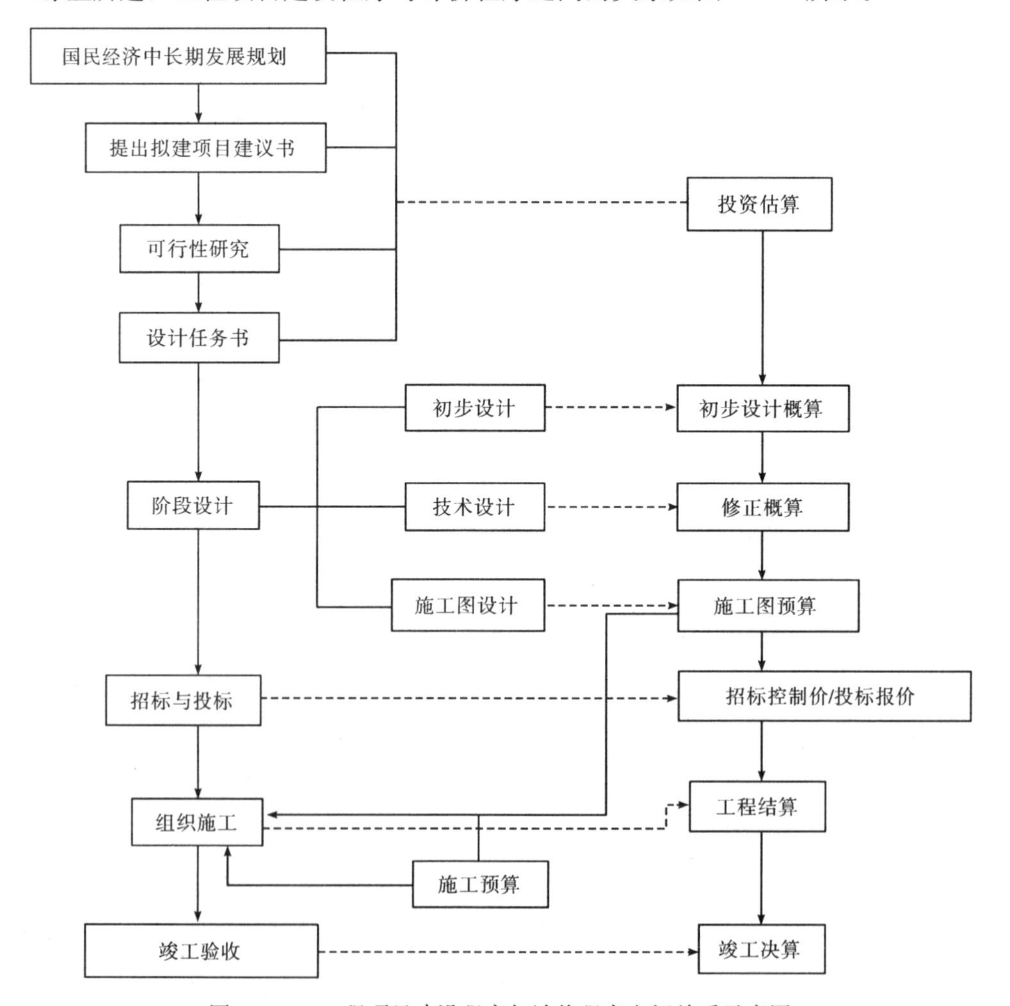

图 1.1.1　工程项目建设程序与计价程序之间关系示意图

3. 计价文件

随着工程项目的进展，造价人员需要完成不同的计价文件，具体如下。

1)投资估算

(1)编制时间：一般是指拟定项目建议书或可行性研究的阶段。

(2)编制单位：建设单位。

(3)编制目的：确定建设项目的投资总额。

(4)编制作用：它是国家或主管部门审批或确定基本建设投资计划的重要文件。

(5)编制依据：根据估算指标、概算指标或类似工程预(决)算等资料进行编制。

2)设计概算

(1)编制时间：初步设计或扩大初步设计阶段。

(2)编制单位：设计单位。

(3)编制依据：初步设计图纸、概算定额或概算指标，设备预算价格，各项费用的定额或取费标准，建设地区的自然、技术经济条件等资料。

(4)主要作用：①国家确定和控制建设项目总投资的依据。未经规定的程序批准，不能突破总概算的这一限额。②编制基本建设计划的依据。每个建设项目，只有当初步设计和概算文件被批准后，才能被列入基本建设计划。③进行设计概算、施工图预算和竣工决算，“三算”对比的基础。④实行投资包干和招标承包制的依据，也是建设银行办理工程拨款、贷款和结算以及实行财政监督的重要依据。⑤考核设计方案的经济合理性，选择最优设计方案的重要依据。利用概算对设计方案进行经济性比较是提高设计质量的重要手段之一。

3)修正概算

(1)编制时间：采用三阶段设计时，在技术设计阶段。

(2)编制单位：设计单位。

(3)编制目的：对初步设计的概算进行修正。

(4)编制作用：同初步设计概算。

(5)编制依据：技术设计图纸，其他同上。

一般情况下，修正概算不应超过原批准的概算。

4)施工图预算

(1)编制时间：施工图的设计阶段，设计全部完成并经过会审，单位工程开工之前的阶段。

(2)编制单位：施工单位、建设单位。

(3)编制目的：预先计算和确定单项工程和单位工程全部建设费用。

(4)编制依据：施工图纸，施工组织设计，预算定额，各项费用取费标准，建设地区的自然、技术经济条件等资料。

(5)主要作用：①确定建筑安装工程预算造价的具体文件；②签订建筑安装工程施工合同、实行工程预算包干、进行工程竣工结算的依据；③银行拨付工程价款的依据；④施工企业加强经营管理，搞好经济核算，实行对施工预算和施工图预算“两算对比”的基础，也是施工企业编制经营计划、进行施工准备的依据；⑤建设单位编制招标控制价和施工单位编制投标报价文件的依据。

5)施工预算

(1)编制时间：施工阶段。

(2)编制单位：施工单位。

(3)编制目的：计算和确定拟建工程所需的人工、材料、机械台班消耗量及其相应费用。

(4)编制依据：施工图预算、分项工程量、施工定额、单位工程施工组织设计等资料(通过工料分析确定)。

(5)主要作用：①施工企业对单位工程实行计划管理，编制施工作业计划的依据；②施工队向班组签发施工任务单，实行班组经济核算，考核单位用工，限额领料的依据；③班组推行全优综合奖励制度，实行按劳分配的依据；④施工企业开展经济活动分析，进行“两算”对比的依据。

6)工程结算

(1)编制时间：一个单项工程、单位工程、分部工程或分项工程完工，并经建设单位及有关部门验收或验收点交后的阶段。

(2)编制单位：施工企业。

(3)编制目的：结算工程价款，取得收入。

(4)编制依据：合同、施工时现场实际情况记录、设计变更通知书、现场签证、预算定额、材料预算价格和各项费用取费标准等资料。

(5)结算形式：一般有定期结算、阶段结算、竣工结算等。

(6)主要作用：①施工企业取得货币收入，用以补偿资金耗费的依据；②进行成本控制和分析的依据。

7)竣工决算

(1)编制时间：竣工验收阶段，一个建设项目完工并经验收后。

(2)编制单位：建设单位(施工单位也有，都是为了总结经验教训)。

(3)编制目的：计算确定从筹建到竣工验收、交付使用全过程实际支付的建设费用。

(4)主要作用：①国家或主管部门验收小组验收时的依据。②全面反映基本建设的经济效果、核定新增固定资产和流动资产价值、办理交付使用的依据。

建设工程的各项计价文件均以价值形态贯穿整个基本建设过程。估算、概算、预算、结算、决算贯穿在从申请建设项目，确定和控制基本建设投资，到确定基建产品计划价格，进行基本建设经济管理和施工企业经济核算，最后以决算形成企、事业单位的固定资产的整个建设过程之中。总之，这些经济文件反映了基本建设中的主要经济活动，在一定意义上说，它们是基本建设经济活动的血液，这是一个有机的整体，缺一不可。同时，国家要求决算不能超过预算，预算不能超过概算。

1.2 建筑工程计量与计价

1.2.1 建筑工程计量与计价的含义

建筑工程计量与计价是科学确定单位工程造价的重要工作。建筑工程计量与计价是按照不同单位工程的用途和特点，综合运用科学的技术、经济、管理的手段和方法，根据工程量清单计价规范和定额以及特定的建筑工程图纸，对其分项工程、分部工程以及整个单位工程的工程量和工程价格，进行科学合理的预测、优化、计算和分析等一系列活动的总称。

建筑工程计量与计价是一项繁琐且工作量大的活动。建筑工程计量与计价不能仅从字面的简单释义来理解，认为只根据施工图纸对分部分项工程以及单位工程的工程量和工程价格进行一般的计算。工程计量与计价的准确性对单位工程造价的预测、优化、计算、分析等多种活动的成果，以及控制工程造价管理的效果都会产生重要的影响。

1.2.2 建筑工程计量与计价的作用

建筑工程计量与计价的准确与否，对正确确定建设单位工程造价等起着举足轻重的作用。建设工程造价涉及国民经济的各部门、各行业以及社会再生产的各环节，直接关系到国计民生。所以，建筑工程计量与计价的作用范围和影响程度都相当大，主要表现在以下几个方面。

1)正确确定建筑工程造价的依据

根据设计文件规定的工程规模和拟定的施工方法，即可依据《建设工程工程量清单计价规范》中的工程量计算规则计算建筑工程量，并以此作为重要基础；同时，再根据相应的建筑工程消耗量定额所规定的人工、材料、机械设备的消耗量，以及单位预算价值和各种费用标准来确定建筑工程造价。

2)建设工程项目决策的依据

工程造价决定着建设工程项目的一次性投资费用。建设单位是否有足够的财务能力支付这笔费用，是否值得支付这项费用，是项目决策中要考虑的主要问题，也是建设单位必须首先解决的问题。因此，在工程项目决策阶段，建设工程造价就成为项目财务分析和经济评价的重要依据。

3)制定投资计划和控制投资的依据

投资计划是按照建设工期、工程进度和建设工程价格等逐年分月加以制定的。正确的投资计划有助于合理和有效地使用建设资金。

通过建筑工程计量与计价确定的工程造价在控制投资方面的作用非常明显。工程造价通过各个建设阶段的工程造价预估，最终通过竣工决算确定下来。每一次预估的过程就是对造价的控制过程，每一次估算对下一次估算都是造价的严格控制，即前者控制后者，这种控制是在投资财务能力的限度内为取得既定的投资效果所必需的。建设工程造价对投资的控制也表现在利用制定各种定额、标准和造价要素等，对建设工程造价的计量和计价的依据进行控制。

4)筹措建设资金的依据

工程项目建设资金的需要量由建设工程造价来决定。投资体制的改革和市场经济的建立要求建设单位必须有很强的筹资能力，才能确保工程建设具有充足的资金供应。建设单位必须以相应的工程造价预算值作为筹措资金的基本依据。当建设资金来源于金融机构的贷款时，工程造价也是金融机构评价建设工程项目偿还贷款能力和放贷风险的依据，并根据工程造价来决策是否贷款以及确定给予投资者的贷款金额。

5)编制工程计划、统计完成工程量、组织和管理施工的依据

为了更好地组织和管理建筑施工生产，必须编制施工进度计划和施工作业计划。在编制计划和组织管理施工生产中，直接或间接地要以计算得出的建筑工程量为依据，计算施工图预算中所确定的工日、材料和施工机械台班等各种数据，作为施工企业编制施工进度计划和作业计划、劳动力计划、材料需用量计划、资金需用量计划、统计完成的工程数量和考核工程成本的依据。

6)建筑施工企业实行经济核算的依据

建筑工程计量与计价确定的工程造价是施工企业推行投资包干制和以招投标承包为核心的经济责任制，以及办理工程拨款和工程竣工决(结)算的重要基础，其中签订投资包干协议、计算招标标底和投标报价、签订总包和分包合同协议，以及签发任务书、限额领料单、考核工料消耗、办理拨付工程进度款、办理工程竣工决(结)算、实行经济核算等工作，直接或间接以建筑工程计量与计价的成果作为重要依据，因此，它是加强建筑施工企业管理的重要经济核算数据。

1.2.3 建筑工程计量与计价的基本原则

所谓“基本原则”是在特定领域内开展工作所依据的基本规律和标准。从这个基本认识出发，建筑工程计量与计价的基本原则就是从事建筑工程计量与计价的工作人员开展计量和计价活动时所必须遵循的法则和标准，因此，我们研究如何科学合理地计算建筑工程量和工程造价需要掌握的原则既关系到建筑工程计量与计价理论的建设，又是正确并顺利开展建筑工程计量与计价实务的基础。

从建筑工程计量与计价理论与实践的特点出发，工程计量和计价的基本原则主要包括以下几个方面。

1. 真实性和科学性

建筑工程计量与计价应真实地反映客观存在的工程建设活动的工程数量和工程造价。建筑工程造价作为国民经济的综合反映会受到社会经济活动中各种因素的影响，而且每一因素的变化都会通过建筑工程计量与计价直接或间接地真实反映出来。同时，建筑工程计量与计价的科学性首先表现在应采用认真态度制定建筑工程量计算规则和计价程序及方法，尊重客观实际，力求工程量计算规则和计价程序及方法科学合理；其次表现为制定工程量计算规则和计价原则的理论、方法和手段上必须科学化，应充分利用现代化科学管理的成就，形成一套系统的、完整的在实践中行之有效的科学方法；最后根据特定项目、特定阶段，采用科学合理的计量和计价的程序及规则，正确确定建筑工程数量和工程造价。

2. 系统性和统一性

建筑工程计量与计价的系统性是由工程建设的特点决定的，单位工程的工程数量和工程造价是相对独立的系统，是由多种类、多层次(如分项工程量、分部工程量、单位工程等)结合而成的有机整体。建筑工程计量与计价的统一性主要表现为：计算规则是全国统一的，计价的取费标准是各省、市或地区统一的。为了使国民经济按照既定的目标发展，就需要借助于在一定范围内是一种统一尺度的工程量计算规则和计价原则等，才能对项目的决策、设计方案、投标报价、成本控制等进行比选和评价，以实现国家对经济发展的有计划的宏观调控职能。

3. 权威性和强制性

建设主管部门通过一定程序颁发的《建设工程工程量清单计价规范》和消耗量定额具有较强的权威性。这种权威性在一些情况下，具有经济法规性质和执行的强制性。权威性反映统一的意志和统一的要求，也反映信誉和信赖。强制性反映刚性约束，反映工程量计算和计价规则的严肃性。当然在社会主义市场经济的条件下，权威性和强制性有时也不应绝对化，但是对于相对比较稳定的工程量计算规则和计价取费标准，就要赋予其一定的强制性，也就是说，对于使用者和执行者来说，必须按规范来执行。

4. 完整性和准确性

建筑工程计量与计价的完整性和准确性体现在工程项目的计量和计价时，施工单位等计量与计价的主体以及造价工作人员在进行建筑工程计量与计价过程中，根据建筑工程项目的规模、用途、特点等实际情况，实事求是，既严格按照建筑施工图纸，又从施工现场的实际出发，认真进行调查研究，掌握工程项目施工生产中全面、详实、可靠的资料，采用规定的工程量计量规范和计价原则以及科学合理的方法，特别在施工阶段开始前的阶段，对建设工程项目所需的资金要有充分的估计，既不能多估冒算也不能大量的缺项漏项，应经过认真计算和审核之后，才能得出完整、准确的单位工程计量和计价的结论，从而为正确确定工程造价奠定基础。

1.2.4　建筑工程计量与计价的发展

人类活动不是简单地重复进行的，而是随着人类社会实践的历史发展由简单到复杂发展起来的。建筑工程计量与计价也是随着时代的进步、社会生产力的发展，以及建筑施工新技术、新工艺、新材料的不断推陈出新而逐渐产生和发展的。

国际上建筑工程计量与计价的发展大致可以分为以下五个阶段。

1. 建筑工程计量和计价的萌芽阶段

国际建筑工程计量与计价的起源可以追溯到16世纪以前。当时的大多数建筑设计比较简单，业主往往聘请当地的手工艺人即工匠负责建筑物的设计和施工，工程完成后按照一定计算方法得出实际完成的工程量，并根据双方事先协商好的价格进行结算。

2. 建筑工程计量与计价的雏形阶段

16世纪至18世纪，随着资本主义社会化大生产的出现和发展，在现代工业发展最早的英国出现了现代意义上的建筑工程计量与计价。社会生产力和技术的发展促进国家建设大批的工业厂房，许多农民在失去土地后集中转向城市，需要大量住房，这样使建筑业逐渐得到了发展，设计和施工逐步分离并各自形成一个独立的专业。此时，工匠需要有人帮助他们对已完成的工程量进行测量和估价，以确定应得的报酬，因此，从事这些工作的人员逐步专门化，并被称为工料测量师。他们以工匠小组的名义与工程委托人和建筑师洽商，计算工程量和确定工程价款。但是，当时的工料测量师是在工程完工以后才去测量工程量和结算工程造价的，因而工程造价管理处于被动状态，不能对设计与施工施加任何影响，只是对已完工程进行实物消耗量的测定。

3. 建筑工程计量与计价的正式诞生阶段——工程计量与计价的第一次飞跃

19世纪初期，资本主义国家开始推行建设工程项目的竞争性招投标。工程计量和工程造价预测的准确性自然地成为实行这种制度的关键。参与投标的承包商往往雇佣一个估价师为自己做这项工作，而业主(或代表业主利益的工程师)也需要雇佣一个估价师为自己计算拟建工程的工程量，为承包商提供工程量清单。因此要求工料测量师在工程设计以后和开工之前就要对拟建的工程进行测量与估价，以确定招标的标底和投标报价。招标承包制的实行更加强化了工料测量师的地位和作用。与此同时，工料测量师的工作范围也扩大了，而且工程计量和工程估价活动从竣工后提前到施工前，这是历史性的重要进步。

1868年3月，英国成立了英国皇家特许测量师协会(RICS)，其中最大的一个分会是工料测量师分会。这一工程造价管理专业协会的创立标志着现代工程造价管理专业的正式诞生。英国皇家特许测量师协会的成立使工程造价管理人士开始了有组织的相关理论和方法的研究，这一变化使得工程造价管理走出传统管理的阶段，进入现代化工程造价的阶段。这一时期完成了工程计量和计价历史上的第一次飞跃。

4. “投资计划和控制制度”的产生阶段——工程计量与计价的第二次飞跃

从20世纪40年代开始，由于资本主义经济学的发展，许多经济学的原理被应用到了工程造价管理领域。工程造价管理从一般的工程造价的确定和简单的工程造价的控制的雏形阶段开始向重视投资效益的评估、重视工程项目的经济与财务分析等方向发展。

同时，英国的教育部和英国皇家特许测量师协会(RICS)的成本研究小组(RICS Cost Research Panel)相继提出成本分析和规划的方法。成本规划法的提出大大改变了计量与计价工作的意义，使计量与计价工作从原来被动的工作状况转变成主动，从原来设计结束后做计量估价转变成与设计工作同时进行，甚至在设计之前即可做出估算，这样就可以根据工程委托人的要求使工程造价控制在限额以内。因此，从 20 世纪 50 年代开始，“投资计划和控制制度”就在英国等经济发达的国家应运而生。此时恰逢二战后的全球重建时期，大量需要建设的工程项目为工程造价管理的理论研究和实践提供了许多机会，使工程计量与计价的发展得到了第二次飞跃。

5. 工程计量与计价的综合与集成发展阶段——工程计量与计价的第三次飞跃

从 20 世纪 70 年代末到 20 世纪 90 年代初，工程造价管理的研究又有了新的突破。各国纷纷在改进现有理论和方法的基础上，借助其他管理领域在理论和方法上的最新发展，对工程造价管理进行了更深入和全面的研究。这一时期，英国提出了“全生命周期造价管理(life cycle costing management，LCCM)”；美国随后提出了“全面造价管理(total cost management，TCM)”；我国在 20 世纪 80 年代末和 90 年代初提出了“全过程造价管理(whole process cost management，WPCM)”。这三种工程造价管理理论的提出和发展标志着工程造价理论和实践的研究进入了一个全新的阶段——综合与集成发展的阶段。

这些崭新的工程造价管理理论的发展使建筑业对工程计量与计价有了重新的认识。随着我国加入 WTO 后建筑市场对外开放，在工程计量与计价方面实行国际通行的工程量清单计量和计价办法，使工程计量与计价贯穿于工程项目的全生命周期，实现从事后算账发展到事先算账，从被动地反映设计和施工发展到能动地影响设计和施工，从工程计量与计价理论方法的单一化向更加科学和多样化方向发展，标志着工程计量与计价发展的第三次飞跃。

1.3 建设工程造价的构成与管理

1.3.1 建设工程造价构成概述

1. 建设工程造价的含义

建设工程造价泛指建设工程的各种价格，是建设工程价值的货币表现。从不同的角度定义它有不同含义。

第一种含义：是从投资者——业主的角度来定义。工程造价是指建设一项工程预期开支或实际开支的全部固定资产投资费用。包括建筑安装工程费、设备及工器具购置费、工程建设其他费用、预备费、建设期贷款利息与固定资产投资方向调节税。换句话说，就是一项工程通过建设形成相应的固定资产、无形资产所需一次性费用的总和。

第二种含义：是从市场的角度来定义。工程造价是指工程价格，即为建成一项工程，预计或实际在土地市场、设备市场、技术劳务市场以及承包市场等交易活动中所形成的建筑安装工程的价格和建设工程总价格。这一含义是将工程项目作为特殊的商品形式，通过招投标、承发包和其他交易方式，在多次预算的基础上，最终由市场形成价格。通常把工程造价的第二种含义只认定为工程承发包价格。

工程造价的两种含义是对客观存在的概括。它们既共生于一个统一体，又相互区别。最主要的区别在于需求主体和供给主体在市场追求的经济利益不同，因而管理的性质和管理目标不同。投资者选定一个投资项目，要按照基本建设程序的要求完成设计、招标、施工，直至竣工验收等一系列投资管理活动。在整个期间所支付的全部费用就构成工程造价。从投资者的角度来说，追求少花钱多办事，尽量降低工程造价。从承包商的角度来说，工程造价作为工程承发包的价格，是投资者和承包商共同认可的价格，承包商要尽量节约开支，力求降低工程的实际造价，以取得最大的经济利益。因此，区别工程造价的两种含义的现实意义在于，为实现不同的管理目标，不断充实工程造价的管理内容，完善管理方法，更好地为实现各自的目标服务，从而有利于提高投资效益。

2. 建设工程造价的计价特征

建筑产品的特殊性使得建设工程造价除具有一般商品价格的共同特点之外，还具有自身的特点。

1)单件性计价

由于每一项建设工程之间存在着用途、结构、造型、装饰、体积及面积等方面的个别性和差异性，因此，任何建设工程产品单位的价值都不会完全相同，不能规定统一的造价，只能就各个建设项目或单项工程或单位工程，通过特殊的计价程序(即编制估算、概算、预算、合同价、结算价及最后确定竣工决算价)进行单件性计价。

2)多次性计价

建设工程产品的生产过程环节多、阶段复杂、周期长，而且是分阶段进行的。为了适应各个工程建设阶段的造价控制与管理，建设工程应按照国家规定的计价程序，按照工程建设程序中各阶段的进展，相应做出多次性的计价。

3)方法的多样性

建筑工程在施工生产过程中，由于选用的材料、半成品和成品的质量不同，施工技术条件不同，建筑安装工人的技术熟练程度不同，企业生产管理水平不同等因素的影响，势必造成了生产质量上的差异，从而导致同类别、同功能、同标准、同工期和同一建设地区的建筑工程，在同一时间和同一市场内价格上的不同，所以，在工程造价计价时要选择多样性的计价方法。

4)组合性计价

建设工程造价包括从立项到竣工所支出的全部费用，组成内容十分复杂，只有把建设工程分解成能够计算造价的基本组成要素，再逐步汇总，才能准确计算整个工程造价。建设项目的组合性决定了计价过程是一个逐步组合的过程。这一特征在计算概算造价和预算造价时尤为明显，也反映到合同价和结算价。其计算过程为：分部分项单价→单位工程造价→单项工程造价→建设项目总造价。

5)计价依据复杂性

由于影响工程造价的因素多，计价依据复杂，种类繁多，如包括计算设备和工程量依据，计算人工、材料、机械等实物消耗量依据，计算工程单价的价格依据，计算相关费用的依据，以及政府规定的税、费、物价指数和工程造价指数等。依据的复杂性，不仅使计算过程复杂，而且要求计价人员熟悉各类依据，并加以正确利用。

3. 建设工程造价的理论构成

建筑产品是商品，具有商品的属性，即价值和使用价值。它的使用价值表现为各项工程建成后的实物效用；它的价值是物化劳动消耗和活劳动消耗，由以下三个部分组成。

(1)在施工生产过程中消耗的生产资料价值(c)(即施工生产中直接和间接消耗的物化劳动)，它是一种价值的转移。

(2)施工过程中劳动者为工资付出的劳动部分(v)。

(3)施工过程中劳动者为社会付出的劳动部分，即计划利润和税金(m)。

以上三个部分构成了建设工程造价，即 $w=c+v+m$，如图 1.3.1 所示。

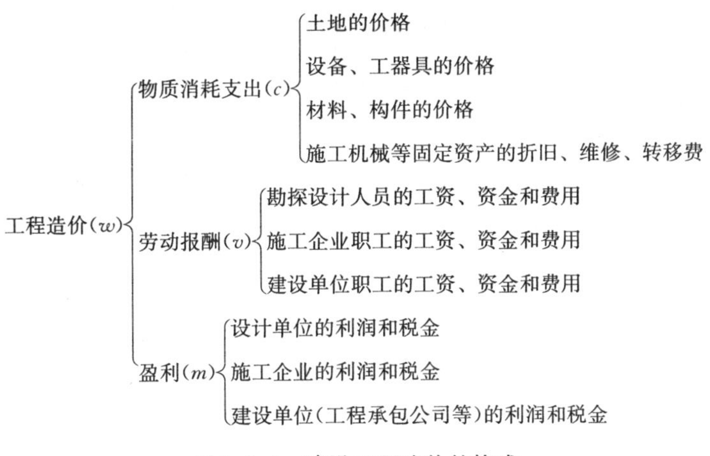

图 1.3.1 建设工程造价的构成

4. 我国现行建设项目总投资构成和工程造价的构成

我国现行的建设项目总投资构成含固定资产投资和流动资产投资两部分。工程造价是由设备及工器具购置费用、建筑安装工程费用、工程建设其他费用、预备费、建设期贷款利息、固定资产投资方向调节税构成的，如图 1.3.2 所示。

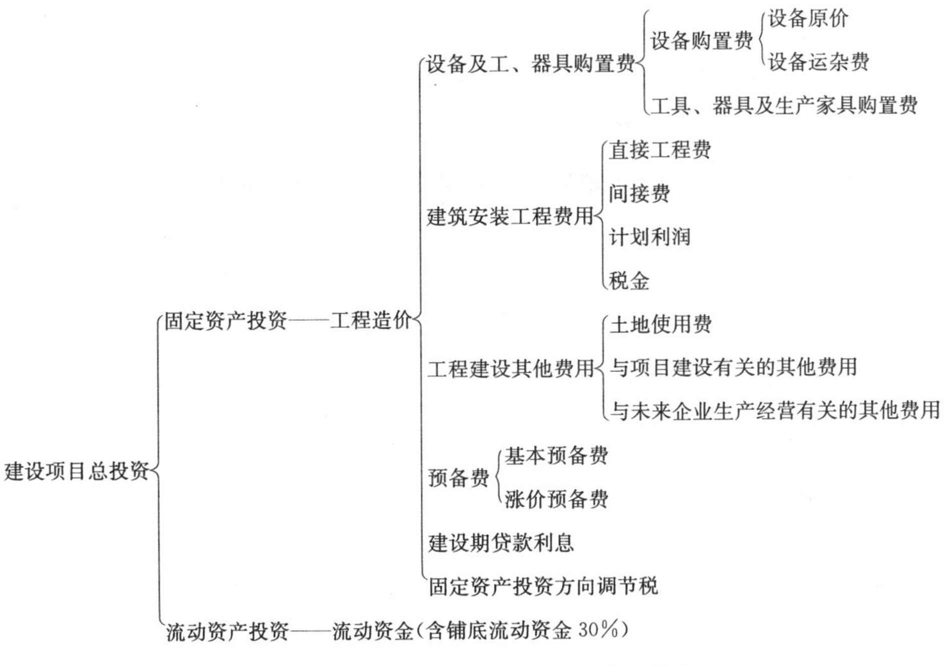

图 1.3.2 我国现行建设项目总投资的构成

5. 建设项目的分解

为了便于对建设项目进行管理和确定建筑产品的价格，将建设项目的整体根据其组成进行科学的分解，划分为若干个单项工程、单位(子单位)工程、分部(子分部)工程、分项工程、子项工程。

1)建设项目

建设项目是指按一个总的设计意图，由一个或几个单项工程所组成，经济上实行统一核算，行政上实行统一管理的建设单位。一般以一个企业、事业单位或独立的工程作为一个建设项目，如一所学校、一个工厂、一所医院、一个小区等。

2)单项工程

单项工程是指具有独立的设计文件，可以独立施工，建成后能够独立发挥生产能力或效益的工程，如工业项目的生产车间、设计规定的主要产品生产线。非生产项目中的一幢学校中的教学楼、一栋办公楼、一栋图书馆等。

3)单位工程

单位工程是指具有独立设计，可以独立组织施工，但完成后不能独立发挥效益的工程。它是单项工程的组成部分，如教学楼(单项工程)中的土建、室内外排水、室内电气照明、室内采暖工程等单位工程。

4)分部工程

分部工程是单位工程的组成部分，按主要部位划分可分为：如基础工程、墙体工程、地面与楼面工程、门窗工程、装饰工程和屋面工程等。

5)分项工程

分项工程是建设项目的基本组成单元，是由专业队组完成的中间产品，通过较为简单的施工过程就能生产出来，可以有适当的计量单位，它是计算工料消耗的最基本构造因素，如砖石工程按工程部分划分为内墙、外墙等分项工程。注意分项工程是预算造价的最小单元，可用一定的计量单位去计算。如：一砖实心墙 2596.69 元/10 m^3，列在定额中称基价(包括人工费、材料费、机械费等)，若已知工程量 $V=500$ m^3，则分项工程费 $M=500\div10\times2596.69=129834.50$ 元。

1.3.2　工程造价管理

工程造价管理有两种含义，一是指建设工程投资费用管理；二是指建设工程价格管理。

1. 建设工程全面造价管理

建设工程全面造价管理包括全寿命期造价管理、全过程造价管理、全要素造价管理和全方位造价管理。

1)全寿命期造价管理

建设工程全寿命期造价是指建设工程初始建造成本和建成后的日常使用成本之和，它包括建设前期、建设期、使用期及拆除期各个阶段的成本。由于在实际管理过程中，在工程建设及使用的不同阶段，工程造价存在诸多不确定性，因此，全寿命期造价管理至今只能作为一种实现建设工程全寿命期造价最小化的指导思想，指导建设工程的投资决策及设计方案的选择。

2)全过程造价管理

全过程造价管理是指覆盖建设工程策划决策及建设实施各个阶段的造价管理。包括：前期决策阶段的项目策划、投资估算、项目经济评价、项目融资方案分析；设计阶段的限额设计、方案比选、概预算编制；招标投标阶段的标段划分、承包发包模式及合同形式的选择、标底编制；施工阶段的工程计量与结算、工程变更控制、索赔管理；竣工验收阶段的竣工结算与决算等。

3)全要素造价管理

影响建设工程造价的因素有很多，为此，控制建设工程造价不仅仅是控制建设工程本身的建造成本，还应同时考虑工期成本、质量成本、安全与环境成本的控制，从而实现工程成本、工期、质量、安全、环境的集成管理。全要素造价管理的核心是按照优先性的原则，协调和平衡工期、质量、安全、环保与成本之间的对立统一关系。

4)全方位造价管理

建设工程造价管理不仅仅是业主或承包单位的任务，还应该是政府建设主管部门、行业协会、建设单位、设计单位、施工单位以及有关咨询机构的共同任务。尽管各方的地位、利益、角度等有所不同，但必须建立完善的协同工作机制，才能实现建设工程造价的有效控制。

2. 工程造价管理的主要内容

1)工程造价的合理确定

在工程建设全过程各个不同阶段，工程造价管理有着不同的工作内容，其目的是在优化建设方案、设计方案、施工方案的基础上，有效地控制建设工程项目的实际费用的支出。

(1)工程项目策划阶段：按照有关规定编制和审核投资估算，经有关部门批准，即可作为拟建工程项目策划决策的控制造价；基于不同的投资方案进行经济评价，作为工程项目决策的重要依据。

(2)工程设计阶段：在限额设计、优化设计方案的基础上，编制和审核工程概算、施工图预算。对于政府投资工程而言，经有关部门批准的工程概算将作为拟建项目工程造价的最高限额。

(3)工程发承包阶段：进行招标策划，编制和审核工程量清单、招标控制价，确定投标报价及其策略，直至确定承包合同价。

(4)工程施工阶段：进行工程计量及工程款支付管理，实施工程费用动态监控，处理工程变更和索赔，编制和审核工程结算、竣工决算，处理工程保修费用等。

2)工程造价的有效控制

有效地控制工程造价应遵循以下三项原则。

(1)以设计阶段为重点的建设全过程造价控制。工程造价控制贯穿于项目建设全过程的同时，应注重工程设计阶段的造价控制。工程造价控制的关键在于前期决策和设计阶段，而在项目投资决策完成后，控制工程造价的关键就在于设计。建设工程全寿命期费用包括工程造价和工程交付使用后的经常开支费用(含经营费用、日常维护修理费用、使用期内大修理和局部更新费用)以及该项目使用期满后的报废拆除费用等。

(2)主动控制与被动控制相结合。长期以来，人们一直把控制理解为目标值与实际值的比较，以及当实际值偏离目标值时，分析其产生偏差的原因，并确定下一步的对策。在工程建设全过程中进行这样的工程造价控制当然是有意义的。但问题在于，这种立足于调查—分析—决策基础之上的偏离—纠偏—再偏离—再纠偏的控制是一种被动控制，因为这样做只能发现偏离，不能预防可能发生的偏离。为尽可能地减少和避免目标值与实际值的偏离，还必须立足于事先主动地采取控制措施，实施主动控制。也就是说，工程造价控制不仅要反映投资决策，还要反映设计、发包和施工，被动地控制工程造价，更要能动地影响投资决策，影响工程设计、发包和施工，主动地控制工程造价。

(3)技术与经济相结合。要有效地控制工程造价，应从组织、技术、经济等多方面采取措施。从组织上采取的措施包括明确项目组织结构，明确造价控制者及其任务，明确管理职能分工；从技术上采取的措施包括重视设计多方案选择，严格审查监督初步设计、技术设计、施工图设计、施工组织设计，深入技术领域研究节约投资的可能性；从经济上采取措施包括动态地比较造价的计划值和实际值，严格审核各项费用支出，采取对节约投资的有力奖励措施等。

1.4　工程造价专业人员管理制度

在我国建设工程造价管理活动中，从事工程造价专业人员分为两大类：注册造价工程师和造价员。

1.4.1 造价工程师执业资格制度

1. 造价工程师管理制度

根据《注册造价工程师管理办法》(建设部第150号部令),造价工程师是指通过全国造价工程师执业资格统一考试,或者通过资格认定或资格互认,取得中华人民共和国造价工程师执业资格,按有关规定进行注册并取得中华人民共和国造价工程师注册证书和执业印章,从事工程造价活动的专业人员。

我国实行造价工程师注册执业管理制度。取得造价工程师执业资格的人员,必须经过注册方能以注册造价工程师的名义进行执业。

2. 造价工程师的素质要求和职业道德

1)造价工程师的素质要求

造价工程师的职责关系到国家和社会公众利益,对其专业和身体素质的要求应包括以下几个方面。

(1)造价工程师是复合型的专业管理人才。

(2)造价工程师应具备技术技能。

(3)造价工程师应具备人文技能。

(4)造价工程师应具备观念技能。

(5)造价工程师应有健康的体魄。

2)造价工程师的职业道德

造价工程师的职业道德又称职业操守,通常是指在职业活动中所遵守的行为规范的总称,是专业人士必须遵从的道德标准和行业规范。

中国建设工程造价管理协会制订和颁布了《造价工程师职业道德行为准则》,其具体要求如下。

(1)遵守国家法律、法规和政策,执行行业自律性规定,珍惜职业声誉,自觉维护国家和社会公共利益。

(2)遵守“诚信、公正、精业、进取”的原则,以高质量的服务和优秀的业绩,赢得社会和客户对造价工程师职业的尊重。

(3)勤奋工作,独立、客观、公正、正确地出具工程造价成果文件,使客户满意。

(4)诚实守信,尽职尽责,不得有欺诈、伪造、作假等行为。

(5)尊重同行，公平竞争，搞好同行之间的关系，不得采取不正当的手段损害、侵犯同行的权益。

(6)廉洁自律，不得索取、收受委托合同约定以外的礼金和其他财物，不得利用职务之便谋取其他不正当的利益。

(7)造价工程师与委托方有利害关系的应当主动回避；同时，委托方也有权要求其回避。

(8)对客户的技术和商务秘密负有保密义务。

(9)接受国家和行业自律组织对其职业道德行为的监督检查。

3. 造价工程师执业资格考试

1)报名条件

凡中华人民共和国公民，遵纪守法并具备以下条件之一者，均可申请参加造价工程师执业资格考试：

(1)工程造价专业大专毕业后，从事工程造价业务工作满 5 年；工程或工程经济类大专毕业后，从事工程造价业务工作满 6 年。

(2)工程造价专业本科毕业后，从事工程造价业务工作满 4 年；工程或工程经济类本科毕业后，从事工程造价业务工作满 5 年。

(3)获上述专业第二学士学位或研究生班毕业和获硕士学位后，从事工程造价业务工作满 3 年。

(4)获上述专业博士学位后，从事工程造价业务工作满 2 年。

2)考试科目

考试设四个科目。具体是：《建设工程造价管理》、《建设工程计价》、《建设工程技术与计量》和《建设工程造价案例分析》。

4. 造价工程师执业资格注册

1)注册管理部门

国务院建设主管部门作为造价工程师注册机关，负责全国注册造价工程师的注册和执业活动，实施统一的监督管理工作。

各省、自治区、直辖市人民政府建设主管部门对本行政区域内作为造价工程师的省级注册、执业活动初审机关，对其行政区域内造价工程师的注册、执业活动实施监督管理。

国务院铁道、交通、水利、信息产业等相关专业部门作为造价工程师的注册初审机关，负责对其管辖范围内造价工程师的注册、执业活动实施监督管理。

2)注册条件与注册程序

(1)注册条件：①取得造价工程师执业资格；②受聘于一个工程造价咨询企业或者工程建设领域的建设、勘察设计、施工、招标代理、工程监理、工程造价管理等单位；③没有不予注册的情形。

(2)注册程序：注册造价工程师实行注册执业管理制度。取得造价工程师职业资格的人员需经过注册方能以注册造价工程师的名义执业。取得造价工程师执业资格证书的人员申请注册的，应当向聘用单位工商注册所在地的省级注册初审机关或者部门注册初审机关提出注册申请。

①初始注册：取得造价工程师执业资格证书的人员，可自资格证书签发之日起1年内申请初始注册。逾期未申请者，须符合继续教育的要求后方可申请初始注册。初始注册的有效期为4年。

②延续注册：注册造价工程师注册有效期满需继续执业的，应当在注册有效期满30日前，按照规定的程序申请延续注册。延续注册的有效期为4年。

③变更注册：在注册有效期内，注册造价工程师变更执业单位的，应当与原聘用单位解除劳动合同，并按照规定的程序办理变更注册手续。变更注册后延续原注册有效期。

(3)注册证书和执业印章：注册证书和执业印章是注册造价工程师的执业凭证，应当由注册造价工程师本人保管、使用。造价工程师注册证书和执业印章由注册机关核发。注册造价工程师遗失注册证书、执业印章，应当在公众媒体上声明作废后，按照规定的程序申请补发。

5. 执业

1)注册造价工程师的执业范围

(1)建设项目建议书、可行性研究投资估算的编制和审核，项目经济评价，工程概算、预算、结算，竣工结(决)算的编制和审核。

(2)工程量清单、标底(或者控制价)、投标报价的编制和审核，工程合同价款的签订及变更、调整，工程款支付与工程索赔费用的计算。

(3)建设项目管理过程中设计方案的优化、限额设计等工程造价分析与控制，工程保险理赔的核查。

(4)工程经济纠纷的鉴定。

2)注册造价工程师的权利

(1)使用注册造价工程师名称。

(2)依法独立执行工程造价业务。

(3)在本人执业活动中形成的工程造价成果文件上签字并加盖执业印章。

(4)发起设立工程造价咨询企业。

(5)保管和使用本人的注册证书和执业印章。

(6)参加继续教育。

3)注册造价工程师的义务

(1)遵守法律、法规和有关管理规定，恪守职业道德。

(2)保证执业活动成果的质量。

(3)接受继续教育，提高执业水平。

(4)执行工程造价计价标准和计价方法。

(5)与当事人有利害关系的，应当主动回避。

(6)保守在执业中知悉的国家秘密和他人的商业、技术秘密。

注册造价工程师应当在本人承担的工程造价成果文件上签字并盖章。修改经注册造价工程师签字盖章的工程造价成果文件，应当由签字盖章的注册造价工程师本人进行。注册造价工程师本人因特殊情况不能进行修改的，应当由其他注册造价工程师修改，并签字盖章；修改工程造价成果文件的注册造价工程师对修改部分承担相应的法律责任。

6. 继续教育

注册造价工程师有义务接受并按要求完成继续教育。继续教育应贯穿于造价工程师的整个执业过程，是注册造价工程师持续执业资格的必备条件之一。注册造价工程师在每一注册有效期内应接受必修课和选修课各为60学时的继续教育。继续教育达到合格标准的，颁发继续教育合格证明。注册造价工程师继续教育由中国建设工程造价管理协会负责组织、管理、监督和检查。根据中国建设工程造价管理协会规定注册造价工程师继续教育学习内容主要包括：与工程造价有关的方针政策、法律法规和标准规范，工程造价管理的新理论、新方法、新技术等。

1.4.2 造价员管理制度

为加强全国建设工程造价员的管理，规范全国建设工程造价员从业行为，维护社会公共利益，根据原建设部《关于由中国建设工程造价管理协会归口做好建设工程概预算人员行业自律工作的通知》（建标〔2005〕69号）精神，中国建设工程造价管理协会制定《全国建设工程造价员管理办法》（中价协〔2011〕021号），中华人民共和国境内全国建设工程造价员的资格取得、从业、继续教育、自律和监督管理等，适用本办法。各地方之后又陆续出台了各省《全国建设工程造价员管理办法》实施细则，用以指导地方性的造价员管理。

1. 造价员资格考试

1)报考条件

凡中华人民共和国公民，遵纪守法，具备下列条件之一者，均可申请参加造价员资格考试。

(1)普通高等学校工程造价专业、工程或工程经济类专业在校生。

(2)工程造价专业、工程或工程经济类专业中专及以上学历。

(3)其他专业，中专及以上学历，从事工程造价活动满1年。

2)考试科目

各地区的统一通用专业一般分为建筑工程、安装工程、市政工程三个专业。其他专业由各管理机构根据本地区、本部门的需要设置，并报中国建设工程造价管理协会备案。

考试科目：建设工程造价管理基础知识和专业工程计量与计价。

2. 造价员登记、从业及资格管理

1)造价员登记从业管理制度

我国造价员实行登记从业管理制度。各管理机构负责造价员的登记工作。

造价员登记的条件：

(1)取得资格证书。

(2)受聘于一个建设、设计、施工、工程造价咨询、招标代理、工程监理、工程咨询或工程造价管理等单位。

(3)无以下不予登记的情形：

①不具有完全民事行为能力。

②申请在两个或两个以上单位从业的。

③逾期登记且未达到继续教育要求的。

④已取得注册造价工程师证书，且在有效期内的。

⑤受刑事处罚未执行完毕的。

⑥在工程造价从业活动中，受行政处罚，且行政处罚决定之日至申请登记之日不满 2 年的。

⑦以欺骗、贿赂等不正当手段获准登记被注销的，自被注销登记之日起至申请登记之日不满 2 年的。

⑧法律、法规规定不予登记的其他情形。

2)从业

造价员应在本人完成的工程造价成果文件上签字，加盖从业印章，并承担相应的责任。

(1)造价员享有的权利。

①依法从事工程造价活动。

②使用造价员名称。

③接受继续教育，提高从业水平。

④保管、使用本人的资格证书和从业印章。

(2)造价员应履行的义务。

①遵守法律、法规和有关管理规定。

②执行工程计价标准和计价方法，保证从业活动成果质量。

③与当事人有利益关系的，应当主动回避。

④保守从业中知悉的国家秘密和他人的商业、技术秘密。

3)资格管理和继续教育

中国建设工程造价管理协会统一印制资格证书，统一规定资格证书编号规则和从业印章样式。造价员的资格证书和从业印章应由本人保管、使用。资格证书原则上每 4 年验证一次，验证结论分为合格、不合格和注销三种。

造价员应接受继续教育，每两年参加继续教育的时间累计不得少于 20 学时。

1.4.3　工程造价咨询管理制度

1. 工程造价咨询企业等级

工程造价咨询企业资质等级分为甲级、乙级两类。

1)甲级工程造价咨询企业资质标准

(1)已取得乙级工程造价咨询企业资质证书满 3 年。

(2)企业出资人中，注册造价工程师人数不低于出资人总人数的 60%，且其出资额不低于企业注册资本总额的 60%。

(3)技术负责人要求是注册造价工程师，并具有工程或工程经济类高级专业技术职称，且从事工程造价专业工作15年以上。

(4)专职从事工程造价专业工作的人员(以下简称专职专业人员)不少于20人。其中，具有工程或者工程经济类中级以上专业技术职称的人员不少于16人，注册造价工程师不少于10人，其他人员均需要具有从事工程造价专业工作的经历。

(5)企业与专职专业人员签订劳动合同，且专职专业人员符合国家规定的职业年龄(出资人除外)。

(6)专职专业人员人事档案关系由国家认可的人事代理机构代为管理。

(7)企业注册资本不少于人民币100万元。

(8)企业近3年工程造价咨询营业收入累计不低于人民币500万元。

(9)具有固定的办公场所，人均办公建筑面积不少于10平方米。

(10)技术档案管理制度、质量控制制度、财务管理制度齐全。

(11)企业为本单位专职专业人员办理的社会基本养老保险手续齐全。

(12)在申请核定资质等级之日前3年内无违规行为。

2)乙级工程造价咨询企业资质标准

(1)企业出资人中，注册造价工程师人数不低于出资人总人数的60%，且其出资额不低于注册资本总额的60%。

(2)技术负责人需是注册造价工程师，并具有工程或工程经济类高级专业技术职称，且从事工程造价专业工作10年以上。

(3)专职专业人员不少于12人，其中，具有工程或者工程经济类中级以上专业技术职称的人员不少于8人，注册造价工程师不少于6人，其他人员均需要具有从事工程造价专业工作的经历。

(4)企业与专职专业人员签订劳动合同，且专职专业人员符合国家规定的职业年龄(出资人除外)。

(5)专职专业人员人事档案关系由国家认可的人事代理机构代为管理。

(6)企业注册资本不少于人民币50万元。

(7)具有固定的办公场所，人均办公建筑面积不少于10 m^2。

(8)技术档案管理制度、质量控制制度、财务管理制度齐全。

(9)企业为本单位专职专业人员办理的社会基本养老保险手续齐全。

(10)暂定期内工程造价咨询营业收入累计不低于人民币50万元。

(11)在申请核定资质等级之日前无违规行为。

2. 资质申请与审批

1)相关管理部门

国务院建设主管部门负责对全国工程造价咨询企业的资质与审批统一进行监督管理工作；省、自治区、直辖市人民政府建设主管部门负责本行政区域内工程造价咨询企业的资质与审批行使监督管理职能；国务院有关专业部门对本专业工程造价咨询企业的资质与审批实施监督管理。

2)资质许可的程序

(1)甲级许可程序：申请甲级工程造价咨询企业资质的，首先应当向申请人工商注册所在地省、自治区、直辖市人民政府建设主管部门或者有关专业部门提出申请。

(2)乙级许可程序：申请乙级工程造价咨询企业资质的，直接由省、自治区、直辖市人民政府建设行政主管部门审查决定。其中，申请有关专业乙级工程造价咨询企业资质的，由省、自治区、直辖市人民政府建设主管部门与同级的有关专业部门共同审查决定。

乙级工程造价咨询企业资质许可的具体实施程序由省、自治区、直辖市人民政府建设主管部门依法确定。省、自治区、直辖市人民政府建设主管部门应当自做出决定之日起 30 日内，将准予资质许可的决定报国务院建设主管部门备案。

3. 资质证书

1)资质证书的领取和补办

准予资质许可的造价咨询企业，资质许可机关应当向申请人颁发工程造价咨询企业资质证书。该资质证书由国务院建设主管部门统一印制，分正本和副本。正本和副本具有同等法律效力。如果工程造价咨询企业遗失了资质证书，应首先在公众媒体上声明作废后，向资质许可机关申请补办。

2)资质证书的续期申请

工程造价咨询企业资质有效期为 3 年。资质有效期届满，需要继续从事工程造价咨询活动的，应当在资质有效期届满 30 日前向资质许可机关提出资质延续申请。资质许可机关应当根据申请做出是否准予延续的决定。准予延续的，资质有效期延续 3 年。

3)资质证书的变更

工程造价咨询企业的名称、住所、组织形式、法定代表人、技术负责人、注册资本等事项发生变更的，应当自变更确立之日起 30 日内，到资质许可机关办理资质证书变更手续。

工程造价咨询企业合并的，合并后存续或者新设立的工程造价咨询企业可以承继合并前各方中较高的资质等级，但应当符合相应的资质等级条件。

工程造价咨询企业分立的，只能由分立后的一方承继原工程造价咨询企业资质，但应当符合原工程造价咨询企业资质等级条件。

4. 工程造价咨询管理

1)业务承接

工程造价咨询企业应当依法取得工程造价咨询企业资质，并在其资质等级许可的范围内从事工程造价咨询活动。工程造价咨询企业依法从事工程造价咨询活动，不受行政区域限制。其中，甲级工程造价咨询企业可以从事各类建设项目的工程造价咨询业务；乙级工程造价咨询企业可以从事工程造价5000万元人民币以下的各类建设项目的工程造价咨询业务。

2)行为准则

为了保障国家与公共利益，维护公平竞争的良好秩序以及各方的合法权益，具有造价咨询资质的企业在执业活动中均应遵循行业行为准则。

3)信用制度

工程造价咨询企业应当按照有关规定，向资质许可机关提供真实、准确、完整的工程造价咨询企业信用档案信息。

1.5 工程造价管理的发展

1.5.1 发达国家和地区的工程造价管理

1. 代表性国家和地区的工程造价管理

1)英国工程造价管理

英国工程造价咨询公司在英国被称为“工料测量师行”，成立的条件必须符合政府或相关行业协会的有关规定。目前，英国的行业协会负责管理工程造价专业人士、编制工程造价计量标准，发布相关造价信息及造价指标。

在英国，政府投资工程和私人投资工程分别采用不同的工程造价管理方法，但这些工程项目通常都需要聘请专业造价咨询公司进行业务合作。

政府投资工程是由政府有关部门负责管理，包括计划、采购、建设咨询、实施和维护，对从工程项目立项到竣工各个环节的工程造价控制都较为严格，遵循政府统一发布的价格指数，通过市场竞争，形成工程造价。目前，英国政府投资工程约占整个国家公共投资的50%左右，在工程造价业务方面要求必须委托给相应的工程造价咨询机构进行管理。英国建设主管部门的工作重点则是制定有关政策和法律，以全面规范工程造价咨询行为。

对于私人投资工程，政府通过相关的法律法规对此类工程项目的经营活动进行一定的规范和引导，只要在国家法律允许的范围内，政府一般不予干预。

社会上还有许多政府所属代理机构及社会团体组织，如英国皇家特许测量师学会(RICS)等协助政府部门进行行业管理，主要对咨询单位进行业务指导和管理从业人员。英国工程造价咨询行业的制度、规定和规范体系都较为完善。

英国工料测量师行经营的内容较为广泛，涉及建设工程全寿命期造价的各个领域。

2)美国工程造价管理

美国的建设工程也主要分为政府投资和私人投资两大类，其中，私人投资工程可占到整个建筑业投资总额的60%～70%。美国联邦政府没有主管建筑业的政府部门，因而也没有主管工程造价咨询业的专门政府部门，工程造价咨询业完全由行业协会管理。工程造价咨询业涉及多个行业协会，如美国土木工程师协会、总承包商协会、建筑标准协会、工程咨询业协会、国际工程造价促进会等。

美国工程造价管理具有以下特点。

(1)完全市场化的工程造价管理模式。在没有全国统一的工程量计算规则和计价依据的情况下，一方面由各级政府部门制定各自管辖的政府投资工程相应的计价标准，另一方面，承包商需根据自身积累的经验进行报价。同时，工程造价咨询公司依据自身积累的造价数据和市场信息，协助业主和承包商对工程项目提供全过程、全方位的管理与服务。

(2)具有较完备的法律及信誉保障体系。美国工程造价管理是建立在相关的法律制度基础上的。例如：在建筑行业中对合同的管理十分严格，合同对当事人各方都具有严格的法律制约，即业主、承包商、分包商、提供咨询服务的第三方之间，都必须采用合同的方式开展业务，严格履行相应的权利和义务。

同时，美国的工程造价咨询企业自身具有较为完备的合同管理体系和完善的企业信誉管理平台。各个企业视自身的业绩和荣誉为企业长期发展的重要条件。

(3)具有较成熟的社会化管理体系。美国的工程造价咨询业主要依靠政府和行业协会的共同管理与监督，实行“小政府、大社会”的行业管理模式。美国的相关政府管理机构对整个行业的发展进行宏观调控，更多的具体管理工作主要依靠行业协会，由行业协会更多地承担对专业人员和法人团体的监督和管理职能。

(4)拥有现代化管理手段。当今的工程造价管理均需采用先进的计算机技术和现代化的网络信息技术。在美国，信息技术的广泛应用，不但大大提高了工程项目参与各方之间的沟通、文件传递等的工作效率，也可及时、准确地提供市场信息，同时也使工程造价咨询公司收集、整理和分析各种复杂、繁多的工程项目数据成为可能。

3)日本工程造价管理

工程积算制度是日本工程造价管理所采用的主要模式。工程造价咨询行业由日本政府建设主管部门和日本建筑积算协会统一进行业务管理和行业指导。其中，政府建设主管部门负责制定发布工程造价政策、相关法律法规、管理办法，对工程造价咨询业的发展进行宏观调控。

日本建筑积算协会作为全国工程咨询的主要行业协会，其主要的服务范围是：推进工程造价管理的研究；工程量计算标准的编制、建筑成本等相关信息的收集、整理与发布；专业人员的业务培训及个人执业资格准入制度的制定与具体执行等。

工程造价咨询公司在日本被称为工程积算所，主要由建筑积算师组成。日本的工程积算所一般对委托方提供以工程造价管理为核心的全方位、全过程的工程咨询服务，其主要业务范围包括：工程项目的可行性研究、投资估算、工程量计算、单价调查、工程造价细算、标底价编制与审核、招标代理、合同谈判、变更成本积算，工程造价后期控制与评估等。

4)我国香港地区工程造价管理

在香港，专业保险在工程造价管理中得到了较好应用。一般情况下，由于工料测量师事务所受雇于业主，在收取一定比例咨询服务费的同时，要对工程造价控制负有较大责任。因此，工料测量师事务所在接受委托，特别是控制工期较长、难度较大的项目造价时，都需购买专业保险，以防因工作失误对业主进行赔偿后而破产。

政府对测量事务所合伙人有严格要求，要求公司的合伙人必须具有较高的专业知识和技能，并获得相关专业学会颁发的注册测量师执业资格，否则，领不到公司营业执照，无法开业经营。香港的工料测量师以自己的实力、专业知识、服务质量在社会上赢得声誉，以公正、中立的身份从事各种服务。

香港地区的专业学会是众多测量师事务所、专业人士之间相互联系和沟通的纽带。这种学会在保护行业利益和推行政府决策方面起着重要作用，同时，学会与政府之间也保持着密切联系。学会内部互相监督、互相协调、互通情报，强调职业道德和经营作风。学会对工程造价起着指导和间接管理的作用，甚至也充当工程造价纠纷仲裁机构，如：当承发包双方不能相互协调或对工料测量师事务所的计价有异议时，可以向学会提出仲裁申请。

2. 发达国家和地区工程造价管理的特点

分析发达国家和地区的工程造价管理，其特点主要体现在以下几个方面。

1)政府的间接调控

按投资来源不同，一般可将项目划分为政府投资项目和私人投资项目。政府对不同类别的项目实行不同力度和深度的管理，重点是控制政府投资工程。如英国对政府投资工程采取集中管理的办法，按政府的有关面积标准、造价指标，在核定的投资范围内进行方案设计、施工设计，实施目标控制，不得突破。如遇非正常因素，宁可在保证使用功能的前提下降低标准，也要将造价控制在额度范围内。美国对政府投资工程则采用两种方式，一是由政府设专门机构对工程进行直接管理。美国各地方政府都设有相应的管理机构，如纽约市政府的综合开发部(DGS)、华盛顿政府的综合开发局(GSA)等都是代表各级政府专门负责管理建设工程的机构。二是通过公开招标委托承包商进行管理。美国法律规定，所有的政府投资工程都要进行公开招标，特定情况下(涉及国防、军事机密等)可邀请招标和议标。但对项目的审批权限、技术标准(规范)、价格、指数都需明确规定，确保项目资金不突破审批的金额。

发达国家对私人投资工程只进行政策引导和信息指导，而不干预其具体实施过程，体现政府对造价的宏观管理和间接调控。如美国政府有一套完整的项目或产品目录，明确规定私人投资者的投资领域，并采取经济杠杆，通过价格、税收、利率、信息指导、城市规划等来引导和约束私人投资方向和区域分布。政府通过定期发布信息资料，使私人投资者了解市场状况，尽可能使投资项目符合经济发展的需要。

2)有章可循的计价依据

费用标准、工程量计算规则、经验数据等是发达国家和地区计算和控制工程造价的主要依据。如美国，联邦政府和地方政府没有统一的工程造价计价依据和标准，一般根据积累的工程造价资料，并参考各工程咨询公司有关造价的资料，对各自管辖的政府工程制订相应的计价标准，作为工程费用估算的依据。通过定期发布工程造价指南进行宏观调控与干预，有关工程造价的工程量计算规则、指标、费用标准等，一般是由各专业协会、大型工程咨询公司制订。各地的工程咨询机构，根据本地区的具体特点，制订单位建筑面积的消耗量和基价，作为所管辖项目造价估算的标准。英国也没有类似我国的定额体系，工程量的测算方法和标准都是由专业学会或协会负责。由英国皇家特许测量师学会(RICS)组织制订的《建筑工程工程量计算规则》(SMM)作为工程量计算规则，是参与工程建设各方共同遵守的计量、计价的基本规则，在英国及英联邦国家被广泛应用与借鉴。英国土木工程学会(ICE)还编制有适用于大型或复杂工程项目的《土木工程工程量计算规则》(CESMM)。英国政府投资工程从确定投资和控制工程项目规模及计价的需要出发，各部门均需制订并经财政部门认可的各种建设标准和造价指标，这些标准和指标均作为各部门向国家申报投资、控制规划设计、确定工程项目规模和投资的基础，也是审批立项、确定规模和造价限额的依据。英国十分重视已完工程数据资料的积累和数据库的建设。每个皇家测量师学会会员都有责任和义务将自己经办的已完工程的数据资料，按照规定的格式认真填报，收入学会数据库，同时也即取得利用数据库资料的权利。计算机实行全国联网，所有会员资料共享，这不仅为测算各类工程的造价指数提供了基础，同时也为分析暂时没有设计图纸及资料的工程造价数据提供了参考。对工程造价的调整及价格指数的测定、发布等有一整套比较科学、严密的办法，政府部门会发布《工程调整规定》和《价格指数说明》等文件。

3)多渠道的工程造价信息

在美国，建筑造价指数一般由一些咨询机构和新闻媒介来编制，在多种造价信息来源中，工程新闻记录(engineering news record，ENR)造价指标是比较重要的一种。编制ENR造价指数的目的是为了准确地预测建筑价格，确定工程造价。它是一个加权总指数，由构件钢材、波特兰水泥、木材和普通劳动力4种个体指数组成。ENR共编制两种造价指数：建筑造价指数和房屋造价指数。这两个指数在计算方法上基本相同，区别仅体现在计算总指数中的劳动力要素不同。ENR指数资料来源于20个美国城市和2个加拿大城市，ENR在这些城市中派有信息员，专门负责收集价格资料和信息。ENR总部则将这些信息员收集到的价格信息和数据进行汇总，并在每周星期四计算并发布最近的造价指数。

4)造价工程师的动态估价

在英国，业主对工程的估价一般委托工料测量师行来完成。测量师行的估价大体上是按比较法和系数法进行的。在估价时，工料测量师行将不同设计阶段提供的拟建工程项目资料与以往同类工程项目对比，结合当前建筑市场行情，确定项目单价。对于未能计算的项目(或没有对比对象的项目)，则以其他建筑物的造价分析得来的资料补充。承包商在投标时的估价一般要凭自己的经验来完成，往往把投标工程划分为各分部工程，根据本企业定额计算出所需人工、材料、机械等的耗用量，而人工单价主要根据各劳务分包商的报价，材料单价主要根据各材料供应商的报价加以比较确定，承包商根据建筑市场供求情况随行就市，自行确定管理费率，最后做出体现当时当地实际价格的工程报价。在美国，工程造价的估算主要由设计部门或专业估价公司来承担，造价工程师(cost engineer)在具体编制工程造价估算时，除了考虑工程项目本身的特征因素(如项目拟采用的独特工艺和新技术、项目管理方式、现有场地条件以及资源获得的难易程度等)外，一般还对项目进行较为详细的风险分析，以确定适度的预备费。确定工程预备费的比例并不固定，随项目风险程度的大小而确定不同的比例。造价工程师通过掌握不同的预备费率来调节造价估算的总体水平。美国工程造价估算中的人工费由基本工资和附加工资两部分组成。其中，附加工资项目包括管理费、保险金、劳动保护金、退休金、税金等。材料费和机械使用费均以现行的市场行情或市场租赁价作为造价估算的基础，并在人工费、材料费和机械使用费总额的基础上按照一定的比例(一般为10%左右)再计算管理费和利润。

5)通用的合同文本

英国有着一套完整的建设工程标准合同体系，包括JCT(JCT公司)合同体系、ACA(咨询顾问建筑师协会)合同体系、ICE(土木工程师学会)合同体系、皇家政府合同体系。JCT是英国的主要合同体系之一，主要通用于房屋建筑工程。JCT合同体系本身又是一个系统的合同文件体系，它针对房屋建筑中不同的工程规模、性质、建造条件，提供各种不同的文本，供业主在发包、采购时选择。美国建筑师学会(AIA)的合同条件体系更为庞大，分为A、B、C、D、F、G系列。其中，A系列是关于发包人与承包人之间的合同文件；B系列是关于发包人与提供专业服务的建筑师之间的合同文件；C系列是关于建筑师与提供专业服务的顾问之间的合同文件，D系列是建筑师行业所用的文件；F系列是财务管理表格；G系列是合同和办公管理表格。AIA系列合同条件的核心是“通用条件”。采用不同的计价方式时，只需选用不同的“协议书格式”与“通用条件”结合。AIA合同条件主要有总价、成本补偿及最高限定价格等计价方式。

6)重视实施过程中的造价控制

国外对工程造价的管理是以市场为中心的动态控制。以美国为例，造价工程师十分重视工程项目具体实施过程中的控制和管理，对工程预算执行情况的检查和分析工作做得非常细致，对于建设工程的各分部分项工程都有详细的成本计划，美国的建筑承包商以各分部分项工程的成本详细计划为依据来检查工程造价计划的执行情况的。对于工程实施阶段实际成本与计划目标出现偏差的工程项目，首先按照一定标准筛选成本差异，然后进行重要成本差异分析，并填写成本差异分析报告表，由此反映出造成此项差异的原因、此项成本差异对项目其他成本项目的影响、拟采取的纠正措施以及实施这些措施的时间、负责人及所需条件等。对于采取措施的成本项目，每月还应跟踪检查采取措施后费用的变化情况。若采取的措施不能消除成本差异，则需重新进行此项成本差异的分析，再提出新的纠正措施，如果仍不奏效，造价控制项目经理则有必要重新审定项目的竣工结算。美国一些大型工程公司十分重视工程变更的管理工作，建立了较为完善的工程变更管理制度，可随时根据各种变化情况提出变更、修改估算造价。美国工程造价的动态控制还体现在造价信息的反馈系统上。

1.5.2 我国工程造价管理的发展

我国工程造价早在唐朝就有记载，但发展缓慢。20 世纪 50 年代到 20 世纪 70 年代，我国的建设工程造价管理制度是政府的计划模式，一直沿用着苏联模式——基本建设概预算制度。建设产品价格是通过计划分配建设工程任务而形成的计划价格，概预算定额基价是量价合一的价格。这一时期主要是通过设计图计算出的工程量来确定工程造价。当时计算工程量没有统一的规则，只是有估价员根据企业的累积资料和本人的工作经验，结合市场行情进行工程报价，经过和业主洽商，达成最终工程造价。

改革开放后，工程造价管理历经了计划经济时期的概预算管理、工程定额管理的“量价统一”、工程造价管理的“量价分离”，目前逐步过渡到以市场机制为主导，由政府职能部门实行协调监督，与国际惯例全面接轨的新管理模式。

1984 年，建设工程招标制开始施行，建筑工程造价管理体制开始突破传统模式，但概预算定额的法定地位没有改变。1985 年成立了中国工程建设概预算定额委员会，1990 年成立了中国建设工程造价管理协会，1996 年国家人事部和建设部已确定并行文建立注册造价工程师制度，这些相关政策的出台对工程造价管理学科的建设与发展起到了非常重要的推动作用。

20 世纪 90 年代初期，国家建设主管部门提出“政府宏观指导，企业自主报价，竞争形成价格，加强动态管理”和“控制量，指导价，竞争费”的改革思路。20 世纪 90 年代中后期，随着《建筑法》《合同法》《招标投标法》的相继出台，定额体系也开始出现了一系列变化，部分材料价格渐渐放开，工程结算时的材料价格调整已经允许，但仍不能满足场经济发展的要求。

2001 年初，国家宣布年内国有建筑施工企业将逐渐改制，面向市场，全国大多数省市的定额管理模式将出现历史性的改变，量价分离，单项报价提上日程，使材料价格有走向市场化，定额的法定性地位也将降低，变为指导性。

2003 年 3 月有关部门颁布《建设工程工程量清单计价规范》，2003 年 7 月 1 日起在全国实施，工程量清单计价是在建设施工招投标时招标人依据工程施工图纸、招标文件要求，以统一的工程量计算规则和统一的施工项目划分规定，为投标人提供实物工程量项目和技术性措施项目的数量清单；投标人在国家定额指导下，在企业内部定额的要求下，结合工程情况、市场竞争情况和自身企业实力，并充分考虑各种风险因素，自主填报清单开列项目中包括工程直接成本、间接成本、利润和税金在内的综合单价与合计汇总价，并以所报综合单价作为竣工结算调整价的一种计价模式。

1.5.3 BIM背景及应用现状

BIM(building information modeling)是“建筑信息建模”的简称，最初发源于20世纪70年代的美国，由美国佐治亚理工学院的查克伊士曼博士(Chuck Eastman, Ph. D.)提出。所以，BIM最先从美国发展起来，随着全球化的推进，已经扩展到了欧洲和日本、韩国、新加坡等国家，目前，这些国家的BIM发展和应用都达到了一定的水平。在中国，BIM概念则是在2002年由欧特克公司首次引入中国市场。目前很多软件公司、设计单位、房地产开发商、施工单位、高校科研机构等都已经开始设立BIM研究机构。国家“十一五”规划中BIM已成为国家科技支撑计划重点项目，国家“十二五”规划中进一步将BIM建筑信息模型作为信息化的重点研究课题，国内已经有不少建设项目在项目建设的各个阶段不同程度地运用了BIM技术。然而纵观中国乃至全球建筑行业，BIM技术的应用大多以项目管理的形式出现在设计阶段与工程施工阶段，对于其在工程造价的应用却鲜有人探究。随着BIM技术在建筑行业的广泛应用，必定对传统工程造价行业带来冲击。

建筑信息建模相对于传统模型来说有以下两个显著点：一是模型集成建筑全生命周期各阶段、各专业信息；二是模型作为平台支持多专业、多人协作。由此，将带给建筑工程造价行业思维上与工作方式上的革命性的转变。顺应BIM趋势，我们应该建立起模型化思维方式，平台化协作方式是整个造价行业都值得深入探究的课题。

习　题

1-1　基本建设及基本建设的主要内容是什么?

1-2　简述工程项目建设基本程序。

1-3　简述计价文件的分类。

1-4　施工图预算和施工预算有什么区别?

1-5　简述工程造价的两种含义。

1-6　简述建设项目总投资的费用组成。

1-7　单项工程和单位工程的区别是什么?

1-8　简述工程造价控制的基本原则。

1-9　造价员和造价师的报考条件有哪些?

1-10　请思考中国工程造价管理的问题和发展。

第 2 章　建筑工程定额与计价规范

2.1　建筑工程定额概述

2.1.1　工程定额的起源与发展概况

定额是一种规定的额度，广义地说，也是人们根据不同的需要，处理待定事物的数量界限。在现代社会经济生活中，定额几乎无处不在。工程定额是工程造价的重要依据。

让企业管理成为科学是从泰勒制开始的，工时定额产生于科学管理，是管理科学中的一门学问。泰勒制定出标准操作方法，把工作时间分为若干组成部分，测定每一操作过程的时间消耗，制定出工时定额，作为衡量工人工作效率的尺度。工时定额与有差别的计件工资结合，构成了泰勒制的主体。

我国自唐朝起就有国家制定的有关营造的规范，在《大唐六典》中就有各种用工量的计算方法。北宋时期，制定出分行业将工料限量与设计、施工、材料结合在一起的《营造法式》，可谓由国家制定的一部建筑工程定额。清朝时期为适应营造业的发展，专门设置了“样房”和“算房”两个机关，样房负责图样设计，算房则专门负责施工预算。可见，定额的使用范围被扩大，定额的功能也有所增加。

中华人民共和国成立以来，为适应我国经济建设发展的需要，党和政府十分重视建立和加强各类定额的制定。

1955 年劳动部和建筑工程部联合编制了《全国统一建筑安装工程劳动定额》，这是我国建筑业第一次编制的全国统一劳动定额。1962 年和 1966 年建筑工程部先后两次修订并颁发了《全国建筑安装统一劳动定额》，这一时期是定额管理工作比较健全的时期。由于集中统一领导，认真执行定额，同时广泛开展技术测定，定额的深度和广度都得到了一定的发展。对改善劳动组织、降低工程成本、组织施工、提高劳动生产率都起到了有力的促进作用。

“文化大革命”时期，由于定额管理制度被取消，造成劳动无定额、核算无标准、效率无考核，施工企业出现严重亏损的情况，“文化大革命”之后，工程定额在建筑业的作用逐步得到恢复和发展。1979 年国家主管部门编制并颁发了《建筑安装工程统一劳动定额》之后，各省、自治区、直辖市相继设立了定额管理机构，企业配备了定额人员，并在此基础上编制了本地区的《 建筑工程施工定额》，区域性定额使定额管理工作更适应各地区生产发展的需要，调动了广大建筑工人的生产积极性，对提高劳动生产率起到了明显的促进作用。

为适应建筑业的不断发展和施工中不断涌现的四新工程的需要，城乡建设环境保护部于 1985 年编制并颁发了《全国建筑安装工程统一劳动定额》。

随着工程预算制度的建立和发展，工程预算定额也相应产生并不断发展。1955 年建筑工程部编制了《全国统一建筑工程预算定额》，1957 年国家建委在《全国统一建筑工程预算定额》基础上修订并颁发了全国统一的《建筑工程预算定额》，国家建委通知将建筑工程预算定额的编制和管理工作下放到省、自治区、直辖市。随后各省、自治区、直辖市先后组织并编制了本地区适用的“建筑安装工程预算定额”。1981 年国家建委组织编制了《建筑工程预算定额》（修改稿），随后各省、自治区、直辖市在此基础上于 1984～1985 年编制了适合本地区的“建筑安装工程预算定额”。

预算定额是预算制度的产物，它为各地区建筑产品价格的确定提供了重要依据，随着清单计价模式的推广，《建设工程工程量清单计价规范》（GB 50500—2008）自 2008 年 12 月 1 日起在全国开始执行；2013 年 3 月住房城乡建设部、财政部发布《住房城乡建设部 财政部关于印发〈建筑安装工程费用组成〉的通知》（建标〔2013〕44 号）；2013 年 7 月，《建设工程工程量清单计价规范》（GB 50500—2013）正式实施，这在我国工程计价管理方面是一个重大改革，在工程造价领域与国际惯例接轨方面也是非常重大的举措。

2.1.2　建筑工程定额的概念

建筑工程定额是指在正常施工条件以及合理劳动组织、合理使用材料以及机械的条件下，完成单位合格产品所必须消耗的人工、材料、机械设备及价值的数量标准。这种量的规定反映出在正常施工条件下完成建设工程中的某项合格产品与各种生产消耗之间特定的数量关系。

在工程定额中，产品是一个广义的概念，它可以指工程建设的最终产品——建设项目，例如一座发电厂、一所医院、一座楼房；也可以是构成项目的某些完整的产品——单位工程，如一所医院的门诊大楼；也可以是完整产品中的某些较大的组成部分——子单位工程，如门诊大楼的房屋建筑工程；还可以是较大部分中的较小部分——分部工程或者更小的部分——分项工程，如砌砖、浇注混凝土等。

建筑工程定额是国家根据一定时期的管理体系和管理制度，区分定额的不同用途和适用范围，按照一定编制程序由国家指定的机构编制，按照国家规定的程序审批、颁发并执行。在建筑工程领域实行定额管理是为了以最少的人力、物力和资金消耗量，产出更多、更好的建筑产品，从而取得最好的经济效益。

2.1.3　建筑工程定额的性质

1. 科学性

工程建设定额的科学性包括三重含义：一是指用科学的态度制定定额，尊重客观规律的要求，制定定额的技术方法实事求是；二是指工程建设定额和生产力发展水平相适应，正确反映了当前生产力水平的单位产品所需要的生产消耗量；三是指工程建设定额管理在理论、方法和手段上也适应了现代科学技术和信息社会发展的需要。

2. 系统性

建设工程因其本身种类多和层次多决定了定额的多种类和多层次，建设流程进展的不同阶段需要使用不同的定额，不同类型的工程也需要使用不同定额，所以工程建设定额是由多种定额结合而成的有机的整体，结构复杂、层次鲜明、目标明确。

3. 统一性

统一性主要是由国家对经济发展的有计划的宏观调控职能所决定的，定额必须在一定范围内形成一种统一的尺度，才能实现这一职能，才能用定额对项目的决策、设计方案、投标报价、成本控制进行比选和评价。按照其影响力和执行范围来看工程建设定额的统一性，有全国统一定额、地区统一定额和行业统一定额等；按照定额的制定、颁布和贯彻使用来看，有统一的程序、统一的原则、统一的要求和统一的用途等。

4. 指导性

建筑工程定额可以规范企业计价行为，指导企业的投标报价，可以促进市场公平竞争，优化企业管理，工程建设定额的指导性的客观基础是定额的科学性。

5. 稳定性与时效性

任何一种定额都是一定时期技术发展和管理水平的反映，稳定的时间根据具体情况一般为 5～10 年，这是有效贯彻定额的要求，但生产力总是不断向前发展的，当定额不再适用了，就要组织重新编写，即新定额启用，旧定额也就废止了。

2.1.4 建筑工程定额的分类

建筑工程定额的分类如下。

(1)按定额反映的消耗内容可分为：劳动定额、材料消耗定额、机械台班消耗定额。

(2)按定额的编制程序和用途可分为：施工定额、预算定额、概算定额、概算指标、投资估算指标。定额间关系比较如表 2.1.1 所示。

表 2.1.1 定额间关系比较

定额类别	施工定额	预算定额	概算定额	概算指标	投资估算指标
对象	施工过程或基本工序	分项工程和结构构件	扩大的分项工程或扩大的结构构件	单位工程	建设项目、单项工程、单位工程
用途	编制施工预算	编制施工图预算	编制扩大初步设计概算	编制初步设计概算	编制投资估算
项目划分	最细	细	较粗	粗	很粗
定额水平	平均先进	平均	平均	平均	平均
定额性质	生产性定额	计价性定额			

(3)按投资的费用性质可分为：建筑工程定额、设备安装工程定额、建筑安装工程费用定额、工器具定额、工程建设其他费用定额。

(4)按专业性质可分为：建筑工程定额和安装工程定额。

(5)按定额编制单位和执行范围可分为：全国统一定额、行业统一定额、地区统一定额、企业定额、补充定额。

2.2 基 础 定 额

基础定额是指建筑工程中，按照生产要素的规定，在规定的正常施工条件和合理的劳动组织、合理使用材料以及机械设备的条件下，完成单位合格产品所必须消耗的人工、材料、机械台班的数量标准。

基础定额是由国家建设行政主管部门组织，依据现行有关国家产品标准、设计规范、施工及验收规范、技术操作规程、质量评定标准和安全操作规程，综合全国工程建设中的技术和施工组织管理水平情况进行编制、批准、发布的在全国范围内使用的定额，是国家及地区编制和颁发的一种法令性指标，是工程建设中一项重要的技术经济文件，是全国各地编制地方定额的基础和依据，同时引导施工企业编制自己的定额，更好地自主投标报价。

2.2.1 劳动消耗定额

劳动消耗定额也称劳动定额或人工定额，根据用途和使用范围不同可分为全国统一劳动定额、地区统一劳动定额和企业内部劳动定额。这些定额有一定水平上的差异，企业应以全国统一劳动定额或者地区统一劳动定额为基础结合自身实际情况，编制符合本企业实际的企业内部劳动定额，不能一味地照搬照套，才能更好地发挥基础定额的作用。

1. 劳动定额的概念

劳动定额是指在一定生产技术组织的条件下，完成单位合格产品所必须消耗的劳动力数量标准。劳动定额由于其表现形式不同，可分为时间定额和产量定额两种。

1)时间定额

时间定额是指在一定的生产技术条件下，某工种、某技术等级的工人班组或个人完成单位合格产品所必须消耗的工作时间。定额时间包括工人的有效工作时间(准备与结束时间、基本工作时间、辅助工作时间)、不可避免的中断时间以及休息时间。

时间定额以工日为单位，每个工日工作时间按现行制度规定为 8 h，其计算方法如下：

$$\text{单位产品时间定额(工日)}=\frac{1}{\text{每工产量}}$$

或

$$\text{单位产品时间定额}=\text{小组成员工日数总和}$$

2)产量定额

产量定额是指在一定的生产技术和生产组织条件下，某工种、某种技术等级的工人班组或个人在单位时间内(工日)应完成合格产品的数量。其计算方法如下：

$$\text{每工产量}=\frac{1}{\text{单位产品时间定额}}$$

或

$$\text{台班产量}=\frac{\text{小组成员工日数总和}}{\text{单位产品时间定额}}$$

时间定额与产量定额在数值上互为倒数，即

$$\text{时间定额}=\frac{1}{\text{产量定额}}$$

或

$$\text{产量定额}=\frac{1}{\text{时间定额}}$$

例 2.2.1　某工程有 120 m^3 一砖基础，每天有 22 名专业工人投入施工，时间定额为 0.89 工日/m^3，试计算完成该项工程的定额施工天数。

解：　完成砖基础需要的总工日数＝0.89×120＝106.80(工日)

需要的施工天数＝106.80÷22＝5(天)

例 2.2.2　某抹灰班组有 13 名工人抹某住宅楼水泥砂浆墙面，施工 25 天完成抹灰任务。产量定额为 10.20 m^2/工日，试计算抹灰班组应完成的抹灰面积。

解：　抹灰班完成的工日数量 13×25＝325(工日)

抹灰班应完成的抹灰面积 10.2×325＝3315(m^2)

2. 劳动定额的编制

1)劳动定额编制原则

(1)定额水平应采用“平均先进水平”。所谓“平均先进水平”是在正常的施工条件下，大多数施工队组和生产者经过努力能够达到和超过的水平。这种水平使先进者感到一定压力，使处于中间水平的工人感到定额水平可望可及，对于落后工人不迁就。使他们认识到必须花大力气去改善施工条件，提高技术操作水平，珍惜劳动时间，节约材料消耗，尽快达到定额的水平。所以平均先进水平是一种可以鼓励先进、勉励中间、鞭策落后的定额水平，是编制定额的理想水平。

(2)定额应该“简明适用”。简明适用就是指定额的内容和形式要方便于定额的贯彻和执行。这一原则要求定额内容既要满足组织施工生产的需要还要满足计算工人劳动报酬等多种需要，同时内容形式又要简单明了、容易掌握、便于查阅、计算和携带，总之定额项目要齐全，步距大小适当，文字简单易懂，计算方法简便。

(3)定额编制要贯彻“专群结合”，以专业人员为主的原则。定额的编制要求有一支经验丰富、技术与管理知识全面、有一定政策水平的稳定的专家队伍，但定额的编制也离不开工人群众，工人是生产实践活动的主体，是劳动定额的直接执行者，他们了解生产熟悉生产，知道定额执行中存在的问题。所以定额的编制要贯彻以专家为主再结合群众的路线。

2)编制劳动定额前的准备工作

(1)施工过程的分类。

根据施工过程组织上的复杂程度，可以将施工过程分解为工序、工作过程和综合工作过程。

①工序是在组织上不可分割，在操作过程中技术上属于同类的施工过程。工序的特征是：工作者不变，劳动对象、劳动工具和工作地点也不变。工序是工艺方面最简

单的施工过程。在编制施工定额时，工序是基本的施工过程，是主要的研究对象。例如生产工人在工作面上砌筑砖墙这一生产过程，一般可以划分成铺砂浆、砌砖、刮灰缝等工序；现场使用混凝土搅拌机搅拌混凝土，一般可以划分成将材料装入料斗、提升料斗、将材料装入搅拌机鼓筒、开机拌和及料斗返回等工序；再比如钢筋制作这一施工过程，是由调直(冷拉)、切断、弯曲工序组成，当冷拉完成后，钢筋由冷拉机转入切断机并开始工作时，由于工具的改变，冷拉工序就转入了切断工序。

②工作过程是由同一工人或同一小组所完成的在技术操作上相互有机联系的工序的总合体。特点是人员编制不变，而材料和工具可以变换。例如门窗油漆，属于个人施工过程；五人小组砌砖，属于小组工作过程。

③综合工作过程又称复合施工过程，是同时进行的，是在组织上有机地联系在一起的，并且最终能获得一种产品的施工过程的总和。例如砖墙砌砖工程是由搅拌砂浆、运砖、运砂浆、砌砖等工作过程组成一个综合工作过程。

施工过程的影响因素分为技术因素、组织因素和自然因素。技术因素比如完成产品的类别、规格、技术特征和质量要求；所有材料、半成品、构配件的类别、规格、性能和质量；所有工具、机械设备的类别、型号、规格和性能。组织因素比如施工组织与管理水平；施工方法；劳动组织；工人技术水平、操作方法及劳动态度；工资分配形式和劳动竞赛开展情况等。自然因素比如气温、雨雪等。

施工过程的组成如图 2.2.1 所示。

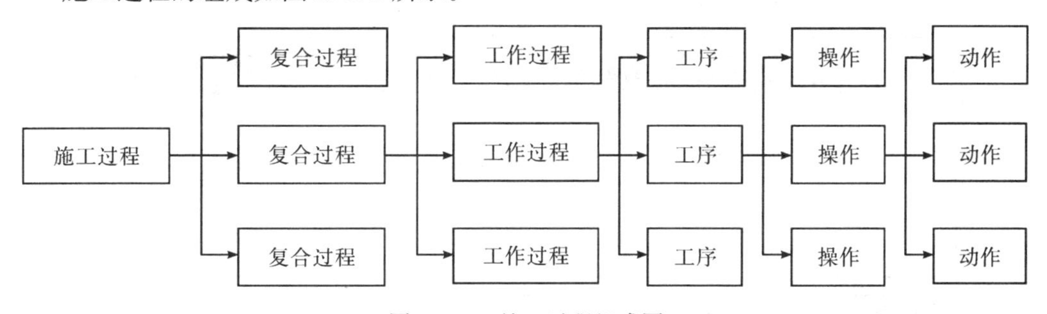

图 2.2.1　施工过程组成图

(2)工作时间分类。

工作时间指的是工作班延续时间。对工作时间消耗的研究，可以分为两个系统进行，即工人工作时间的消耗(图 2.2.2)和工人所使用的机器工作时间消耗(图 2.2.3)。

定额时间是指工人在正常的施工条件下，完成一定数量的产品所必须消耗的工作时间。它包括有效工作时间、不可避免的中断时间和休息时间。

非定额时间是指多余和偶然工作的时间，即在正常的施工条件下不应发生的时间消耗以及由于意外情况所引起的工作所消耗的时间(如质量不符合要求，返工所造成的多余的时间消耗）。

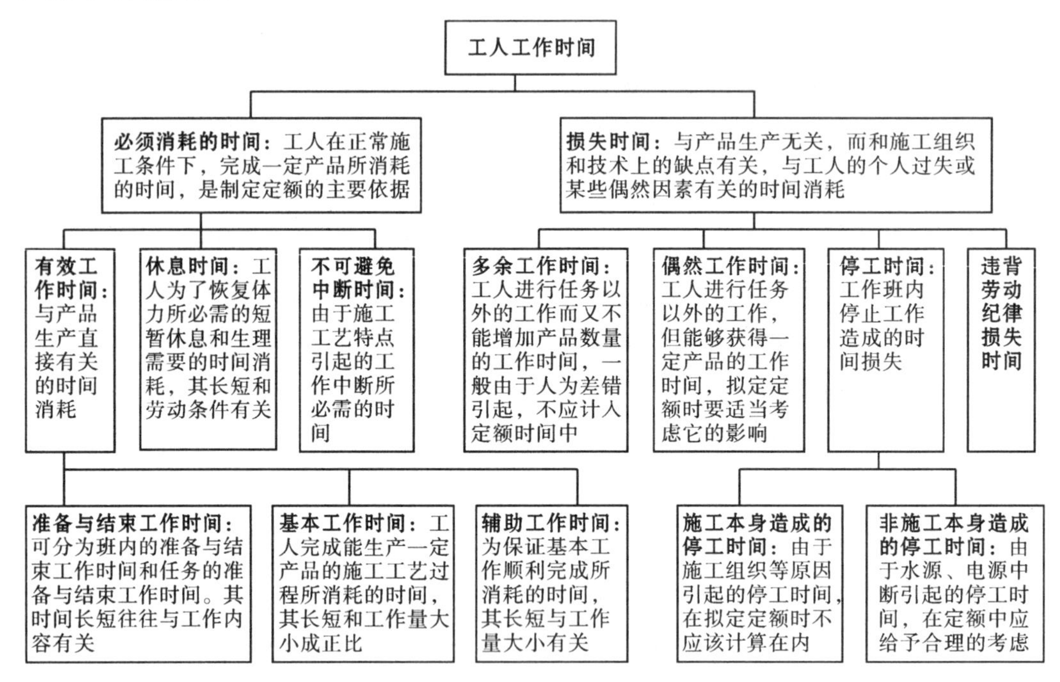

图 2.2.2　工人工作时间分类图

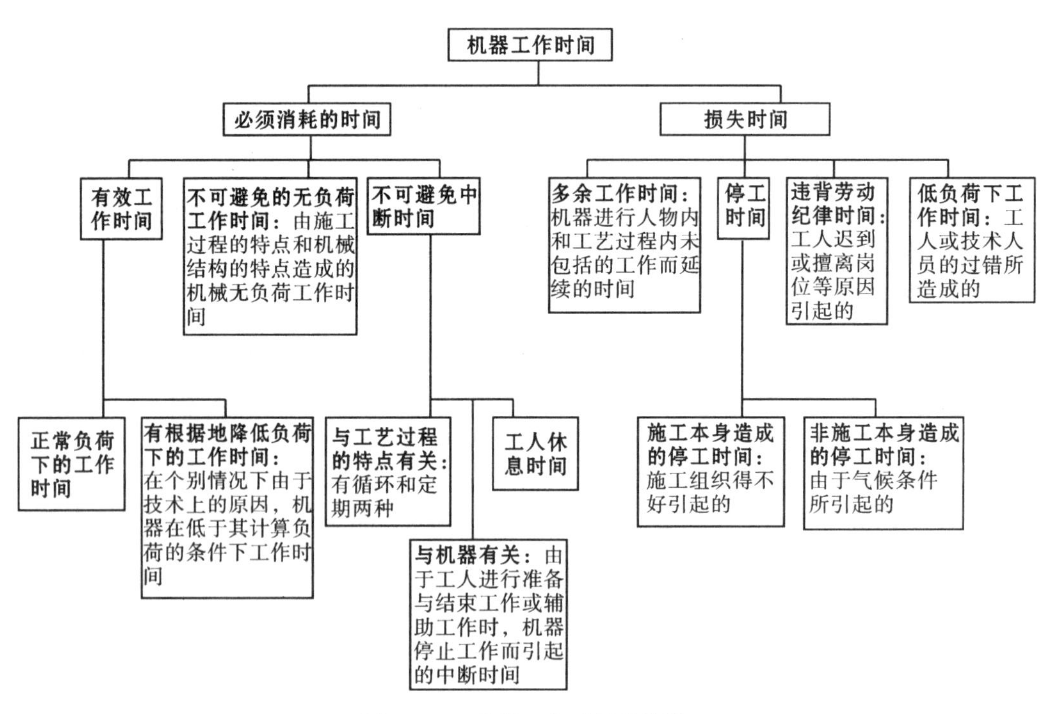

图 2.2.3　机器工作时间的分类

上述非定额时间，在确定单位产品加工标准时，都不予考虑。

3)劳动定额的编制方法

测定时间消耗的方法较多，一般比较常用的方法有计时观察法、类推比较法、统计分析法和经验估计法四种，如图 2.2.4 所示。

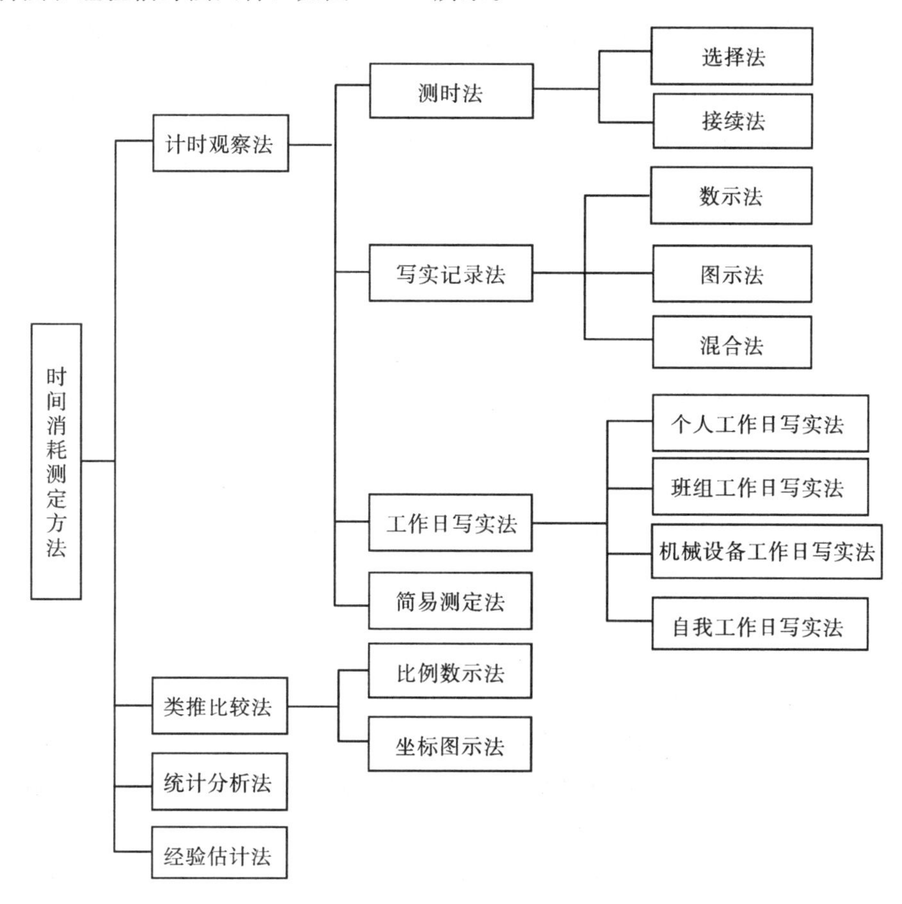

图 2.2.4　时间消耗测定方法

(1)计时观察法。

计时观察法是在正常的施工条件下，对施工过程各工序时间的各个组成要素进行现场观察测定，分别测定出每一工序的工时消耗，然后对测定的资料进行分析整理来制定定额的方法，该方法是制定定额最基本的方法。计时观察法分为测时法、写实纪录法、工作日写实法和简易测定法。

(2)类推比较法。

类推比较法又称“典型定额法”，它是以同类产品或工序定额作为依据，经过分析比较，以此推算出同一组定额中相邻项目定额的一种方法。采用这种方法编制定额时，对典型定额的选择必须恰当。通常采用主要项目和常用项目作为典型定额比较类推。对用来对比的工序、产品的施工工艺和劳动组织等特征必须“类似”或“近似”，这样才具有可比性，才可以做到提高定额的准确性。这种方法简便，工作量小，适用于产品品种多、批量小的施工过程。

(3)统计分析法。

统计分析法是把过去一定时期内实际施工中的同类工程或生产同类产品的实际工时消耗和产品数量的统计资料(如施工任务书、考勤报表和其他有关的统计资料)与当前生产技术组织条件的变化结合起来，进行分析研究制定定额的方法。

(4)经验估计法。

经验估计法是根据老工人、施工技术人员和定额员的实践经验，并参照有关技术资料，结合施工图纸、施工工艺、施工组织条件和操作方法等进行分析、座谈讨论、反复平衡制定定额的方法。

经验估计法具有制定定额的工作过程短、工作量较小、省时、简便易行的特点。但是其准确度在很大程度上取决于参加估工人员的经验，有一定的局限性。因此，它只适用于产品品种多、批量小，某些次要定额项目中。

上述几种测定定额的方法可以根据施工过程的特点以及测定的目的分别选用，在实际工作中也可以互相结合起来使用。

4)确定人工定额消耗量的基本方法

(1)确定工序作业时间。

工序作业时间由基本工作时间和辅助工作时间组成。

①基本工作时间消耗一般应根据计时观察资料来确定。其做法是，首先确定工作过程每一组成部分的工时消耗，然后再综合出工作过程的工时消耗。如果组成部分的产品计量单位和工作过程的产品计量单位不符，就需先求出不同计量单位的换算系数，进行产品计量单位的换算，然后再相加，求得工作过程的工时消耗。

$$T_1=\sum_{i=1}^{n}k_i\times t_i$$

②辅助工作时间可以直接利用工时规范中规定的辅助工作时间的百分比来计算。

(2)确定规范时间。

规范时间包括工序作业时间以外的准备与结束时间、不可避免中断时间以及休息时间。规范时间可以通过及时观察资料的整理分析获得，也可以根据检验数据或工时规范来确定。

(3)拟订定额时间。

工序作业时间＝基本工作时间＋辅助工作时间

规范时间＝准备与结束工作时间＋不可避免的中断时间＋休息时间

工序作业时间＝基本工作时间＋辅助工作时间＝基本工作时间/(1－辅助时间％)

$$定额时间=\frac{工序作业时间}{1-规范时间\%}$$

例 2.2.3　现测定一砖基础墙的时间定额，已知每立方米砌体的基本工作时间为 140 工分，准备与结束时间、休息时间、不可避免的中断时间占时间定额的百分比分别为：5.45%、5.84%、2.49%，辅助工作时间不计，试确定其时间定额和产量定额。

解：

$$时间定额=\frac{140}{1-(5.45\%+5.84\%+2.49\%)}=162.4(工分)$$

$$=\frac{162.4\ 工分}{8\ 小时\times 60\ 分钟}=0.34(工日)$$

$$产量定额=\frac{1}{0.34}=2.94(m^3)$$

3. 建设工程劳动定额的内容

为了规范劳务市场的发展，维护劳动者合法权益，适应科学技术的进步，满足建筑施工企业的需求，根据《建设部关于贯彻〈国务院关于解决农民工问题的若干意见〉的实施意见》(建人函〔2006〕80 号)及《关于开展〈建设工程劳动定额〉编制工作的通知》(建办标函〔2006〕750 号)文件，住房和城乡建设部标准定额司、人事教育司组织编制了中华人民共和国劳动和劳动安全行业标准——《建设工程劳动定额》，经人力资源和社会保障部、住房和城乡建设部联合发布，自 2009 年 3 月 1 日起施行，以前相关行业标准同时废止。《建设工程劳动定额》分为建筑工程、装饰工程、安装工程、市政工程和园林绿化工程，适用于工业和民用建筑的新建、改建和扩建工程，城市园林和市政绿化工程。

《建设工程劳动定额》以 1988 年、1994 年、1997 年相关劳动定额，现行的施工规范、施工质量验收标准，建筑安装工人安全技术操作规程，各省、自治区、直辖市及有关部门现行的定额标准以及其他有关劳动定额制定的技术测定和统计分析资料为依据，根据近年来施工生产水平，经过资料收集、整理、测算，广泛征求意见后编制而成。该标准分为十一个分册：材料运输及加工工程，人工土石方工程，架子工程，砌筑工程，木结构工程，模板工程，钢筋工程，混凝土工程，防水工程，金属结构工程，防腐、隔热、保温工程。该标准适用于一般工业与民用建筑、市政基础设施的新建、扩建和改建工程。

《建设工程劳动定额》主要内容包括文字说明和定额项目表两大部分。

(1)文字说明。包括总说明和章节说明。总说明包括全册具有共性的问题和规定、定额的用途、使用范围、编制依据、有关全册综合性工作内容、工程质量及安全要求、技术要求、定额指标的计算方法及有关规定和说明。章节说明主要包括适用范围、引用标准、有关规定及附录的施工方法与规定。

(2)定额项目表和附注。定额项目表是章节定额的核心内容，规定了单位合格产品的用工标准，附注一般列在定额项目表下面，是对定额项目表的补充，也是对定额使用的限制。定额项目表如表 2.2.1 所示。

表 2.2.1　砖墙　　单位：工日/m^3

项　目		双面清水			单面清水					序号
		1 砖	1.5 砖	2 砖及 2 砖以外	0.5 砖	0.75 砖	1 砖	1.5 砖	2 砖及 2 砖以外	
综合	塔吊	1.27	1.2	1.12	1.52	1.48	1.23	1.14	1.07	一
	机吊	1.48	1.41	1.33	1.73	1.69	1.44	1.35	1.28	二
砌　砖		0.726	0.653	0.568	1.00	0.956	0.684	0.593	0.52	三
运输	塔吊	0.44	0.44	0.44	0.434	0.437	0.44	0.44	0.44	四
	机吊	0.652	0.652	0.652	0.642	0.645	0.652	0.652	0.652	五
调制砂浆		0.101	0.106	0.107	0.085	0.089	0.101	0.106	0.107	六
编　号		4	5	6	7	8	9	10	11	

项　目		混水内墙				混水外墙					序号
		0.5 砖	0.75 砖	1 砖	1.5 砖及 1.5 砖以外	0.5 砖	0.75 砖	1 砖	1.5 砖	2 砖及 2 砖以外	
综合	塔吊	1.38	1.34	1.02	0.994	1.5	1.44	1.09	1.04	1.01	一
	机吊	1.59	1.55	1.24	1.21	1.71	1.65	1.3	1.25	1.22	二
砌　砖		0.865	0.815	0.482	0.448	0.98	0.915	0.549	0.491	0.458	三
运输	塔吊	0.434	0.437	0.44	0.44	0.434	0.437	0.44	0.44	0.44	四
	机吊	0.642	0.645	0.654	0.654	0.642	0.645	0.652	0.652	0.652	五
调制砂浆		0.085	0.089	0.101	0.106	0.085	0.089	0.101	0.106	0.107	六
编　号		12	13	14	15	16	17	18	19	20	

(3)工作内容。包括砌墙面艺术形式、墙垛、平碹及安装平碹模板，梁板头砌砖，梁板下塞砖，楼梯间砌砖，留楼梯踏步斜槽，留孔洞，砌各种凹进水、山墙泛水槽，安放木砖、铁件，安装 60 kg 以内的预制混凝土门窗过梁、隔板、垫块以及调整立好后的门窗框等。

例 2.2.4　某工程砌筑 2 砖墙厚混水外墙，工程量为 150 m^3，每天有 22 名工人在现场施工，试计算完成该项工程的施工天数(塔吊运输)。

解：在表 2.2.1 中查出，砌筑 2 砖厚混水外墙的综合时间定额为 1.01 工日/m^3。

$$该工程所需的劳动量=1.01\times150=151.5(工日)$$

完成该工程的施工天数＝151.5÷22＝6.89＝7天

2.2.2　材料消耗定额

1. 材料消耗定额的概念及组成

1)材料消耗定额的概念

材料消耗定额是指在正常的生产技术和施工组织条件下，在保证工程质量、合理和节约使用材料的原则下，完成单位合格产品所必须消耗的原材料、燃料、半成品、配件和水、电、动力等资源(统称为材料)的数量标准。它是企业核算材料消耗、考核材料节约或浪费的指标。

2)材料消耗定额的组成

单位合格产品所必须消耗的材料数量，由材料净用量和材料损耗量两部分组成。

(1)合格产品的材料净用量。

料净用量即有效消耗净用量，指在不计废料和损耗的情况下，直接用于建筑物上的材料用量。

(2)在生产过程中合理的材料损耗量。

材料损耗量即非有效消耗量，指在施工过程不可避免的废料和损耗，其损耗范围是由现场仓库或露天堆放场地运到施工地点的运输损耗及施工操作，但不包括可以避免的浪费和损失，按损耗情况可划分为以下三种。

①运输损耗：专指材料在场外运输过程中所发生的自然损耗，这种损耗发生在从厂家运输到工地仓库的流通过程中，运输损耗费列入材料预算价格内。

②保管损耗：专指材料在流通保管过程中发生的自然损耗，这种损耗费列入材料采购保管费。

③施工损耗：指在施工过程中施工操作不可避免残余料损耗和不可避免的废料损耗，以及现场材料搬运堆存保管损耗，这种损耗应包括在材料消耗定额内。

材料的损耗率是通过观测和统计得到的，通常由国家有关部门确定。

材料总消耗定额＝材料净用量定额＋材料损耗量定额

某种产品使用某种材料的损耗量的多少，常用损耗率来表示。材料损耗量和材料总消耗量的计算方法有以下两种。

①第一种方法：

$$损耗率=\frac{损耗量}{总耗量}\times 100\%$$

$$材料总消耗量=\frac{材料净用量}{1-材料损耗率}$$

②第二种方法：

$$损耗率(耗净率)=\frac{损耗量}{净用量}\times 100\%$$

$$材料总消耗量=材料净用量\times(1+材料损耗率)$$

以上两种计算方法其差值很小，而第二种计算方法较为简便，因此一般材料消耗定额的编制中多采用第二种方法。

2. 材料消耗定额的编制方法

(1)现场技术测定法指在合理和节约使用材料的情况下，深入施工现场，对生产某一产品进行实际观察、测定，取得产品数量和施工过程中消耗的材料数量，并通过对产品数量、材料消耗量和材料净用量的计算，确定该单位产品的材料消耗量或损耗率，为编制材料消耗定额提供技术根据。主要用于编制材料损耗定额。

(2)实验室试验法指在实验室内或者其他非施工现场创造一种接近施工实际的情况下进行观察和测定工作的方法。这种方法主要用于研究材料强度与各种材料消耗的数量关系，以获得多种配合比，在此基础上计算出各种材料的消耗数量，例如混凝土原材料用量的确定，涂料配合比用料的确定，所以多用于编制材料净用量定额。

(3)现场统计法由于不能分清材料消耗的性质，因而不能作为确定材料净用量定额和材料损耗定额的依据。

(4)理论计算法是在研究建筑结构的基础上，根据施工图纸和其他技术资料用理论计算公式制定材料消耗定额的方法，理论计算法也称计算法。主要用于制定块状、板类建筑材料(如砖、钢材、玻璃、油毡等)的消耗定额。这些材料只要根据图纸及材料规格和施工验收规范，就可以通过公式计算出材料消耗数量。

采用计算法计算材料消耗定额时首先计算出材料的净用量，而后算出材料的损耗量，两者相加即得材料总消耗量。

①块料面层的材料用量计算。

每 100 m^2 面层块料数量、灰缝及结合层材料用量计算公式如下：

$$100\ m^2块料净用量=\frac{100}{(块料长+灰缝宽)\times(块料宽+灰缝宽)}(块)$$

$$100\ m^2灰缝材料净用量=[100-(块料长\times块料宽\times 100\ m^2块料净用量)]\times灰缝深$$

$$结合层材料用量=100\ m^2\times结合层厚度$$

例 2.2.5 某彩色地面砖规格为 200 mm×200 mm×5 mm，灰缝为 1 mm，结合层为 20 厚 1∶2 水泥砂浆，试计算 100 m^2地面中面砖和砂浆的消耗量(面砖和砂浆损耗率均为 1.5%)。

面砖净用量：　$\dfrac{100}{(0.2+0.001)\times(0.2+0.001)}=2475.25$(块)

面砖的消耗量：　$2475.25\div(1-1.5\%)=2512.94$(块)

灰缝砂浆的净用量：$(100-2475.25\times0.2\times0.2)\times0.005=0.005(\mathrm{m}^3)$

结合层砂浆净用量：　$100\times0.02=2(\mathrm{m})$

砂浆的消耗量：　$(0.005+2)\div(1-1.5\%)=2.035(\mathrm{m}^3)$

②标准砖用量的计算。

标准砖砌筑方法如图 2.2.5 所示。

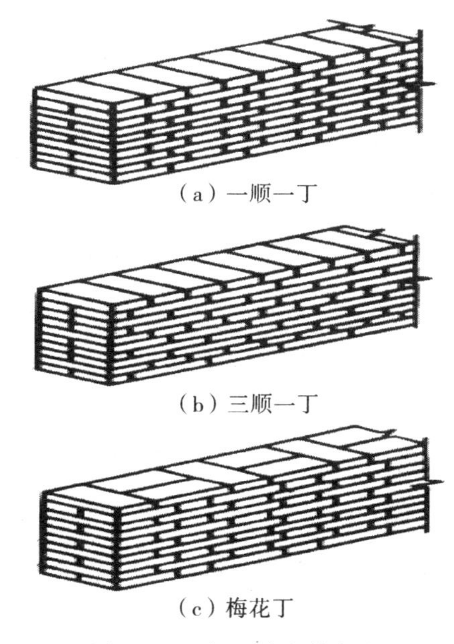

(a) 一顺一丁

(b) 三顺一丁

(c) 梅花丁

图 2.2.5　标准砖砌筑方法

设 1 m³砖砌体净用量中，标准砖为 A 块，砂浆为 B m³，可用下列理论计算公式计算各自的净用量：

用砖数：　$A=\dfrac{1}{\text{墙厚}\times(\text{砖长}+\text{灰缝})\times(\text{砖厚}+\text{灰缝})}\times k$

式中，k 为表示墙厚的砖数×2。

墙厚为砖宽的倍数，即

$$\text{墙厚}=\text{砖宽}\times n$$

如 1/2 砖墙 $n=1$；1 砖墙 $n=2$；2 砖墙 $n=4$。此处的 1/2、1、2 砖墙表示墙厚的砖数。

1/2～1 块砖($k=1$)、1～2 块砖($k=2$)

1.5～3 块砖($k=3$)、2～4 块砖($k=4$)

砖消耗量＝砖净用量÷(1－损耗率)

砂浆用量：　　　　B＝1－砖数×砖块体积

砂浆消耗量(m^3)＝(1－砖净用量×每块砖体积)÷(1－损耗率)

例 2.2.6　计算 1.5 标准砖墙每立方米砌体砖和砂浆的消耗量(砖和砂浆损耗率均为 1％)。

解：

$$砖净用量=\frac{1.5\times 2}{0.365\times(0.24+0.01)\times(0.053+0.01)}$$

$$=522(块)$$

$$砖消耗量=522\times(1+0.01)=527(块)$$

$$砂浆消耗量=(1-522\times 0.24\times 0.115\times 0.053)\times(1+0.01)$$

$$=0.238(m^3)$$

③周转性材料消耗量的确定。

在建筑工程施工中，除了构成产品实体的直接性消耗材料外，还有另一类周转性材料。周转材料是指在施工中不是一次性消耗的材料，它是随着多次使用而逐渐消耗的材料，并在使用过程不断补充，多次重复使用，如脚手架、挡土板、临时支撑、混凝土工程的模板等。因此，周期性材料的消耗量，应按照多次使用、分次摊销的方法进行计算。周转性材料指标分别用一次使用量和摊销量两个指标表示。

现浇结构模板摊销量的计算：

摊销量＝周转使用量—回收量

计算步骤如下：

①一次使用量是指材料在不重复使用的条件下的一次使用量。

一次使用量＝每立方米混凝土和模板的接触面积×每平方米接触面积模板用量÷(1－损耗率)

②损耗量是指每次加工修补所消耗的木材量也称补损量。

损耗量(补损量)＝［一次使用量×(周转次数－1)×损耗率］/周转次数

损耗率(补损率)＝平均每次损耗量/周转次数

周转次数是指新的周转材料从第一次使用(假定不补充新料)起，到材料不能再使用时的使用次数。《房屋建筑与装饰工程消耗量定额》(TY 01-31－2015)中规定混凝土工程中的复合模板按 5 次周转计算[其中雨篷板、阳台板、直形楼梯、装饰线条等按 4 次周转计算，圆弧形阳台板、弧形(螺旋形)楼梯、小型构件等按 3 次周转计算]；钢模板按 50 次周转计算；卡具(扣件、连接件)按 28 次周转计算；模板钢支撑按 120 次周转计算；木支撑按 12 次周转计算。

③周转使用量是指周转性材料在周转使用和补损的条件下，每周转一次平均所需要的木材量。

$$\text{周转使用量}=\frac{\text{一次使用量}}{\text{周转次数}}+\text{损耗量}$$

$$\text{周转使用量}=\frac{\text{一次使用量}+(\text{一次使用量})(\text{周转次数}-1)\times\text{损耗率}}{\text{周转次数}}$$

$$=(\text{一次使用量})\times\frac{1+(\text{周转次数}-1)\times\text{损耗率}}{\text{周转次数}}$$

④回收量是指周转材料每周转一次后，可以平均回收的数量。

$$\text{回收量}=\frac{\text{一次使用量}-(\text{一次使用量}\times\text{损耗率})}{\text{周转次数}}$$

$$=(\text{一次使用量})\times\frac{1-\text{损耗率}}{\text{周转次数}}$$

⑤摊销量是多次使用，应分摊到每一计量单位分项工程或结构构件上的材料消耗数量。计算公式为

$$\text{摊销量}=\text{周转使用量}-\text{回收量}$$

预制构件模板摊销量的计算。预制钢筋混凝土构件模板虽然多次使用，反复周转，但与现浇构件计算方法不同，预制钢筋混凝土构件按多次使用平均摊销的计算方法，不计算每次周转损耗率(即补充损耗率)。因此计算预制构件模板摊销量时，只需要确定其周转次数，按图纸计算出模板一次使用量后，摊销量按下列公式进行计算：

$$\text{摊销量}=\frac{\text{一次使用量}}{\text{周转次数}}$$

2.2.3　机械台班使用定额

1. 定义

在合理使用机械和合理的施工组织条件下，完成单位合格产品必须消耗的机械台班的数量标准称为机械台班消耗定额，也称为机械台班使用定额。

所谓“台班”，是指一台机械工作一个工作班(即 8 h)。如两台机械共同工作一个工作班或者一台机械工作两个工作班，则称为 2 个台班。

2. 机械台班使用定额的表示形式

1)机械时间定额

就是在正常的施工条件和劳动组织的条件下，使用某种规定的机械，完成单位合

格产品所必须消耗的台班数量，即

$$机械时间定额=\frac{1}{机械台班产量定额}$$

2)机械台班产量定额

就是正常的施工条件和劳动组织条件下，某种机械在一个台班时间内必须完成的单位合格产品数量，即

$$机械台班产量定额=\frac{1}{机械时间定额}$$

机械的时间定额与机械台班产量定额之间互为倒数。

机械和人工共同工作时的人工定额：

$$时间定额=\frac{机械台班内工人的工日数}{机械的台班产量}$$

$$机械台班产量定额=\frac{机械台班内工人的工日数}{时间定额}$$

例 2.2.7 用 6 t 塔式起重机吊装某种混凝土构件，由一名吊车司机、7 名安装起重工、2 名电焊工组成的综合小组共同完成，已知机械台班产量定额为 40 块，试求吊装每一块构件的机械时间定额和人工时间定额。

解：

(1)吊装每一块混凝土构件的机械时间定额为

$$机械时间定额=\frac{1}{机械台班产量定额}=\frac{1}{40}=0.025(台班)$$

(2)吊装每一块混凝土构件的人工时间定额分工程计算。

$$吊装司机时间定额=1\times 0.025=0.025(工日)$$

$$安装起重工时间定额=7\times 0.025=0.175(工日)$$

$$电焊工时间定额=2\times 0.025=0.050(工日)$$

按综合小组计算：

$$人工时间定额=(1+7+2)\times 0.025=0.25(工日)$$

或

$$人工时间定额=\frac{1+7+2}{40}=0.25(工日)$$

3. 机械台班定额的编制方法

1)确定正常的工作地点、拟定正常的工人编制

2)确定机械纯工作一小时的正常生产效率(N)

建筑机械可分为循环和连续动作两种类型，以确定循环机械一小时纯工作正常生

产效率为例，步骤如下。

(1)确定循环组成部分的延续时间。

根据机械说明书计算出来的延续时间和计时观察所得到的延续时间；或者根据技术规范和操作规程，确定其循环组成部分的延续时间。

(2)确定整个循环一次的正常延续时间。

它等于机械该循环各组成部分的正常延续时间之和($t=t_1+t_2+t_3+\cdots+t_n$)。

(3)确定机械一小时纯工作时间的正常循环次数(n)，可由下列公式计算(时间单位：s)。

$$n=\frac{3600}{t_1+t_2+t_3+\cdots+t_n}$$

(4)确定机械一小时纯工作的正常生产率(N_n)可由下式计算：

$$N_n= n\times m$$

式中，N_n为机械一小时纯工作的正常生产率；n 为机械一小时纯工作时间的正常循环次数；m 为机械每循环一次的产品的数量。

例 2.2.8　塔式起重机吊装大模板到五层就位，每次吊装一块，循环的各组成部分的延续时间如下：

挂钩时的停车时间	12 s
上升回砖时间	63 s
下落就位时间	46 s
脱钩时间	13 s
空钩回转下降时间	43 s
合计	177 s

纯工作一小时的循环次数 n 为

$$n=3600\div177=20.34(\text{次})$$

塔吊纯工作一小时的正常生产率 N_n为

$$N_n=20.34\times1\ \text{块/次}=20.34(\text{块})$$

3)拟定机械台班产量定额(N 台班)

计算公式如下：

$$N\text{台班}=N_n\times T\times K_B$$

式中，N 台班为机械台班产量定额；N_n为机械一小时纯工作的正常生产率；T 为工作班延续时间(一般为 8 h)；K_B为机械时间利用系数，即

$$K_B=\frac{\text{工作班内机械纯工作时间}}{T}$$

例 2.2.9　JG250 型混凝土搅拌机，正常生产率为 6.25 m^3/h，工作班为 8 h，工作班内机械纯工作时间为 7.2 h，则

机械时间利用系数(K_B)＝7.2÷8＝0.9

混凝土搅拌机台班产量定额(N 台班)＝8×6.25×0.9＝45(m^3)

混凝土搅拌机时间定额＝1÷45＝0.022(台班)

2.2.4　《房屋建筑与装饰工程消耗量定额》(TY 01—31—2015)

为贯彻落实《住房城乡建设部关于进一步推进工程造价管理改革的指导意见》(建标〔2014〕142 号)，中华人民共和国住房和城乡建设部组织修订了《房屋建筑与装饰工程消耗量定额》(TY 01－31－2015)(以下简称 15 定额)、《通用安装工程消耗量定额》(TY 02—31—2015)、《市政工程消耗量定额》(ZYA 1—31—2015)、《建设工程施工机械台班费用编制规则》以及《建设工程施工仪器仪表台班费用编制规则》，自 2015 年 9 月 1 日起施行。1995 年发布的《全国统一建筑工程基础定额》，2002 年发布的《全国统一建筑装饰工程消耗量定额》，2000 年发布的《全国统一安装工程预算定额》，1999 年发布的《全国统一市政工程预算定额》，2001 年发布的《全国统一施工机械台班费用编制规则》，1999 年发布的《全国统一安装工程施工仪器仪表台班费用定额》同时废止。

1. 编制依据及主要原则

1)编制依据

具体包括：《建设工程工程量清单计价规范》、《全国统一建筑工程基础定额》(GJD—101—95)(以下简称 95 定额)、《全国统一建筑装饰装修工程消耗量定额》(GYD—901—2002)、《建设工程劳动定额》(LD/T 74—2008)、有关省市现行建筑标准设计图集及计价依据、全国统一定额修编统一性技术规定、《全国统一建筑安装工程工期定额》、有关工程设计、施工资料等。

2)编制主要原则

(1)符合国家现行法律、法规、标准规范和工程造价改革的要求。

(2)以现行全统定额、行业定额、地方定额为基础，与建设工程计量规范的章、节顺序相衔接。

(3)在项目划分中反映新技术、新工艺、新材料、新设备变化情况，调整不合理项目，删除技术淘汰项目，增加建筑节能、环保等项目。

(4)定额消耗量应符合定额编制原理，反映建筑市场实际，体现正常施工技术条

件、企业普遍的装备水平、合理施工工艺和劳动组织条件下的社会平均消耗量水平。

(5)统一人工、材料、施工机械的编码，满足工程造价信息化管理的需要。

(6)注重适用性、实用性、可操作性，文字表达简洁明了，并注重与工程计价有关的规范、规则以及相关方法的衔接，做好适时调整的空间和接口。

(7)应用统一的定额编制软件，保证编制工作如期完成。

2. 定额的主要内容

全册共十七章，主要内容包括：总说明，土石方工程，地基处理与边坡支护工程，桩基础工程，砌筑工程，混凝土及钢筋混凝土工程，金属结构工程，木结构工程，门窗工程，屋面及防水工程，保温、隔热、防腐工程，楼地面装饰工程，墙、柱面装饰与隔断、幕墙工程，天棚工程，油漆、涂料、裱糊工程，其他装饰工程，拆除工程，措施项目以及附录中的“模板一次使用量表”。

3. 人、材、机消耗量的确定与表现形式

1)人、材、机消耗量的确定

(1)人工消耗量的确定。

对于人工消耗量的测定，主要运用了三种方法，即：传统定额编制(修正)法、参考借鉴法和工程实测法。

①传统定额编制(修正)法。该方法沿用传统的定额编制办法，对 2008 年版劳动定额消耗量应进行修正，在 95 定额编制底稿的基础上，重新套用修正后的劳动定额消耗量及新的人工幅度差系数。具体操作时以分部分项工程为单位，按照实际消耗量和定额消耗量进行对比，并结合新颁发的有关文件最终确定修正系数。修正系数的测算：一是通过典型工程分别进行测算，掌握分部分项工程所支出的人工费以及市场人工单价，以此确定定额人工消耗量与实际人工消耗量的差距；二是综合多个不同类型典型工程的测算数据，最终形成相应的调整系数；三是对于常用的、涉及金额较大的项目，采用专项测算，对于一般性项目采用以点带面的方式进行类推。最终确定的各章定额子目修正系数范围为 0.65～1.0。

②参考借鉴法。对于需补充定额子目，能够在有关省市现行预算定额中找到类似子目的，则采用借鉴的方法。在对其研究、分析的基础上，结合不同省市现行定额水平的差异，分别确定调整系数。如砌筑工程中，参考北京定额的调整系数为 0.84，参考吉林定额的调整系数为 0.9，参考湖南定额的调整系数为 1.0，参考浙江定额的调整系数为 1.08。

③工程实测法。对于95定额中没有的，且无法从各省市现行预算定额中借鉴的，则采用实测法。即根据施工现场实际情况实测，同时参照全统、行业或有关省市相关定额的水平，经综合平衡后确定。

(2)材料消耗量的确定。

①本次定额修编中使用的材料均选用符合国家现行质量标准和相应设计要求的合格产品，定额表内的材料、成品、半成品均按品种、规格逐一列出消耗量。材料消耗量包括材料净用量、材料损耗量。

②材料损耗量包括的内容和范围：从工地仓库运至现场堆放地点或现场加工地点至安装地点的搬运损耗、施工操作损耗、施工现场内堆放损耗三项。

③定额中的零星、次要材料，作为其他材料费以(计价)材料费的百分比表示。根据统一性技术规定的要求，其他材料费原则上控制在(计价)材料费的2%内。

④周转性材料的周转次数：混凝土工程中的复合模板按5次周转计算[其中雨篷板、阳台板、直形楼梯、装饰线条等按4次周转计算，圆弧形阳台板、弧形(螺旋形)楼梯、小型构件等按3次周转计算]；钢模板按50次周转计算；卡具(扣件、连接件)按28次周转计算，模板钢支撑按120次周转计算；木支撑按12次周转计算。

⑤脚手架工程中材料的耐用期限：钢管为180个月，扣件为72个月，木脚手板为42个月。

2)人、材、机消耗量的表现形式

本册定额的表现形式为：定额人工、材料、机械台班仅列消耗量，不设单价和基价。

(1)人工以合计工日表示，并分列普工、一般技工、高级技工。合计工日包括基本用工、超运距用工、辅助用工、人工幅度差。

(2)材料、成品、半成品均按品种(名称)、规格和型号逐一列出消耗量，包括相应的损耗量。用量少、价值小的材料不列具体名称、规格和型号，合并为其他材料，以百分比的形式表示。模板、脚手架等涉及的周转性材料，仍以摊销的形式出现。

(3)机械台班按定额所涉及的机械列出具体名称、规格、型号，不列其他机械费，机械台班消耗量中包括了机械幅度差。单位价值在2000元以下的机械视为工具用具，不列入定额消耗量内，但其所需要的燃料动力消耗及消耗品(如钻头、砂轮片等)列入材料内。

4. 定额总水平情况

1)典型工程选择

为了分析新编15定额水平，我们将新编15定额与95定额进行测算比较。本次测算从浙江、广东、陕西、安徽选择了五个不同类型的典型工程，分别为：

(1)杭州某小区住宅(高层住宅)。

(2)安徽某小区住宅(多层住宅)。

(3)西安某妇女儿童医院门诊住院综合楼(公共建筑)。

(4)浙江某工业园区厂房(工业厂房)。

(5)广东某基地扩建项目(科研办公楼)。

2)测算内容和方法

(1)测算主要内容。

本次测算主要针对单位工程以及单位工程中分部工程的直接费、人工费、材料费、施工机械使用费进行对比测算，通过对比数值反映单位工程和分部工程中各项费用的变化水平，并对不同工程分别确定权数，经综合分析后反映的建筑工程定额综合水平变化情况。

(2)测算方法。

对典型工程分别按照95定额、15定额的工程量计算规则计算工程量并套用定额，将工、料、机调整至同一价格水平后，以分部工程为测算对象，进行对比分析。

(3)工、料、机价格的确定。

本次测算，工、料、机价格统一按15定额的价格取定。其中：

①人工单价按普工83.68元/工日、一般技工128.74元/工日、高级技工193.1元/工日确定；

②材料价格按2014年2季度北京市材料价格水平确定；

③机械台班单价按天津市建设工程定额管理研究站和铁路工程定额所主编的《建设工程施工机械台班费用编制规则》确定。

(4)统一测算口径。

①对于混凝土分部以及涉及砂浆的部分子目，虽然目前工程已普遍采用预拌混凝土和预拌砂浆，但由于95定额中无相应的子目，故本次测算均按照现拌混凝土考虑；

②对于95定额缺项的内容，如保温节能子目等，测算时均按15定额的消耗量确定，但人工消耗量统一调增20%。

(5)综合权数的确定。

本次测算中，综合权数按高层住宅占35%、多层住宅占15%，公共建筑占25%、工业厂房占5%和综合办公楼占20%的比例确定。

3)测算分析说明

(1)定额水平变化幅度总体概况。

15定额与95定额相比较，综合水平提高了12.03%，即工、料、机定额消耗量减少12.03%，其中人工费因素提高占10.85%，材料费因素降低占1.15%，机械费因素提高占2.33%。可见，15定额编制中人工消耗量的调整是定额水平提高的主要原因。

通过本次定额修订，人工费、材料费和机械费占直接费的比率从95定额的38.49%、54.87%和6.64%调整为15定额的31.48%、63.64%和4.88%。

综合水平提高的主要原因：人工幅度差的调整；人工消耗量水平的提高；材料消耗量的调整与减少；机械幅度差的调整与减少。

(2)人工变化主要原因分析。

人工费调整幅度较大的分部工程分别为混凝土及钢筋混凝土工程，门窗工程，墙柱面工程，油漆、涂料、裱糊工程和措施项目。

①混凝土及钢筋混凝土工程：混凝土、钢筋和模板中各子目人工消耗量下降比例比较平均，分别为20.09%、16.29%和26.50%。由于本次定额水平对比中均采用现拌混凝土，如15定额采用预拌混凝土，则人工消耗量将在此基础上再减少40%左右，即下降比例达到60%。

②门窗工程：人工消耗量下降主要原因是门窗制作由95定额的现场制作、安装改为加工厂制作、现场安装所致，如铝合金平开窗定额子目95定额人工消耗量为76工日/100 m^2，15定额调整为22工日/100 m^2。

③墙柱面工程：编制组通过市场调查与测算，对墙柱面工程部分定额子目的人工消耗量做了一定幅度的调整，如干挂石材子目，95定额人工消耗量为84.79工日/100 m^2，15定额调整为55.34工日/100 m^2；独立梁柱面抹混合砂浆子目，95定额的人工消耗量为20.18工日/100 m^2，15定额调整为11.203工日/100 m^2。

④油漆、涂料、裱糊工程：由于施工工艺变化不大，总体人工变化也较为平稳，但部分子目结合目前工艺要求的提高，人工含量有所增加，如墙面和天棚乳胶漆定额中的人工含量从统一的3.8工日/100 m^2调整为7.2工日/100 m^2和8.6工日/100 m^2。

⑤措施项目：主要是由于脚手架工程的工程量计算规则发生变化所致，95定额为单项脚手架，15定额为综合脚手架。

(3)材料变化主要原因分析。

材料费调整幅度较大的分部主要为混凝土及钢筋混凝土工程和门窗工程。

①混凝土及钢筋混凝土工程：材料费增加的主要原因是模板分部的材料费增加，占总材料费增加因素中的63.44%。其原因是95定额中木模板摊销次数为50次，15定额调整为5次。此外，由于Φ10以上钢筋的损耗率从4.5%调整至2.5%，导致材料费减少0.27%。

②门窗工程：材料费增加主要是门窗按半成品考虑，制作、运输等费用列入材料费中。此外，由于图集的调整，95 定额中密封油膏、密封胶条调整为硅酮耐候密封胶和聚氨酯发泡密封胶，单价上升较大且含量也有所增加。

(4)机械变化主要原因分析。

机械费调整幅度较大的分部主要是混凝土及钢筋混凝土工程。由于混凝土部分单位价值在 2000 元以内的施工机械列入企业管理费，故取消了混凝土振捣器的含量，影响直接费约 0.36%；钢筋工程取消了 95 定额中的卷扬机单筒慢速 5t 以内的台班机械台班含量；模板工程中取消了 95 定额中的载重汽车 6t 和汽车式起重机 5t 的机械台班含量。

4)需要说明的问题

(1)本次定额修编，砌筑与抹灰砂浆均按干混预拌砂浆编制，如遇现拌砂浆或湿拌预拌砂浆时，按总说明相关规定进行换算调整。

(2)本次定额修编，价值在 2000 元以内小型机械均不作为机械台班列入定额消耗量内，但小型机械所需耗用的燃料、动力费，以材料消耗量的形式列入定额内。

(3)各章定额需要说明的问题，详见各章节的介绍。

2.3 预 算 定 额

2.3.1 预算定额概述

1. 预算定额的概念

预算定额是指在正常的施工条件下，完成一定计量单位合格的分项工程和结构构件所需消耗的人工、材料、机械台班数量及相应费用标准。

2. 预算定额的作用

(1)预算定额是编制建筑工程施工图预算，合理确定建筑工程预算造价的依据。

(2)预算定额对实行招标投标的工程，建筑工程预算定额是计算确定工程标底和投标报价的依据。

(3)预算定额是建设单位和建筑施工企业进行工程结算和决算的依据。

(4)预算定额是编制建筑工程预算定额和概算指标的依据。

(5)预算定额是编制建筑工程概算定额和核算指标的依据。

(6)预算定额是建筑施工企业编制施工计划、组织施工、进行经济核算加强经营管理的重要工具。

3. 编制预算定额的原则和依据

1)编制预算定额应遵循的原则

(1)按社会平均水平确定预算定额的原则。编制期间必须贯彻技术先进，平均合理的原则。

(2)简明适用的原则。简明适用一是指在编制预算定额时，对于那些主要的、常用的、价值量大的项目，分项工程划分宜细，次要的、不常用的、价值量相对较小的项目则可以粗一些；二是指预算定额要项目齐全；三是还要求合理确定预算定额的计算单位。

(3)要贯彻集中领导和分级管理的原则。

2)编制预算定额的依据

(1)现行的设计规范、施工及验收规范、质量评定标准及安全操作规程等建筑技术法规。

(2)通用标准图集和定型设计图纸及有代表性的设计图纸和图集。

(3)现行的全国统一劳动定额、各地区现行预算定额、材料消耗定额和施工机械台班定额。

(4)各地区现行的人工工资标准、材料预算价格和施工机械台班费。

(5)较成熟的新技术、新结构、新材料的数据和资料。

4. 预算定额的编制程序

预算定额的编制应遵循以下基本程序。

(1)确定编制细则。主要包括：统一编制表格及编制方法；统一计算口径、计量单位和小数点位数的要求；有关统一性规定，名称统一，用字统一，专业用语统一，符号代码统一，简化字要规范，文字要简练明确。

(2)确定定额的项目划分和工程量计算规则。

(3)定额人工、材料、机械台班耗用量的计算、复核和测算。

5. 建筑工程预算定额的组成内容

预算定额手册主要由目录、总说明、分部说明、定额项目表及有关附录组成。定额总说明主要说明各分部工程的共性问题和有关的统一规定，对各章都起作用；分部说明主要介绍分部工程所包括的主要项目内容，编制中有关问题的说明，定额允许换算和不得换算及允许增减系数的一些规定，特殊情况的处理方法等；定额项目表是预算定额的主要组成部分，一般由工作内容(分项说明)、定额单位、项目表和附注组成，示例如表 2.3.1 所示。

表 2.3.1　(A.3.1)回填方(编码 010103001)

工作内容：摊铺、平土(石渣)、洒水、碾压或夯实。　　　　单位：100 m^3

定额编号				AA0081	AA0082	AA0083	AA0084
项目				回填土		买土回填及换填	碾压石渣
				夯填	机械夯填		
基价				826.45	654.08	2111.47	690.46
其中	人工费/元			558.00	123.50	600.00	114.00
	材料费/元			0.20	0.20	1238.60	—
	机械费/元			186.37	465.58	186.37	508.04
	综合费/元			81.88	64.80	86.50	68.42
名称		单位	单价/元	数量			
材料	水	m^3	2.00	0.100	0.100	0.100	—
	普通土	m^3	12.00	—	—	103.200	—
机械	汽油	kg		—	(2.996)	—	(2.996)
	柴油	kg		—	(34.601)	—	(38.062)

注：《××建筑工程消耗量定额》总说明就写有“本定额注有‘××以内’或‘××以下’者，均包括××本身；‘××以外’或‘××以上’者，则不包括××本身。”

2.3.2　预算定额中人工、材料、施工机械消耗指标的确定

1. 人工消耗指标的确定

人工的工日数有两种确定方法：一种是以劳动定额为基础确定；另一种是以现场观察测定资料为基础计算。

预算定额中人工工日消耗量是指在正常施工条件下，生产单位合格产品所必需消耗的人工工日数量，是由分项工程所综合的各个工序劳动定额包括的基本用工、其他用工两部分组成的。其他用工是辅助基本用工消耗的工日，按其工作内容分为以下三类。

(1)人工幅度差用工指在劳动定额中未包括的，而在一般正常施工中不可避免的，但又无法计量的用工。主要包括各工种间的工序搭接及交叉作业相互配合或影响所发生的停歇用工；施工机械在单位工程之间转移及临时水电线路移动所造成的停工；质

量检查和隐蔽工程验收工作的影响；班组操作地点转移用工；工序交接时对前一工序不可避免的修整用工；施工中不可避免的其他零星用工等。

(2)超运距用工指超过劳动定额规定的材料、半成品运距的用工数量。

(3)辅助用工主要包括机械土方工程配合用工、材料加工(筛砂、洗石、淋化石膏)，电焊点火用工等，材料需要在现场加工的用工数量，如筛砂子、淋石灰膏、冲洗石子、混凝土养护、草袋场内运输等增加的用工量。

定额用工量＝基本用工＋其他用工

基本用工＝∑(综合取定的工程量×时间定额)

其他用工＝人工幅度差用工＋超运距用工＋辅助用工

其中，对于超运距用工

超运距＝预算定额规定的运距－劳动定额规定的运距

超运距用工＝∑(材料数量×超运距的时间定额)

辅助用工＝∑(材料加工数量×时间定额)

人工幅度差用工＝(基本用工＋辅助用工＋超运距用工)×人工幅度差系数

定额用工合计：

定额用工量＝基本用工＋人工幅度差用工＋超运距用工＋材料加工用工

2. 材料消耗指标的确定

材料消耗量的计算方法：

(1)按规范要求计算定额计量单位的耗用量，适用于有标准规格的材料。

(2)按设计图纸尺寸计算材料净用量，适用于设计图纸标注尺寸及下料要求的。

(3)换算法，适用于各种配合比用料。

(4)测定法，适用于新材料、新结构又不能用其他方法计算定额消耗用量时。

材料消耗量＝材料净用量＋损耗量

3. 机械台班消耗指标的确定

1)编制依据

预算定额中的机械台班消耗指标以台班为单位，每个台班按 8 h 计算。其中：

(1)以手工操作为主的工人班组所配备的施工机械(如砂浆、混凝土搅拌机、垂直运输用的塔式起重机)为小组配合使用，因此应以小组产量计算机械台班量。

(2)机械施工过程(如机械化土石方工程、打桩工程、机械化运输及吊装工程所用的大型机械及其他专用机械)应在劳动定额中的台班定额的基础上另加机械幅度差。

2)机械幅度差

机械幅度差是指在劳动定额中机械台班耗用量中未包括的，而机械在合理的施工组织条件下所必需的停歇时间，这些因素会影响机械的生产效率，因此应另外增加一定的机械幅度差的因素。其内容包括：

(1)施工机械转移工作面及配套机械互相影响损失的时间。

(2)在正常施工情况下，机械施工中不可避免的工序间歇。

(3)工程结尾工作量不饱满所损失的时间。

(4)检查工程质量影响机械操作的时间。

(5)临时水电线路在施工过程中不可避免的工序间歇。

(6)冬季施工期发动机械操作的时间。

(7)不同厂牌机械的工效差。

(8)配合机械的人工在人工幅度差范围内的工人间歇，而且影响机械操作时间。

机械幅度差系数一般根据测定和统计资料取定。大型机械幅度差系数规定为：土方机械为 1.25；打桩机械 1.33；吊装机械 1.3；其他分项工程机械，如木作、蛙式打夯机、水磨石机等专用机械均为 1.1。

3)预算定额中机械台班消耗指标的计算方法

按工人小组配用的机械应按工人小组日产量计算机械台班量，不另增加机械幅度差。计算公式如下：

$$\text{分项定额机械台班使用量}=\frac{\text{预算定额项目计量单位值}}{\text{小组总产量}}$$

式中，

小组总产量＝小组总人数×∑(分项计算取定的比重×劳动定额每工综合产量)

按机械台班产量计算，

$$\text{分项定额机械台班使用量}=\frac{\text{预算定额项目计量单位值}}{\text{机械台班产量}}\times\text{机械幅度差系数}$$

例 2.3.1　砌一砖厚内墙，定额单位 10 m^3，其中：单面清水墙占 20%，双面混水墙占 80%，瓦工小组成员 22 人，定额项配备砂浆搅拌机一台，2～6 t 塔式起重机一台，分别确定砂浆搅拌机和塔式起重机的台班产量。

解：　小组总产量＝22×(0.2÷1.04＋0.8÷1.24)＝17.38(m^3)

$$\text{砂浆搅拌机}=\frac{10}{17.38}=0.58(\text{台班})$$

$$\text{塔式起重机}=\frac{10}{17.38}=0.58(\text{台班})$$

以上两种机械均不增加机械幅度差。

2.3.3 预算定额的使用

1. 预算定额的直接套用

工程项目的设计要求、作法说明、技术特征和施工方法等与定额内容完全相符，且工程量计算单位与定额计量单位相一致，可以直接套用定额。在编制单位工程施工图预算的过程中，大多数项目可以直接套用预算定额。套用定额时应注意以下几点：

(1)根据施工图、设计说明和做法说明，选择定额项目。

(2)要从工程内容、技术特征和施工方法上仔细核对，才能较准确地确定相对应的定额项目。

(3)分项工程的名称和计量单位要与预算定额相一致。

2. 定额换算

工程做法要求与定额内容不完全相符合，而定额又规定允许调整换算的项目，应根据不同情况进行调整换算。预算定额在编制时，对那些设计和施工中变化多，影响工程量和价差较大的项目，定额均留有活口，允许根据实际情况进行调整和换算。调整换算必须按定额规定进行。定额规定不允许换算的，则应“生搬硬套，强制执行”选用定额(同直接套用定额)；定额规定允许换算的，则应按定额规定的换算原则、依据、方法进行换算，换算后，再进行定额套用。对换算定额，套用时，仍采用原来的定额编号，只是在原定额编号的右下角标注一个“换”字，以示区别。

1)定额换算的基本思路

根据选定的预算定额基价，按规定换入增加的费用，换出扣除的费用。这一思路用下列表达式表述：

换算后的定额基价＝原定额基价＋换入的费用－换出的费用

2)定额换算的计算方法

(1)砌筑砂浆换算。

①换算原因：当设计图纸要求的砌筑砂浆强度等级在预算定额中缺项时，就需要调整砂浆强度等级，求出新的定额基价。

②换算特点：由于砂浆用量不变，所以人工、机械费不变，因而只换算砂浆强度等级和调整砂浆材料费。

③砌筑砂浆换算公式：

换算后定额基价＝原定额基价＋定额砂浆用量×(换入砂浆基价－换出砂浆基价)

(2)抹灰砂浆换算。

①换算原因：当设计图纸要求的抹灰砂浆配合比或抹灰厚度与预算定额的抹灰砂浆配合比或厚度不同时，就要进行抹灰砂浆换算。

②换算特点及公式。

第一种情况：当抹灰厚度不变只换算配合比时，人工费、机械费不变，只调整材料费，换算公式为

换算后定额基价＝原定额基价＋抹灰砂浆定额用量×(换入砂浆基价－换出砂浆基价)

第二种情况：当抹灰厚度发生变化时，砂浆用量要改变，因而人工费、材料费、机械费均要换算。换算公式为

换算后定额基价＝原定额基价＋(定额人工费＋定额机械费)×($K-1$)

＋∑(各层换入砂浆用量×换入砂浆基价

－各层换出砂浆用量×换出砂浆基价)

式中，K 为工、机换算系数，$K=\frac{\text{设计抹灰砂浆总厚}}{\text{定额抹灰砂浆总厚}}$。

$$\text{各层换入砂浆用量}=\frac{\text{定额砂浆用量}}{\text{定额砂浆厚度}}\times\text{设计厚度}$$

各层换出砂浆用量＝定额砂浆用量

(3)构件混凝土换算。

①换算原因：当设计要求构件采用的混凝土强度等级，在预算定额中没有相符合的项目时，就产生了混凝土强度等级或石子粒径的换算。

②换算特点：混凝土用量不变，人工费、机械费不变，只换算混凝土强度等级或石子粒径。

③换算公式：

换算后定额基价＝原定额基价＋定额混凝土用量×(换入混凝土基价－换出混凝土基价)

(4)楼地面混凝土换算。

①换算原因：楼地面混凝土面层的定额单位一般是平方米。因此，当设计厚度与定额厚度不同时，就产生了定额基价的换算。

②换算特点：同抹灰砂浆的换算特点。

③换算公式：

换算后定额基价＝原定额基价＋(定额人工费＋定额机械费)×($K-1$)

＋换入混凝土用量×换入混凝土基价

－换出混凝土用量×换出混凝土基价

式中，K 为工、机费换算系数，$K=\frac{\text{混凝土设计厚度}}{\text{混凝土定额厚度}}$。

$$\text{换入混凝土用量}=\frac{\text{定额混凝土用量}}{\text{定额混凝土厚度}}\times\text{设计混凝土厚度}$$

$$\text{换出混凝土用量}=\text{定额混凝土用量}$$

(5)乘系数换算。

乘系数换算是指用定额说明中规定的系数乘以相应定额基价(或人工费、材料费、材料用量、机械费)的一种换算。

例：某装饰大厅的异型艺术吊顶，图纸计算的展开面积为 150 m^2。按照此部分工程量的计算规则，定额规定：异型艺术吊顶应按展开面积乘以系数 1.15 计算。

工程量的换算：　　　　$150\times1.15=172.54(m^2)$

(6)其他换算。

其他换算是指前面几种换算类型未包括的但又需进行的换算。

3. 预算定额的补充

当设计图纸中的项目在定额中没有时，可以做临时性的补充，补充方法一般有以下两种。

(1)定额代换法。即利用性质相似、材料大致相同，施工方法又很接近的定额项目，将类似项目分解套用或考虑(估算)一定系数调整使用。此种方法一定要在实践中注意观察和测定，合理确定系数，保证定额的精确性，也为以后新编定额项目做准备。

(2)定额编制法。材料用量按图纸的构造做法及相应的计算公式计算，并加入规定的损耗率。人工及机械台班使用量，可按劳动定额、机械台班使用定额计算，材料用量按实际确定或经有关技术和定额人员讨论确定。然后乘以人工日工资单价、材料预算价格和机械台班单价，即可得到补充定额基价。

2.3.4 地方性定额说明

1. 编制依据

2015 年《四川省建设工程工程量清单计价定额》(以下简称“本定额”)是与中华人民共和国国家标准《建设工程工程量清单计价规范》(GB 50500－2013)以及《房屋建筑与装饰工程工程量计算规范》(GB 50854－2013)、《仿古建筑工程工程量计算规范》(GB 50855－2013)、《通用安装工程工程量计算规范》(GB 50856－2013)、《市政工程工程量计算规范》(GB 50857－2013)、《园林绿化工程工程量计算规范》(GB 50858－

2013)、《构筑物工程工程量计算规范》(GB 50860—2013)、《城市轨道交通工程工程量计算规范》(GB 50861—2013)、《爆破工程工程量计算规范》(GB 50862—2013)等(以下简称“13 规范”)相配套，依据住房和城乡建设部令第 16 号《建筑工程施工发包与承包计价管理办法》、《住房和城乡建设部、财政部关于印发〈建筑安装工程费用项目组成〉的通知》(建标〔2013〕44 号)、《全国统一建筑工程基础定额》(GJD—101—95)、《全国统一建筑装饰装修工程消耗量定额》(GYD—901—2002)、《全国统一安装工程基础定额》(GJD 208—2006)、《全国统一市政工程预算定额》(GYD—301～308—1999)、《全国统一施工机械台班费用编制规则》、2009 年《四川省建设工程工程量清单计价定额》、2008 年《四川省房屋建筑抗震加固工程计价定额》以及现行国家相关产品标准、设计规范、施工质量验收规范和安全操作规程进行编制的。

2. 适用范围

本定额适用于四川省行政区域内的工程建设项目计价，具体专业工程如下：

(1)房屋建筑与装饰工程：适用于工业与民用房屋建筑工程以及建筑物和构筑物的装饰、装修工程。

(2)仿古建筑工程：适用于传统做法的仿古建筑物、构筑物和纪念性建筑以及现代建筑的仿古部分。

(3)通用安装工程：适用于工业与民用安装工程。

(4)市政工程：适用于市政建设工程。

(5)园林绿化工程：适用于园林绿化工程。

(6)构筑物工程：适用于构筑物工程。

(7)爆破工程：适用于建筑物、构筑物、基础设施等开挖石方爆破工程。

(8)城市轨道交通工程：适用于城市轨道交通的路基、围护结构、高架桥、地下区间、地下结构轨道、通信、信号、供电、智能与控制系统安装、机电设备安装、车辆基地工艺设备以及拆除工程等。

(9)房屋建筑维修与加固工程：适用于房屋建筑工程拆换、维修、零星修补、抗震加固工程以及局部改造。

(10)建筑安装工程费用：适用于与工程建设项目各专业工程相配套的各项费用。

(11)其他项目：适用于与工程建设项目各专业工程相配套的其他项目。

(12)规费：适用于与建设工程项目相配套的规费。

(13)税金：适用于与建设工程项目相配套的税金。

(14)附录一施工机械台班费用定额：适用于与工程建设项目各专业工程相配套的

施工机械台班费用单价。

(15)附录二混凝土及砂浆配合比：适用于与工程建设项目各专业工程相配套的混凝土及砂浆配合比。

凡使用国有资金投资的建设工程应执行本定额。

3. 定额作用

本定额是编审建设工程设计概算、施工图预算、最高投标限价(招标控制价、招标标底)、竣工结算，调解处理工程造价纠纷，鉴定及控制工程造价的依据；是招标人组合综合单价，衡量投标报价合理性的基础；是投标人组合综合单价，确定投标报价的参考；是编制建设工程投资估算指标的基础。

4. 消耗量标准

本定额的消耗量标准是根据国家现行设计标准、施工质量验收规范和安全技术操作规程，以正常的施工条件、合理的施工组织设计、施工工期、施工工艺为基础，结合四川省的施工技术水平和施工机械装备程度进行编制的，它反映了社会的平均水平。因此，除定额允许调整者外，定额中的材料消耗量不得变动，如遇特殊情况，需报经工程所在地工程造价管理部门同意，并报省建设工程造价管理总站备案后方可调整。

5. 补充定额

本定额在执行中如遇缺项，由甲乙双方编制临时性定额，报工程所在地工程造价管理部门审批，并报省建设工程造价管理总站备案。

6. 工作内容

本定额的工作内容指主要施工工序，除另有规定和说明者外其他工序虽未详列，但定额均已考虑。

7. 材料用量

本定额中仅列出主要材料的用量，次要和零星材料均包括在其他材料费内，以“元”表示，编制设计概算、施工图预算、最高投标限价(招标控制价、标底)时不得调整。

8. 应说明的问题

(1)本定额以成品编制项目，其成品的制作，运输不再单列，成品单价包括制作及运杂费等。

(2)本定额若遇各专业工程定额未编制的项目，应按各专业册说明及规定执行其他专业工程定额相关项目。

(3)本定额总说明未尽事宜，详见各专业工程定额“册说明”或“章节说明”。

2.4 其他定额

2.4.1 投资估算指标

1. 投资估算指标作用和编制原则

工程建设投资估算指标是以能独立发挥投资效益的建设项目(或单位工程、单项工程)为对象的扩大的技术经济指标。它是编制建设项目建议书、可行性研究报告等前期工作阶段投资估算的依据，也可以作为编制固定资产长远规划投资额的参考。投资估算指标为完成项目建设的投资估算提供依据和手段，它在固定资产的形成过程中起着投资预测、投资控制、投资效益分析的作用，是合理确定项目投资的基础。估算指标中主要材料消耗量也是一种扩大材料消耗量指标，可以作为计算建设项目主要材料消耗量的基础。估算指标的正确制订对于提高投资估算的准确度、对建设项目的合理评估、正确决策具有重要的意义。

2. 投资估算指标的内容

投资估算指标的范围涉及建设前期、建设实施期和竣工验收交付使用期等各个阶段的费用支出，内容因行业不同各异，一般可分为建设项目综合指标、单项工程指标和单位工程指标三个层次。

(1)建设项目综合指标一般以项目的综合生产能力单位投资表示，内容包括按规定应列入建设项目总投资的从立项筹建开始至竣工验收交付使用的全部投资额，包括单项工程投资、工程建设其他费用和预备费等。

(2)单项工程指标一般以单项工程生产能力单位投资，内容包括按规定应列入能独立发挥生产能力或使用效益的单项工程内的全部投资额，包括建筑工程费、安装工程费、设备、工器具及生产家具购置费和可能包含的其他费用。

(3)单位工程指标按规定应列入能独立设计、施工的工程项目的费用，即建筑安装工程费用。

2.4.2 概算指标

1. 概算指标及其作用

建筑安装工程概算指标通常是以整个建筑物和构筑物为对象，以建筑面积、体积或成套设备装置的台或组为计量单位而规定的人工、材料和机械台班的消耗量标准和造价指标。建筑安装工程概算指标比概算定额具有更加概括与扩大的特点。概算指标的作用主要有以下几点。

(1)概算指标可以作为编制投资估算的参考。

(2)概算指标中的主要材料指标可作为匡算主要材料用量的依据。

(3)概算指标是设计单位进行设计方案比较，建设单位选址的一种依据。

(4)概算指标是编制固定资产投资计划，确定投资额的主要依据。

2. 概算指标的编制原则

(1)按平均水平确定概算指标。在市场经济条件下，概算指标作为确定工程造价的依据，必须遵照价值规律的客观要求，在其编制时必须按社会必要劳动时间，贯彻平均水平的编制原则。只有这样才能使概算指标合理确定和控制工程造价的作用得到充分发挥。

(2)概算指标的内容和表现形式要简明适用。为适应市场经济的客观要求，概算指标的项目划分应根据用途的不同，确定其项目的综合范围。遵循粗而不漏、适用面广的原则，体现综合扩大的性质。概算指标从形式到内容应简明易懂，要便于在采用时根据拟建工程的具体情况进行必要的调整换算，能在较大范围内满足不同用途的需要。

(3)概算指标的编制依据必须具有代表性。编制概算指标所依据的工程设计资料，应是有代表性的，技术上是先进的，经济上是合理的。

3. 概算指标的分类和表现形式

(1)概算指标可分为两大类：一类是建筑工程概算指标；另一类是安装工程概算指标。

(2)概算指标在具体内容的表示方法上，分综合概算指标和单项概算指标两种形式。综合概算指标是按照工业或民用建筑及其结构类型而制定的概算指标。单项概算指标的针对性较强，故指标中对工程结构形式要作介绍。

2.4.3　概算定额

1. 概算定额的概念

概算定额是指在预算定额基础上，确定完成合格的单位扩大分项工程或单位扩大结构构件所需消耗的人工、材料和施工机械台班的数量标准及其费用标准。概算定额又称扩大结构定额，是初步设计阶段编制工程概算时，计算和确定工程概算造价，计算人工、材料及机械台班需要量所使用的定额。它的项目划分粗细程度与初步设计深度相适应。概算定额是控制工程项目投资的重要依据，在工程建设的投资管理中有重要作用。

2. 概算定额的内容和形式

概算定额项目一般按两种方法划分：按工程结构划分；按工程部位(分部)划分。

概算定额的表现形式由于专业特点和地区特点有所不同，其内容基本由文字说明、定额项目表格、附录组成。

概算定额的文字说明中有总说明、分章说明，有的还有分册说明。在总说明中，要说明编制的目的和依据，所包括的内容和用途，使用范围和应遵守的规定，建筑面积的计算规则；分章说明规定分部分项工程的工程量计算规则等。

3. 概算定额的作用

(1)概算定额是编制投资规划、可行性研究，确定建设项目贷款、拨款的依据。

(2)概算定额是初步设计阶段编制建设项目概算、技术设计阶段编制修正概算的主要依据。

(3)概算定额是对设计方案进行技术经济分析和比较的依据。

(4)概算定额是编制概算指标和投资估算指标的依据。

(5)概算定额也可在实行工程总承包时作为已完工程价款结算的依据。

(6)概算定额是编制主要材料需用量申请计划的计算依据。

4. 概算定额与概算指标的主要区别

建筑安装工程概算指标通常是以整个建筑物和构筑物为对象，以建筑面积、体积或成套设备装置的台或组为计量单位而规定的人工、材料、机械台班的消耗量标准和造价指标。其与概算定额的主要区别在于：①确定各种消耗量指标的对象不同；②确定各种消耗量指标的依据不同。

5. 概算定额与预算定额的异同

两者相同之处在于它们都是以建(构)筑物各个结构部分和分部分项工程为单位表示的，内容也包括人工、材料和机械台班使用量定额三个基本部分，并列有基准价，概算定额表达的主要内容，表达的主要方式及基本使用方法都与预算定额相近。概算定额与预算定额的不同之处在于项目划分和综合扩大程度上的差异。

2.4.4 企业定额

1. 企业定额及其作用

企业定额是施工企业根据本企业的施工技术和管理水平而编制的人工、材料和施工机械台班等的消耗标准。企业定额是直接用于建筑施工管理中的一种定额。它由劳动定额、材料消耗定额、施工机械台班使用定额三部分组成。

2. 企业定额的内容

企业定额一般由文字说明、定额项目表及附录三部分组成。

2.4.5 建设工期定额

1. 建设工期的有关概念

(1)建设工期指建设项目中构成固定资产的单项工程、单位工程从正式破土动工到按设计文件全部建成能竣工验收交付使用所需的全部时间。建设工期、工程造价和工程质量是建设项目管理的三大目标，是考核建设项目经济效益和社会效益的重要指标。

(2)建设周期指建设总规模与年度建设规模的比值。它反映国家、一个地区或行业完成建设总规模平均需要的时间，同时也反映建设速度与建设过程中人力、物力和财力的集中程度。作为考查投资效益的重要指标，可用总投资额与年度投资额表示，即

$$\text{建设周期(年)}=\frac{\text{总投资额}}{\text{年度投资额}}$$

也可用项目总个数与年度建成项目个数表示，即

$$\text{建设周期(年)}=\frac{\text{项目总个数}}{\text{年建成项目个数}}$$

(3)合理建设工期是建设项目在正常的建设条件、合理的施工工艺和管理以及合理

有效地利用人力、财力、物力资源的情况下，使项目的投资方和各参建单位均获得满意的经济效益的工期。合理建设工期受拟建项目的资源勘探、厂址选择、设备选型与供应、工程质量、协作配合、生产准备等各种客观因素的制约。

(4)工期定额是在一定的经济和社会条件下，在一定时期内由建设行政主管部门制订并发布项目建设所消耗的时间标准。工期定额具有一定的法规性，对具体建设项目的建设工期确定具有指导意义，体现了合理建设工期反映了一定时期国家、地区或部门不同建设项目的建设和管理水平。

工期定额是各类工程规定的施工期限的定额天数，包括建设工期定额和施工工期定额两个层次。建设工期定额是建设项目或独立的单项工程从开工建设起到全部建成投产或交付使用时止所需要的额定时间，不包括由于决策失误而停(缓)建所延误的时间，一般以月数或天数表示。施工工期定额是单项工程或单位工程从正式开工起至完成承包工程全部设计内容并达到国家验收标准所需要的额定时间。施工工期是建设工期中的一部分。因不可抗拒的自然灾害或重大设计变更造成的停工，经签证后，可顺延工期。

(5)合同工期是在定额工期的指导下，由工程建设的承发包双方根据项目建设的具体情况，经招标投标或协商一致后，在承包合同书中确认的建设工期。合同工期一经签定，对合同双方都具有强制性约束作用，受到国家经济合同法的保护和制约。

2. 建设工期与成本、质量的关系

建设工期与成本在项目建设管理中有其内在的规律，不能简单地说工期越短，成本越低。一般来说，缩短正常建设工期需要投入更多的人力、物力和采取相应的施工措施。增加投入也即项目建设成本加大，其关系如图 2.4.1 所示。

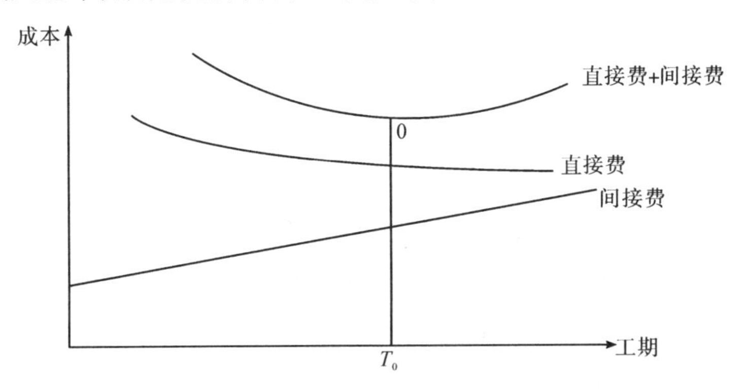

图 2.4.1　建设项目成本与工期关系图

增加的成本需要从项目提前投产或交付使用所产生的效益中得到补偿，当提前建成所产生的效益大于为提前工期而增加的成本时，即失去了提前工期的意义。可见压缩正常建设工期是有一定限制的，从经济角度上讲，成本最低、质量合格所对应的工期应是合理的。

另一方面，正常建设工期的拖延，即使不考虑材料、人工、机械设备的变化因素，也会造成成本中间接费用的增加，从投资角度看，建设工期拖延，不能按时形成生产能力，资金回收期延长，投资收益率降低。更为严重的是由于建设工期拖延会失去项目建设预期的商业机会或增加资产的无形损耗。如某玻璃纤维工程项目，产品属国内新产品，销路前景看好，但由于建设工期拖延达数年，待项目建成投产后，市场上该产品已饱和，产品滞销，最终被迫破产。

前面提到的正常建设工期和最经济成本都是以保障工程质量为前提的，工程质量高低或合格或优质所对应工期和成本是不同的，由此可见工期、成本和质量三者之间是相互联系、相互制约的统一体，离开成本、质量，该工期必然欲速则不达。确需缩短工期时应依据工程具体情况，对工期进行优化，采取相应措施，通过合理的组织管理，在工艺流程允许的条件下改进工艺、合理划分工序，对关键工序路线组织平行、交叉作业或增加作业班次等。

3. 影响建设工期的主要因素与工期优化

1)影响建设工期的主要因素

影响建设工期的因素是多方面的、复杂的，而且许多因素具有不确定性，概括起来大致可分为内部因素、外部因素和管理因素。

(1)内部因素。内部因素包括建设项目的建设标准、功能、规模以及项目建设中采用相应的施工组织措施和施工技术方案等。不同项目有不同的特点，即使同类项目，由于建设规模、生产能力、工艺设备及流程、工程结构的不同，影响建设工期的因素也不同。内部因素主要反映不同建设项目或相同项目不同建设规模、标准之间所存在建设工期的差异。

(2)外部因素。外部因素包括以下几点。

①建设地点的地质、气候等自然条件。建设地点的地质条件直接影响到内部因素所涉及的建设工程量、建设的难易程度、交通运输和施工组织设计等；气候条件主要是指建设地点的海拔高度、冬季施工期、年度降雨天数、年大风或台风天数、最大冻土深度等，气候因素影响了建设的年有效工期以及由此导致的降效。

②供应条件。供应条件主要指建设项目的资金、材料设备、劳动力、施工机械等的供应及其质量。供应条件受整个国民经济和建筑业发展的影响。实践表明，供应条

件是影响建设项目工期的关键因素之一。如不少重点建设项目，由于资金到位率高、物质供应有保障，加上主管部门和参与建设各单位的科学管理，项目建设工期明显缩短，使项目建设取得了良好的经济效益和社会效益。相反也有相当一部分工程项目仓促上马，建设资金不足时搞“钓鱼”工程，严重影响了材料、设备的准备工作，致使工期一拖再拖，形成了“投资无底洞、工期马拉松”的状况，不仅造成建设项目投资效益差，还给参与建设的各方带来经济损失，同时也出现了不少纠纷的现象。

(3)管理因素。建设项目的实施涉及计划、建设、财政等行政部门和业主、设计、施工、咨询等诸多单位，建设工期或建设速度体现了上述部门和单位的工作效率和协调配合能力。

按照建设各阶段的划分，项目的施工阶段在整个建设工期中所占的比例最大，但项目的可行性研究、设计、施工准备工作(包括征地拆迁、招标、材料设备采购等建设前期工作)都将对建设工期产生影响。目前我国的建设管理水平在这方面还存在一些不容忽视的问题，相当一部分项目建设工期的确定带有随意性，如招投标过程中，违背施工客观规律，盲目压缩工期，打乱了正常的施工和建设程序，造成一些难以弥补的质量问题。因此加强建设工期的管理必须有科学和严格的法规作保障，以提高参建各单位的管理水平。

2)建设工期的优化

建设工期的优化是运用系统分析和优化理论与方法，研究确定一个具体建设条件下项目建设的合理工期。优化工作是加强建设工期科学化管理必不可少的工作。建设工期的优化不局限于建设前期，从时间上说包括项目建设的全过程，从空间上说包括施工组织设计、人力、投资、设备材料供应的均衡情况。优化工作综合考虑可预见的或已发生的各种影响建设工期的因素，并不断地对项目建设进行跟踪管理。通过建设工期优化工作不仅能制订出科学合理的进度计划，而且能够保障其实施。

建设工期优化工作的目标是充分协调工期、成本、质量三者之间的关系。实际操作过程中，在保障质量的前提下，主要是工期与成本之间的优化，既寻求最低成本下的建设工期或确定工期条件下的最低成本及资源供应均衡。优化的方法有简有繁，主要根据项目建设的难易程度及进度计划表现形式，如横道图、关键线路、计划评审技术(PERT)等而采用不同的方法。

3)工期定额的作用

(1)工期定额是编制招标文件的依据。

(2)工期定额是签订建筑安装工程施工承包合同、确定合理工期的基础。

(3)工期定额是施工企业编制施工组织设计、确定投标工期、安排施工进度的参考。

(4)工期定额是施工索赔的基础。

2.5 人工、材料、机械台班单价及综合单价

2.5.1 人工日工资单价的组成和确定方法

1. 人工日工资单价的组成

人工日工资单价是指一个直接从事建筑安装工程施工的生产工人一个工作日在预算中应计入的全部人工费用(即综合日工资标准)。合理确定人工日工资单价标准是计算人工费和工程造价的前提和基础。

1)现行人工日单价的组成

现行人工日工资单价由计时工资或计件工资、奖金、津贴补贴、加班加点工资以及特殊情况下支付的工资组成。

(1)计时工资或计件工资:是指按计时工资标准和工作时间或对已做工作按计件单价支付给个人的劳动报酬。

(2)奖金:是指对超额劳动和增收节支支付给个人的劳动报酬,如节约奖、劳动竞赛奖等。

(3)津贴补贴:是指为了补偿职工特殊或额外的劳动消耗和因其他特殊原因支付给个人的津贴,以及为了保证职工工资水平不受物价影响支付给个人的物价补贴,如流动施工津贴、特殊地区施工津贴、高温(寒)作业临时津贴、高空津贴等。

(4)加班加点工资:是指按规定支付的在法定节假日工作的加班工资和在法定日工作时间外延时工作的加点工资。

(5)特殊情况下支付的工资:是指根据国家法律、法规和政策规定,因病、工伤、产假、计划生育假、婚丧假、事假、探亲假、定期休假、停工学习、执行国家或社会义务等原因按计时工资标准或计时工资标准的一定比例支付的工资。

2)影响人工日工资单价的因素

(1)社会平均工资水平取决于经济发展水平,工资涨幅与社会经济增长速度成正比。

(2)生活消费指数的提高会影响人工单价的提高,减少生活水平的下降或维持原来的生活水平。

(3)人工单价组成内容中的医疗保险、失业保险、住房消费等列入人工单价内就会提高人工单价。

(4)劳动力市场供需变化，供大于求，人工单价自然下降，反之则上升。

(5)政府推行的社会保障和福利政策等。

2. 人工日工资单价的确定方法

1)人工日工资单价的来源

(1)计价定额中确定的人工单价适用于造价管理机构编制计价定额时确定定额人工费，是施工企业投标报价的参考依据。定额人工单价是根据在建制施工企业的全员劳动力和人工工资的组成内容，按照定额测算期国家和省市自治区的有关人工工资的规定计算的，是某一时期的静态价格，具有很强的稳定性和政策性。工程造价管理机构确定日工资单价应通过市场调查、根据工程项目的技术要求，参考实物工程量人工单价综合分析确定，最低日工资单价不得低于工程所在地人力资源和社会保障部门所发布的最低工资标准倍数为：普工 1.3 倍，一般技工 2 倍，高级技工 3 倍。工程计价定额不可只列一个综合工日单价，应根据工程项目技术要求和工种差别适当划分多种日人工单价，确保各分部工程人工费的合理构成。

(2)由施工企业投标报价时自主确定的人工单价，适用于企业投标报价时自主确定人工费，也是造价管理机构编制定额时确定定额人工单价或者发布人工成本信息时的参考依据。企业人工单价是按照工程所在地当时的建筑市场人工单价行情，以不同的工种、不同的级别、施工时间、施工条件及施工难易程度，经双方协商确定的实物量劳务价格，具有建设工程市场价格的时效性和动态性。

2)人工日工资单价的计算

$$日工资单价=\frac{\begin{matrix}生产工人平均月工资\\(计时、计件)\end{matrix}+平均月\left(奖金+津贴补贴+\begin{matrix}特殊情况下\\支付的工资\end{matrix}\right)}{年平均每月法定工作日}$$

其中，年平均每月法定工作日$=\frac{全年日历日-法定假日}{12}$(法定假日指双休日和法定节日)

2.5.2　材料单价的组成和确定方法

材料单价是指施工过程中耗费的原材料、辅助材料、构配件、零件、半成品或成品、工程设备从其来源地(或交货地点、供应者仓库提货地点)到达施工工地仓库(施工地点内存放材料的地点)后出库的综合平均价格。工程设备是指构成或计划构成永久工程一部分的机电设备、金属结构设备、仪器装置及其他类似的设备和装置。

1. 材料单价的组成

1)现行材料单价的组成

现行材料单价由材料原价(或供应价格)、材料运杂费、运输损耗费以及采购保管费合计而成，其具体含义如下。

(1)材料原价：是指材料、工程设备的出厂价格或商家供应价格。包括材料的出厂价格，进口材料抵岸价或销售部门的批发牌价和市场采购价格(或信息价)。

(2)运杂费：是指材料、工程设备自来源地运至工地仓库或指定堆放地点所发生的全部费用。国内采购材料自来源地、国外采购材料自到岸港运至工地仓库或指定堆放地点发生的全部费用。含外埠中转运输过程中所发生的一切费用和过境过桥费用，包括调车和驳船费、装卸费、运输费及附加工作费等。

(3)运输损耗费：是指材料在运输装卸过程中不可避免的损耗。

(4)采购及保管费：是指为组织采购、供应和保管材料、工程设备的过程中所需要的各项费用。包括采购费、仓储费、工地保管费、仓储损耗。

2)影响材料价格的因素

(1)市场材料供需的变化会影响材料价格的涨落。

(2)材料生产成本的变动直接会影响材料的价格。

(3)流通环节的多少和材料供应体制也会影响材料价格。

(4)运输距离和运输方法的改变会影响材料运输费用，从而也会影响材料价格。

(5)国际市场行情会对进口材料的价格产生影响，有时也会对国内同类产品价格造成影响。

3)材料单价的确定

(1)市场价格，通过市场调查(询价)确定材料单价适用于大批量或者高价格的材料。

(2)通过查询市场材料价格信息取得，适用于小量的、易耗的、低价值的材料。

2. 材料单价的确定方法

$$加权平均原价=(K_1C_1+K_2C_2+\cdots+K_nC_n)/(K_1+K_2+\cdots+K_n)$$

$$加权平均运杂费=(K_1T_1+K_2T_2+\cdots+K_nT_n)/(K_1+K_2+\cdots+K_n)$$

式中，K_1，K_2，…，K_n为各不同供应点的供应量或者各不同使用点的需要量；C_1，C_2，…，C_n为各不同供应点的原价；T_1，T_2，…，T_n为各不同运距的费用。

运输损耗＝(材料原价＋运杂费)×相应材料损耗率

采购及保管费＝材料运到工地仓库价格×采购及保管费率

或　　采购及保管费＝(材料原价＋运杂费＋运输损耗费)×采购及保管费率

几项费用汇总之后，得到材料单价：

材料单价＝［(供应价格＋运杂费)×(1＋运输损耗率)］×(1＋采购及保管费率)

工程设备单价＝(设备原价＋运杂费)×(1＋采购保管费率)

材料的供货方式包括业主供货和承包商供货。业主供货的材料，招标书中应有甲供材料单价表，投标人在投标报价时应考虑现场交货的材料运费及材料的保管费。承包商供货一般包括当地供货、指定厂家供货、异地供货和国外供货等，方式不同价格也不同，主要反映在采购保管费、运输费、其他费用及风险等方面。

2.5.3　机械台班单价的组成和确定方法

机械台班单价是指施工作业时使用的一台施工机械、仪器仪表在正常运转条件下一个工作班中所发生的全部费用。仪器仪表使用费是指工程施工所需使用的仪器仪表的摊销及维修费用。

1. 机械台班单价的组成

(1)施工机械台班单价。

施工机械台班单价由七项费用组成，包括折旧费、大修理费、经常修理费、安拆费及场外运费、人工费、燃料动力费、养路费及车船使用税等。其中折旧费、大修理费、经常修理费、安拆费及场外运费四项费用称为第一类费用，它属于分摊性质的费用，也称为不变费用。机上人工费、燃料动力费、养路费及车船使用税三项费用称为第二类费用，它属于支出性质的费用，也称为可变费用。

①折旧费：指施工机械在规定的使用年限内，陆续收回其原值的费用。

②大修理费：指施工机械按规定的大修理间隔台班进行必要的大修理，以恢复其正常功能所需的费用。

③经常修理费：指施工机械除大修理以外的各级保养和临时故障排除所需的费用。包括为保障机械正常运转所需替换设备与随机配备工具附具的摊销和维护费用、机械运转中日常保养所需润滑与擦拭的材料费用及机械停滞期间的维护和保养费用等。

④安拆费及场外运费：安拆费指施工机械(大型机械除外)在现场进行安装与拆卸所需的人工、材料、机械和试运转费用以及机械辅助设施的折旧、搭设、拆除等费用；场外运费指施工机械整体或分体自停放地点运至施工现场或由一施工地点运至另一施

工地点的运输、装卸、辅助材料及架线等费用。

⑤人工费：指机上司机(司炉)和其他操作人员的人工费。

⑥燃料动力费：指施工机械在运转作业中所消耗的各种燃料及水、电等。

⑦税费：指施工机械按照国家规定应缴纳的车船使用税、保险费及年检费等。

(2)影响机械台班单价的因素。

①施工机械的价格是影响机械台班单价的重要因素。

②机械使用年限会影响到折旧费的提取和经常修理费、大修理费的开支。

③机械的供求关系、使用效率和管理水平直接影响到机械台班单价。

④政府征收税费的规定等。

(3)工程造价管理机构在确定计价定额中的施工机械使用费时，应根据《建筑施工机械台班费用计算规则》结合市场调查编制施工机械台班单价。施工企业可以参考工程造价管理机构发布的台班单价，自主确定施工机械使用费的报价，如租赁施工机械，公式为

$$施工机械使用费=\sum(施工机械台班消耗量\times机械台班租赁单价)$$

2. 机械台班单价的确定方法

机械台班单价＝台班折旧费＋台班大修费＋台班经常修理费＋台班安拆费及场外运费＋台班人工费＋台班燃料动力费＋台班车船税费

仪器仪表使用费＝工程使用的仪器仪表摊销费＋维修费

其中需要重点掌握的费用计算方法包括以下几项。

1)折旧费的计算

$$台班折旧费=\frac{机械预算价格\times(1-残值率)\times时间价值系数}{耐用总台班}$$

其中，

$$时间价值系数=1+\frac{(折旧年限+1)}{2}\times年折现率$$

对上式中时间价值系数应作如下理解。

设机械原值为 P，折旧年限为 n，年折现率为 i，则机械占用资金在折旧年限内损失的时间价值总和如以下分析过程所示。

$$\begin{bmatrix} P\cdot i \\ (P-\frac{P}{n})\cdot i \\ (P-\frac{2p}{n})\cdot i \\ \vdots \\ (P-\frac{(n-1)p}{n})\cdot i \end{bmatrix} \Rightarrow \begin{bmatrix} \frac{n}{n}P\cdot i \\ \frac{n-1}{n}P\cdot i \\ \frac{n-2}{n}P\cdot i \\ \vdots \\ \frac{1}{n}P\cdot i \end{bmatrix} \Rightarrow \frac{1+2+3+\cdots+n}{n}P\cdot i=\frac{\frac{n(n+1)}{2}}{n}P\cdot i=\frac{n+1}{2}P\cdot i$$

故损失的时间价值的比率为$\frac{n+1}{2}i$。故时间价值系数$=1+\frac{(\text{折旧年限}+1)}{2}\times$年折现率

$$\text{耐用总台班}=\text{折旧年限}\times\text{年工作台班}=\text{大修间隔台班}\times\text{大修周期}$$

$$\text{大修周期}=\text{寿命期大修理次数}+1$$

2)大修理费的计算

大修理费是指机械设备按规定的大修间隔台班进行必要的大修理，以恢复机械正常功能所需的费用。

$$\text{台班大修理费}=\frac{\text{一次大修理费}\times\text{寿命期内大修理次数}}{\text{耐用总台班}}$$

3)经常修理费的计算

经常修理费是指施工机械除大修理以外的各级保养和临时故障排除所需的费用，包括为保障机械正常运转所需替换与随机配备工具附具的摊销和维护费用，机械运转及日常保养所需润滑与擦拭的材料费用及机械停滞期间的维护和保养费用等。台班经常修理费通常可按下列公式计算：

$$\text{台班经修费}=\text{台班大修费}\times K$$

其中，K 为台班经常修理费系数。

4)安拆费及场外运费的组成和确定

安拆费及场外运费根据施工机械不同分为计入台班单价、单独计算和不计算三种类型。

(1)工地间移动较为频繁的小型机械及部分中型机械，其安拆费及场外运费应计入台班单价。

(2)移动有一定难度的特、大型(包括少数中型)机械，其安拆费及场外运费应单独计算。

(3)不需安装、拆卸且自身又能开行的机械和固定在车间不需安装、拆卸及运输的机械，不计算安拆费及场外运费。

台班安拆费及场外运输费＝机械一次安拆及场外运输费×年平均安拆次数/年工作台班

5)人工费的计算

$$台班人工费=人工消耗量\times\left(1+\frac{年制度工作日-年工作台班}{年工作台班}\right)\times人工日工资单价$$

6)燃料动力费的计算

$$台班燃料动力费=\sum(台班燃料动力消耗量\times相应单价)$$

7)车船使用税的计算

台班车船使用税＝(车船使用税＋年保险费＋年检费用)/年工作台班

2.5.4　综合单价

1. 综合单价的概念

“综合单价”是相对于工程量清单计价而言，对完成一个规定计量单位的分部分项清单项目或措施清单项目所需的人工费、材料费、施工机械使用费、企业管理费、利润以及包含一定范围风险因素的价格表示。

综合单价的项目是工程量清单项目而不是预算定额中按施工工序划分的定额项目。工程量清单项目的划分，一般是以一个“综合实体”来划分，一般包括多项定额项目的工作内容，而现行定额项目划分一般是以施工工序进行设置的，工作内容基本是单一的。

2. 综合单价的重要性

工程量清单是表示拟建工程的分部分项工程项目、措施项目、其他项目名称和相应数量的明细清单，是招标人编制的投标文件的一部分，是投标人进行投标报价的重要依据，主要由分部分项工程量清单、措施项目清单与其他项目清单等组成。投标人在投标时应以招标人提供的工程量清单为平台，根据自身的技术、财务、管理与设备能力进行投标报价。在报价时，措施项目费与其他项目费一般报合价，而分部分项工程费报综合单价，然后将综合单价乘以工程量清单中的工程数量即为合价。由此可见，综合单价的分析与计算是进行投标报价的基础与关键。

3. 综合单价的编制依据

(1)工程量清单：是表现拟建工程的分部分项工程项目、措施项目、其他项目名称和相应数量的明细清单。

(2)工程定额：是指消耗量定额或企业定额，消耗量定额是在编制标底或招标控制价时确定综合单价的依据；企业定额是在编制投标报价时确定综合单价的依据，若投标企业没有企业定额时可参照消耗量定额确定综合单价。

(3)预算定额单价(或单位估价表)：预算定额单价也称单位估价表，是根据预算定额确定的人工、材料、施工机械台班的消耗数量，按照工程所在地的工资标准、材料预算价格和机械台班预算单价计算的，以货币形式表示的分项工程的定额计量单位的价格表，即分项工程的价格。

分项工程单位估价＝人工数量×人工单价＋∑(各材料消耗数量×相预算价格)
＋∑(各机械台班消耗数量×相应机械台班单价)

(4)计价规范：分部分项工程费的综合单价所包括的范围应符合《建设工程程量清单计价规范》(以下简称“计价规范”)中项目特征及工程内容中规定的要求。

(5)招标文件：综合单价包括的内容应满足招标文件的要求，如工程招标发包、甲方供应材料的方式、甲方预留金等。

(6)施工图纸及图纸答疑。

(7)施工组织设计：是计算脚手架、模板等施工技术措施费的重要资料。

4. 综合单价的影响因素

(1)工程的使用功能：住宅、综合楼、厂房，同一项目编码，不同的受力，不同的断面，附属的含量就不同。

(2)地质、环境因素：如混凝土基础、地质条件差的、垫层的厚度就相应增加。

(3)当地的习惯做法不同：如基础垫层等。

(4)各企业的技术管理水平不同，影响着管理费、利润等的取定。

(5)施工的时间不同：如挖土方，工程内容中包括排地表水，在雨季施工时，地表水的含量就大，费用就要增大。

(6)人、材、机的价格要素不同等。

5. 综合单价所必须解决的问题

(1)拟组价项目的内容。

用《计价规范》规定的内容与相同定额项目的内容作比较，看拟组价项目该用哪个定额项目来组合单价，即清单项目如何组价。如“人工挖基槽”项目，《计价规范》规定此项目包括人工挖基槽、原土打夯、基地钎探、运输四项内容，而定额分别列有人工挖基槽、原土打夯、基地钎探、运输，所以根据人工挖基槽、原土打夯、基地钎探、运输定额项目组合该综合单价。

(2)《计价规范》与定额的工程量计算是否相同。

在组合单价时要了解清楚具体项目包括的内容，各部分内容是直接套用定额组价，还是需要重新计算工程量组价，即实际施工的工程量与清单中的工程量是否一致。能直接组价的内容，用前面讲述的“直接套用定额组价”方法进行组价；若不能直接套用定额组价的项目，用前面讲述的“重新计算工程量”方法进行组价。

6. 综合单价各部分的确定

综合单价＝人工费＋材料费＋机械使用费＋企业管理费＋利润＋(承包商承担的风险)

1)基础成本

人工费、材料费、机械使用费组成单价中的基础成本部分。控制综合单价的高低，首先要控制基础成本的大小。基础成本的构成如图 2.5.1 所示。

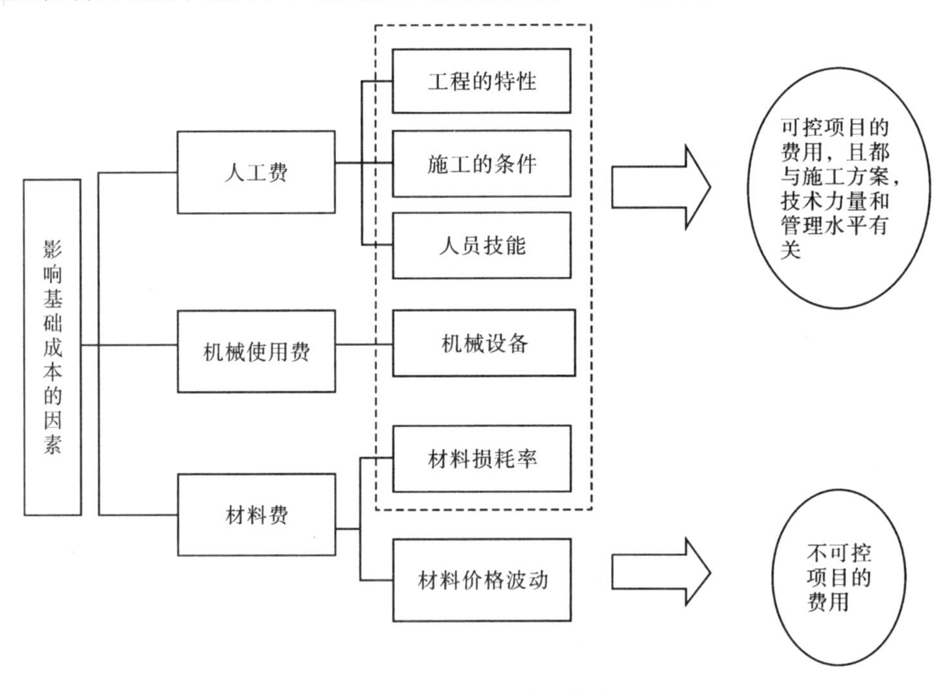

图 2.5.1　基础成本的构成

(1)人工单价的确定。

人工单价是指支付给直接从事建筑工程施工的生产工人的劳务费用。合理的人工单价能产生良好的激励作用，充分调动各方面参与者的积极性，有利于质量、进度和成本的保证。人工单价可以根据造价管理部门发布的价格确定或者市场询价来确定。目前人工工日消耗量定额与建设市场人工价格比较，存在偏低现象，而且不用在人工费的报价上考虑风险因素。

各市造价(定额)站、建设部标准定额司、标准定额研究所，为适时反映建筑市场人工工种价格变化，规范各市建筑市场人工工种价格信息的发布，根据建设部办公厅《关于开展建筑工程实物工程量与建筑工程人工成本信息测算和发布工作的通知》要求，各市造价管理部门按月或季度进行人工工种价格的发布，发布分为综合工种和细分工种两类。

①综合工种。价格发布有两种表现形式：a. 以“天”为单位，见表 2.5.1；b. 以“工日”为单位(以 8 h 计算)，不包括加班加点工资，见表 2.5.2。

表 2.5.1　综合工种价格(1)　单位：元/天

专业工程类别	建筑工程		安装工程		装饰工程		市政工程	
综合工种	技术工	普通工	技术工	普通工	技术工	普通工	技术工	普通工
单价/(元/天)								

表 2.5.2　综合工种价格(2)　单位：元/工日

专业工程类别	建筑工程		安装工程		装饰工程		市政工程	
综合工种	技术工	普通工	技术工	普通工	技术工	普通工	技术工	普通工
单价/(元/工日)								

②细分工种。以工日为单位(以 8 h 计算)，不包括加班加点工资，如表 2.5.3 所示。

表 2.5.3　细分工种价格　单位：元/工日

序号	工种	日工资/元	序号	工种	日工资/元
1	建筑、装饰工程普工		2	木工(模板工)	
3	钢筋工		4	混凝土工	
5	架子工		6	砌筑工(砖瓦工)	
7	抹灰工(一般抹灰)		8	抹灰、镶贴工	
9	装饰木工		10	防水工	
11	油漆工		12	管工	
13	电工		14	通风工	
15	电焊工		16	起重工	
17	玻璃工		18	金属制品安装工	

劳务询价的价格是指劳务分包单位按照市场价核算出的价格。一般是市场价、经验价，地区差异较大，有波动性。

劳务询价主要有两种情况：一是成建制的劳务公司；二是劳务市场招募零散劳动力。两种劳务询价方式的对比如表 2.5.4 所示。

表 2.5.4　劳务询价方式对比表

两种情况	优点	缺点	选择
成建制的劳务公司	素质较可靠，工效较高，承包商的管理工作较轻	一般费用较高	应在对劳务市场充分了解的基础上决定采用哪种方式，并以此为依据进行投标报价
劳务市场招募零散劳动力	劳务价格低廉	有时素质达不到要求或工效降低，且承包商的管理工作较繁重	

(2)材料价格的确定。

材料价格是确定工程造价的关键。在工程项目的建安量中，材料价值占直接费的70%左右，是确定工程造价的核心。材料分为甲供材料和乙供材料两种。

材料费中甲供材料的计价：甲供材料的价格在招标文件中已列出，投标方只需把甲供材料的价格计入相应项目的综合单价中，并且记取管理费、利润以及一定的风险。

材料费中乙供材料的计价：材料价格的波动直接影响整个建安量的波动，是确定工程造价最需关注的问题。若是承包方供应材料，材料价格的确定有以下几种方法。

①按工程定额和参照建设工程造价管理站发布的信息价格计取。政府关于工程造价计取方面的规定已比较齐全，各类工程定额相继实施，这是工程造价的计价方式。

②按市场实际采购价计取。一般情况下，承发包双方主要是围绕材料的“市场信息价”和“市场实际采购价”问题产生的争议。这关乎承包方利益，承发包双方均须在合同里约定明细。材料询价的内容包括：调查对比材料价格、供应数量、运输方式、保险和有效期、不同买卖条件下的支付方式等。材料询价的过程：施工方案初步确定—询价人员立即发出材料询价单—材料供应商及时报价—收到询价单—询价人员将各种资料汇总整理—进行比较分析—选择合适、可靠的材料供应商的报价—提供给工程报价人员使用。

③按企业定额计取。作为预算人员，要收集各种材料在工程定额年代同年度的政策和决定，并编制适用于建设单位自己的材料预算价格。

(3)施工机械使用费的确定。

施工机械使用费是指机械作业所发生的机械使用费以及机械安拆费和场外运费等。承包商应从工程机械的合理选择、优化配置、有效管理三方面加强对工程机械的管理，从而降低工程造价。

施工机械使用费＝∑(施工机械台班消耗量×机械台班单价)

机械台班单价＝台班折旧费＋台班大修费＋台班经常修理费＋台班安拆费及场外运费＋台班人工费＋台班燃料动力费＋台班养路费及车船使用税

租赁设备的使用费：

某施工机械的租赁费用＝进退场费＋安装拆除费＋计划工作时间×该设备的市场租赁价＋相应的维护、维修费用

对于需要专门操作人员的机械，如塔吊、施工电梯等，还应该加上特殊工种操作人员的人工成本费用等，应采用企业定额或预算定额。

施工机械设备询价应采取事先询价原则，在外地施工需用的机械设备，有时在当地租赁或采购可能更为有利，因此，事前有必要进行施工机械设备的询价。具体可分为两种情况：

①对必须采购的机械设备应向供应厂商询价；

②对租赁的机械设备应向专门从事租赁业务的机构询价，并详细了解其计价方法。

2)企业管理费

企业管理费同 2.5.4 相关内容。

管理费＝计算基数×相应费率

不同地区对管理费取费基数和比率都有不同要求，实际操作中要根据地方规定及实际情况而定。

3)利润

投标企业作为建设活动主体之一，获取一定的利润是其参与投标的目的。预期利润是该报价模式的重要组成部分。预期利润同投标企业的经营动机、经营风险及市场的竞争状况有关，由企业根据自身实际情况自主确定。取定的利润水平过高可能会导致丧失一定的市场机会，取定的利润水平过低又会面临很大的市场风险，相对于相对固定的成本水平来说，利润率的选定体现了企业的定价政策，利润率的确定是否合理也反映出企业的市场成熟度。

具体工程的利润率要根据具体情况，如工程难易、现场条件、工期长短、竞争对手的情况等随行就市确定，影响利润的主要因素有以下几点。

企业内部影响因素：同类工程项目的经验；机械设备能力；工人技术操作水平；技术革新方案；在工程项目所在地区的信誉及与业主的关系；与材料供应商和分包商的关系；项目经理班子的成员。

企业外部影响因素：投标工程项目的竞争程度；工程承包的风险；投标工程的交工条件难易程度；招标时已完成的设计比例。

4)风险

风险按照责任方的不同可以分为：发包人风险、承包人风险以及第三人风险等。这三种风险既可能独立存在，也可能共同构成，即混合风险，例如因发包人支付原因和承包人管理水平因素而导致工期延误等即属混合风险。按风险因素的主要方面又可

将风险分为技术与环境方面的风险、经济方面的风险以及合同签订和履行方面的风险等三种。按风险处理方式的不同可以分为控制风险、转移风险、保留风险等。

招标文件中要求投标人承担的风险费用，投标人应考虑进入综合单价。根据国际惯例并结合我国社会主义市场经济条件下工程建设的特点，承发包双方对工程施工阶段的风险宜采用以下的分摊原则。

对于主要由市场价格波动导致的价格风险以及承包人根据自身技术水平、管理、经营状况能够自主控制的风险由承包人承担。根据工程特点和工期要求，建议承包人承担5%以内的材料价格风险，10%以内的施工机械使用费风险。

对于法律、法规、规章或有关政策出台导致工程税金、规费、人工发生变化及政策性调整的风险由发包人承担。对于主要由市场价格波动导致的价格风险发包人承担5%以外的材料价格风险，10%以外的施工机械使用费风险。

2.5.5 地方性定额说明

2015年《四川省建设工程工程量清单计价定额》(以下简称“本定额”)中，综合单价是指完成一个规定计量单位的分部分项工程项目或措施项目的工程内容所需的人工费、材料和工程设备费、施工机具使用费、综合费(企业管理费和利润)。

1. 人工费

1)人工费的内容

人工费是指按工资总额构成规定，支付给从事建筑安装工程施工的生产工人和附属生产单位工人的各项费用。内容包括：①计时工资或计件工资；②奖金；③津贴补贴；④加班加点工资；⑤特殊情况下支付的工资。具体内容同2.5.1相关内容。

2)本定额人工工日消耗量

本定额人工工日消耗量包括基本用工、辅助用工、其他用工和机械操作用工。每工日人工单价包括计时工资或计价工资、奖金、津贴补贴、加班加点工资、特殊情况下支付的工资等。综合计算人工单价如下。

(1)房屋建筑与装饰工程(建筑工程)、市政工程(不包括市政给水、燃气、给排水机械设备安装、路灯工程)、城市轨道交通工程(建筑工程)、园林绿化工程、房屋建筑维修与加固工程(建筑工程)、爆破工程、构筑物工程：普工人工单价为60元/工日，技工人工单价为85元/工日，混凝土工人工单价为75元/工日。

(2)房屋建筑与装饰工程(装饰装修工程)、房屋建筑维修与加固工程(装饰工程)：普工人工单价为60元/工日，抹灰技工为85元/工日，细木工为120元/工日，其他技工为 95 元/工日。

(3)通用安装工程(包括市政给水、燃气、给排水机械设备安装、路灯工程、城市轨道安装工程及园林绿化工程安装)：普工、技工综合为 85 元/工日。

2. 材料费

材料费是指施工过程中耗费的原材料、辅助材料、构配件、零件、半成品或成品、工程设备的费用，内容包括：①材料原价；②运杂费；③运输损耗费；④采购及保管费。具体内容同 2.5.2 相关内容。

定义中的工程设备是指构成或计划构成永久工程一部分的机电设备、金属结构设备、仪器装置及其他类似的设备和装置。

3. 施工机具使用费

施工机具使用费是指施工作业所发生的施工机械、仪器仪表使用费。

1)施工机械使用费

施工机械使用费以施工机械台班耗用量乘以施工机械台班单价表示，施工机械台班单价应由下列七项费用组成：①折旧费；②大修理费；③经常修理费；④安拆费及场外运费；⑤人工费；⑥燃料动车费；⑦税费。

2)仪器仪表使用费

具体内容同 2.5.3 相关内容。

4. 综合费

本定额综合费包括企业管理费和利润。具体内容与 2.5.4 相关内容。

5. 综合单价调整

根据《建设部〈关于调整工程造价价差的若干规定〉的通知》(建标〔1991〕797 号)，《建筑工程施工发包与承包计价管理办法》(中华人民共和国住房和城乡建设部令第 16 号)，国家标准《建设工程工程量清单计价规范》(GB 50500—2013)，《住房城乡建设部 财政部关于印发〈建筑安装工程费用项目组成〉的通知》(建标〔2013〕44 号)，原省建委《关于进一步加强建设工程造价动态管理的通知》(川建委价发〔1994〕464 号)以及原省建委、省物价局印发的《四川省建设工程造价管理办法》(川建委发〔2000〕0205 号)的规定，综合单价的各项内容按以下规定进行调整。

(1)人工费调整。本定额取定的人工费作为定额综合单价的基价，各地可根据本地劳动力单价的实际情况，由当地工程造价管理部门测算并附文报省建设工程造价管理总站批准后调整人工费。编制设计概算、施工图预算、最高投标限价(招标控制价、标底)时，人工费按工程造价管理部门发布的人工费调整文件进行调整；编制投标报价时，投标人参照市场价格自主确定人工费调整，但不得低于工程造价管理部门发布的人工费调整标准；编制和办理竣工结算时依据工程造价管理部门的规定及施工合同约定调整人工费。调整的人工费进入综合单价，但不作为计取其他费用的基础。

(2)材料费调整。本定额取定的材料价格作为定额综合单价的基价，调整的材料费进入综合单价。在编制设计概算、施工图预算、最高投标限价(招标控制价、标底)时，依据工程造价管理部门发布的工程造价信息确定材料价格并调整材料费，工程造价信息没有发布的材料，参照市场价确定材料价格并调整材料费；编制投标报价时，投标人参照市场价格信息或工程造价管理部门发布的工程造价信息自主确定材料价格并调整材料费；编制和办理竣工结算时依据施工合同约定确认的材料价格调整材料费。

安装工程和市政工程中的给水、燃气、给排水机械设备安装、路灯工程以及城市轨道交通工程的通信、信号、供电、智能与控制系统、机电设备、车辆基地工艺设备以及园林绿化工程中绿地喷灌、喷泉安装等安装工程的计价材料费，由省建设工程造价管理总站根据市场变化情况统一调整。

(3)机械费调整。本定额对施工机械使用费以机械费表示，定额注明了机械油料消耗量的项目，油价变化时，机械费中的燃料动力费按照上述“材料费调整”的规定进行调整，并调整相应定额项目的机械费，机械费中除燃料动力费以外的费用由省建设工程造价管理总站根据住房和城乡建设部的规定以及省实际情况进行统一调整。调整的机械费进入综合单价，但不作为计取其他费用的基础。

(4)综合费调整。本定额的综合费由省建设工程造价管理总站根据实际情况进行统一调整。

2.6 建筑安装工程费用计算与工程量清单计价

2.6.1 建筑安装工程费用项目构成

为适应深化工程计价改革的需要，根据国家有关法律、法规及相关政策，在总结原建设部、财政部《关于印发〈建筑安装工程费用项目组成〉的通知》(建标〔2003〕206号)(以下简称《通知》)执行情况的基础上，住房城乡建设部、财政部修订完成了《建筑安装工程费用项目组成》(建标〔2013〕44号)(以下简称《费用组成》)，《费用组成》自 2013 年 7 月 1 日起施行，原建设部、财政部《关于印发〈建筑安装工程费用项目组成〉的通知》(建标〔2003〕206 号)同时废止。

1. 建筑安装工程费用项目组成(按费用构成要素划分)

建筑安装工程费按照费用构成要素划分：由人工费、材料(包含工程设备，下同)费、施工机具使用费、企业管理费、利润、规费和税金组成。其中人工费、材料费、施工机具使用费、企业管理费和利润包含在分部分项工程费、措施项目费、其他项目费中，如图 2.6.1 所示。

1)人工费、材料费、施工机具使用费、企业管理费、利润所包含的内容同前所述

2)规费

规费是指按国家法律、法规规定，由省级政府和省级有关权力部门规定必须缴纳或计取的费用。包括社会保险费住房公积金和工程排污费。

(1)社会保险费，包括：

①养老保险费：是指企业按照规定标准为职工缴纳的基本养老保险费。

②失业保险费：是指企业按照规定标准为职工缴纳的失业保险费。

③医疗保险费：是指企业按照规定标准为职工缴纳的基本医疗保险费。

④生育保险费：是指企业按照规定标准为职工缴纳的生育保险费。

⑤工伤保险费：是指企业按照规定标准为职工缴纳的工伤保险费。

(2)住房公积金：是指企业按规定标准为职工缴纳的住房公积金。

(3)工程排污费：是指按规定缴纳的施工现场工程排污费。

其他应列而未列入的规费，按实际发生计取。

3) 税金

税金是指国家税法规定的应计入建筑安装工程造价内的营业税、城市维护建设税、教育费附加以及地方教育附加。

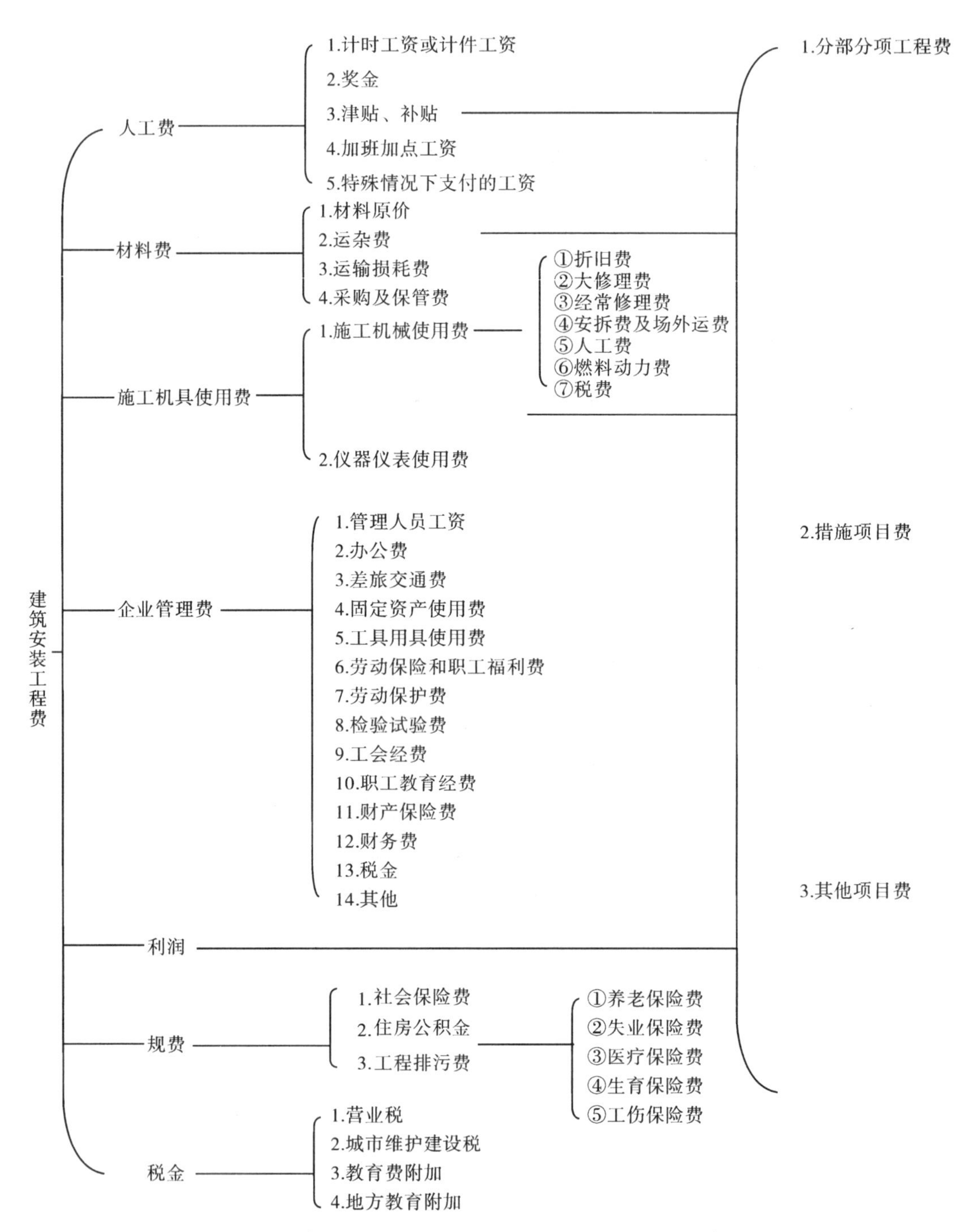

图 2.6.1　建筑安装工程费用项目组成表(按费用构成要素划分)

2. 建筑安装工程费用项目组成(按造价形成划分)

建筑安装工程费按照工程造价形成由分部分项工程费、措施项目费、其他项目费、规费、税金组成。分部分项工程费、措施项目费、其他项目费包含人工费、材料费、

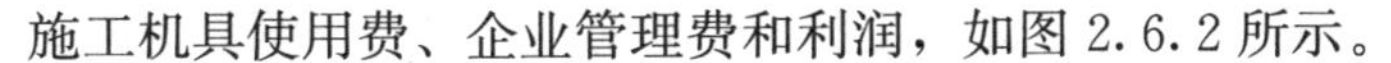
施工机具使用费、企业管理费和利润，如图 2.6.2 所示。

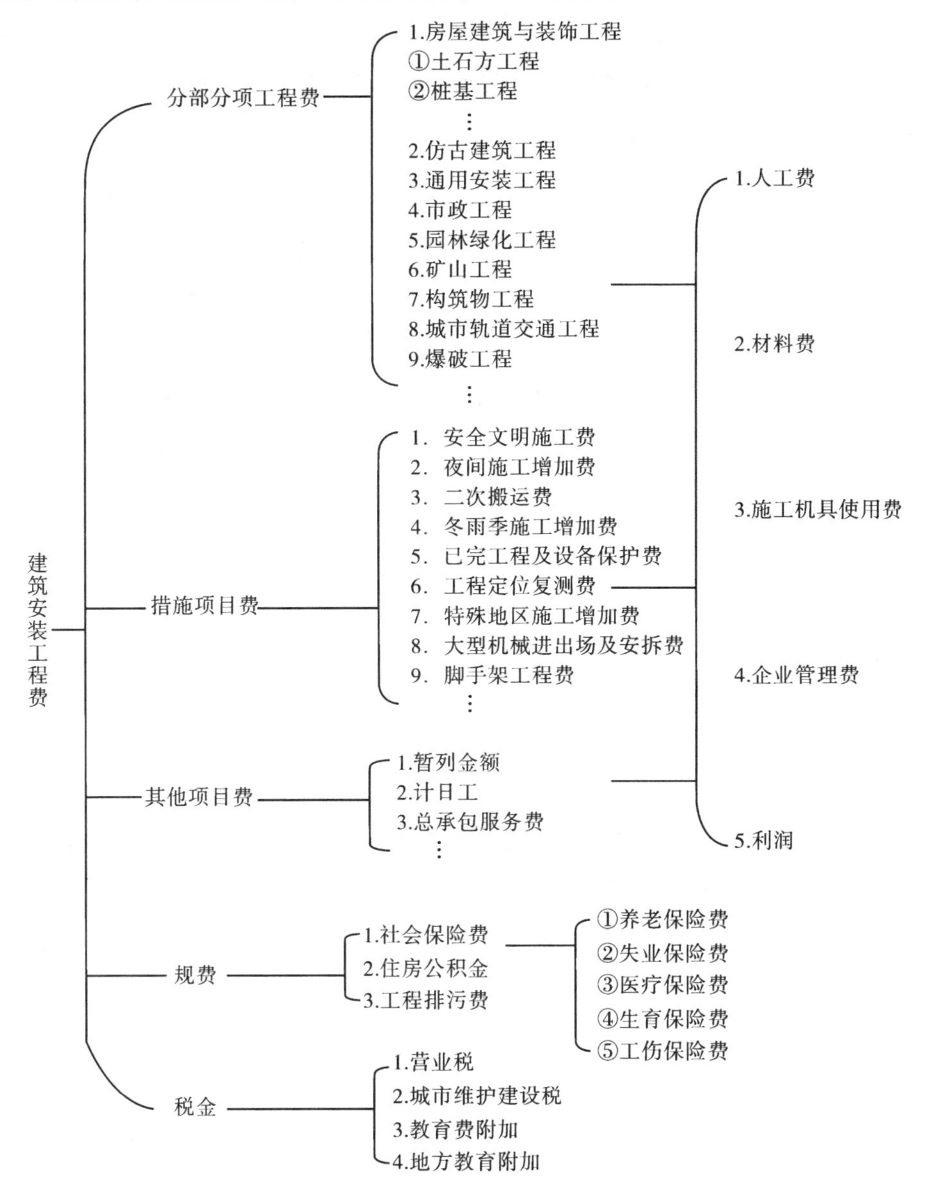

图 2.6.2　建筑安装工程费用项目组成表(按造价形成划分)

1)分部分项工程费

分部分项工程费是指各专业工程的分部分项工程应予列支的各项费用。

(1)专业工程：是指按现行国家计量规范划分的房屋建筑与装饰工程、仿古建筑工程、通用安装工程、市政工程、园林绿化工程、矿山工程、构筑物工程、城市轨道交通工程、爆破工程等各类工程。

(2)分部分项工程：指按现行国家计量规范对各专业工程划分的项目，如房屋建筑与装饰工程划分的土石方工程、地基处理与桩基工程、砌筑工程、钢筋及钢筋混凝土工程等。

各类专业工程的分部分项工程划分见现行国家或行业计量规范。

2)措施项目费

措施项目费是指为完成建设工程施工，发生于该工程施工前和施工过程中的技术、生活、安全、环境保护等方面的费用。内容包括以下九类。

(1)安全文明施工费，包括：

①环境保护费：是指施工现场为达到环保部门要求所需要的各项费用。

②文明施工费：是指施工现场文明施工所需要的各项费用。

③安全施工费：是指施工现场安全施工所需要的各项费用。

④临时设施费：是指施工企业为进行建设工程施工所必须搭设的生活和生产用的临时建筑物、构筑物和其他临时设施费用。包括临时设施的搭设、维修、拆除、清理费或摊销费等。

(2)夜间施工增加费：是指因夜间施工所发生的夜班补助费、夜间施工降效、夜间施工照明设备摊销及照明用电等费用。

(3)二次搬运费：是指因施工场地条件限制而发生的材料、构配件、半成品等一次运输不能到达堆放地点，必须进行二次或多次搬运所发生的费用。

(4)冬雨季施工增加费：是指在冬季或雨季施工需增加的临时设施、防滑、排除雨雪，人工及施工机械效率降低等费用。

(5)已完工程及设备保护费：是指竣工验收前，对已完工程及设备采取的必要保护措施所发生的费用。

(6)工程定位复测费：是指工程施工过程中进行全部施工测量放线和复测工作的费用。

(7)特殊地区施工增加费：是指工程在沙漠或其边缘地区、高海拔、高寒、原始森林等特殊地区施工增加的费用。

(8)大型机械设备进出场及安拆费：是指机械整体或分体自停放场地运至施工现场或由一个施工地点运至另一个施工地点，所发生的机械进出场运输及转移费用及机械在施工现场进行安装、拆卸所需的人工费、材料费、机械费、试运转费和安装所需的辅助设施的费用。

(9)脚手架工程费：是指施工需要的各种脚手架搭、拆、运输费用以及脚手架购置费的摊销(或租赁)费用。

措施项目及其包含的内容详见各类专业工程的现行国家或行业计量规范。

3)其他项目费

(1)暂列金额：是指建设单位在工程量清单中暂定并包括在工程合同价款中的一笔款项。用于施工合同签订时尚未确定或者不可预见的所需材料、工程设备、服务的采购，施工中可能发生的工程变更、合同约定调整因素出现时的工程价款调整以及发生的索赔、现场签证确认等的费用。

(2)计日工：是指在施工过程中，施工企业完成建设单位提出的施工图纸以外的零星项目或工作所需的费用。

(3)总承包服务费：是指总承包人为配合、协调建设单位进行的专业工程发包，对建设单位自行采购的材料、工程设备等进行保管以及施工现场管理、竣工资料汇总整理等服务所需的费用。

4)规费：定义同图 2.6.1

5)税金：定义同图 2.6.1

国外建筑安装工程费的构成如图 2.6.3 所示。

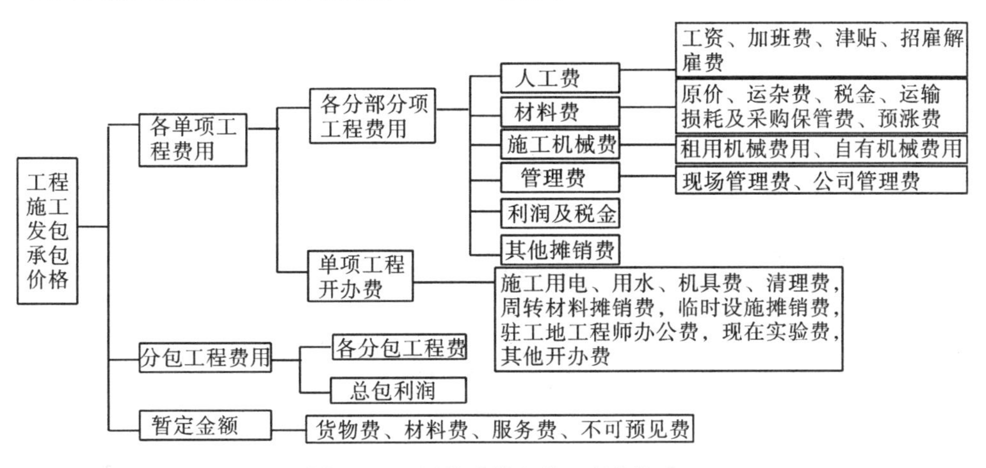

图 2.6.3　国外建筑安装工程费构成

2.6.2　建筑安装工程费用计价流程

建筑安装工程计价程序如表 2.6.1～表 2.6.3 所示，详细计算参见第 5 章内容。

表 2.6.1　建设单位工程招标控制价计价程序

工程名称：　　　　　　　　　　　　标段：

序号	内容	计算方法	金额/元
1	分部分项工程费	按计价规定计算	
1.1			
1.2			

续表

序号	内容	计算方法	金额/元
1.3			
1.4			
1.5			
2	措施项目费	按计价规定计算	
2.1	其中：安全文明施工费	按规定标准计算	
3	其他项目费		
3.1	其中：暂列金额	按计价规定估算	
3.2	其中：专业工程暂估价	按计价规定估算	
3.3	其中：计日工	按计价规定估算	
3.4	其中：总承包服务费	按计价规定估算	
4	规费	按规定标准计算	
5	税金(扣除不列入计税范围的工程设备金额)	(1+2+3+4)×规定税率	
招标控制价合计=1+2+3+4+5			

表 2.6.2　施工企业工程投标报价计价程序

工程名称：　　　　　　　　　　　　　　标段：

序号	内容	计算方法	金额/元
1	分部分项工程费	自主报价	
1.1			
1.2			
1.3			
1.4			
1.5			

续表

序号	内容	计算方法	金额/元
2	措施项目费	自主报价	
2.1	其中：安全文明施工费	按规定标准计算	
3	其他项目费		
3.1	其中：暂列金额	按招标文件提供金额计列	
3.2	其中：专业工程暂估价	按招标文件提供金额计列	
3.3	其中：计日工	自主报价	
3.4	其中：总承包服务费	自主报价	
4	规费	按规定标准计算	
5	税金(扣除不列入计税范围的工程设备金额)	(1+2+3+4)×规定税率	
投标报价合计=1+2+3+4+5			

表 2.6.3　竣工结算计价程序

工程名称：　　　　　　　　　　　　　标段：

序号	内容	计算方法	金额/元
1	分部分项工程费	按合同约定计算	
1.1			
1.2			
1.3			
1.4			
1.5			
2	措施项目	按合同约定计算	
2.1	其中：安全文明施工费	按规定标准计算	
3	其他项目		
3.1	其中：专业工程结算价	按合同约定计算	
3.2	其中：计日工	按计日工签证计算	

续表

序号	内容	计算方法	金额/元
3.3	其中：总承包服务费	按合同约定计算	
3.4	索赔与现场签证	按发承包双方确认数额计算	
4	规费	按规定标准计算	
5	税金(扣除不列入计税范围的工程设备金额)	(1+2+3+4)×规定税率	
竣工结算总价合计=1+2+3+4+5			

2.6.3　工程量清单计价

1. 相关概念

工程量清单是载明建设工程分部分项工程项目、措施项目和其他项目的名称和相应数量以及规费和税金项目等内容的明细清单，又分为招标工程量清单和已标价工程量清单。采用工程量清单方式招标，招标工程量清单必须作为招标文件的组成部分，其准确性和完整性由招标人负责。

工程量清单计价与计量规范由建设工程工程量清单计价规范、房屋建筑与装饰工程计量规范、仿古建筑工程计量规范、通用安装工程计量规范、市政工程计量规范、园林绿化工程计量规范、构筑物工程计量规范、矿山工程计量规范、城市轨道交通工程计量规范、爆破工程计量规范组成。

计价规范适用于建设工程发承包及其实施阶段的计价活动。使用国有资金投资的建设工程发承包，必须采用工程量清单计价；非国有资金投资的建设工程，宜采用工程量清单计价；不采用工程量清单计价的建设工程，应执行计价规范中除工程量清单等专门性规定外的其他规定。

住房城乡建设部2013年12月11日颁布《建筑工程施工发包与承包计价管理办法》，该办法自2014年2月1日起施行，原建设部2001年11月5日发布的《建筑工程施工发包与承包计价管理办法》(建设部令第107号)同时废止，其中：

“第六条　全部使用国有资金投资或者以国有资金投资为主的建筑工程(以下简称国有资金投资的建筑工程)，应当采用工程量清单计价；非国有资金投资的建筑工程，鼓励采用工程量清单计价。

国有资金投资的建筑工程招标的，应当设有最高投标限价；非国有资金投资的建筑工程招标的，可以设有最高投标限价或者招标标底。

最高投标限价及其成果文件，应当由招标人报工程所在地县级以上地方人民政府住房城乡建设主管部门备案。

第七条　工程量清单应当依据国家制定的工程量清单计价规范、工程量计算规范等编制。工程量清单应当作为招标文件的组成部分。”

2. 分部分项工程项目清单

分部分项工程是“分部工程”和“分项工程”的总称。“分部工程”是单位工程的组成部分，系按结构部位、路段长度及施工特点或施工任务将单位工程划分为若干分部的工程。例如，砌筑工程分为砖砌体、砌块砌体、石砌体、垫层分部工程。“分项工程”是分部工程的组成部分，系按不同施工方法、材料、工序及路段长度等分部工程划分为若干个分项或项目的工程。例如，砖砌体分为砖基础、砖砌挖孔桩护壁、实心砖墙、多孔砖墙、空心砖墙、空斗墙、空花墙、填充墙、实心砖柱、多孔砖柱、砖检查井、零星砌砖、砖散水地坪、砖地沟明沟等分项工程。

1)项目编码

分部分项工程量清单项目编码以五级编码设置，第一级表示专业工程代码(分二位)；第二级表示附录分类顺序码(分二位)；第三级表示分部工程顺序码(分二位)；第四级表示分项工程项目名称顺序码(分三位)；第五级表示工程量清单项目名称顺序码(分三位)。

2)项目名称

分部分项工程量清单的项目名称应按计价规范附录的项目名称结合拟建工程的实际确定。

3)项目特征

项目特征是构成分部分项工程项目、措施项目自身价值的本质特征。项目特征是对项目的准确描述，是确定一个清单项目综合单价不可缺少的重要依据，是区分清单项目的依据，是履行合同义务的基础。分部分项工程量清单的项目特征应按《清单计价规范》附录中规定的项目特征，结合技术规范、标准图集 、施工图纸，按照工程结构、使用材质及规格或安装位置等，予以详细而准确的表述和说明。

4)计量单位

计量单位应采用基本单位。

5)工程数量的计算

工程数量主要通过工程量计算规则计算得到。工程量计算规则是指对清单项目工程量的计算规定。除另有说明外，所有清单项目的工程量应以实体工程量为准，并以完成后的净值计算。投标人投标报价时，应在单价中考虑施工中的各种损耗和需要增加的工程量。

3. 措施项目清单

1)措施项目清单的类别

措施项目费用的发生与使用时间、施工方法或者两个以上的工序相关，如安全文明施工费、夜间施工、非夜间施工照明、二次搬运、冬雨季施工、地上地下设施、建筑物的临时保护设施、已完工程及设备保护等，宜编制总价措施项目清单与计价表。但是有些措施项目则是可以计算工程量的项目，如脚手架工程，混凝土模板及支架(撑)，垂直运输、超高施工增加，大型机械设备进出场及安拆，施工排水、降水等，这类措施项目按照分部分项工程量清单的方式采用综合单价计价，更有利于措施费的确定和调整，宜采用分部分项工程量清单的方式编制。

2)措施项目清单的编制依据

(1)施工现场情况、地勘水文资料、工程特点；

(2)常规施工方案；

(3)与建设工程有关的标准、规范、技术资料；

(4)拟定的招标文件；

(5)建设工程设计文件及相关资料。

注：编制“总价措施项目清单与计价表”时，按施工方案计算的措施费，若无“计算基础”和“费率”的数值，也可只填“金额”数值，但应在备注栏说明施工方案出处或计算方法。

4. 其他项目清单

1)暂列金额

暂列金额是指招标人暂定并包括在合同中的一笔款项。工程建设自身的特性决定了工程的设计需要根据工程进展不断地进行优化和调整，业主需求可能会随工程建设进展出现变化，工程建设过程可能会存在一些不能预见、不能确定的因素，消化这些因素必然会影响合同价格的调整，暂列金额正是因这类不可避免的价格调整而设立，以便达到合理确定和有效控制工程造价的目的。

注：“暂列金额明细表”由招标人填写，如不能详列，也可只列暂定金额总额，投标人将上述暂列金额计入投标总价中。

2)暂估价

暂估价是指招标人在工程量清单中提供的用于支付必然发生但暂时不能确定价格的材料、工程设备的单价以及专业工程的金额，包括材料暂估单价、工程设备暂估单价和专业工程暂估价。

(1)招标人提供的材料、工程设备暂估价需要纳入分部分项工程量清单项目综合单价，应只是材料、工程设备暂估单价，以方便投标人组价。

(2)专业工程的暂估价一般应是综合暂估价，同样包括人工费、材料费、施工机具使用费、企业管理费和利润，不包括规费和税金。

注：编制“材料(工程设备)暂估单价及调整表”时，由招标人填写“暂估单价”，并在备注栏说明暂估价的材料、工程设备拟用在哪些清单项目上，投标人应将上述材料、工程设备暂估价计入工程量清单综合单价报价中。

3)计日工

计日工对完成零星工作所消耗的人工工时、材料数量、施工机械台班进行计量，并按照计日工表中填报的适用项目的单价进行计价支付。计日工适用的所谓零星工作一般是指合同约定之外的或者因变更而产生的、工程量清单中没有相应项目的额外工作，尤其是那些难以事先商定价格的额外工作。

注：编制“计日工表”时，项目名称、暂定数量由招标人填写，编制招标控制价时，单价由招标人按有关计价规定确定；投标时，单价由投标人自主报价，按暂定数量计算合价计入投标总价中；结算时，按发承包双方确认的实际数量计算合价。

4)总承包服务费

总承包服务费是指总承包人为配合协调发包人进行的专业工程发包，对发包人自行采购的材料、工程设备等进行保管以及施工现场管理、竣工资料汇总整理等服务所需的费用。招标人应预计该项费用并按投标人的投标报价向投标人支付该项费用。

注：编制“总承包服务费计价表”时，项目名称、服务内容由招标人填写，编写招标控制价时，费率及金额由招标人按有关计价规定确定；投标时，费率及金额由投标人自主报价，计入投标总价中。

5. 规费、税金项目清单

出现计价规范中未列的项目应根据省级政府或省级有关权力部门的规定列项。

2.6.4 《四川省建设工程工程量清单计价定额》(2015)建筑安装工程费用说明

1. 建筑安装工程费用项目组成

建筑安装工程费由分部分项工程费、措施项目费、其他项目费、规费、税金组成，分部分项工程费、措施项目费、其他项目费包含人工费、材料费、施工机具使用费、企业管理费和利润。

2. 费用说明

1)分部分项工程费

分部分项工程费是指各专业工程的分部分项工程应予列支的各项费用。

(1)专业工程：是指按现行国家计量规范划分的房屋建筑与装饰工程、仿古建筑工程、通用安装工程、市政工程、园林绿化工程、矿山工程、构筑物工程、城市轨道交通工程、爆破工程等各类工程。

(2)分部分项工程：指按现行国家计量规范对各专业工程划分的项目，如房屋建筑与装饰工程的土石方工程、地基处理与基坑支护工程、桩基工程、混凝土及钢筋混凝土工程等。

2)措施项目费

措施项目费是指为完成建设工程施工，发生于该工程施工前和施工过程中的技术、生活、安全、环境保护等方面的费用。措施项目费分为总价措施项目费和单价措施项目费。

(1)总价措施项目费。

①安全文明施工费，包括：

a. 环境保护费：是指施工现场为达到环保部门要求所需要的各项费用。

b. 文明施工费：是指施工现场文明施工所需要的各项费用。

c. 安全施工费：是指施工现场安全施工所需要的各项费用。

d. 临时设施费：是指施工企业为进行建设工程施工所必须搭设的生活和生产用的临时建筑物、构筑物和其他临时设施费用，包括临时设施的搭设、维修、拆除、清运或摊销费等。

除本定额另有规定外，安全文明施工费中的环境保护费、文明施工费、安全施工费、临时设施费计价按《四川省建设工程安全文明施工费计价管理办法》实施管理。

②夜间施工增加费：是指因夜间施工所发生的夜班补助费、夜间施工降效、夜间施工照明设备摊销及照明用电等费用。

③二次搬运费：是指因施工场地条件限制而发生的材料、构配件、半成品等一次运输不能到达堆放地点，必须进行二次或多次搬运所发生的费用。

④冬雨季施工增加费：是指在冬季或雨季施工需增加的临时设施、防滑、排除雨雪，人工及施工机械效率降低等费用。

⑤已完工程及设备保护费：是指对已完工程及设备采取的覆盖、包裹、封闭、隔

离等必要保护措施的费用。

⑥工程定位复测费：是指工程施工过程中进行全部施工测量放线和复测工作的费用。

本定额未列出的总价措施项目，可根据工程实际情况补充。

(2)单价措施项目费。

具体内容详见各专业工程定额“措施项目”分部。定额未列出的单价措施项目，可根据工程实际情况补充。

3)其他项目费

(1)暂列金额：是指建设单位在工程量清单中暂定并包括在工程合同价款中的一笔款项，用于施工合同签订时尚未确定或者不可预见的所需材料、工程设备、服务的采购，施工中可能发生的工程变更、合同约定调整因素出现时的工程价款调整以及发生的索赔、现场签证确认等的费用。

(2)暂估价：是指招标人在工程量清单中提供的用于支付必然发生但暂时不能确定价格的材料、工程设备的单价以及专业工程的金额，包括材料暂估单价、工程设备暂估单价、专业工程暂估价。

(3)计日工：是指在施工过程中，承包人完成发包人提出的工程合同范围以外的零星项目或工作，按合同中约定的单价计价的费用。

(4)总承包服务费：是指总承包人为配合协调发包人进行的专业工程发包，对发包人自行采购的材料、工程设备等进行保管以及施工现场管理、竣工资料汇总整理等服务所需的费用。

4)规费

规费是指根据国家法律、法规规定，由省级政府或省级有关权力部门规定施工企业必须缴纳，应计入建筑安装工程造价的费用。规费包括工程社会保险费、住房公积金、工程排污费。

(1)社会保险费包括养老保险费、失业保险费、医疗保险费、工伤保险费、生育保险费。

①养老保险费是指企业按照规定标准为职工缴纳的基本养老保险费。

②失业保险费是指企业按照规定标准为职工缴纳的失业保险费。

③医疗保险费是指企业按照规定标准为职工缴纳的基本医疗保险费。

④工伤保险费是指企业按照规定标准为职工缴纳的工伤保险费。

⑤生育保险费是指企业按照规定标准为职工缴纳的生育保险费。

(2)住房公积金是指企业按照规定标准为职工缴纳的住房公积金。

(3)工程排污费是指按照规定缴纳的施工现场工程排污费。

出现上面未列的规费项目应根据省级政府或者省级有关权力部门的规定列项。

5)税金

税金是指国家税法规定的应计入建筑安装工程造价内的营业税、城市维护建设税、教育费附加以及地方教育附加(现营业税已改增值税，详见第5章介绍)。

3. 费用计算

1)总价措施项目费

(1)安全文明施工费。

安全文明施工费不得作为竞争性费用。环境保护费、文明施工、安全施工、临时设施费分基本费、现场评价费两部分计取，根据工程所在位置分别执行工程在市区时、工程在县城、镇时、工程不在市区、县城、镇时三种标准，其口径与税金相同。

①在编制概算、招标控制价(最高投标限价、标底)时应足额计取，即环境保护费、文明施工、安全施工、临时设施费费率按基本费费率加现场评价费最高费率计列。

环境保护费费率＝环境保护基本费费率×2

文明施工费费率＝文明施工基本费费率×2

安全施工费费率＝安全施工基本费费率×2

临时设施费费率＝临时设施基本费费率×2

②在编制投标报价时，应按招标人在招标文件中公布的安全文明施工费金额计取。

③编制工程竣工结算时，安全文明施工费按如下规定计取。

a. 对按规定应办理施工许可证的工程，工程竣工验收合格后，承包人凭《建设工程安全文明施工措施评价及费率测定表》测定的费率办理竣工结算，承包人不能出具《建设工程安全文明施工措施评价及费率测定表》的，承包人不得收取安全文明施工费。

b. 对按规定可以不办理施工许可证且未办理施工许可证的工程，承包人凭《建设工程安全文明施工措施评价及费率测定表》确认的该工程可以不办理施工许可证且未办理施工许可证的手续，其安全文明施工费按基本费费率标准计取。

c. 对建设单位直接发包未纳入总包工程现场评价范围，建设工程施工安全监督管理机构也不单独进行现场评价的工程(如总平工程)，其安全文明施工费以建设单位直接发包的工程类型按基本费费率标准计取。

d. 发包人直接发包的专业工程纳入总包工程现场评价范围但不单独进行安全文明施工措施现场评价的，其安全文明施工费按该工程总包单位的《建设工程安全文明施工措施评价及费率测定表》测定的费率执行，总承包单位收取相应项目安全文明施工费的30％。

安全文明施工费基本费费率标准如表 2.6.4～表 2.6.6 所示。

表 2.6.4 安全文明施工费基本费费率标准(工程在市区时)

序号	项目名称	工程类型	取费基础	基本费费率/%	说 明
一	环境保护费		分部分项工程量清单项目定额人工费＋单价措施项目定额人工费	0.2	1. 表中所列工程均为单独发包工程。房屋建筑与装饰工程、仿古建筑工程、构筑物工程包括未单独发包的与其配套的线路、管道、设备安装工程及室内外装饰装修工程 2. 单独装饰工程、单独通用安装工程包括未单独发包的与其配套的工程以及单独发包的城市轨道交通工程中的通信工程、信号工程、供电工程、智能与控制系统安装工程 3. 市政工程包括未单独发包的与其配套的工程以及单独发包的市政给水、燃气、水处理、生活垃圾处理机械设备安装、路灯工程 4. 城市轨道交通工程(不含单独发包的通信工程、信号工程、供电工程、智能与控制系统安装工程)包括未单独发包的与其配套的工程 5. 园林绿化工程包括未单独发包的园路、园桥、亭廊等与其配套的工程 6. 维修加固工程、拆除工程包括未单独发包的与其配套的工程 7. 单独土石方、单独地基处理与边坡支护工程、单独桩基工程包括未单独发包的与其配套的工程 8. 房屋建筑与装饰工程、仿古建筑工程、构筑物工程、市政工程、城市轨道交通工程安全施工费已包括施工现场设置安防监控系统设施的费用，如未设置或经现场评价不符合《四川省住房和城乡建设厅关于开展建设工程质量安全数字化管理工作的通知》(川建质安发〔2013〕39 号)规定，安全施工费费率乘以系数 0.75
二	文明施工费	房屋建筑与装饰工程、仿古建筑工程、构筑物工程		2.5	
		单独装饰工程、单独通用安装工程		1.25	
		市政工程		1.75	
		城市轨道交通工程		1.75	
		园林绿化工程、总平、运动场工程		1.15	
		维修加固工程、拆除工程		1.15	
		单独土石方、单独地基处理与边坡支护工程、单独桩基工程		1.15	
三	安全施工费	房屋建筑与装饰工程、仿古建筑工程、构筑物工程		4.8	
		单独装饰工程、单独通用安装工程		2.15	
		市政工程		2.75	
		城市轨道交通工程		2.75	
		园林绿化工程、总平、运动场工程		2	
		维修加固工程、拆除工程		2	
		单独土石方、单独地基处理与边坡支护工程、单独桩基工程		1.65	
四	临时设施费	房屋建筑与装饰工程、仿古建筑工程、构筑物工程		3.6	
		单独装饰工程、单独通用安装工程		3.6	
		市政工程		3.6	
		城市轨道交通工程		3.6	
		园林绿化工程、总平、运动场工程		3.25	
		维修加固工程、拆除工程		2.85	
		单独土石方、单独地基处理与边坡支护工程、单独桩基工程		2.85	

表 2.6.5　安全文明施工费基本费费率标准(工程在县城、镇时)

<table>
<tr><th>序号</th><th>项目名称</th><th>工程类型</th><th>取费基础</th><th>基本费费率/%</th><th>说　明</th></tr>
<tr><td>一</td><td>环境保护费</td><td></td><td rowspan="22">分部分项工程量清单项目定额人工费＋单价措施项目定额人工费</td><td>0.15</td><td rowspan="22">1. 表中所列工程均为单独发包工程。房屋建筑与装饰工程、仿古建筑工程、构筑物工程包括未单独发包的与其配套的线路、管道、设备安装工程及室内外装饰装修工程
2. 单独装饰工程、单独通用安装工程包括未单独发包的与其配套的工程以及单独发包的城市轨道交通工程中的通信工程、信号工程、供电工程、智能与控制系统安装工程
3. 市政工程包括未单独发包的与其配套的工程以及单独发包的市政给水、燃气、水处理、生活垃圾处理机械设备安装、路灯工程
4. 城市轨道交通工程(不含单独发包的通信工程、信号工程、供电工程、智能与控制系统安装工程)包括未单独发包的与其配套的工程
5. 园林绿化工程包括未单独发包的园路、园桥、亭廊等与其配套的工程
6. 维修加固工程、拆除工程包括未单独发包的与其配套的工程
7. 单独土石方、单独地基处理与边坡支护工程、单独桩基工程包括未单独发包的与其配套的工程。
8. 房屋建筑与装饰工程、仿古建筑工程、构筑物工程、市政工程、城市轨道交通工程安全施工费已包括施工现场设置安防监控系统设施的费用，如未设置或经现场评价不符合《四川省住房和城乡建设厅关于开展建设工程质量安全数字化管理工作的通知》(川建质安发〔2013〕39 号)规定，安全施工费费率乘以系数 0.75</td></tr>
<tr><td rowspan="7">二</td><td rowspan="7">文明施工费</td><td>房屋建筑与装饰工程、仿古建筑工程、构筑物工程</td><td>1.92</td></tr>
<tr><td>单独装饰工程、单独通用安装工程</td><td>0.96</td></tr>
<tr><td>市政工程</td><td>1.35</td></tr>
<tr><td>城市轨道交通工程</td><td>1.35</td></tr>
<tr><td>园林绿化工程、总平、运动场工程</td><td>0.88</td></tr>
<tr><td>维修加固工程、拆除工程</td><td>0.88</td></tr>
<tr><td>单独土石方、单独地基处理与边坡支护工程、单独桩基工程</td><td>0.88</td></tr>
<tr><td rowspan="7">三</td><td rowspan="7">安全施工费</td><td>房屋建筑与装饰工程、仿古建筑工程、构筑物工程</td><td>3.69</td></tr>
<tr><td>单独装饰工程、单独通用安装工程</td><td>1.65</td></tr>
<tr><td>市政工程</td><td>2.12</td></tr>
<tr><td>城市轨道交通工程</td><td>2.12</td></tr>
<tr><td>园林绿化工程、总平、运动场工程</td><td>1.54</td></tr>
<tr><td>维修加固工程、拆除工程</td><td>1.54</td></tr>
<tr><td>单独土石方、单独地基处理与边坡支护工程、单独桩基工程</td><td>1.27</td></tr>
<tr><td rowspan="7">四</td><td rowspan="7">临时设施费</td><td>房屋建筑与装饰工程、仿古建筑工程、构筑物工程</td><td>2.77</td></tr>
<tr><td>单独装饰工程、单独通用安装工程</td><td>2.77</td></tr>
<tr><td>市政工程</td><td>2.77</td></tr>
<tr><td>城市轨道交通工程</td><td>2.77</td></tr>
<tr><td>园林绿化工程、总平、运动场工程</td><td>2.5</td></tr>
<tr><td>维修加固工程、拆除工程</td><td>2.19</td></tr>
<tr><td>单独土石方、单独地基处理与边坡支护工程、单独桩基工程</td><td>2.19</td></tr>
</table>

表 2.6.6　安全文明施工费基本费费率标准(工程不在市区、县城、镇时)

序号	项目名称	工程类型	取费基础	基本费费率/%	说　明
一	环境保护费		分部分项工程量清单项目定额人工费+单价措施项目定额人工费	0.12	1. 表中所列工程均为单独发包工程。房屋建筑与装饰工程、仿古建筑工程、构筑物工程包括未单独发包的与其配套的线路、管道、设备安装工程及室内外装饰装修工程 2. 单独装饰工程、单独通用安装工程包括未单独发包的与其配套的工程以及单独发包的城市轨道交通工程中的通信工程、信号工程、供电工程、智能与控制系统安装工程 3. 市政工程包括未单独发包的与其配套的工程以及单独发包的市政给水、燃气、水处理、生活垃圾处理机械设备安装、路灯工程 4. 城市轨道交通工程(不含单独发包的通信工程、信号工程、供电工程、智能与控制系统安装工程)包括未单独发包的与其配套的工程 5. 园林绿化工程包括未单独发包的园路、园桥、亭廊等与其配套的工程 6. 维修加固工程、拆除工程包括未单独发包的与其配套的工程 7. 单独土石方、单独地基处理与边坡支护工程、单独桩基工程包括未单独发包的与其配套的工程 8. 房屋建筑与装饰工程、仿古建筑工程、构筑物工程、市政工程、城市轨道交通工程安全施工费已包括施工现场设置安防监控系统设施的费用，如未设置或经现场评价不符合《四川省住房和城乡建设厅关于开展建设工程质量安全数字化管理工作的通知》(川建质安发〔2013〕39 号)规定，安全施工费费率乘以系数 0.75
二	文明施工费	房屋建筑与装饰工程、仿古建筑工程、构筑物工程		1.48	
		单独装饰工程、单独通用安装工程		0.74	
		市政工程		1.04	
		城市轨道交通工程		1.04	
		园林绿化工程、总平、运动场工程		0.68	
		维修加固工程、拆除工程		0.68	
		单独土石方、单独地基处理与边坡支护工程、单独桩基工程		0.68	
三	安全施工费	房屋建筑与装饰工程、仿古建筑工程、构筑物工程		2.84	
		单独装饰工程、单独通用安装工程		1.27	
		市政工程		1.63	
		城市轨道交通工程		1.63	
		园林绿化工程、总平、运动场工程		1.18	
		维修加固工程、拆除工程		1.18	
		单独土石方、单独地基处理与边坡支护工程、单独桩基工程		0.98	
四	临时设施费	房屋建筑与装饰工程、仿古建筑工程、构筑物工程		2.13	
		单独装饰工程、单独通用安装工程		2.13	
		市政工程		2.13	
		城市轨道交通工程		2.13	
		园林绿化工程、总平、运动场工程		1.92	
		维修加固工程、拆除工程		1.69	
		单独土石方、单独地基处理与边坡支护工程、单独桩基工程		1.69	

(2)其他总价措施项目费。

其他总价措施项目费，包括：夜间施工增加费、二次搬运费、冬雨季施工增加费、已完工程及设备保护费、工程定位复测费等。

总价措施项目费应根据拟建工程特点确定。

①编制招标控制价(最高投标限价、标底)时，招标人应根据工程实际情况选择列项，按以下标准计取。

②编制投标报价时，投标人应按照招标人在总价措施项目清单中列出的项目和计算基础自主确定相应费率并计算措施项目费。

③编制竣工结算时，其他总价措施项目费应根据合同约定的金额计算，发、承包双方依据合同约定对其他总价措施项目费进行了调整的，应按调整后的金额计算。

其他总价措施项目费计取标准如表 2.6.7 所示。

表 2.6.7　其他总价措施项目费计取标准表

序号	项目名称	计算基础	费率/%
1	夜间施工	分部分项清单定额人工费＋单价措施项目清单定额人工费	0.8
2	二次搬运	分部分项清单定额人工费＋单价措施项目清单定额人工费	0.4
3	冬雨季施工	分部分项清单定额人工费＋单价措施项目清单定额人工费	0.6
4	工程定位复测	分部分项清单定额人工费＋单价措施项目清单定额人工费	0.15

2)其他项目费

(1)暂列金额。

暂列金额应根据拟建工程特点确定。

①编制招标控制价(最高投标限价、标底)时，暂列金额可按分部分项工程费和措施项目费的 10%～15%计取。

②编制投标报价时，暂列金额应按招标人在其他项目清单中列出的金额填写。

(2)暂估价。

①编制招标控制价(最高投标限价、标底)时，暂估价中的材料、工程设备单价应根据招标工程量清单中列出的单价计入综合单价；暂估价中的专业工程金额应分不同专业，按有关计价规定估算。

②编制投标报价时，材料暂估价应按招标人在其他项目清单中列出的单价计入综合单价；专业工程暂估价应按招标人在其他项目清单中列出的金额填写。

③编制竣工结算时，暂估价中的材料单价应按发、承包双方最终确认价在综合单价中调整；专业工程暂估价应按中标价或发包人、承包人与分包人最终确认价计算。

(3)计日工。

①在编制招标控制价(最高投标限价、标底)时，计日工项目和数量应按其他项目清单列出的项目和数量，计日工中的人工单价和施工机械台班单价应按工程造价管理机构公布的单价计算。计日工人工单价综合费费率按25％计算，计日工人工单价＝工程造价管理机构发布的工程所在地相应工种计日工人工单价＋相应工种定额人工单价×25％。

计日工中的材料单价应按工程造价管理机构发布的工程造价信息中的材料单价计算，工程造价信息未发布材料单价的材料，其价格应按市场调查确定的单价计算。

②编制投标报价时，计日工按招标人在其他项目清单中列出的项目和数量，投标人自主确定综合单价并计算计日工费用。

③编制竣工结算时，计日工的费用应按发包人实际签证确认的数量和合同约定的相应项目综合单价计算。

(4)总承包服务费。

①编制招标控制价(最高投标限价、标底)时，总承包服务费应根据招标文件列出的服务内容和要求按下列规定计算。

a. 当招标人仅要求总包人对其发包的专业工程进行施工现场协调和统一管理、对竣工资料进行统一汇总整理等服务时，总包服务费按发包的专业工程估算造价的1.5％左右计算。

b. 当招标人要求总包人对其发包的专业工程既进行总承包管理和协调，又要求提供相应配合服务时，总承包服务费根据招标文件列出的配合服务内容，按发包的专业工程估算造价的3％～5％计算。

c. 招标人自行供应材料、设备的，按招标人供应材料、设备价值的1％计算。

②编制投标报价时，总承包服务费应依据招标人在招标文件中列出的分包专业工程内容和供应材料设备情况，按照招标人提出的协调、配合与服务内容和施工现场管理需要由投标人自主确定。

③编制竣工结算时，总承包服务费应依据合同约定的金额计算，发、承包双方依据合同约定对总承包服务费进行了调整的，应按调整后的金额计算。

3)规费

(1)规费应按规定标准计算，不得作为竞争性费用。规费的计取基础为“分部分项清单定额人工费＋单价措施项目清单定额人工费”，定额人工费应按照工程量清单的项目特征等内容套用定额项目确定，对定额项目中定额人工费的调整必须按照定额的规定进行调整，凡定额未作调整规定的，定额人工费一律不得调整。

(2)编制招标控制价(最高投标限价、标底)时，规费标准有幅度的，按上限计列。

(3)编制投标报价时，规费按投标人持有的《四川省施工企业工程规费计取标准》证书中核定标准计取，不得纳入投标竞争的范围；投标人未持有《四川省施工企业工程规费计取标准》证书，规费标准有幅度的，按规费标准下限计取。

(4)编制竣工结算时，规费按承包人持有的《四川省施工企业工程规费计取标准》证书中核定的费率办理；承包人未持有《四川省施工企业工程规费计取标准》证书，规费标准有幅度的，按规费标准下限办理；《四川省施工企业工程规费计取标准》中没有规费标准的项目以及没有的规费项目，依据省级政府或省级有关权力部门的规定及实际缴纳的金额结算。

规费取费标准如表2.6.8所示。

表2.6.8　规费标准取费表

序号	规费名称	计算基础	规费费率
1	社会保障费		
1.1	养老保险费	分部分项清单定额人工费＋单价措施项目清单定额人工费	3.80%～7.50%
1.2	失业保险费	分部分项清单定额人工费＋单价措施项目清单定额人工费	0.3%～0.60%
1.3	医疗保险费	分部分项清单定额人工费＋单价措施项目清单定额人工费	1.80%～2.70%
1.4	工伤保险费	分部分项清单定额人工费＋单价措施项目清单定额人工费	0.40%～0.70%
1.5	生育保险费	分部分项清单定额人工费＋单价措施项目清单定额人工费	0.10%～0.20%
2	住房公积金	分部分项清单定额人工费＋单价措施项目清单定额人工费	1.30%～3.30%
3	工程排污费	按工程所在地环保部门规定按实计算	

注：规费标准中包括企业为非城镇户籍从业人员缴纳的综合保险

4)税金

税金应按规定标准计算，不得作为竞争性费用。取费标准如表2.6.9所示。

表2.6.9　税金标准

项目名称	计算基础	税金费率
税金(包括营业税、城市维护建设税、教育费附加、地方教育附加)	分部分项工程费＋措施项目费＋其他项目费＋规费	1. 工程在市区时为3.43%； 2. 工程在县城、镇时为3.37%； 3. 工程不在城市、县城、镇时为3.25%

注：国家已经全面推行"营改增"，新的增值税计算方法详见第5章

2.6.5　《建设工程工程量清单计价规范》(GB 50500—2013)

1. 总则

(1)为规范建设工程造价计价行为，统一建设工程计价文件的编制原则和计价方

法，根据《中华人民共和国建筑法》《中华人民共和国合同法》《中华人民共和国招标投标法》等法律法规，制定本规范。

(2)本规范适用于建设工程发承包及实施阶段的计价活动。

(3)建设工程发承包及实施阶段的工程造价应由分部分项工程费、措施项目费、其他项目费、规费和税金组成。

(4)招标工程量清单、招标控制价、投标报价、工程计量、合同价款调整、合同价款结算与支付以及工程造价鉴定等工程造价文件的编制与核对，应由具有专业资格的工程造价人员承担。

(5)承担工程造价文件的编制与核对的工程造价人员及其所在单位，应对工程造价文件的质量负责。

(6)建设工程发承包及实施阶段的计价活动应遵循客观、公正、公平的原则。

(7)建设工程发承包及实施阶段的计价活动，除应符合本规范外，尚应符合国家现行有关标准的规定。

2. 术语

1)工程量清单

工程量清单是指载明建设工程分部分项工程项目、措施项目、其他项目的名称和相应数量以及规费、税金项目等内容的明细清单。

2)招标工程量清单

招标工程量清单是指招标人依据国家标准、招标文件、设计文件以及施工现场实际情况编制的，随招标文件发布供投标报价的工程量清单，包括其说明和表格。

3)已标价工程量清单

已标价工程量清单是指构成合同文件组成部分的投标文件中已标明价格，经算术性错误修正(如有)且承包人已确认的工程量清单，包括其说明和表格。

4)分部分项工程

分部工程是单项或单位工程的组成部分，是按结构部位、路段长度及施工特点或施工任务将单项或单位工程划分为若干分部的工程；分项工程是分部工程的组成部分，是按不同施工方法、材料、工序及路段长度等将分部工程划分为若干个分项或项目的工程。

5)措施项目

措施项目是指为完成工程项目施工，发生于该工程施工准备和施工过程中的技术、生活、安全、环境保护等方面的项目。

6)项目编码

项目编码是指分部分项工程和措施项目清单名称的阿拉伯数字标识。

7)项目特征

项目特征是指构成分部分项工程项目、措施项目自身价值的本质特征。

8)综合单价

综合单价是指完成一个规定清单项目所需的人工费、材料和工程设备费、施工机具使用费和企业管理费、利润以及一定范围内的风险费用。

9)风险费用

风险费用是指隐含于已标价工程量清单综合单价中，用于化解发承包双方在工程合同中约定内容和范围内的市场价格波动风险的费用。

10)工程成本

工程成本是指承包人为实施合同工程并达到质量标准，在确保安全施工的前提下，必须消耗或使用的人工、材料、工程设备、施工机械台班及其管理等方面发生的费用和按规定缴纳的规费和税金。

11)单价合同

单价合同是指发承包双方约定以工程量清单及其综合单价进行合同价款计算、调整和确认的建设工程施工合同。

12)总价合同

总价合同是指发承包双方约定以施工图及其预算和有关条件进行合同价款计算、调整和确认的建设工程施工合同。

13)成本加酬金合同

成本加酬金合同是指承包双方约定以施工工程成本再加合同约定酬金进行合同价款计算、调计算、调整和确认的建设工程施工合同。

14)工程造价信息

工程造价信息是指工程造价管理机构根据调查和测算发布的建设工程人工、材料、工程设备、施工机械台班的价格信息，以及各类工程的造价指数、指标。

15)工程造价

工程造价指数反映一定时期的工程造价相对于某一固定时期的工程造价变化程度的比值或比率。包括按单位或单项工程划分的造价指数，按工程造价构成要素划分的人工、材料、机械等价格指数。

16)工程变更

工程变更是指合同工程实施过程中由发包人提出或由承包人提出经发包人批准的

合同工程任何一项工作的增、减、取消或施工工艺、顺序、时间的改变；设计图纸的修改；施工条件的改变；招标工程是清单的错、漏从而引起合同条件的改变或工程量的增减变化。

17)工程量偏差

工程量偏差是指承包人按照合同工程的图纸(含经发包人批准由承包人提供的图纸)实施，按照现行国家计量规范规定的工程量计算规则计算得到的完成合同工程项目应予计量的工程量与相应的招标工程量清单项目列出的工程量之间出现的量差。

18)暂列金额

暂列金额是指招标人在工程量清单中暂定并包括在合同价款中的一笔款项。用于工程合同签订时尚未确定或者不可预见的所需材料、工程设备、服务的采购，施工中可能发生的工程变更、合同约定调整因素出现时的合同价款调整以及发生的索赔、现场签证确认等的费用。

19)暂估价

暂估价是指招标人在工程量清单中提供的用于支付必然发生但暂时不能确定价格的材料、工程设备的单价以及专业工程的金额。

20)计日工

计日工指在施工过程中，承包人完成发包人提出的工程合同范围以外的零星项目或工作，按合同中约定的单价计价的一种方式。

21)总承包服务费

总承包服务费指总承包人为配合协调发包人进行的专业工程发包，对发包人自行采购的材料、工程设备等进行保管以及施工现场管理、竣工资料汇总整理等服务所需的费用。

22)安全文明施工费

安全文明施工费指在合同履行过程中，承包人按照国家法律、法规、标准等规定，为保证安全施工、文明施工，保护现场内外环境和搭拆临时设施等所采用的措施而发生的费用。

23)索赔

索赔指在工程合同履行过程中，合同当事人一方因非已方的原因而遭受损失，按合同约定或法律法规规定承担责任，从而向对方提出补偿的要求。

24)现场签证

现场签证指发包人现场代表(或其授权的监理人、工程造价咨询人)与承包人现场代表就施工过程中涉及的责任事件所做的签认证明。

25)提前竣工(赶工)费

提前竣工(赶工)费指承包人应发包人的要求而采取加快工程进度措施，使合同工程工期缩短，由此产生的应由发包人支付的费用。

26)误期赔偿费

误期赔偿费指承包人未按照合同工程的计划进度施工，导致实际工期超过合同工期(包括经发包人批准的延长工期)，承包人应向发包人赔偿损失的费用。

27)不可抗力

不可抗力指发承包双方在工程合同签订时不能预见的，对其发生的后果不能避免，并且不能克服的自然灾害和社会性突发事件。

28)工程设备

工程设备指构成或计划构成永久工程一部分的机电设备、金属结构设备、仪器装置及其他类似的设备和装置。

29)缺陷责任期

缺陷责任期指承包人对已交付使用的合同工程承担合同约定的缺陷修复责任的期限。

30)质量保证金

质量保证金指发承包双方在工程合同中约定，从应付合同价款中预留，用以保证承包人在缺陷责任期内履行缺陷修复义务的金额。

31)费用

费用指承包人为履行合同所发生或将要发生的所有合理开支，包括管理费和应分摊的其他费用，但不包括利润。

32)利润

利润指承包人完成合同工程获得的盈利。

33)企业定额

企业定额指施工企业根据本企业的施工技术、机械装备和管理水平而编制的人工、材料和施工机械台班等消耗标准。

34)规费

规费指根据国家法律、法规规定，由省级政府或省级有关权力部门规定施工企业必须缴纳的，应计入建筑安装工程造价的费用。

35)税金

税金指国家税法规定的应计入建筑安装工程造价内的营业税、城市维护建设税、教育费附加和地方教育附加。

36)发包人

发包人指具有工程发包主体资格和支付工程价款能力的当事人以及取得该当事人资格的合法继承人，本规范有时又称招标人。

37)承包人

承包人指被发包人接受的具有工程施工承包主体资格的当事人以及取得该当事人资格的合法继承人，本规范有时又称投标人。

38)工程造价咨询人

工程造价咨询人指取得工程造价咨询资质等级证书，接受委托从事建设工程造价咨询活动的当事人以及取得该当事人资格的合法继承人。

39)造价工程师

造价工程师指取得造价工程师注册证书，在一个单位注册、从事建设工程造价活动的专业人员。

40)造价员

造价员指取得全国建设工程造价员资格证书，在一个单位注册、从事建设工程造价活动的专业人员。

41)单价项目

单价项目指工程量清单中以单价计价的项目，即根据合同工程图纸(含设计变更)和相关工程现行国家计量规范规定的工程量计算规则进行计量，与已标价工程量清单相应综合单价进行价款计算的项目。

42)总价项目

总价项目指工程量清单中以总价计价的项目，即此类项目在相关工程现行国家计量规范中无工程量计算规则，以总价(或计算基础乘费率)×计算的项目。

43)工程计量

工程计量是指发承包双方根据合同约定，对承包人完成合同工程的数量进行的计算和确认。

44)工程结算

工程结算指发承包双方根据合同约定，对合同工程在实施中、终止时、已完工后进行的合同价款计算、调整和确认。包括期中结算、终止结算、竣工结算。

45)招标控制价

招标控制价指招标人根据国家或省级、行业建设主管部门颁发的有关计价依据和办法，以及拟定的招标文件和招标工程量清单，结合工程具体情况编制的招标工程的最高投标限价。

46)投标价

投标价指投标人投标时响应招标文件要求所报出的对已标价工程量清单汇总后标明的总价。

47)签约合同价(合同价款)

签约合同价(合同价款)指发承包双方在工程合同中约定的工程造价，即包括了分部分项工程费、措施项目费、其他项目费、规费和税金的合同总金额。

48)预付款

预付款指在开工前，发包人按照合同约定，预先支付给承包人用于购买合同工程施工所需的材料、工程设备，以及组织施工机械和人员进场等的款项。

49)进度款

进度款指在合同工程施工过程中，发包人按照合同约定对付款周期内承包人完成的合同价款给予支付的款项，也是合同价款期中结算支付。

50)合同价款调整

在合同价款调整因素出现后，发承包双方根据合同约定，对合同价款进行变动的提出、计算和确认。

51)竣工结算价

竣工结算价指发承包双方依据国家有关法律、法规和标准规定，按照合同约定确定的，包括在履行合同过程中按合同约定进行的合同价款调整，是承包人按合同约定完成了全部承包工作后，发包人应付给承包人的合同总金额。

52)工程造价鉴定

工程造价鉴定指工程造价咨询人接受人民法院、仲裁机关委托，对施工合同纠纷案件中的工程造价争议，运用专门知识进行鉴别、判断和评定，并提供鉴定意见的活动。也称为工程造价司法鉴定。

习　　题

2-1　什么是建筑工程定额？工程建设定额如何进行分类？

2-2　什么是施工定额？施工定额的组成内容是什么？编制原则有哪些？

2-3　什么是工作时间？人工工作时间和机械工作时间如何分类？

2-4　什么是技术测定法？技术测定法的种类有哪些？

2-5　劳动定额的概念、表现形式是什么？劳动定额是如何确定的？

2-6　材料消耗定额的概念是什么？材料消耗如何分类？材料消耗定额的组成是什

么？

2-7　机械台班定额的概念、表现形式是什么？机械台班定额是如何确定的？

2-8　预算定额的概念、分类、作用和编制原则是什么？

2-9　人工工日单价的概念和组成内容是什么？

2-10　综合单价和建设工程造价的组成和计算程序是什么？

2-11　什么是概算指标？它与概算定额的区别是什么？概算指标的编制原则是什么？

2-12　什么是建设工期？工期定额的作用是什么？

2-13　某二层现浇框架建筑物，层高4.2 m，各方向的柱间距为6.5 m，柱为400 mm×400 mm，梁为400 mm×600 mm。框架间墙采用黏土空心砖砌筑，黏土空心砖尺寸为240 mm×90 mm×180 mm。砌筑砂浆采用M5混合砂浆。黏土空心砖的损耗率为1.5%，砌筑砂浆的损耗率为1%。灰缝10 mm。根据上述条件计算：(1)每10 m^3 此类型框架间墙空心砖、混合砂浆的消耗量。(2)一榀框架间墙空心砖、混合砂浆的消耗量。

2-14　某工程捣制混凝土独立基础，模板接触面积为50 m^2，查《混凝土构件模板接触面积及使用参考表》得知：一次使用模板量为每10 m^2 需板材0.36 m^3，方材0.45 m^3。模板周转6次，每次周转损耗16.6%；支撑周转9次，每次周转损耗11.1%。计算混凝土模板一次使用量和摊销量。

第3章　建筑面积计算

3.1　建筑面积的概念和作用

3.1.1　建筑面积的概念

建筑面积是指建筑物各层面积的总和。建筑面积的计算包括附属于建筑物外的室外阳台、雨篷、檐廊、室外走廊、室外楼梯等构件的面积。它主要为使用面积、辅助面积和结构面积三部分。

(1)使用面积：是指建筑物各层平面中直接为生产或生活使用的净面积之和，包括住宅建筑中的卧室、客厅、餐厅、卫生间、厨房等供人们生活使用的空间。

(2)辅助面积：是指建筑物各层平面中为辅助生产或辅助生活所占的净面积之和，包括住宅建筑中的楼梯、走道等公共联系部分。使用面积与辅助面积之和称之为有效面积。

(3)结构面积：是指建筑物各层平面中的墙体、柱子等结构构件所占的面积之和。

3.1.2　建筑面积的作用

(1)重要管理指标：建筑面积是建设投资、建设项目可行性研究、建设项目勘察设计、建设项目评估、建设项目招标投标、建筑工程施工和竣工验收、建设工程造价管理、建筑工程造价控制等一系列管理工作中用到的重要指标。

(2)重要技术指标：建筑面积是计算开工面积、竣工面积、优良工程率、建筑装饰规模等重要的技术指标。

(3)重要经济指标：建筑面积是计算建筑、装饰等单位工程或单项工程的单位面积工程造价、人工消耗指标、机械台班消耗指标、工程量消耗指标的重要经济指标。在国民经济一定时期内，完成建筑面积的多少，也标志着一个国家的工农业生产发展状况、人民生活居住条件的改善和文化生活福利设施发展的程度。

各经济指标的计算公式如下：

$$每单位工程造价=\frac{工程造价}{建筑面积}(元/m^2)$$

$$\text{每单位人工消耗}=\frac{\text{单位工程用工量}}{\text{建筑面积}}(\text{工日}/\text{m}^2)$$

$$\text{每单位材料消耗}=\frac{\text{单位工程用工量}}{\text{建筑面积}}(\text{kg}/\text{m}^2,\ \text{m}^3/\text{m}^2)$$

$$\text{每单位机械台班消耗}=\frac{\text{单位工程用工量}}{\text{建筑面积}}(\text{台班}/\text{m}^2)$$

$$\text{每单位工程量}=\frac{\text{单位工程用工量}}{\text{建筑面积}}$$

(4)重要计算依据：建筑面积是计算有关工程量的重要依据。例如，场地平整、室内回填土等项目的预算价值就可以利用建筑面积这个基数来计算。

综上所述，建筑面积是工程建设中一系列技术经济指标的计算依据，在全面控制建筑、装饰工程造价和建设过程中起着重要作用。

3.2　建筑面积计算规则

为了准确计算建筑面积，统一建筑面积的计算方法，我国国家住房和城乡建设部于2014年7月1日重新颁布了《建筑工程建筑面积计算规范》(GB/T 50353－2013)，对建筑面积的计算重新做了明确的规定与要求。

根据住房和城乡建设部《关于印发〈2012年工程建设标准规范制定修订计划〉的通知》(建标〔2012〕5号)的要求，规范编制组经广泛调查研究，认真总结经验，在广泛征求意见的基础上，对2005年7月1日颁布的《建筑工程建筑面积计算规范》(GB/T 50353－2005)重新进行了修订，此次修订的主要技术内容包括以下内容。

(1)增加建筑物架空层的面积计算规定，取消深基础架空层；

(2)取消有永久性顶盖的面积计算规定，增加无围护结构有围护设施的面积计算规定；

(3)修订落地橱窗、门斗、挑廊、走廊、檐廊的面积计算规定；

(4)增加凸(飘)窗的建筑面积计算要求；

(5)修订围护结构不垂直于水平面而超出底板外沿的建筑物的面积计算规定；

(6)删除原室外楼梯强调的有永久性顶盖的面积计算要求；

(7)修订阳台的面积计算规定；

(8)修订外保温层的面积计算规定；

(9)修订设备层、管道层的面积计算规定；

(10)增加门廊的面积计算规定；

(11)增加有顶盖的采光井的面积计算规定。

为规范工业与民用建筑工程建设全过程的建筑面积计算，统一计算方法，修订后的《建筑面积计算规范》适用范围，主要是新建、扩建、改建的工业与民用建筑工程建设全过程的建筑面积计算，包括工业厂房、仓库、公共建筑、居住建筑、农业生产使用的房屋、仓库、地铁车站等建筑面积的计算。

3.2.1　计算建筑面积的范围

1. 建筑物建筑面积计算

1)计算规定

建筑物的建筑面积应按自然层外墙结构外围水平面积之和计算。结构层高在2.20 m及以上的，应计算全面积；结构层高在2.20 m以下的，应计算1/2面积。建筑勒脚示意图如图3.2.1所示。

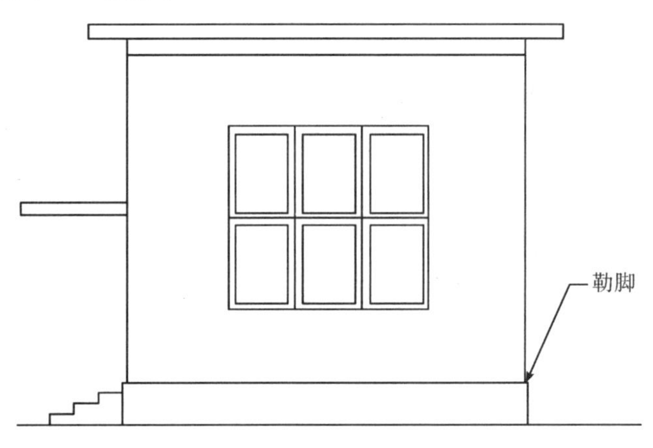

图3.2.1　建筑勒脚示意图

2)计算规定解读

(1)建筑物可以是民用建筑、公共建筑，也可以是工业厂房。

(2)在主体结构内形成的建筑空间，满足建筑面积计算结构层高要求的，均应按本条规定计算建筑面积。

(3)建筑面积只包括外墙的结构面积，不包括外墙抹灰厚度、装饰材料厚度、保温层厚度等所占的面积，故计算时均只考虑到建筑物外墙结构的外表面。

(4)当外墙结构本身在一个层高范围内不等厚时，以楼地面结构标高处的外围水平面积开始计算。

(5)主体结构外的室外阳台、雨篷、檐廊、室外走廊、室外楼梯等按相应条款规定计算建筑面积。

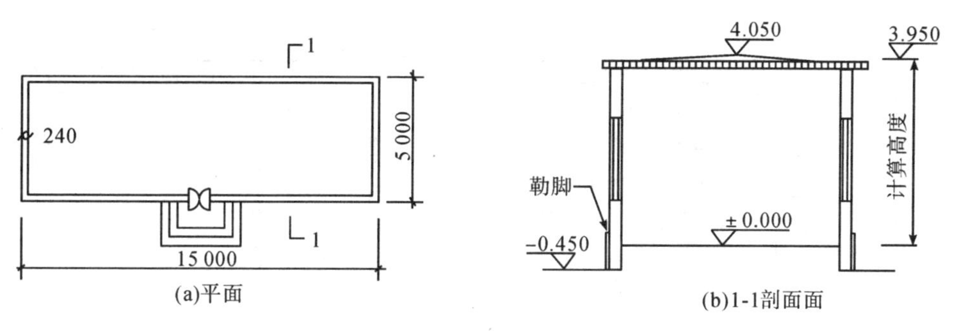

图 3.2.2　单层建筑物示意图

例 3.2.1　求图 3.2.2 所示的建筑面积。

解：$S=15\times5=75(m^2)$

2. 局部楼层建筑面积计算

1)计算规定

建筑物内设有局部楼层时，对于局部楼层的二层及以上楼层，有围护结构的应按其围护结构外围水平面积计算，无围护结构的应按结构底板水平面积计算，且结构层高在 2.20 m 及以上的，应计算全面积；结构层高在 2.20 m 以下的，应计算 1/2 面积。

2)计算规定解读

(1)单层建筑物内设有部分楼层的情况，局部楼层的围护结构墙厚应包括在楼层面积内。

(2)本规定没有说不算建筑面积的部位，我们可以理解为局部楼层层高一般不会低于 1.20 m。

(3)层高是指上下两层楼面结构标高之间的垂直距离。建筑物最底层的层高，有基础底板的指基础底板上表面结构标高至上层楼面的结构标高之间的垂直距离；没有基础底板的指地面标高至上层楼面结构标高之间的垂直距离。最上一层的层高是指楼面结构标高至屋面板板面结构标高之间的垂直距离。对于以屋面板找坡的屋面，层高指楼面结构标高至屋面板最低处板面结构标高之间的垂直距离。

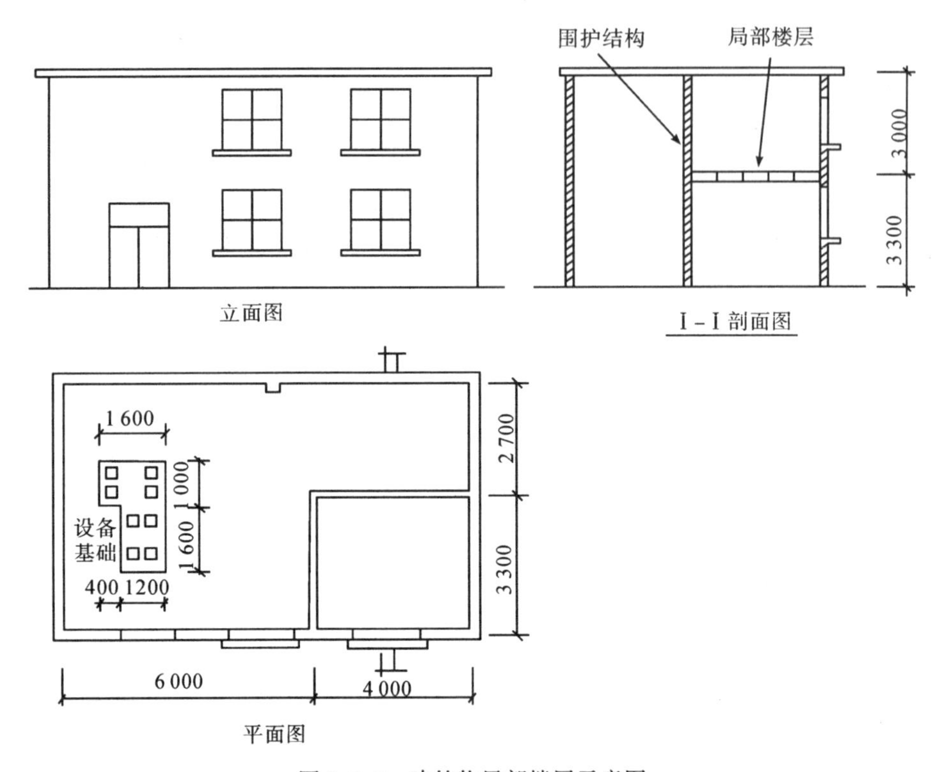

图 3.2.3　建筑物局部楼层示意图

例 3.2.2　求图 3.2.3 所示建筑物的建筑面积(墙体厚度约为 240 mm)。

解：底层建筑面积＝(6.0＋4.0＋0.24)×(3.30＋2.70＋0.24)＝10.24×6.24

＝63.90(m^2)

楼隔层建筑面积＝(4.0＋0.24)×(3.30＋0.24)＝4.24×3.54＝15.01(m^2)

全部建筑面积＝63.90＋15.01＝78.91(m^2)

3. 坡屋顶建筑面积计算

1)计算规定

对于形成建筑空间的坡屋顶，结构净高在 2.10 m 及以上的部位应计算全面积；结构净高在 1.20 m 及以上至 2.10 m 以下的部位应计算 1/2 面积；结构净高在 1.20 m 以下的部位不应计算建筑面积。

2)计算规定解读

多层建筑坡屋顶内和场馆看台下的空间应视为坡屋顶内的空间，设计加以利用时，应按其结构净高确定其建筑面积的计算；设计不利用的空间，不应计算建筑面积。

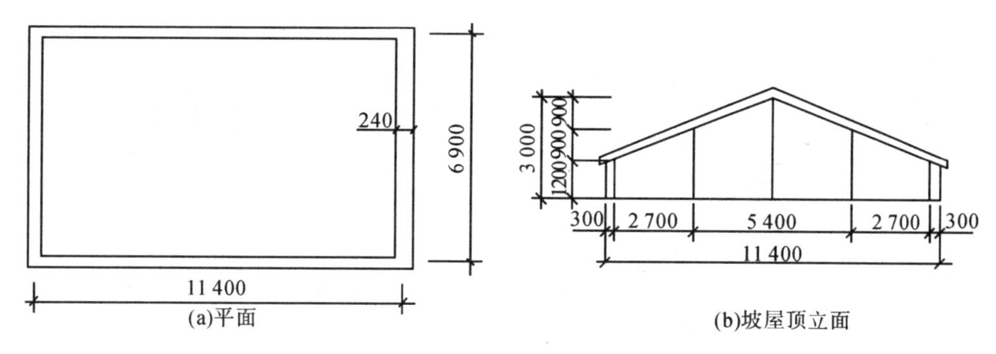

图 3.2.4　单层建筑物示意图

例 3.2.3　求图 3.2.4 所示建筑物的建筑面积。

解：　$S=5.4\times(6.9+0.24)+2.7\times(6.9+0.24)\times0.5\times2=57.83(\text{m}^2)$

4. 看台下的建筑空间、悬挑看台建筑面积计算

1)计算规定

对于场馆看台下的建筑空间，结构净高在 2.10 m 及以上的部位应计算全面积；结构净高在 1.20 m 及以上至 2.10 m 以下的部位应计算 1/2 面积；结构净高在 1.20 m 以下的部位不应计算建筑面积。室内单独设置的有围护设施的悬挑看台，应按看台结构底板水平投影面积计算建筑面积。有顶盖无围护结构的场馆看台应按其顶盖水平投影面积的 1/2 计算面积。

2)计算规定解读

(1)场馆看台下的建筑空间因其上部结构多为斜(或曲线)板，所以采用净高的尺寸划定建筑面积的计算范围和对应规则。

(2)室内单独设置的有围护设施的悬挑看台，因其看台上部设有顶盖且可供人使用，所以按看台板的结构底板水平投影计算建筑面积。

(3)室内单独设置的有围护设施的悬挑看台，应按看台结构底板水平投影面积计算建筑面积。

(4)“有顶盖无围护结构的场馆看台”中所称的“场馆”为专业术语，指各种“场”类建筑，如体育场、足球场、网球场、带看台的风雨操场等。

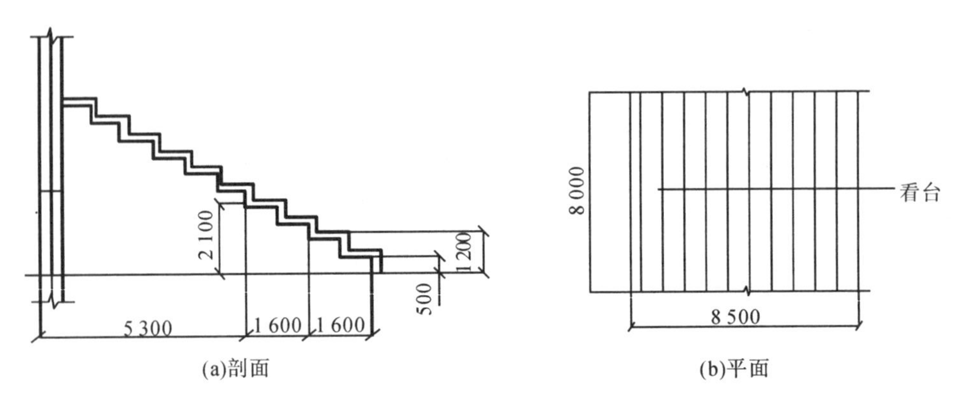

图 3.2.5　看台下空间(场馆看台剖面图)示意图

例 3.2.4　求图 3.2.5 所示看台下空间的建筑面积(假设墙体厚度为 0.24 m)。

解：
$$S=1.6\times8.0\times\frac{1}{2}+(5.3-0.24)\times8.0=46.88(\mathrm{m}^2)$$

5. 地下室、半地下室及出入口

1)计算规定

地下室、半地下室(车站、商店、车间、车库、仓库等)应按其结构外围水平面积计算。结构层高在 2.20 m 及以上的，应计算全面积；结构层高在 2.20 m 以下的，应计算 1/2 面积。

出入口外墙外侧坡道有顶盖的部位，应按其外墙结构外围水平面积的 1/2 计算面积。地下室构造如图 3.2.6 所示。

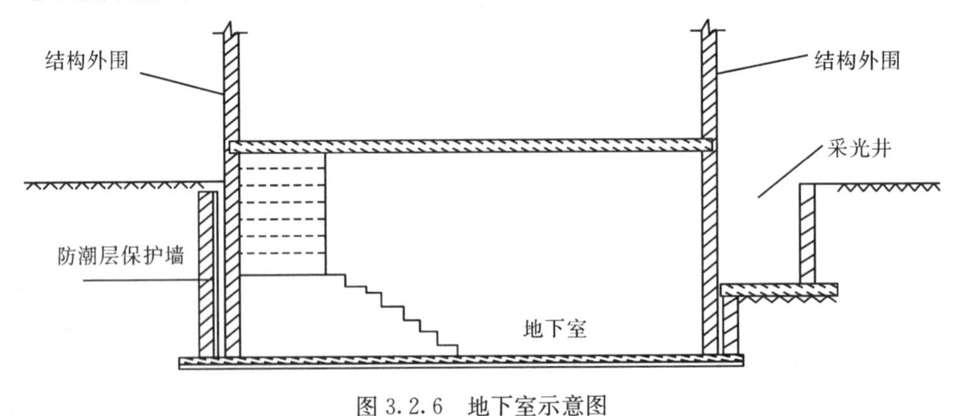

图 3.2.6　地下室示意图

2)计算规定解读

(1)地下室采光井是为了满足地下室的采光和通风要求设置的。一般地下室围护墙上口开设一个矩形或其他形状的竖井，井的上口一般设有铁栅，井的一个侧面安装采光和通风用的窗子。

(2)以前的计算规则规定：按地下室、半地下室上口外墙外围水平面积计算，文字上不甚严密，“上口外墙”容易被理解成为地下室、半地下室的上一层建筑的外墙。因为通常情况下，上一层建筑外墙与地下室墙的中心线不一定完全重叠，多数情况是凹进或凸出地下室外墙中心线。所以，要明确规定地下室、半地下室应以其结构外围水平面积计算建筑面积。

(3)出入口坡道分有顶盖出入口坡道和无顶盖出入口坡道，出入口坡道顶盖的挑出长度，为顶盖结构外边线至外墙结构外边线的长度；顶盖以设计图纸为准，对后增加及建设单位自行增加的顶盖等，不计算建筑面积。顶盖不分材料种类(如钢筋混凝土顶盖、彩钢板顶盖、阳光板顶盖等)。

(4)地下室作为设备、管道层，按《建筑面积计算规范》(GB/T 50353－2013)第 2 条执行，地下室的各种竖向井道按第 18 条执行，地下室的围护结构不垂直于水平面的按第 17 条规定执行。

6. 建筑物架空层及坡地建筑物吊脚架空层建筑面积计算

1)计算规定

建筑物架空层及坡地建筑物吊脚架空层，应按其顶板水平投影计算建筑面积。结构层高在 2.20 m 及以上的，应计算全面积；结构层高在 2.20 m 以下的，应计算 1/2 面积。

2)计算规定解读

(1)建于坡地的建筑物吊脚架空层示意图，如图 3.2.7 所示。

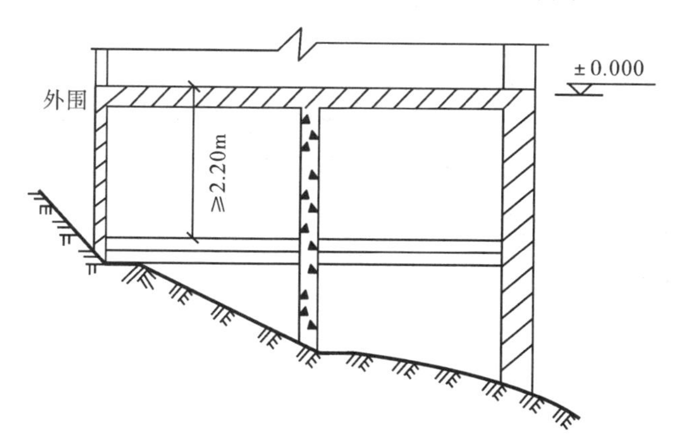

图 3.2.7 坡地建筑物架空层示意图

(2)本规定既适用于建筑物吊脚架空层、深基础架空层建筑面积的计算，也适用于目前部分住宅、学校教学楼等工程在底层架空或在二楼或以上某个甚至多个楼层架空，作为公共活动、停车、绿化等空间的建筑面积的计算。架空层中有围护结构的建筑空间按相关规定计算。

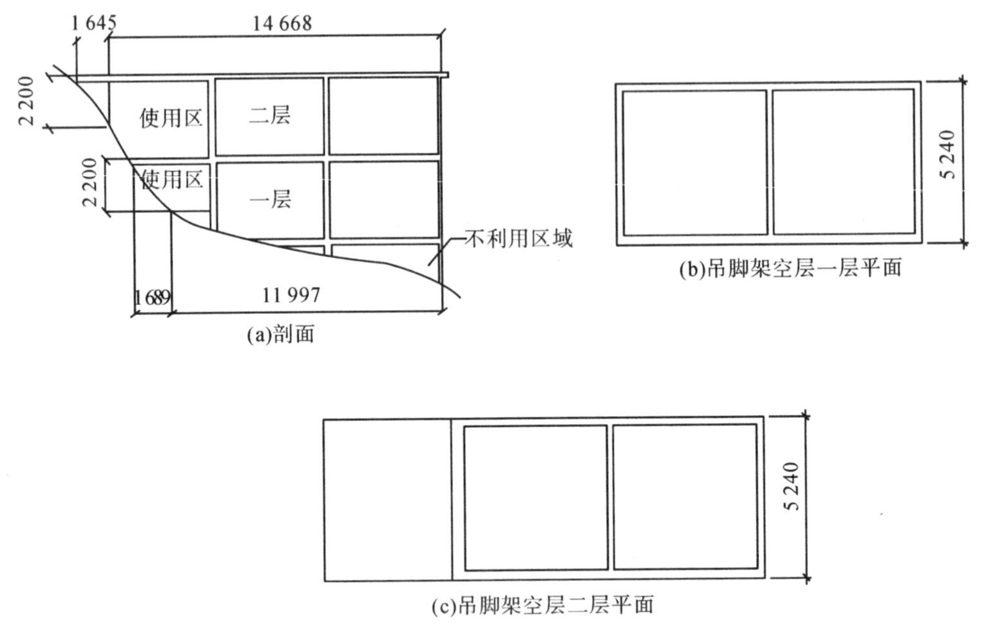

图 3.2.8　坡地建筑物吊脚架空层示意图

例 3.2.5　求图 3.2.8 所示坡地建筑物吊脚架空层的建筑面积。

解：$S=(11.997+1.689\times\frac{1}{2})\times5.24+(14.668+1.645\times\frac{1}{2})\times5.24=148.46(\text{m}^2)$

7. 门厅、大厅及设置的走廊建筑面积计算

1)计算规定

建筑物的门厅、大厅应按一层计算建筑面积，门厅、大厅内设置的走廊应按走廊结构底板水平投影面积计算建筑面积。结构层高在 2.20 m 及以上的，应计算全面积；结构层高在 2.20 m 以下的，应计算 1/2 面积。

2)计算规定解读

(1)“门厅、大厅内设置的走廊”是指建筑物大厅、门厅的上部(一般该大厅、门厅占 2 个或 2 个以上建筑物层高)四周向大厅、门厅、中间挑出的走廊。

(2)宾馆、大会堂、教学楼等大楼内的门厅或大厅往往要占建筑物的二层或二层以上的层高，这时也只能计算一层面积。

(3)“结构层高在 2.20 m 以下的，应计算 1/2 面积”指门厅、大厅内设置的走廊结构层高可能出现的情况。

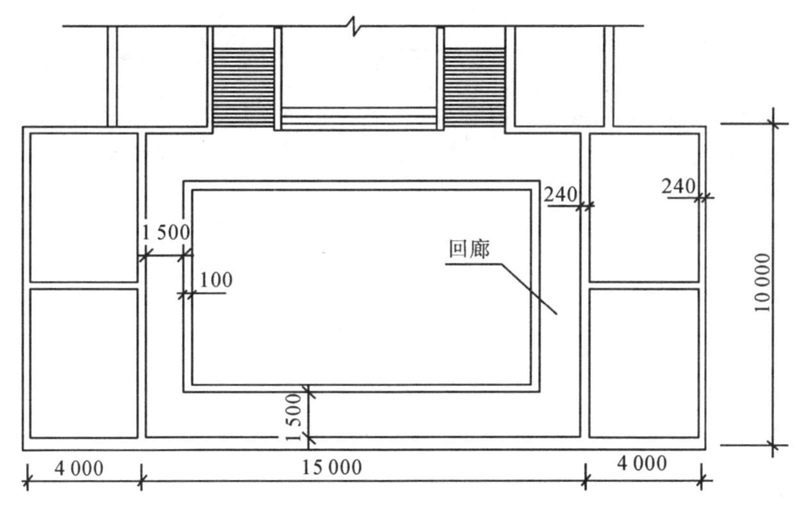

图 3.2.9　带走廊的建筑物二层平面示意图

例 3.2.6　求图 3.2.9 所示走廊的建筑面积。

解：若层高不小于 2.20 m，则走廊面积为

$$S=(15.0-0.24)\times(1.5+0.1)\times2+(10.0-0.24-1.6\times2)\times(1.5+0.1)\times2$$

$$=68.22(\text{m}^2)$$

若层高小于 2.20 m，则走廊面积为

$$S=[(15.0-0.24)\times(1.5+0.1)\times2+(10.0-0.24-1.6\times2)\times(1.5+0.1)\times2]\times\frac{1}{2}$$

$$=34.11(\text{m}^2)$$

8. 建筑物间的架空走廊建筑面积计算

1)计算规定

对于建筑物间的架空走廊，有顶盖和围护结构的，应按其围护结构外围水平面积计算全面积；无围护结构、有围护设施的，应按其结构底板水平投影面积计算 1/2 面积。

2)计算规定解读

架空走廊是指建筑物与建筑物之间，在二层或二层以上专门为水平交通设置的走廊。无围护结构架空走廊示意图如图 3.2.10 所示，有围护结构架空走廊如图 3.2.11 所示。

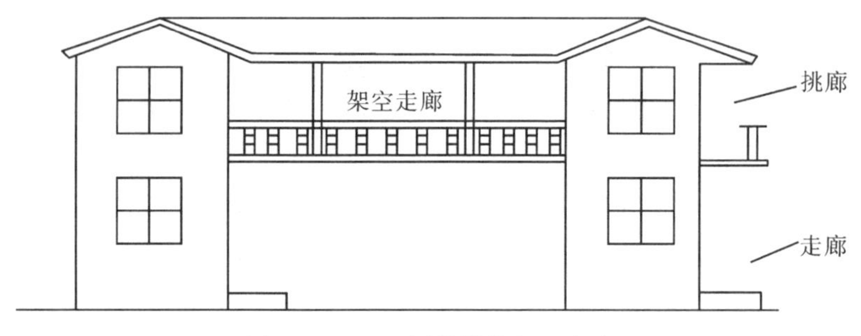

图 3.2.10 无围护结构架空走廊

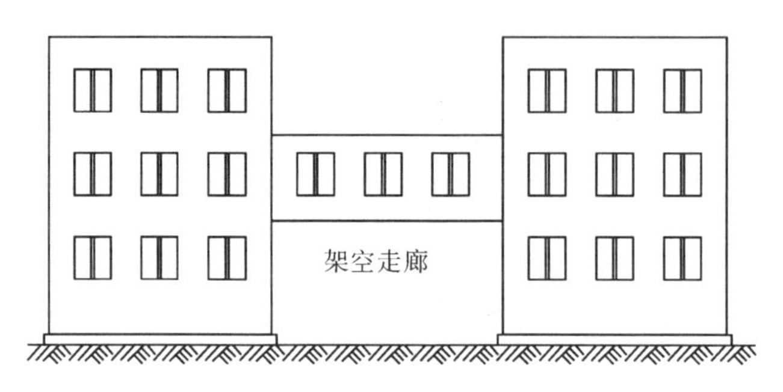

图 3.2.11 有围护结构架空走廊

9. 立体书库、立体仓库、立体车库建筑面积计算

1)计算规定

对于立体书库、立体仓库、立体车库，有围护结构的，应按其围护结构外围水平面积计算建筑面积；无围护结构、有围护设施的，应按其结构底板水平投影面积计算建筑面积。无结构层的应按一层计算，有结构层的应按其结构层面积分别计算。结构层高在 2.20 m 及以上的，应计算全面积；结构层高在 2.20 m 以下的，应计算 1/2 面积。

2)计算规定解读

(1)本条主要规定了图书馆中的立体书库、仓储中心的立体仓库、大型停车场的立体车库等建筑的建筑面积计算规则。起局部分隔、存储等作用的书架层、货架层或可升降的立体钢结构停车层均不属于结构层，故该部分隔层不计算建筑面积。

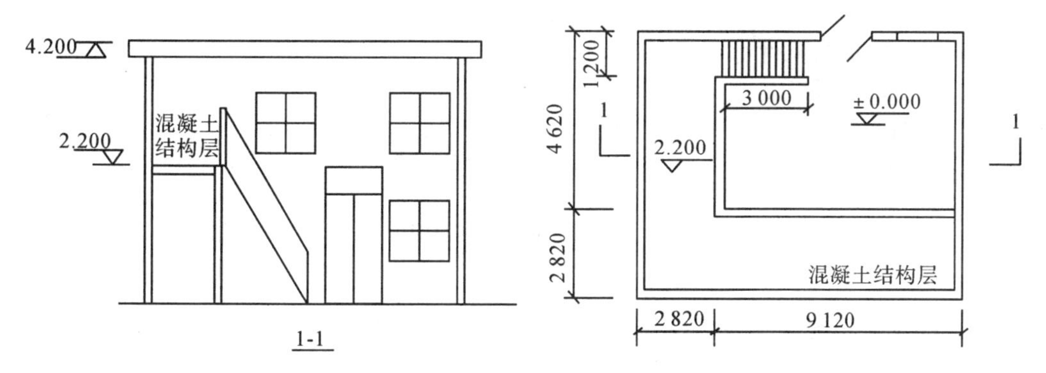

图 3.2.12　立体书库示意图

例 3.2.7　求图 3.2.12 所示立体书库建筑物的建筑面积。

解：　　底层建筑面积$=(2.82+4.62)\times(2.82+9.12)$

$$=7.44\times11.94=88.83(\mathrm{m}^2)$$

$$立体书库层建筑面积=(4.62+2.82+9.12)\times2.82\times\frac{1}{2}+3.0\times1.2\times\frac{1}{2}$$

$$=25.15(\mathrm{m}^2)$$

10. 舞台灯光控制室

1)计算规定

有围护结构的舞台灯光控制室，应按其围护结构外围水平面积计算。结构层高在 2.20 m 及以上的，应计算全面积；结构层高在 2.20 m 以下的，应计算 1/2 面积。舞台灯光控制室如图 3.2.13 所示。

2)计算规定解读

如果舞台灯光控制室有围护结构且只有一层，那么就不能另外计算面积，因为整个舞台的面积计算已经包含了该灯光控制室的面积。

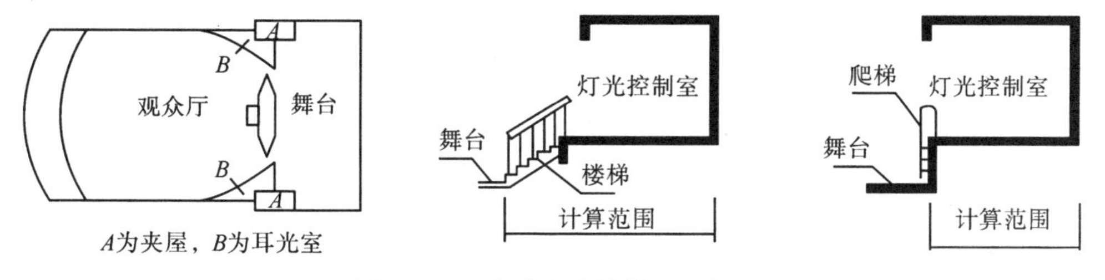

图 3.2.13　舞台灯光控制室示意图

11. 落地橱窗建筑面积计算

1)计算规定

附属在建筑物外墙的落地橱窗应按其围护结构外围水平面积计算。结构层高在 2.20 m 及以上的，应计算全面积；结构层高在 2.20 m 以下的，应计算 1/2 面积。

2)计算规定解读

落地橱窗是指突出外墙面，根基落地的橱窗，如图 3.2.14 所示。

图 3.2.14　落地橱窗示意图

12. 飘窗建筑面积计算

1)计算规定

窗台与室内楼地面高差在 0.45 m 以下且结构净高在 2.10 m 及以上的凸(飘)窗，应按其围护结构外围水平面积计算 1/2 面积。

2)计算规定解读

飘窗是突出建筑物外墙四周有围护结构的采光窗。2005 年《建筑面积计算规范》是不计算建筑面积的。由于实际飘窗的结构净高可能要超过 2.10 m，体现了建筑物的价值量，所以规定“窗台与室内楼地面高差在 0.45 m 以下且结构净高在 2.10 m 及以上的凸(飘)窗应按其围护结构外围水平面积计算 1/2 面积”。飘窗如图 3.2.15 所示。

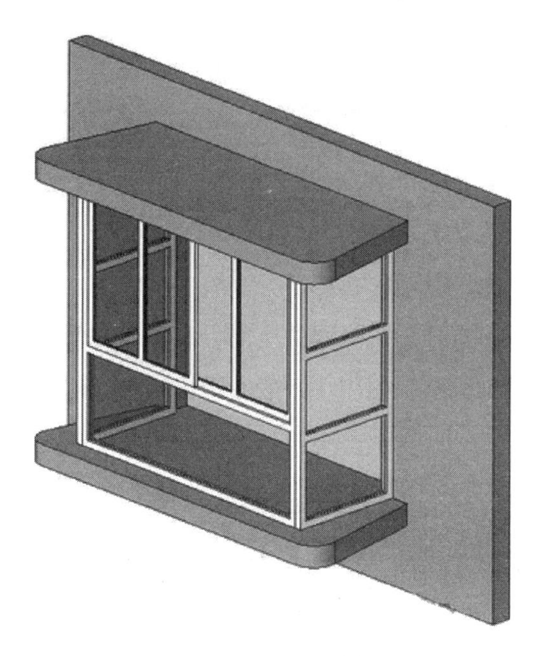

图 3.2.15　飘窗示意图

13. 走廊(挑廊)建筑面积计算

1)计算规定

有围护设施的室外走廊(挑廊)，应按其结构底板水平投影面积计算 1/2 面积；有围护设施(或柱)的檐廊，应按其围护设施(或柱)外围水平面积计算 1/2 面积。

2)计算规定解读

(1)挑廊是指挑出建筑物外墙的水平交通空间。

(2)走廊是指建筑物底层的水平交通空间。

(3)檐廊是指设置在建筑物底层檐下的水平交通空间。

挑廊、走廊、檐廊如图 3.2.16 所示。

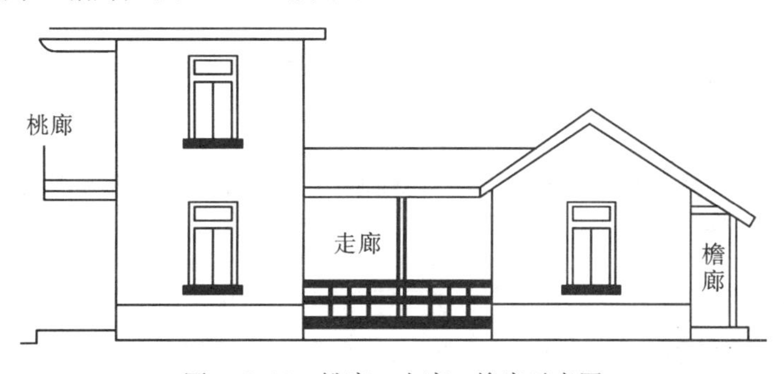

图 3.2.16　挑廊、走廊、檐廊示意图

14. 门斗建筑面积计算

1)计算规定

门斗应按其围护结构外围水平面积计算建筑面积，且结构层高在 2.20 m 及以上的，应计算全面积；结构层高在 2.20 m 以下的，应计算 1/2 面积。

2)计算规定解读

门斗是指建筑物入口处两道门之间的空间，在建筑物出入口设置的起分隔、挡风、御寒等作用的建筑过渡空间。保温门斗一般有围护结构。门斗如图 3.2.17 所示。

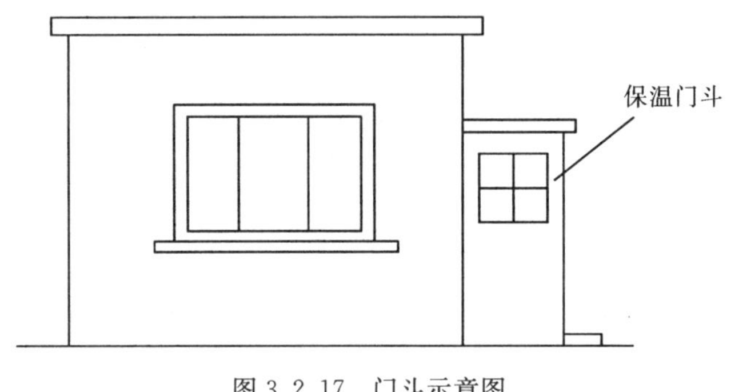

图 3.2.17　门斗示意图

例 3.2.8　求图 3.2.21 所示建筑物门斗的建筑面积。

解：　门斗的面积 $=3.5\times2.5=8.75(m^2)$

15. 门廊、雨篷建筑面积计算

1)计算规定

门廊应按其顶板的水平投影面积的 1/2 计算建筑面积；有柱雨篷应按其结构板水平投影面积的 1/2 计算建筑面积；无柱雨篷的结构外边线至外墙结构外边线的宽度在 2.10 m 及以上的，应按雨篷结构板的水平投影面积的 1/2 计算建筑面积。

2)计算规定解读

(1)门廊是指在建筑物出入口，三面或两面有墙，上部有板(或借用上部楼板)围护的部位。

(2)雨篷分为有柱雨篷与无柱雨篷。有柱雨篷，没有出挑宽度的限制，也不受跨越层数的限制，均计算建筑面积。无柱雨篷，其结构板不能跨层，并受出挑宽度的限制，设计出挑宽度大于或等于 2.10 m 时才计算建筑面积。出挑宽度，系指雨篷结构外边线至外墙结构外边线的宽度，弧形或异形时取最大宽度。雨篷如图 3.2.18～图 3.2.20 所示。

图 3.2.18　雨篷示意图

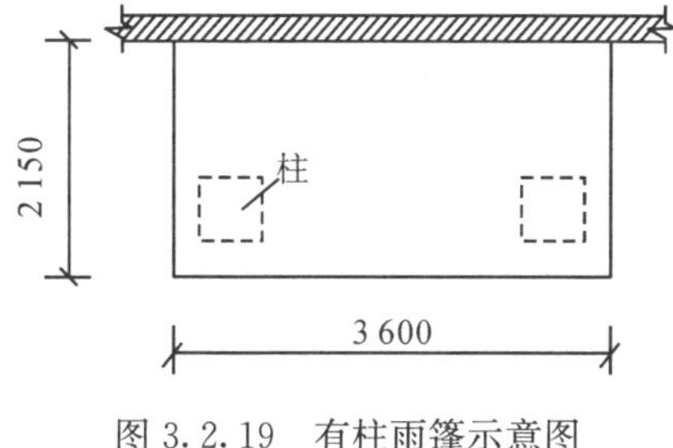

图 3.2.19　有柱雨篷示意图

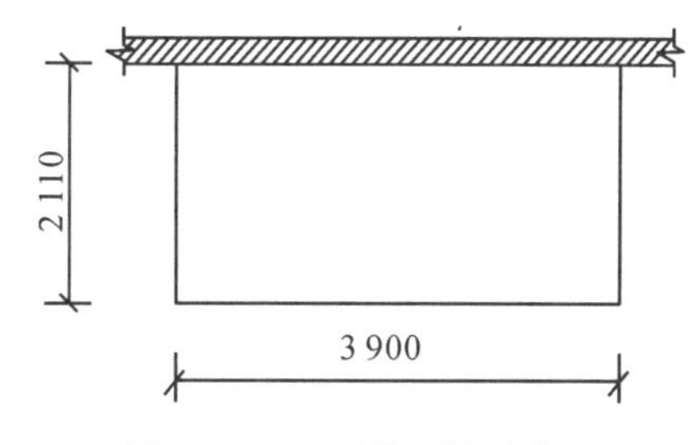

图 3.2.20　无柱雨篷示意图

16. 楼梯间、水箱间、电梯机房建筑面积计算

1)计算规定

设在建筑物顶部的、有围护结构的楼梯间、水箱间、电梯机房等，结构层高在2.20 m及以上的，应计算全面积；结构层高在2.20 m以下的，应计算1/2面积。

2)计算规定解读

(1)如建筑物屋顶的楼梯间是坡屋顶时，应按坡屋顶的相关规定计算面积。

(2)单独放在建筑物屋顶上的混凝土水箱或钢板水箱，不计算面积。

(3)建筑物屋顶水箱间、电梯机房示意图。

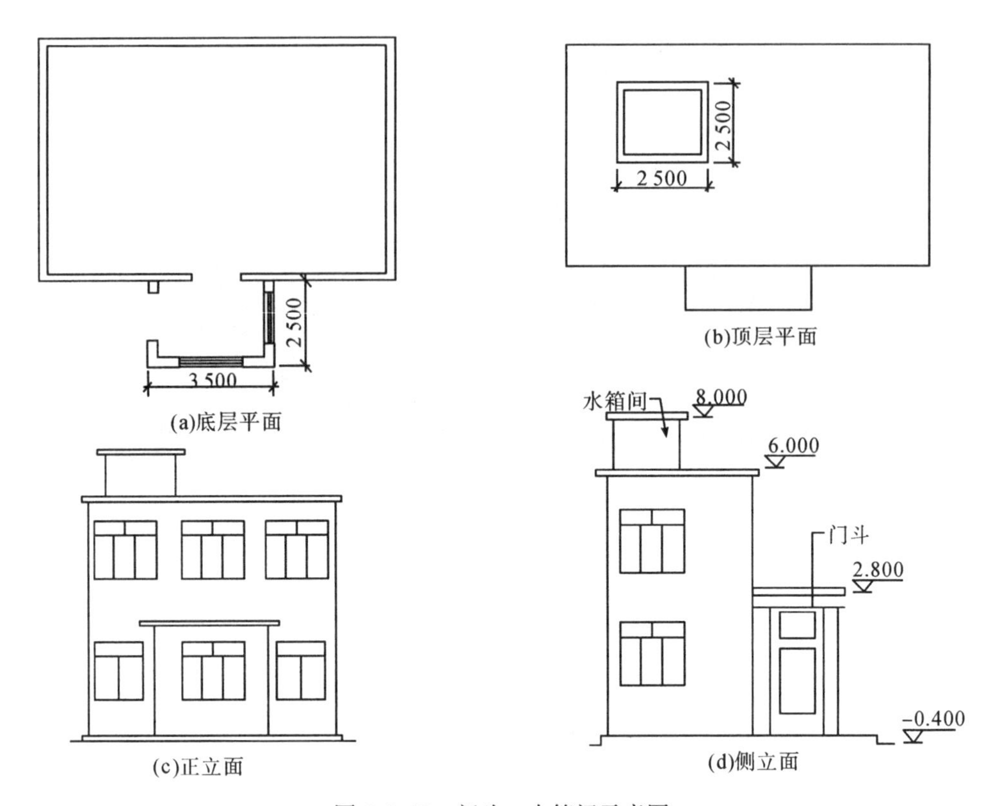

图 3.2.21　门斗、水箱间示意图

例 3.2.9　求图 3.2.21 所示水箱间的建筑面积。

解：

$$水箱间面积 = 2.5 \times 2.5 \times \frac{1}{2} = 3.13(m^2)$$

17. 围护结构不垂直于水平面楼层建筑物建筑面积计算

1)计算规定

围护结构不垂直于水平面的楼层，应按其底板面的外墙外围水平面积计算。结构净高在 2.10 m 及以上的部位，应计算全面积；结构净高在 1.20 m 及以上至 2.10 m 以下的部位，应计算 1/2 面积；结构井盖在 1.20 m 以下的部位，不应计算建筑面积。

2)计算规定解读

设有围护结构不垂直于水平面而超出底板外沿的建筑物，是指向外倾斜的墙体超出地板外沿的建筑物，如图 3.2.22 所示。若遇有向建筑物内倾斜的墙体，应视为坡屋面，应按坡屋面的相关规定计算建筑面积。

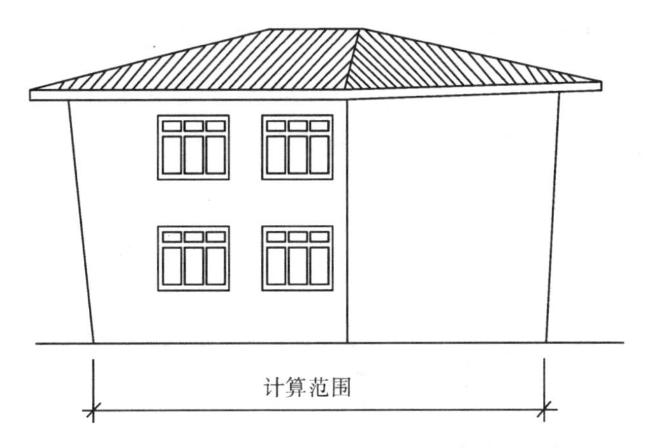

图3.2.22 围护结构不垂直于水平面建筑物示意图

18. 室内楼梯、电梯井、提物井、管道井等建筑面积计算

1)计算规定

建筑物的室内楼梯、电梯井、提物井、管道井、通风排气竖井、烟道，应并入建筑物的自然层计算建筑面积。有顶盖的采光井应按一层计算面积，且结构净高在2.10 m及以上的，应计算全面积；结构净高在2.10 m以下的，应计算1/2面积。

2)计算规定解读

(1)室内楼梯间的面积计算，应按楼梯依附的建筑物的自然层数计算，合并在建筑物面积内。若遇跃层建筑，其共用的室内楼梯应按自然层计算面积；上下两错层户室共用的室内楼梯，应选上一层的自然层计算面积。

(2)电梯井是指安装电梯用的垂直通道。

(3)有顶盖的采光井包括建筑物中的采光井和地下室采光井。

(4)提物井是指图书馆提升书籍、酒店提升食物的垂直通道。

(5)垃圾道是指写字楼等大楼内，每层设垃圾倾倒口的垂直通道。

(6)管道井是指宾馆或写字楼内集中安装给排水、采暖、消防、电线管道用的垂直通道。

19. 室外楼梯建筑面积计算

1)计算规定

室外楼梯应并入所依附建筑物自然层，并应按其水平投影面积的1/2计算建筑面积。

2)计算规定解读

室外楼梯作为连接该建筑物层与层之间交通不可缺少的基本部件，无论从其功能还是工程计价的要求来说，均需计算建筑面积。层数为室外楼梯所依附的楼层数，即梯段部分投影到建筑物范围的层数。利用室外楼梯下部的建筑空间不得重复计算建筑面积；利用地势砌筑的室外踏步，不计算建筑面积。室外楼梯如图 3.2.23 所示。

图 3.2.23　室外楼梯示意图

20. 阳台建筑面积计算

1)计算规定

在主体结构内的阳台，应按其结构外围水平面积计算全面积；在主体结构外的阳台，应按其结构底板水平投影面积计算 1/2 面积。

2)计算规定解读

(1)建筑物的阳台，不论是凹阳台、挑阳台、封闭阳台，均按其是否在主体结构内外来划分，在主体结构外的阳台才能按其结构底板水平投影面积计算 1/2 面积。

(2)示意图如图 3.2.24 和 3.2.25 所示。

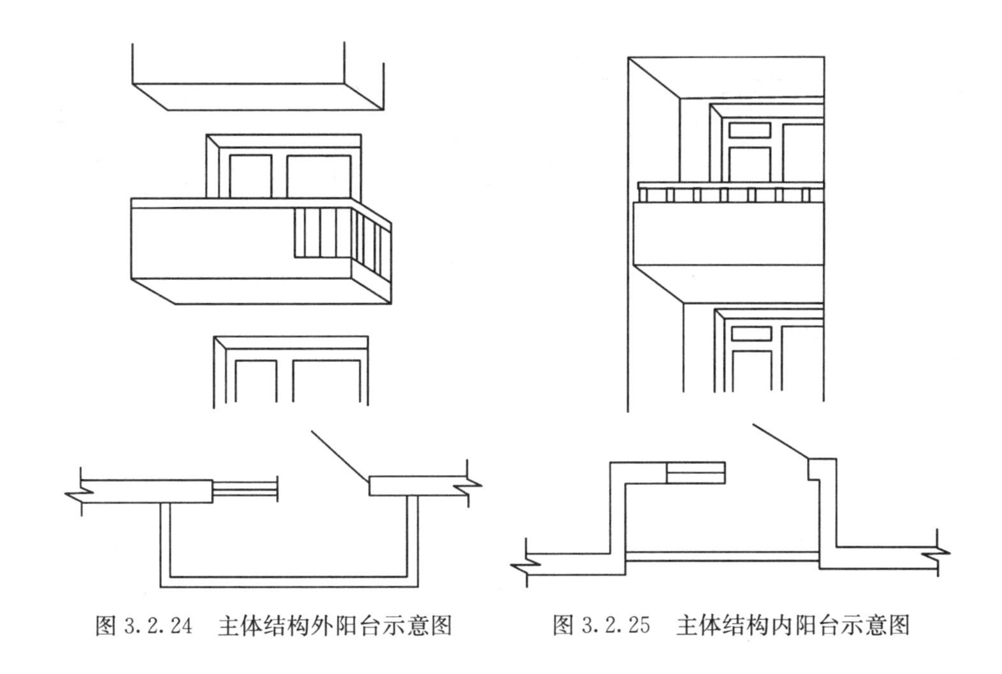

图3.2.24　主体结构外阳台示意图　　图3.2.25　主体结构内阳台示意图

21. 车棚、货棚、站台、加油站等建筑面积计算

1)计算规定

有顶盖无围护结构的车棚、货棚、站台、加油站、收费站等，应按其顶盖水平投影面积的1/2计算建筑面积。

2)计算规定解读

(1)车棚、货棚、站台、加油站、收费站等的面积计算，由于建筑技术的发展，出现许多新型结构，如柱不再是单纯的直立柱，而出现正V形、倒V形等不同类型的柱，给面积计算带来许多争议。为此，我们不以柱来确定面积，而依据顶盖的水平投影面积计算面积。

(2)在车棚、货棚、站台、加油站、收费站内设有带围护结构的管理房间、休息室等，应另按有关规定计算面积。

例3.2.10　求图3.2.26所示货棚的建筑面积。

解：货棚的建筑面积 $=(8.0+0.3+0.5\times2)\times(24.0+0.3+0.5\times2)\times\frac{1}{2}$

$=117.65(\text{m}^2)$

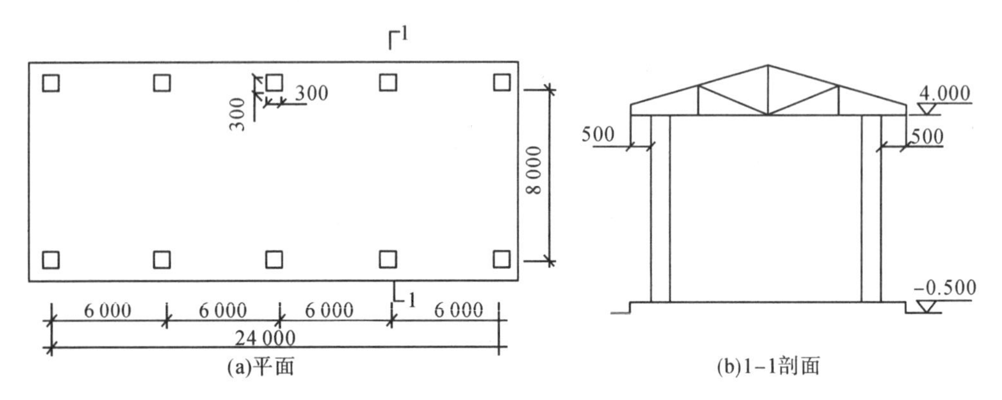

图 3.2.26　货棚示意图

22. 幕墙作为围护结构的建筑面积计算

1)计算规定

以幕墙作为围护结构的建筑物，应按幕墙外边线计算建筑面积。

2)计算规定解读

(1)幕墙以其在建筑物中所起的作用和功能来区分，直接作为外墙起围护作用的幕墙，按其外边线计算建筑面积。

(2)设置在建筑物墙体外起装饰作用的幕墙，不计算建筑面积。

幕墙建筑物如图 3.2.27 所示。

图 3.2.27　幕墙建筑物示意图

23. 建筑物的外墙外保温层建筑面积计算

1)计算规定

建筑物的外墙外保温层，应按其保温材料的水平截面积计算，并计入自然层建筑面积。

2)计算规定解读

建筑物外墙外侧有保温隔热层的，保温隔热层以保温材料的净厚度乘以外墙结构外边线长度按建筑物的自然层计算建筑面积，其外墙外边线长度不扣除门窗和建筑物外已计算建筑面积构件(如阳台、室外走廊、门斗、落地橱窗等部件)所占长度。

当建筑物外已计算建筑面积的构件(如阳台、室外走廊、门斗、落地橱窗等部件)有保温隔热层时，其保温隔热层也不再计算建筑面积。外墙是斜面者，按楼面楼板处的外墙外边线长度乘以保温材料的净厚度计算。外墙外保温以沿高度方向满铺为准，某层外墙外保温铺设高度未达到全部高度时(不包括阳台、室外走廊、门斗、落地橱窗、雨篷、飘窗等)，不计算建筑面积。保温隔热层的建筑面积是以保温隔热材料的厚度来计算的，不包含抹灰层、防潮层、保护层(墙)的厚度。

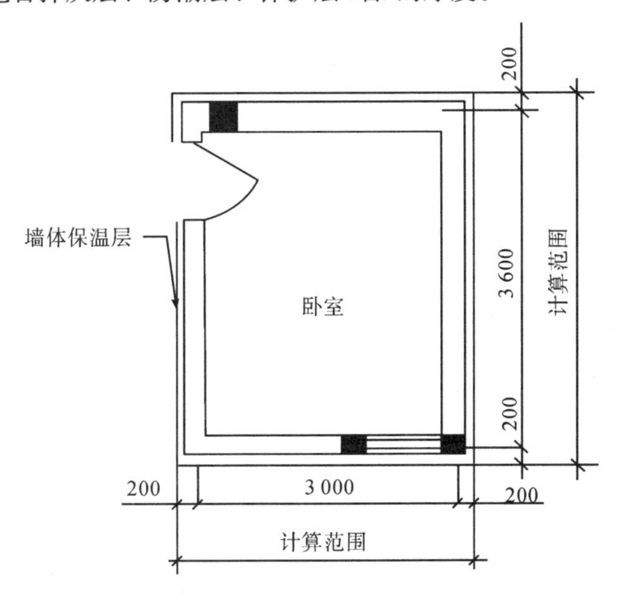

图 3.2.28　外墙外保温层示意图

例 3.2.11　求图 3.2.28 所示平面图的建筑面积。

解：　$S=(3.0+0.2\times2)\times(3.6+0.2\times2)=13.6(\text{m}^2)$

24. 变形缝建筑面积计算

1)计算规定

与室内相同的变形缝应按其自然层合并在建筑物建筑面积内计算。对于高低联跨的建筑物，当高低跨内部连通时，其变形缝应计算在低跨面积内。

2)计算规定解读

(1)变形缝是指在建筑物内因温差、不均匀沉降以及地震而可能引起结构破坏变形的敏感部位或其他必要的部位，预先设缝将建筑物断开，令断开后建筑物的各部分成为独立的单元，或者是划分为简单、规则的段，并令各段之间的缝达到一定宽度，以能够适应变形的需要。根据外界破坏因素的不同，变形缝一般分为伸缩缝、沉降缝、抗震缝3种。

(2)本条规定所指建筑物内的变形缝是与建筑物相连通的变形缝，即暴露在建筑物内，可以看得见的变形缝。

高低联跨建筑物如图3.2.29所示。

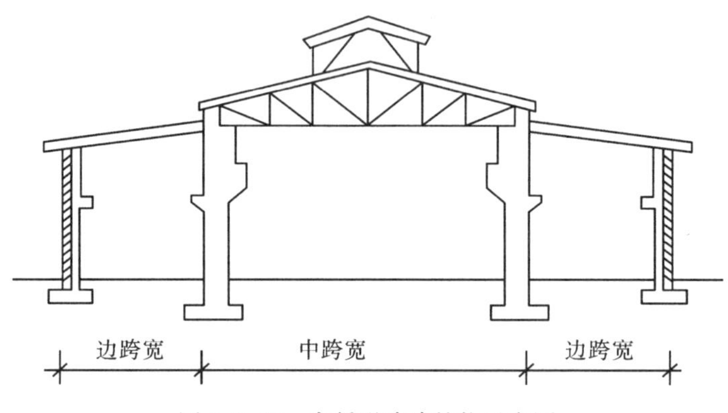

图3.2.29 高低联跨建筑物示意图

25. 建筑物内的设备层、管道层、避难层等建筑面积计算

1)计算规定

对于建筑物内的设备层、管道层、避难层等有结构层的楼层，结构层高在2.20 m及以上的，应计算全面积；结构层高在2.20 m以下的，应计算1/2面积。

2)计算规定解读

(1)高层建筑的宾馆、写字楼等，通常在建筑物高度的中间部位设置管道、设备层等，主要用于集中放置水、暖、电、通风管道及设备。这一设备管道层应计算建筑面积。

(2)设备层、管道层其具体功能虽然与普通楼层不同，但在结构上及施工消耗上并无本质区别，且本规范定义自然层为“按楼地面结构分层的楼层”，因此设备、管道楼层归为自然层，其计算规则与普通楼层相同。在吊顶空间内设置管道的，则吊顶空间部分不能被视为设备层、管道层。

设备层、管道层如图3.2.30所示。

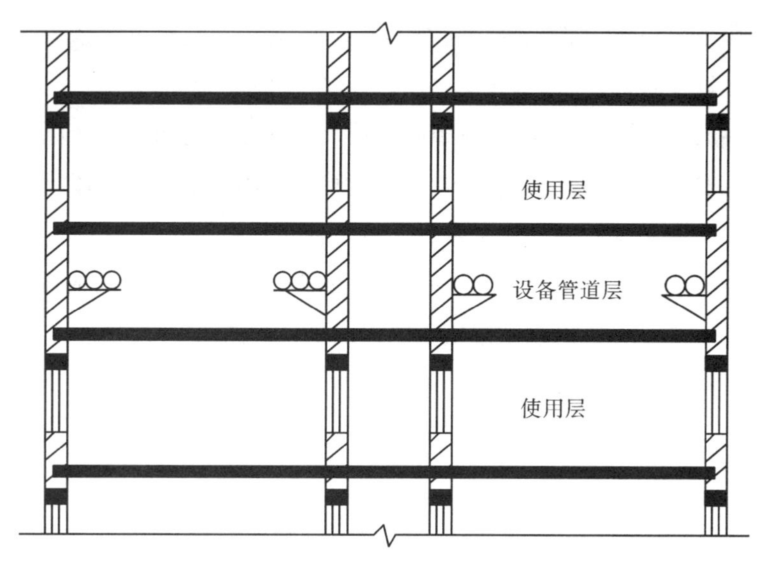

图 3.2.30　设备层、管道层示意图

3.2.2　不计算建筑面积的范围

不计算建筑面积的范围主要有以下几种情况。

(1)与建筑物不相连的建筑部件不计算建筑面积。指的是依附于建筑物外墙外不与户室开门连通，起装饰作用的敞开式挑台(廊)、平台，以及不与阳台相通的空调室外机搁板(箱)等设备平台部件不计算建筑面积。

(2)建筑物的通道不计算建筑面积。

计算规定：骑楼、过街楼底层的开放公共空间和建筑物通道，不应计算建筑面积。

计算规定解读：骑楼是指楼层部分跨在人行道上的临街楼房，过街楼是指有道路穿过建筑空间的楼房。骑楼、过街楼如图 3.2.31 所示。

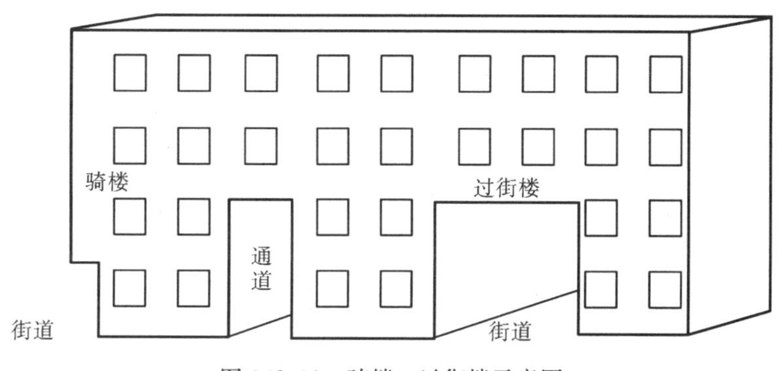

图 3.2.31　骑楼、过街楼示意图

(3)舞台及后台悬挂幕布和布景的天桥、挑台等不计算建筑面积。指的是影剧院的舞台及为舞台服务的可供上人维修、悬挂幕布、布置灯光及布景等搭设的天桥和挑台等构件设施不计算建筑面积。

(4)露台、露天游泳池、花架、屋顶的水箱及装饰性结构构件不计算建筑面积。

(5)建筑物内的操作平台、上料平台、安装箱和罐体的平台不计算建筑面积。

建筑物内不构成结构层的操作平台、上料平台(包括工业厂房、搅拌站和料仓等建筑中的设备操作控制平台、上料平台等),其主要作用为室内构筑物或设备服务的独立上人设施,因此不计算建筑面积。建筑物内操作平台如图 3.2.32 所示。

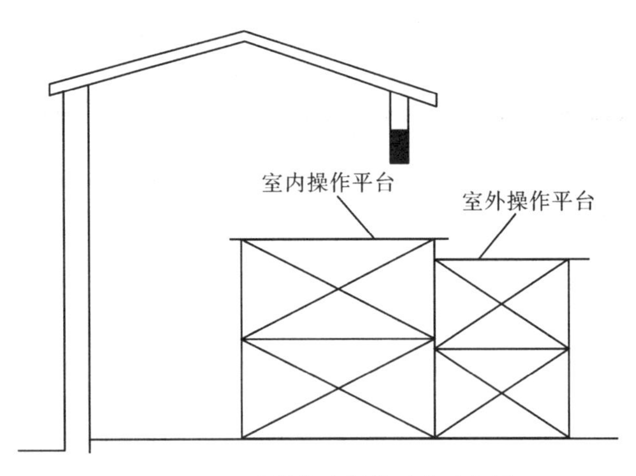

图 3.2.32 建筑物内操作平台示意图

(6)勒脚、附墙柱、垛、台阶、墙面抹灰、装饰面、镶贴块料面层、装饰性幕墙,主体结构外的空调室外机搁板(箱)、构件、配件,挑出宽度在 2.10 m 以下的无柱雨篷和顶盖高度达到或超过两个楼层的无柱雨篷不计算建筑面积。附墙柱是指非结构性装饰柱。附墙柱、垛如图 3.2.33 所示。

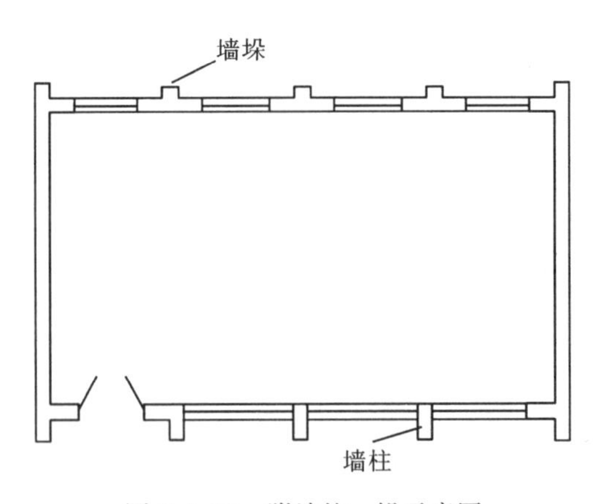

图 3.2.33 附墙柱、垛示意图

(7)窗台与室内地面高差在 0.45 m 以下且结构净高在 2.10 m 以下的凸(飘)窗,窗台与室内地面高差在 0.45 m 及以上的凸(飘)窗不计算建筑面积。

(8)室外爬梯、室外专用消防钢楼梯不计算建筑面积。

室外钢楼梯需要区分具体用途，如专用于消防楼梯，则不计算建筑面积；如果是建筑物唯一通道，兼用于消防，则需要按建筑面积计算规范的规定计算建筑面积。室外爬梯如图 3.2.34 所示。

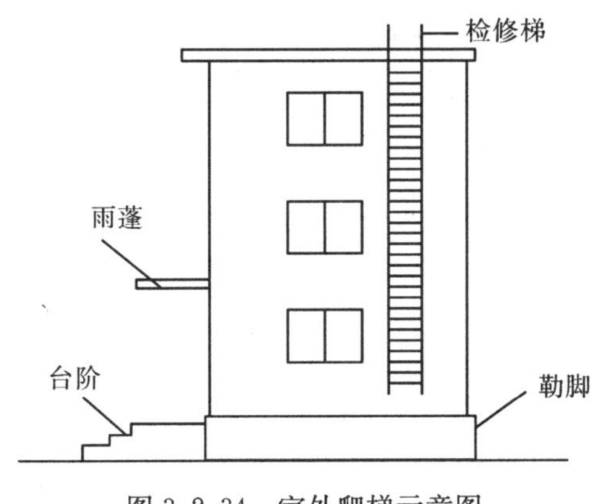

图 3.2.34　室外爬梯示意图

(9)无围护结构的观光电梯不计算建筑面积。

(10)建筑物以外的地下人防通道，独立的烟囱、烟道、地沟、油(水)罐、气柜、水塔、贮油(水)池、贮仓、栈桥等构筑物不计算建筑面积。

习　　题

3-1　已知一多层建筑如图 3.1(a)和图 3.1(b)所示，试计算其建筑面积。

3-2　试计算如图 3.2 所示单层建筑物的建筑面积。

3-3　图 3.3 为某建筑标准层平面图，已知墙厚 240 mm，层高 3.0 m，求该建筑物标准层建筑面积。

3-4　图 3.4(a)、图 3.4(b)为某两层建筑物的底层、二层平面图，已知墙厚 240 mm，层高 2.90 m，求该建筑物底层、二层的建筑面积。

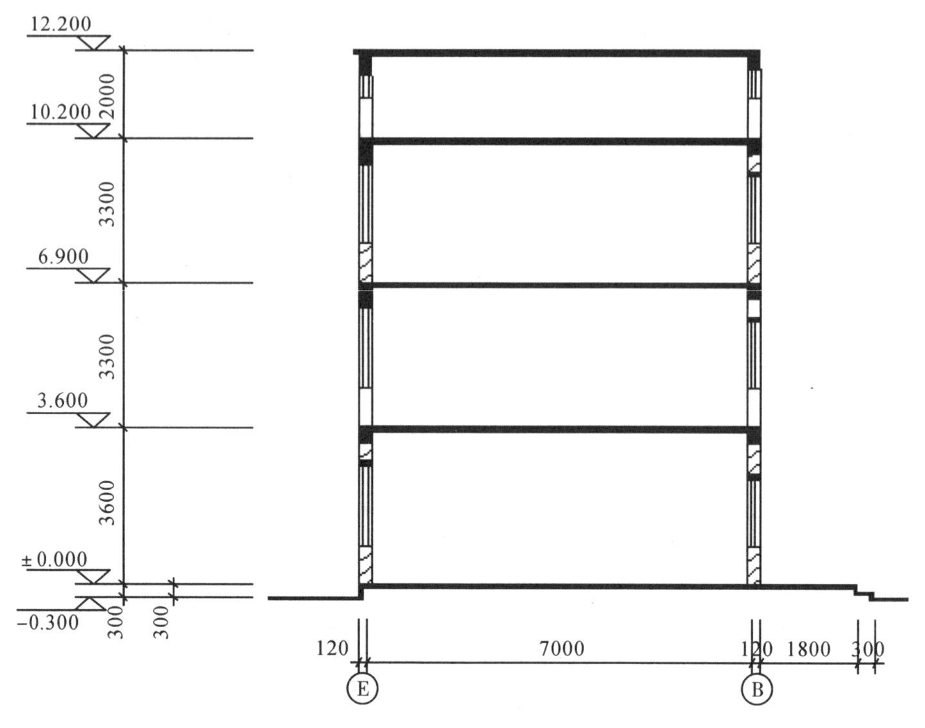

图 3.1(a)　某多层建筑立面图

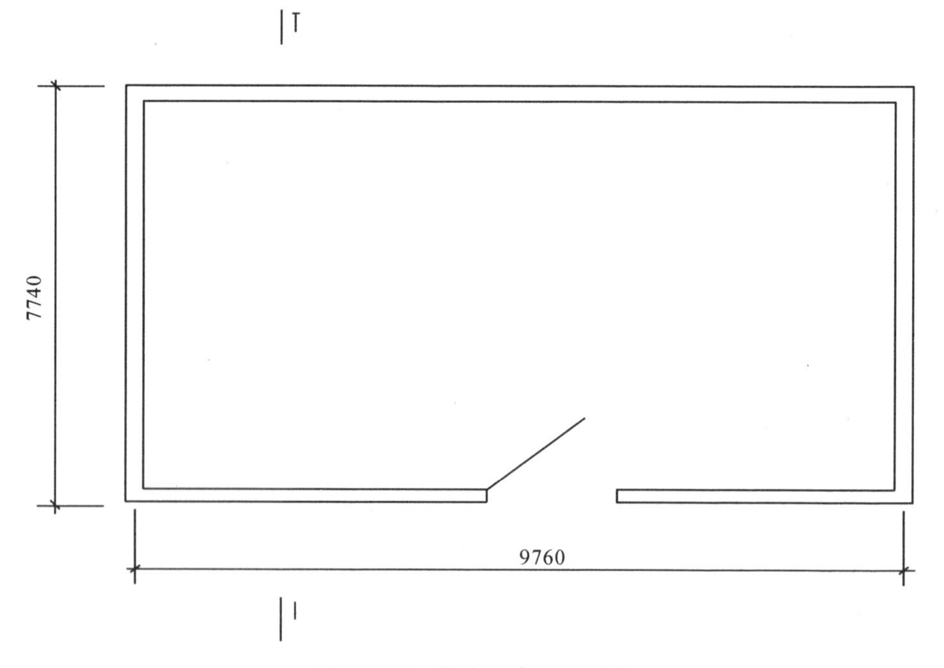

图 3.1(b)　某多层建筑平面图

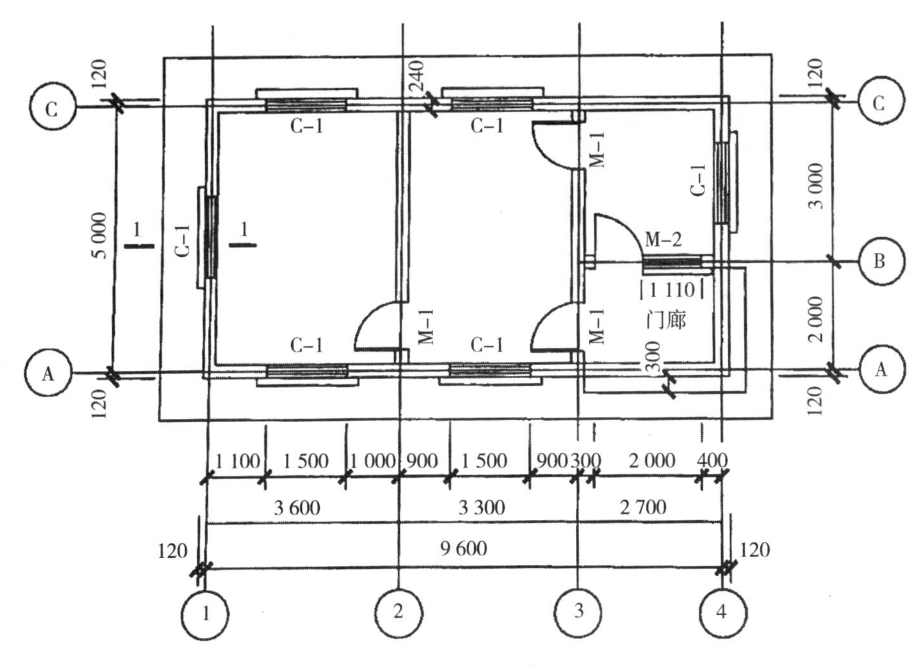

图 3.2　某单层建筑物平面图

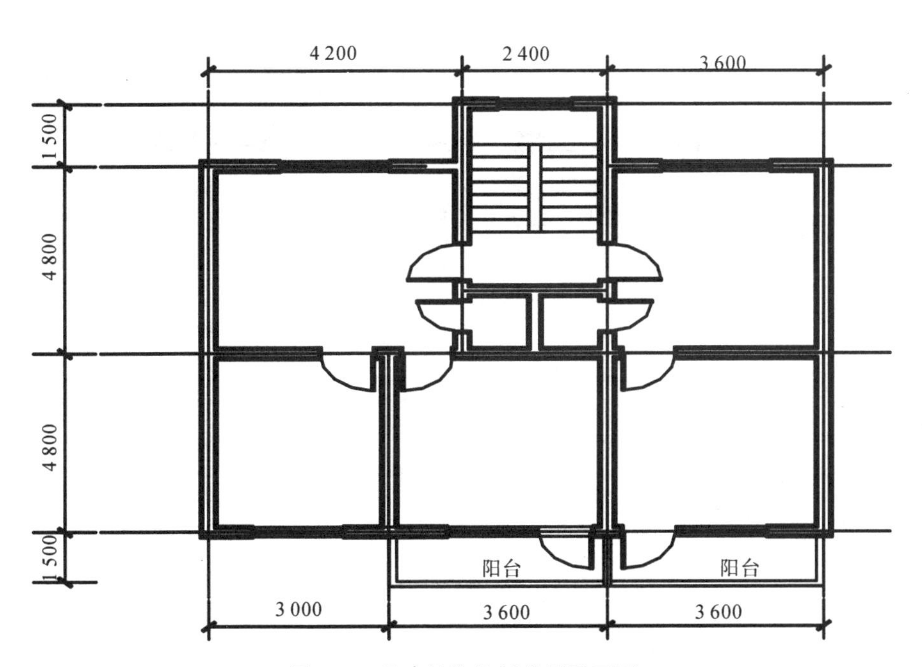

图 3.3　某建筑物的标准层平面图

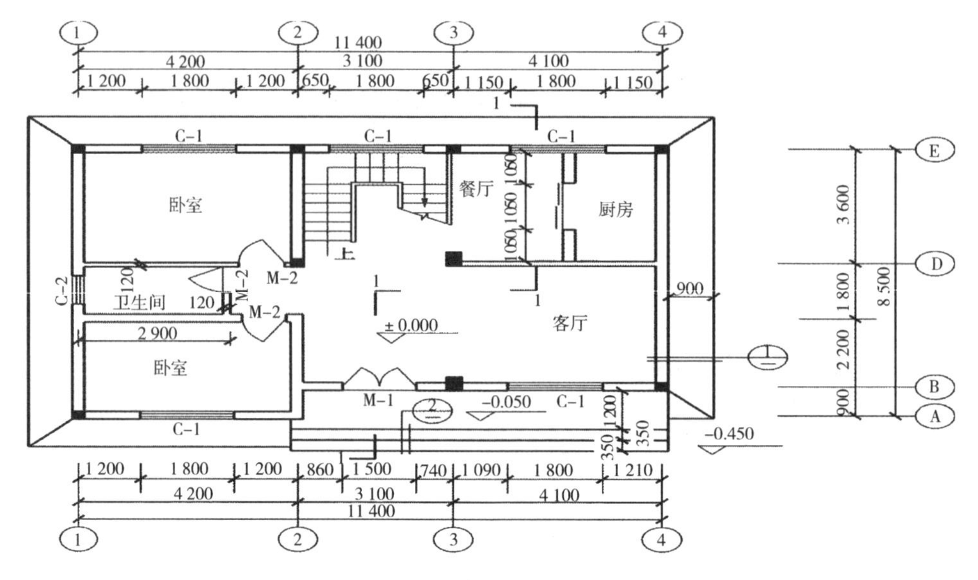

(a) 底层平面图

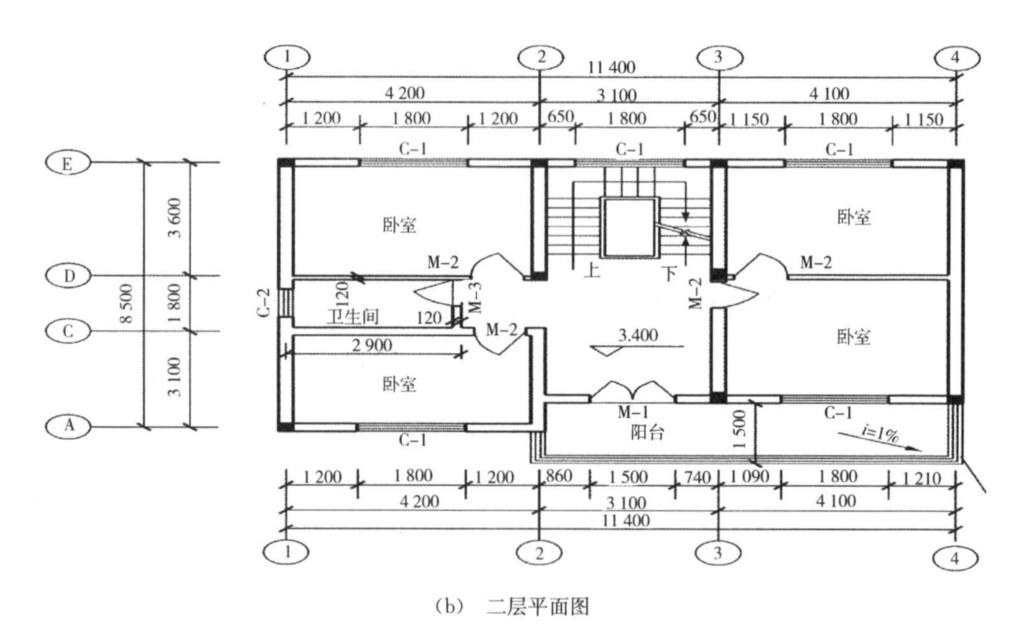

(b) 二层平面图

图 3.4　某两层建筑物平面图

第4章　建筑装饰工程计量

4.1　建筑装饰工程计量的基本方法

4.1.1　工程计价方法

1. 工程计价基本原理

工程计价的基本原理可以用公式的形式表达，如下：

分部分项工程费＝∑[基本构造单元工程量(定额项目或清单项目)×相应单价]

工程造价的计价可分为工程计量和工程计价两个环节。

(1)工程计量工作包括工程项目的划分和工程量计算。

(2)工程计价包括工程单价的确定和总价的计算。

由此可见，工程的计价是建立在准确的计量基础上的，计量是工程计价的前提。

2. 工程计价基本程序

工程量清单计价的过程可以分为两个阶段，即工程量清单的编制(图4.1.1)和工程量清单的应用(图4.1.2)两个阶段。

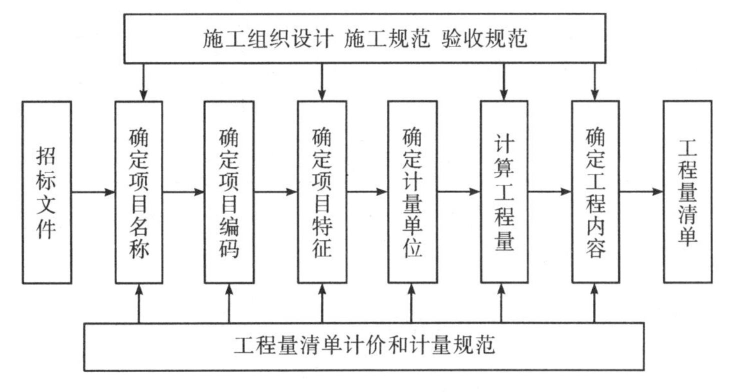

图4.1.1　工程量清单编制程序

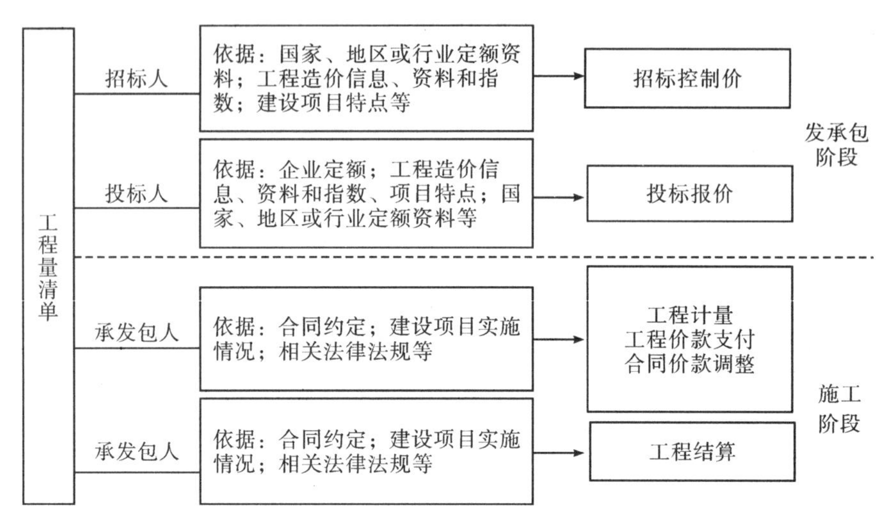

图 4.1.2　工程量清单应用程序

工程量清单计价活动涵盖施工招标、合同管理以及竣工交付全过程，主要包括编制招标工程量清单、招标控制价、投标报价，确定合同价，进行工程计量与价款支付、合同价款的调整、工程结算和工程计价纠纷处理等活动。

3. 工程量清单的编制程序

工程量清单的编制程序如图 4.1.3 所示。

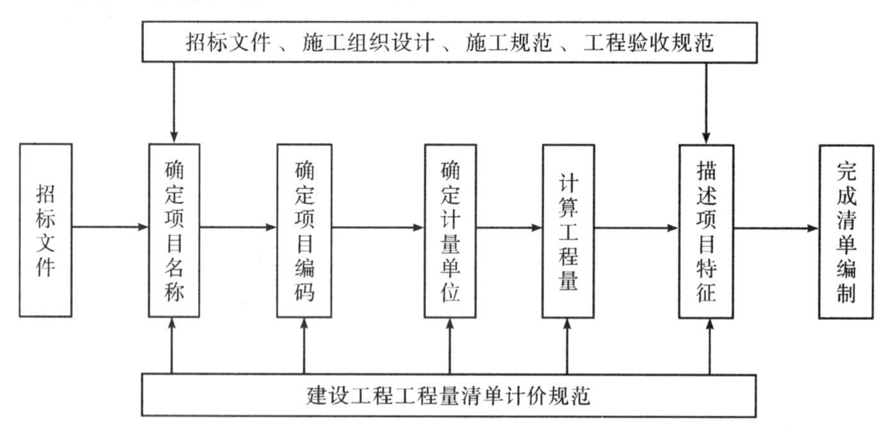

图 4.1.3　分部分项工程量清单的编制程序图

4.1.2　工程量计算原则和方法

1. 工程量概念

工程量就是以物理计量单位或自然单位所表示的各个具体工程和结构配件的数量

物理计量单位一般是指以公制度量表示的长度、面积、体积、重量等。如建筑物的建筑面积、楼面的面积(m^2)，墙基础、墙体、混凝土梁、板、柱的体积(m^3)，管道、线路的长度(m)，钢柱、钢梁、钢屋架的重量(t)等。自然计量单位是指以施工对象本身自然组成情况为计量单位，如台、套、组、个等。

. 工程量计算的原则

工程量是编制工程造价文件的基础数据，同时也是工程造价文件中最繁琐、最细致的工作，工程量计算项目是否齐全，结果准确与否，直接影响着工程造价文件的质量和进度。为快速准确地计算工程量，计算时应遵循以下原则：

1)熟悉基础资料

在工程量计算前，应熟悉现行预算定额、施工图纸、有关标准图、施工组织设计等资料，因为他们都是计算工程量的直接依据。

2)计算工程量的项目最好与现行定额的项目一致

工程量计算时，计算工程量的项目应与现行定额的项目一致，后续计价时才能正确使用定额的各项指标。尤其当定额子目中综合了其他分项工程时，更要特别注意所列分项工程的内容是否与选用定额分项工程所综合的内容一致，不可重复计算。例如，如果定额楼地面工程找平层子目中，均包括刷素水泥浆一道，在计算工程量时，不可再列刷素水泥浆子目。

3)工程量的计量单位应与现行定额的计量单位一致

现行定额中各分项工程的计量单位是多种多样的。有的是 m^3、有的是 m^2、还有的是延长米(m)、t 和个等，计算工程量时所选用的计量单位应与之相同。

4)严格按照施工图纸和清单规范(定额)规定的计算规则进行计算

计算工程量必须在熟悉和审查图纸的基础上，严格按照清单规范(定额)规定的工程量计算规则，以施工图所标注尺寸(另有规定者除外)为依据进行计算，不能随意加大或缩小构件尺寸，以免影响工程量的准确性。

5)工程量的计算(手算)应采用表格形式

为使计算清晰和便于审核，在计算工程量时常采用表格形式，表格具体形式可参见第 6 章相关表格。

. 工程量计算方法

1)熟悉施工图

(1)修正图样。

主要是按照图纸会审纪录、设计变更通知单的内容修正全套施工图，这样可避免走“回头路”，造成重复劳动。

(2)粗略看图。

①了解工程的基本概况，如建筑物的层数、高度、基础形式、结构形式和大约的建筑面积等。

②了解工程所使用的材料以及采取的施工方法，如基础是砖、石还是钢筋混凝土，墙体是砌砖还是砌块，楼地面的做法等。

③了解施工图中的梁表、柱表、混凝土构件统计表、门窗统计表，要对照施工图进行详细核对。一经核对，在计算相应工程量时就可直接利用。

④了解施工图表示方法。

(3)重点看施工图。

重点看图时，着重需弄清的问题有以下几点。

①房屋室内外的高差，自然地面标高以便在计算基础和室内挖、填工程时利用这个数据。

②建筑物的层高、墙体、楼地面面层、门窗等相应工程内容是否因楼层或段落不同而有所变化(包括尺寸、材料、构造做法、数量等变化)，以便在有关工程量的计算时区别对待。

③工业建筑设备基础、地沟等平面布置大概情况，以利于基础和楼地面工程量的计算。

④建筑物构配件如平台、阳台、雨篷和台阶等的设置情况，便于计算其工程量时明确所在部位。

2)合理安排工程的计算顺序

工程计量的特点是工作量大，头绪多，为了防止漏项、减少重复计算，既要快又要准，就要按照一定的顺序，有条不紊地依次进行，这样，既可以节省看图时间，加快计算速度，又可以提高计算的准确率。下面分别介绍土建工程中工程量计算通常采用的几种顺序。

(1)按施工先后顺序计算。

按施工先后顺序计算法，就是按照施工工艺流程的先后顺序来计算工程量。如一般土建工程从平整场地、挖土、垫层、基础、填土、墙柱、梁板、门窗、楼地面、内外墙天棚装修等顺序进行。用这种方法计算工程量，要求具有一定的施工经验，能掌握组织施工的全部过程，并且要求对清单及图样内容十分熟悉，否则容易漏项。

(2)按清单规范(定额)的分部分项顺序计算。

按清单规范(定额)的分部分项工程项目的顺序，即由前到后，工程图与清单规范(定额)的分部分项工程项目的顺序逐项对照，只需核对清单项目(定额)内容与图样设计内容一致即可，即从清单规范(定额)的第一分部第一项开始，对照施工图纸遇清单规范(定额)所列项目在施工图中有的，就按该分部工程量计算规则算出工程量。凡遇清单规范(定额)所列项目在施工图中没有就忽略，继续下一个项目，若遇到有的项目，其计算数据与其他分部的项目数据有关，则先将项目列出，其工程量待有关项目工程量计算完成后，再进行计算。例如：计算墙体砌筑，该项目在清单规范(定额)的第四分部，而墙体砌筑工程量为：(墙身长度×高度 －门窗洞口面积)×墙厚－嵌入墙内混凝土及钢筋混凝土构件所占体积＋垛、附墙烟道等体积。这时可先将墙体砌筑项目列出，工程量计算可暂放缓一步，待第五分部混凝土及钢筋混凝土工程及第六分部门窗工程等工程量计算完毕后，再利用该计算数据补算出墙体砌筑工程量。

这种方法要求首先熟悉图样，要有一定的工程设计基础知识。使用这种方法时还要注意：工程图样是按使用要求设计的，其平立面造型、内外装修、结构形式以及内容设施千变万化，有些设计采用了新工艺、新材料或有些零星项目，可能有些项目套不上清单项目(定额)，在计算工程量时，应单列出来，待后面补充。这种按定额编排计算工程量顺序的方法，对初学者可以有效地防止漏算重算现象。

(3)按统筹法原理设计顺序计算。

工程造价人员经过实践的分析与总结发现，每个分项工程量计算虽有着各自的特点，但都离不开计算“线”“面”之类的基数，人们在整个工程量计算中常常要反复多次使用。因此运用统筹法原理就是根据分项工程的工程量计算规则，找出各分项工程工程量计算的内在联系，统筹安排计算顺序，做到利用基数(常用数据)连续计算；一次算出，多次使用；结合实际，机动灵活。这种计算顺序适用于具有一定预算工作经验的人员，统筹法在4.1.3部分详细介绍。

3)合理安排分项工程计量顺序并做相应的标注

为使计量数据能让计算者便于日后阅读和让审核人员方便阅读，分项工程计量必须有规律性和一定的顺序，必要时做相应的标注，使计量不重不漏，表达式清楚，一目了然。

(1)分项工程计量顺序。

①按顺时针方向绕一周计算。此计量顺序以平面图左上角开始向右进行，绕一周后回到左上角止。这种顺时针方向转圈、依次分段计算工程量的方法，适用于形成封闭的构件，如外墙的挖地槽、垫层、基础、墙体、圈梁、楼地面、天棚、外墙粉刷等

工程计量，如图 4.1.4 所示。

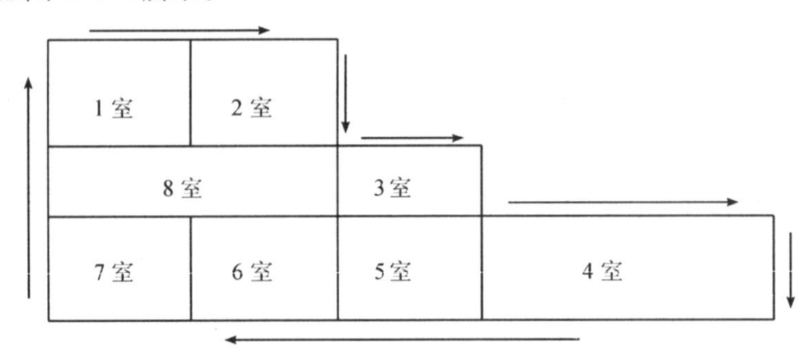

图 4.1.4　顺时针方向计算法

②按先横后竖、从上到下、从左到右计算。此计量顺序适用于不封闭的条形构件，如内墙的挖地槽、垫层、基础、墙体、圈过梁等，如图 4.1.5 所示，按照从①到⑨的顺序计算。

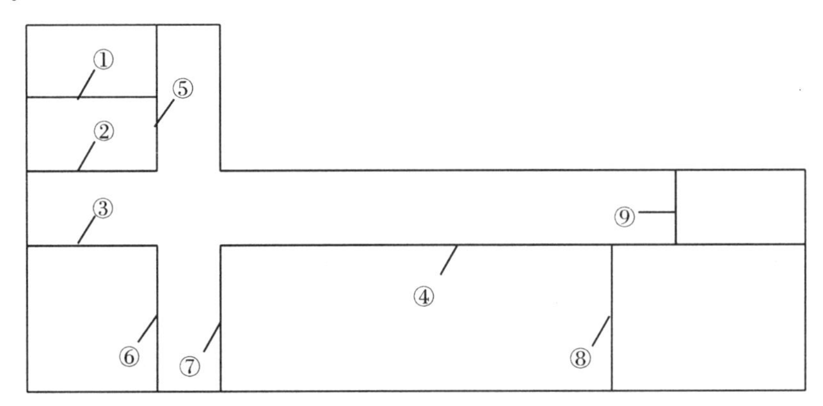

图 4.1.5　先横后竖、从上到下、从左到右计算法

③按图中编号顺序计算。此法适用于点式构件，如钢筋混凝土柱、梁、屋架及门、窗等的工程量，例如柱的计算可以顺序地按柱 Z_1、Z_2、Z_3…；梁按 L_1、L_2、L_3…；板按 B_1、B_2、B_3…构件编号依次计算。

(2)工程量计算式的标注。

计算式标注是计量者与审核者沟通的无声的语言，规范的语言，对人表述简单明了，思路正确，起着引导、回忆提醒的作用，因此具体计量标注是相当必要的，计算式标注常用方法有以下三种。

①坐标标注法。某墙，定位坐标Ⓐ轴，长度范围坐标①～⑧轴，表示为Ⓐ，①～⑧。

②图中编号标注。按编号或编码标注，如 Z_1、Z_3。

③文字说明。对不能用前两种标注法标注的采用文字标注。

4.1.3　统筹法计算工程量

1. 统筹法计算工程量的基本原理

运用统筹法计算工程量就是分析工程量计算中各分项工程量计算之间的固有规律和相互之间的依赖关系，运用统筹法原理和统筹图图解来合理安排工程量的计算程序，以达到节约时间、简化计算、提高工效、为及时准确地编制工程预算提供科学数据的目的。

根据统筹法原理，对工程量计算过程进行分析，可以看出各分项工程量之间既有各自的特点，也存在着内在联系。例如，在计算工程量时：①挖沟槽体积为墙长乘沟槽横断面面积；②基础垫层是按墙长乘垫层断面面积；③基础砌筑是按墙长乘基础断面面积；④混凝土地圈梁是墙长乘圈梁断面积。在这四个分项工程中，都要用到墙体长度、外墙计算外墙中心线，内墙计算净长线。“线”和“面”是许多分项工程计算的基数，它们在整个工程量计算中反复多次运用，找出了这个共性因素，再根据预算定额的工程量计算规则，运用统筹法的原理进行仔细分析，统筹安排计算程序和方法，省略重复计算过程，从而快速、准确地完成工程量计算工作。

2. 统筹法计算工程量的基本要点

运用统筹法计算工程量的基本要点是：统筹程序，合理安排；利用基数，连续计算；一次算出，多次使用；结合实际，灵活机动。

1)统筹程序，合理安排

工程量计算程序的安排是否合理直接关系到工程量计算效率的高低、进度的快慢。按施工顺序或清单规范(定额)顺序计算工程量，往往不能充分利用数据间的内在联系而造成重复计算，有时还易出现计算差错，例如表 4.1.1 所示。

表 4.1.1　不同计算顺序的对比

计算顺序	项目 1	项目 2	项目 3	项目 4	区别
1. 按施工顺序计算	室内回填	垫层	找平层	地面面层	
计算式	长×宽×厚	长×宽×厚	长×宽×厚	长×宽	数据重复计算
2. 统筹法计算	地面面层	室内回填	垫层	找平层	
计算式	长×宽＝A	A×厚	A×厚	A×厚	基础数据一次算出，多次使用

2)利用基数，连续计算

基数就是计算分项工程量时重复利用的数据。在统筹法计算中就是将相同基数的分项工程工程量一次算出，以“线”和“面”为基数，算出与它有关的分项工程量。

“三线”是指建筑平面图上所示的外墙中心线、外墙外边线和内墙净长线。

外墙中心线(用 $L_{中}$ 表示)＝外墙中心线总长度

外墙外边线(用 $L_{外}$ 表示)＝建筑平面图外墙的外边线总长度

内墙净长线(用 $L_{内}$ 表示)＝建筑平面图中所有内墙中心线长度(扣除重叠部分)

“一面”是指建筑平面图上所标示的底层面积，用 $S_{底}$ 标示，计算时要结合建筑物的面积计算规则而定。

一般工业与民用建筑工程，都可在这三条“线”和一个“面”的基础上，连续计算出它的工程量。也就是说，把这三条“线”和一个“面”先计算好，作为基数，然后利用这些基数再计算与它们有关的分项工程量。

例 4.1.1　某建筑物平面图如图 4.1.6 所示，计算一般线面基数。

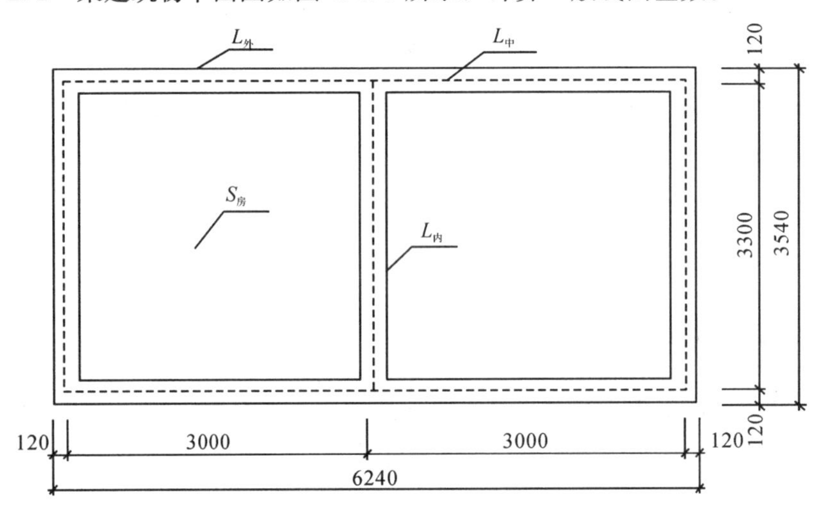

图 4.1.6　某建筑平面图

解：

$$L_{中}=(3.0\times2+3.30)\times2=18.60(\mathrm{m})$$

$$L_{外}=(6.24+3.54)\times2=19.56(\mathrm{m})$$

$$L_{内}=3.30-0.24=3.06(\mathrm{m})$$

$$S_{底}=6.24\times3.54=22.09(\mathrm{m}^2)$$

3)一次算出，多次使用

在工程量计算过程中，往往有一些不能用“线”“面”基数进行连续计算的项目，如常用的木门窗、屋架、栏杆楼梯扶手、各种水槽等分项工程，预先一次算出工程量，汇编成《土建工程量计算手册》(即“一册”)，也可把规律较明显的如槽、沟断面、砖基础大放脚断面等都预先一次算出，也编入册。当需要计算有关的工程量时，只要查手册就可很快算出所需要的工程量。

4)结合实际，灵活机动

用“线”“面”“册”计算工程量是一般工程常用的手算工程量基本计算方法，但在特殊工程上，由于基础断面、墙厚、砂浆标号和各楼层的面积不同，就不能完全用“线”或“面”的一个数作为基数，而必须结合实际灵活地计算。

4.1.4 《房屋建筑与装饰工程工程量计算规范》(GB 50854—2013)

1. 总则

(1)为规范房屋建筑与装饰工程造价计量行为，统一房屋建筑与装饰工程工程量计算规则、工程量清单的编制方法，制定本规范。

(2)本规范适用于工业与民用的房屋建筑与装饰工程发承包及实施阶段计价活动中的工程计量和工程量清单编制。

(3)房屋建筑与装饰工程计价，必须按本规范规定的工程量计算规则进行工程计量。

(4)房屋建筑与装饰工程计量活动，除应遵守本规范外，尚应符合国家现行有关标准的规定。

2. 术语

1)工程量计算

工程量计算指建设工程项目以工程设计图纸、施工组织设计或施工方案及有关技术经济文件为依据，按照相关工程国家标准的计算规则、计量单位等规定，进行工程数量的计算活动，在工程建设中简称工程计量。

2)房屋建筑

房屋建筑指在固定地点，为使用者或占用物提供庇护覆盖以进行生活、生产或其他活动的实体，可分为工业建筑与民用建筑。

3)工业建筑

工业建筑指提供生产用的各种建筑物，如车间、厂区建筑、动力站、与厂房相连的生活间、厂区内的库房和运输设施等。

4)民用建筑

民用建筑指非生产性的居住建筑和公共建筑，如住宅、办公楼、幼儿园、学校、食堂、影剧院、商店、体育馆、旅馆、医院、展览馆等。

3. 工程计量

(1)工程量计算除依据本规范各项规定外，尚应依据以下文件：

①经审定通过的施工设计图纸及其说明。

②经审定通过的施工组织设计或施工方案。

③经审定通过的其他有关技术经济文件。

(2)工程实施过程中的计量应按照现行国家标准《建设工程工程量清单计价规范》(GB 50500—2013)的相关规定执行。

(3)本规范附录中有两个或两个以上计量单位的，应结合拟建工程项目的实际情况，确定其中一个为计量单位。同一工程项目的计量单位应一致。

(4)工程计量时每二项目汇总的有效位数应遵守下列规定：

①以“t”为单位，应保留小数点后三位数字，第四位小数四舍五入。

②以“m”“m^2”“m^3”“kg”为单位，应保留小数点后两位数字，第三位小数四舍五入。

③以“个”“件”“根”“组”“系统”为单位，应取整数。

(5)本规范各项目仅列出了主要工作内容，除另有规定和说明者外，应视为已经包括完成该项目所列或未列的全部工作内容。

(6)房屋建筑与装饰工程涉及电气、给排水、消防等安装工程的项目，按照现行国家标准《通用安装工程工程量计算规范》(GB 50856—2013)的相应项目执行；涉及仿古建筑工程的项目，按现行国家标准《仿古建筑工程工程量计算规范》(GB 50855—2013)的相应项目执行；涉及室外地(路)面、室外给排水等工程的项目，按现行国家标准《市政工程工程量计算规范》(GB 50857—2013)的相应项目执行；采用爆破法施工的石方工程按照现行国家标准《爆破工程工程量计算规范》(GB 50862—2013)的相应项目执行。

4. 工程量清单编制

1)一般规定

(1)编制工程量清单应依据：

①本规范和现行国家标准《建设工程工程量清单计价规范》(GB 50500—2013)。

②国家或省级、行业建设主管部门颁发的计价依据和办法。

③建设工程设计文件。

④与建设工程项目有关的标准、规范、技术资料。

⑤拟定的招标文件。

⑥施工现场情况、工程特点及常规施工方案。

⑦其他相关资料。

(2)其他项目、规费和税金项目清单应按照现行国家标准《建设工程工程量清单计价规范》(GB 50500—2013)的相关规定编制。

(3)编制工程量清单出现附录中未包括的项目，编制人应做补充，并报省级或行业工程造价管理机构备案，省级或行业工程造价管理机构应汇总报住房和城乡建设部标准定额研究所。补充项目的编码由本规范的代码01与B和三位阿拉伯数字组成，并应从01B001起顺序编制，同一招标工程的项目不得重码。补充的工程量清单需附有补充项目的名称、项目特征、计量单位、工程量计算规则、工作内容。不能计量的措施项目，需附有补充项目的名称、工作内容及包含范围。

2)分部分项工程

(1)工程量清单应根据附录规定的项目编码、项目名称、项目特征、计量单位和工程量计算规则进行编制。

(2)工程量清单的项目编码，应采用十二位阿拉伯数字表示，一至九位应按附录的规定设置，十至十二位应根据拟建工程的工程量清单项目名称和项目特征设置，同一招标工程的项目编码不得有重码。

(3)工程量清单的项目名称应按附录的项目名称结合拟建工程的实际确定。

(4)工程量清单项目特征应按附录中规定的项目特征，结合拟建工程项目的实际予以描述。

(5)工程量清单中所列工程量应按附录中规定的工程量计算规则计算。

(6)工程量清单的计量单位应按附录中规定的计量单位确定。

(7)本规范现浇混凝土工程项目“工作内容”中包括模板工程的内容，同时又在措施项目中单列了现浇混凝土模板工程项目。对此，招标人应根据工程实际情况选用。若招标人在措施项目清单中未编列现浇混凝土模板项目清单，即表示现浇混凝土模板项目不单列，现浇混凝土工程项目的综合单价中应包括模板工程费用。

(8)本规范对预制混凝土构件按现场制作编制项目，“工作内容”中包括模板工程，不再另列。若采用成品预制混凝土构件时，构件成品价(包括模板、钢筋、混凝土等所有费用)应计入综合单价中。

(9)金属结构构件按成品编制项目，构件成品价应计入综合单价中，若采用现场制作，包括制作的所有费用。

(10)门窗(橱窗除外)按成品编制项目，门窗成品价应计入综合单价中。若采用现场制作，应包括制作的所有费用。

3)措施项目

(1)措施项目中列出了项目编码、项目名称、项目特征、计量单位、工程量计算规则的项目，编制工程量清单时，应按照本规范 4.2 分部分项工程的规定执行。

(2)措施项目中仅列出项目编码、项目名称，未列出项目特征、计量单位和工程量计算规则的项目，编制工程量清单时，应按本规范附录 S 措施项目规定的项目编码、项目名称确定。

习　　题

4-1-1　简述工程计价基本原理和程序。

4-1-2　简述清单编制程序。

4-1-3　简述工程量计算原则和方法。

4-1-4　简述统筹法的优点。

4-1-5　计算如图 4.1.7 所示基础平面图的各个基数。

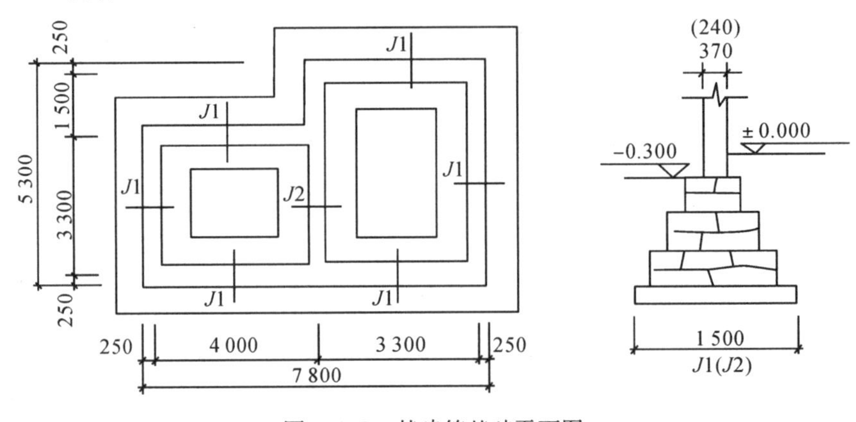

图 4.1.7　某建筑基础平面图

4.2　土石方工程

土石方工程主要包括场地平整、挖土、人工凿石、石方爆破、回填土、土方运输等工作项目。具体划分为土方工程、石方工程以及回填共 3 个子分部项目，适用于建筑物的土石方开挖及回填工程。

工程量清单的工程量是拟建工程分项工程的实体数量。土石方工程除场地、房心回填土外，其他土石方不构成工程实体，即不应当单列项目，而应该采用基础清单项目里含土石方报价的方法。现实中因为地表以下存在很多不可知的自然条件，从而增加了基础项目报价的难度，所以才将土石方单独列项。

计算土石方工程量前，应先根据相关勘察报告或施工组织设计等文件，确定下列各项资料：

①施工现场土壤(岩石)类别；

②施工现场地下水位标高；

③排(降)水方法；

④土方、沟槽、基坑挖(填)的起止标高；

⑤挖土方(沟槽、基坑)时拟采用的施工方法；

⑥土方运输的方式及运距；

⑦岩石开凿的方法；

⑧石碴清运的方法及运距；

⑨其他有关资料。

挖土(石)方平均厚度应按自然地面测量标高至设计地坪标高的平均厚度确定。基础土(石)方开挖深度应按照基础垫层底部标高至交付施工场地标高确定，无交付施工场地标高时，应按自然地面标高确定。

土(石)方体积均以挖掘前的天然实密体积为准计算。如遇必须以天然实密体积折算的情况，可按表 4.2.1 和表 4.2.2 所列数值进行换算。

表 4.2.1　土方体积折算系数表

天然实密土体积	虚方体积	夯实后体积	松填体积
0.77	1.00	0.67	0.83
1.00	1.30	0.87	1.08
1.15	1.50	1.00	1.25
0.92	1.20	0.80	1.00

注：虚方体积是指未经碾压的、堆积时间≤1 年的土壤的体积

表 4.2.2　石方体积折算系数表

石方类别	天然密实度体积	虚方体积	松填体积	码方
石方	1.0	1.54	1.31	1.67
块石	1.0	1.75	1.43	
砂夹石	1.0	1.07	0.94	

4.2.1　土方工程

1. “工程量计算规范”清单项目设置

“工程量计算规范”附录A.1土方工程包括：平整场地、挖一般土方、挖沟槽土方、挖基坑土方、冻土开挖、挖淤泥流沙、管沟土方。土方工程常见清单项目见表4.2.3。

表4.2.3　土方工程(编号：010101)

项目编码	项目名称	项目特征	计量单位	工程量计算规则	工作内容
010101001	平整场地	1. 土壤类别 2. 弃土运距 3. 取土运距	m^2	按设计图示尺寸以建筑物首层建筑面积计算。	1. 土方挖填 2. 场地找平 3. 运输
010101002	挖一般土方	1. 土壤类别 2. 挖土深度 3. 弃土运距	m^3	按设计图示尺寸以体积计算	1. 排地表水 2. 土方开挖 3. 围护(挡土板)及拆除 4. 基底钎探 5. 运输
010101003	挖沟槽土方			按设计图示尺寸以基础垫层底面积乘以挖土深度计算	
010101004	挖基坑土方				
010101005	冻土开挖	1. 冻土厚度 2. 弃土运距		按设计图示尺寸开挖面积乘以厚度以体积计算	1. 爆破 2. 开挖 3. 清理 4. 运输
010101006	挖淤泥、流沙	1. 挖掘深度 2. 弃淤泥、流沙运距		按设计图示位置、界限以体积计算	1. 开挖 2. 运输
010101007	管沟土方	1. 土壤类别 2. 管外径 3. 挖沟深度 4. 回填要求	1. m 2. m^3	1. 以“m”计量，按设计图示以管道中心线长度计算 2. 以“m^3”计量，按设计图示管底垫层面积乘以挖土深度计算；无管底垫层按管外径的水平投影面积乘以挖土深度计算。不扣除各类井的长度，井的土方并入管沟土方工程量内	1. 排地表水 2. 土方开挖 3. 围护(挡土板)、支撑 4. 运输 5. 回填

2. “工程量计算规范”与计价规则说明

1)平整场地

(1)基本概念：平整场地是指建筑物场地厚度≤±300 mm的挖、填、运、找平。

(2)工作内容包括：土方挖(填)、场地找平以及由招标人指定距离内的土方运输等工作。

(3)项目特征。平整场地的项目特征包括

①土壤类别：按清单计价规范的“土壤分类表”(见表 4.2.4)以及施工场地的实际情况确定土壤类别。

②弃土运距：按工程现场实际情况及当地弃土地点确定弃土的实际运输距离。

③取土运距：按工程现场实际情况及当地取土地点确定取土运距。

表 4.2.4　土壤分类表

土壤分类	土壤名称	开挖方法
一、二类土	粉土、沙土、粉质黏土、弱中盐渍土、软土、冲填土等	用锹、少许用镐、条锄开挖。机械能全部直接铲挖满载者
三类土	黏土、碎石土、可塑红黏土、硬塑红黏土、强盐渍土、素填土、压实填土等	主要用镐、条锄、少许用锹开挖。机械需部分刨松方能铲挖满载者或可直接铲挖但不能满载者
四类土	碎石土、坚硬红黏土、超盐渍土、杂填土等	全部用镐、条锄挖掘、少许用撬棍挖掘。机械须普遍刨松方能铲挖满载者

(4)计算规则：平整场地按设计图示尺寸以建筑物的首层建筑面积计算。若因甲方或施工方案等要求导致平整场地的面积超出建筑物首层建筑面积时，应在报价时考虑超出部分的工程量。

(5)计算公式：平整场地工程量＝建筑物首层面积

如需运土，则运土工程量＝平整场地时的挖方量－平整场地时的填方量

例 4.2.1　某住宅楼首层的外墙外边线尺寸如图 4.2.1 所示，试计算人工平整场地清单工程量。

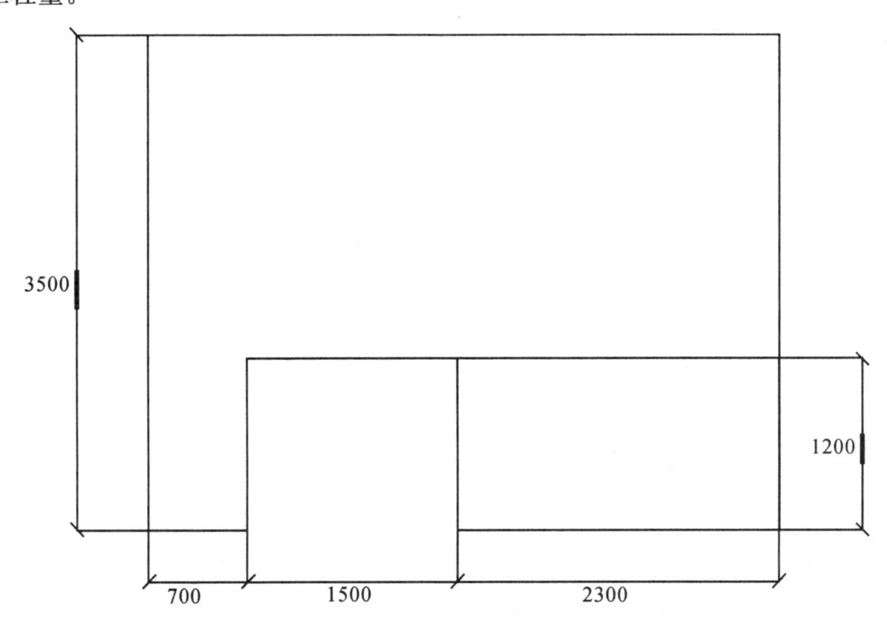

图 4.2.1　某住宅楼首层的外墙外边线尺寸示意图

解：人工平整场地清单工程量为

序号	清单项目编码	清单项目名称	计算式	工程量合计	计量单位
1	010101001001	平整场地	$S=4.5\times3.5-1.2\times1.5=13.95$	13.95	m^2

2)挖一般土方

(1)基本概念：挖一般土方是指室外地坪标高 300 mm 以上的，竖向布置的挖土，本项目中包括由招标人指定运距的土方运输。

(2)工作内容：包括排地表水、土方开挖、围挡(挡土板)的支立及拆除、基底钎探、以及土方运输等。

(3)项目特征：包括土壤类别、挖土深度及弃土运距等。

(4)计算规则：工程量按设计图示尺寸以体积计算。

(5)计算方法：

①平均挖土厚度×挖土面积，适用于地形起伏不大的区域。

②方格网法或断面法，适用于地形变化较大的区域。

③需按工程实际情况确定运土距离，并在报价时考虑。

3)挖沟槽土方、挖基坑土方

(1)基本概念：是指挖建筑物的带形基础、满堂基础、独立基础等土方，本项目中包含由招标人指定距离内的土方运输。

(2)工作内容：包括排地表水、土方开挖、围挡(挡土板)的支立及拆除、基底钎探、以及土方运输等。

(3)项目特征：包括土壤类别、挖土深度、基础类型、垫层底宽及弃土运距等。

(4)计算规则：按设计图示尺寸以基础底面积乘以挖土深度计算。

(5)计算方法：沟槽(基坑)土方工程量＝基础垫层底面积×挖土深度

(6)有关说明：

①沟槽、基坑及一般土方的划分方法为：底宽≤7 m 且底长＞3 倍底宽为沟槽；底长≤3 倍底宽切底面积≤150 m^2 为基坑，超出上述范围则为一般土方。

②如在桩与桩之间挖土方，不扣除桩所占体积。

4)管沟土方

(1)基本概念：是指各类管沟土方挖土、回填的工作，项目中包含招标人指定运距内的土方运输。

(2)工作内容：包括排地表水、土方开挖、挡土板安拆、土方运输、土方回填等。

(3)项目特征：包括土壤类别、管外径、挖沟深度、回填要求等。

(4)计算规则：

①按设计图示按管道中心线长度以米计算。

②按设计图示管底垫层面积乘以挖土深度以立方米计算；无管底垫层按管外径的水平投影面积乘以挖土深度计算。

(5)有关说明：管沟土方工程量计算规则在给排水、电力、通信中的相关管沟土方工程中同样适用。

5)其他计算说明

(1)挖土方平均厚度应按自然地面测量标高至设计地坪标高间的平均厚度确定。基础土方开挖深度应按基础垫层底表面标高至交付施工场地标高确定，无交付施工场地标高时，应按自然地面标高确定。

(2)建筑物场地厚度≤±300 mm 的挖、填、运、找平，应按平整场地项目编码列项。厚度>±300 mm 的竖向布置挖土或山坡切土应按本表中挖一般土方项目编码列项。

(3)沟槽、基坑、一般土方的划分为：底宽≤7 m 且底长>3 倍底宽为沟槽；底长≤3 倍底宽且底面积≤150 m^2 为基坑；超出上述范围则为一般土方。

(4)挖土方如需截桩头时，应按桩基工程相关项目列项。

(5)桩间挖土不扣除桩的体积，并在项目特征中加以描述。

(6)弃、取土运距可以不描述，但应注明由投标人根据施工现场实际情况自行考虑，决定报价。如土壤类别不能准确划分时，招标人可注明为综合，由投标人根据地勘报告决定报价。

(7)土方体积应按挖掘前的天然密实体积计算。非天然密实土方应按表 4.2.5 折算。

表 4.2.5 土方体积折算系数表

天然密实度体积	虚方体积	夯实后体积	松填体积
1.00	1.30	0.87	1.08
0.77	1.00	0.67	0.83
1.15	1.50	1.00	1.25
0.92	1.20	0.80	1.00

注：1. 虚方指未经碾压、堆积时间≤1 年的土壤。2. 设计密实度超过规定的，填方体积按工程设计要求执行；无设计要求按各省、自治区、直辖市或行业建设行政主管部门规定的系数执行

(8)挖沟槽、基坑、一般土方因工作面和放坡增加的工程量(管沟工作面增加的工程量)是否并入各土方工程量中，应按各省、自治区、直辖市或行业建设主管部门的规定实施，如并入各土方工程量中，办理工程结算时，按经发包人认可的施工组织设计

中相关规定计算。编制工程量清单时，可按表 4.2.6～表 4.2.8 中相关规定进行计算。

表 4.2.6　放坡系数表

土类别	放坡起点/m	人工挖土/(1∶K)	机械挖土		
			在坑内作业	在坑上作业	顺沟槽在坑上作业
一、二类	1.20	1∶0.5	1∶0.33	1∶0.75	1∶0.5
三类	1.50	1∶0.33	1∶0.25	1∶0.67	1∶0.33
四类	2.00	1∶0.25	1∶0.10	1∶0.33	1∶0.25

注：1. 沟槽、基坑中土壤类别不同时，应分别按照不同类别土壤的放坡起点、放坡系数，以不同土的厚度加权平均计算。2. 计算放坡时，在交接处的重复工程量不予扣除，原槽、坑作为基础垫层使用时，放坡自垫层上表面开始计算。

表 4.2.7　基础施工所需工作面宽度计算表

基础材料	每边各增加工作面宽度/mm
砖基础	200
浆砌毛石、条石基础	150
混凝土基础垫层支模板	300
混凝土基础支模板	300
基础垂直面做防水层	1000(防水层面)

表 4.2.8　管沟施工每侧所需工作面宽度计算表

管沟材料 \ 管道结构宽/mm	≤500	≤1000	≤2500	>2500
混凝土及钢筋混凝土管道/mm	400	500	600	700
其他材质管道/mm	300	400	500	600

(9)挖方出现流沙、淤泥时，如设计未明确，在编制工程量清单时，其工程数量可为暂估量，结算时应根据实际情况由发包人与承包人双方现场签证确认工程量。

(10)管沟土方项目适用于管道(给排水、工业、电力、通信)、光(电)缆沟［包括人(手)孔、接口坑］及连接井(检查井)等。

例 4.2.2　某工程±0.00 以下基础施工图如图 4.2.2～图 4.2.5 所示。已知：该工程设计室内地面与设计室外地面间高差为 450 mm；基础垫层采用非原槽浇筑，垫层混凝土等级为 C10，基础施工均需预留工作面；施工场地土类别为三类土。求：该工程的(1)平整场地工程量；(2)挖土方工程量。

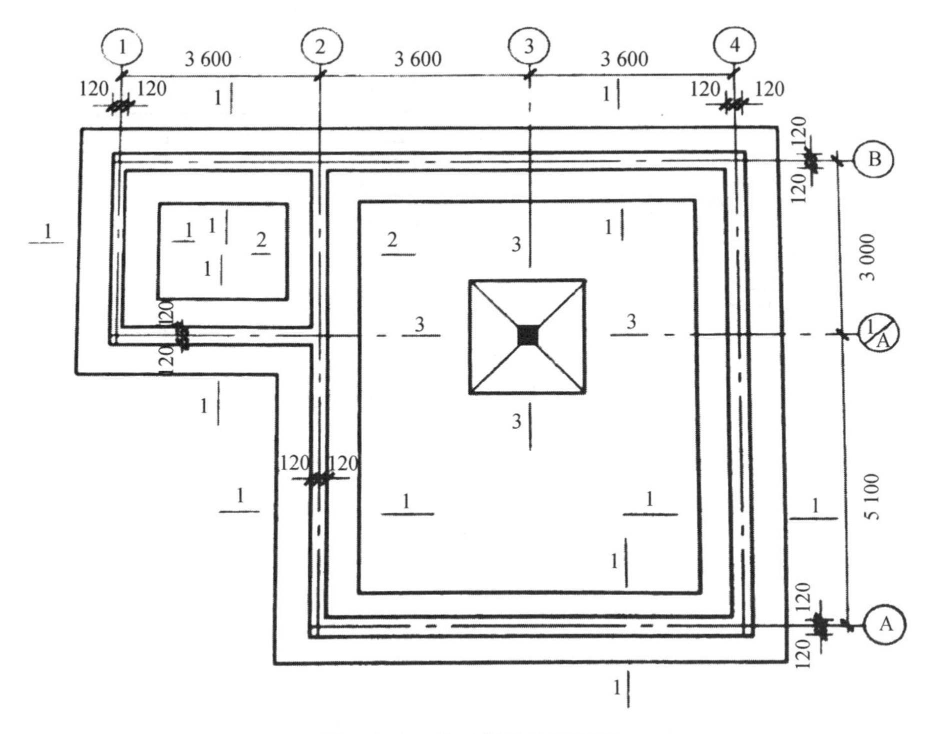

图 4.2.2　某工程基础平面图

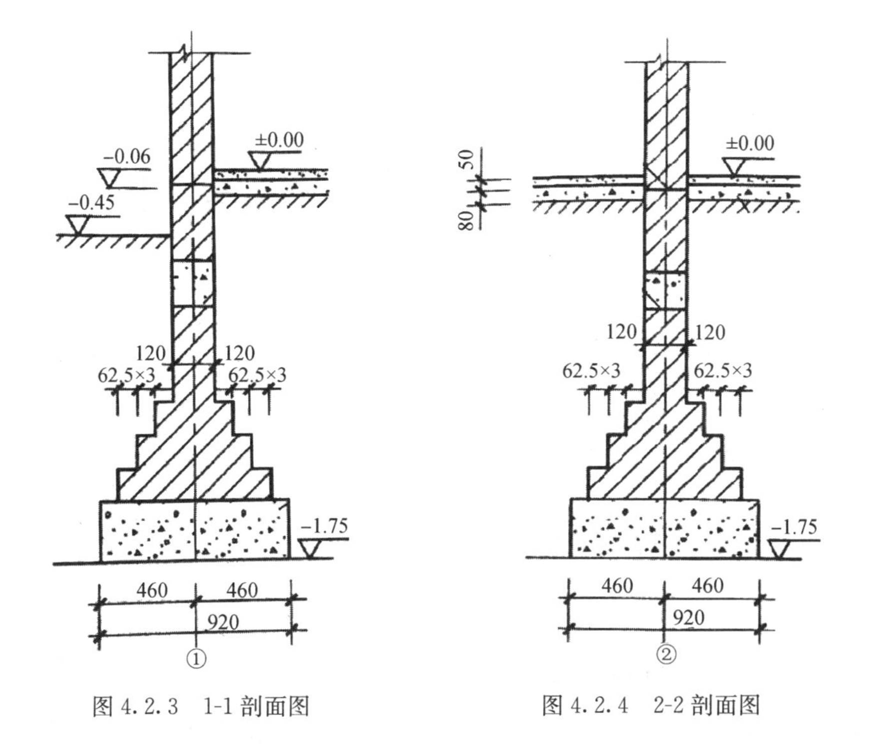

图 4.2.3　1-1 剖面图　　图 4.2.4　2-2 剖面图

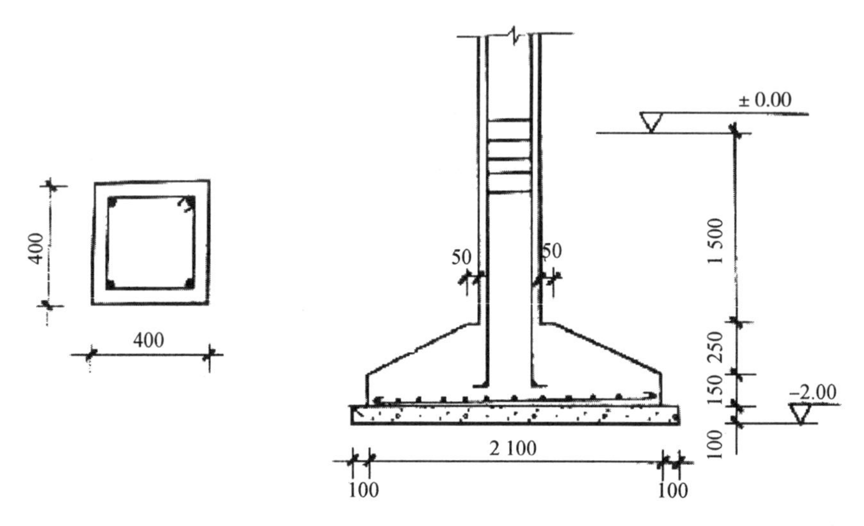

图 4.2.5　柱断面图、基础剖面图

解：

序号	清单项目编码	清单项目名称	计算式	工程量合计	计量单位
1	010101001001	平整场地	$S=(3.6\times3+0.24)\times(3+0.24)+5.1\times(3.6\times2+0.24)=73.71$	73.71	m^2
2	010101003001	挖沟槽土方	L外部$=(10.8+8.1)\times2=37.8$ L内部$=3-0.46\times2-0.3\times2=1.48$ 沟槽断面面积 $S_{1-1(2-2)}=(0.92+0.3\times2)\times1.3=1.98$ $v=(37.8+1.48)\times1.98=77.77$	77.77	m^3
3	010101004001	挖基坑土方	$S_{下}=(2.3+0.3\times2)^2=2.9^2$ $S_{上}=(2.3+0.3\times2+2\times0.33\times1.55)^2=3.92^2$ $V=\frac{1}{3}\times h\times(S_{下}+S_{上}+\sqrt{S_{下}S_{上}})$ $=\frac{1}{3}\times1.55\times(2.9^2+3.92^2+2.9\times3.92)$ $=18.16$	18.16	m^3

注：1. 工作面宽度参考表 4.2.7 中相关内容；2. 因土类别为三类土，放坡起点为 1.5 m，故挖沟槽时无须放坡；3. 计算基坑挖土方工程量时，可参考公式 $V=\frac{1}{3}\times h\times(S_{下}+S_{上}+\sqrt{S_{下}S_{上}})$

3. 配套定额相关说明(土石方部分)

1)一般说明

(1)土石方体积应按挖掘前的天然密实体积计算。

(2)挖土石方平均厚度应按自然地面测量标高至设计地坪标高间的平均厚度确定。基础土石方开挖深度应按基础垫层底表面标高至交付施工场地标高确定，无交付施工场地标高时，应按自然地面标高确定。

(3)沟槽、基坑、一般土石方的划分为：底宽≤7 m，底长>3 倍底宽为沟槽；底长≤3 倍底宽、底面积≤150 m^2 为基坑；超出上述范围则为一般土石方。

(4)挖土方如需截桩头时，应按本定额“C 桩基工程”相关项目列项。

(5)土石方外运超过 10 km 时，应按市场运输费计算。

(6)桩间挖土方工程量不扣除桩所占体积，按每根桩增加普工 0.6 工日计算。

(7)挖土石方均未包括在地下水位以下施工的排水、降水费用。

(8)本分部不包括地下障碍物清理，发生时按本定额“R 拆除工程”分部相应定额计算。

2)土石方工程

(1)“平整场地”项目适用于建筑场地厚度≤±30 cm 的挖、填、运、找平。

①不论机械或人工平整场地，均按本项目计算。

②厚度>±30 cm 的竖向布置挖土或山坡切土，应按 A.1 中挖土方项目计算，按竖向布置(超过 30 cm 的挖、填土方，用方格网控制挖填至设计标高就叫按竖向布置挖填土方)进行挖填土方时，不得再计算平整场地的工程量。

(2)土方大开挖、沟槽、基坑定额均按干湿土综合编制。

(3)土方工程沟槽、基坑深度超过 6 m 时，按深 6 m 定额乘以系数 1.2 计算；超过 8 m 时，按深 6 m 定额乘以系数 1.6 计算。

(4)土方大开挖深度超过 6 m 时，按相应定额项目乘以系数 1.3。

(5)机械挖运淤泥时，按机械挖运土方定额乘以系数 1.5。

(6)挖沟槽、基坑土方，不论开挖方式均执行本定额。

(7)管沟土石方项目适用于管道(给排水、工业、电力、通信)、光(电)缆沟［包括人(手)孔、接口坑］及连接井(检查井)等。

(8)本分部“石方工程”项目适用于人工凿石，若为爆破开挖，按 2015《四川省建设工程工程量清单计价定额——爆破工程》中相应项目执行。

(9)深基础的支护结构，如钢板桩、H 钢桩、预制钢筋混凝土板桩、钻孔灌注混凝土排桩挡墙、预制钢筋混凝土排桩挡墙、人工挖孔灌注混凝土排桩挡墙、旋喷桩地下连续墙和基坑内的水平钢支撑、水平钢筋混凝土支撑、锚杆拉固、基坑外锚、排桩的圈梁、H 钢桩之间的木挡土板以及施工降水等，应按有关措施项目计算。

3)计算规则解析

(1)挖沟槽。

①外墙沟槽按外墙中心线长度计算；内墙沟槽按设计图示基础(含垫层)底面之间净长度计算。外、内墙突出部分(垛、附墙烟囱、垃圾道等)并入相应外、内墙沟槽工

程量内计算。挖沟槽需要放坡时，交接处重复工程量不扣除，如图 4.2.6 所示。

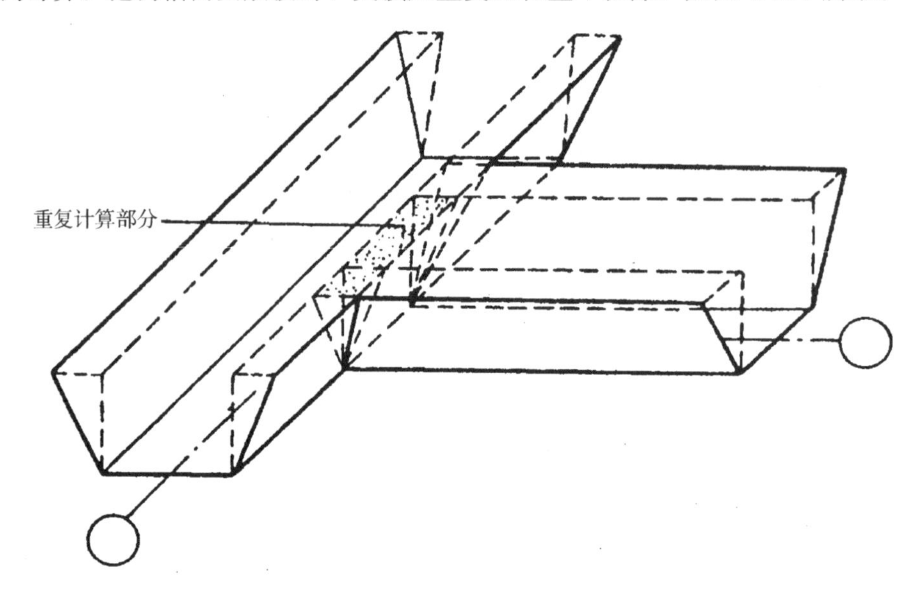

图 4.2.6　沟槽相交重复计算部分示意图

②沟槽深度：按图示沟槽底面至室外设计地坪深度计算。

③挖沟槽工程量计算，沟槽如图 4.2.7 所示。

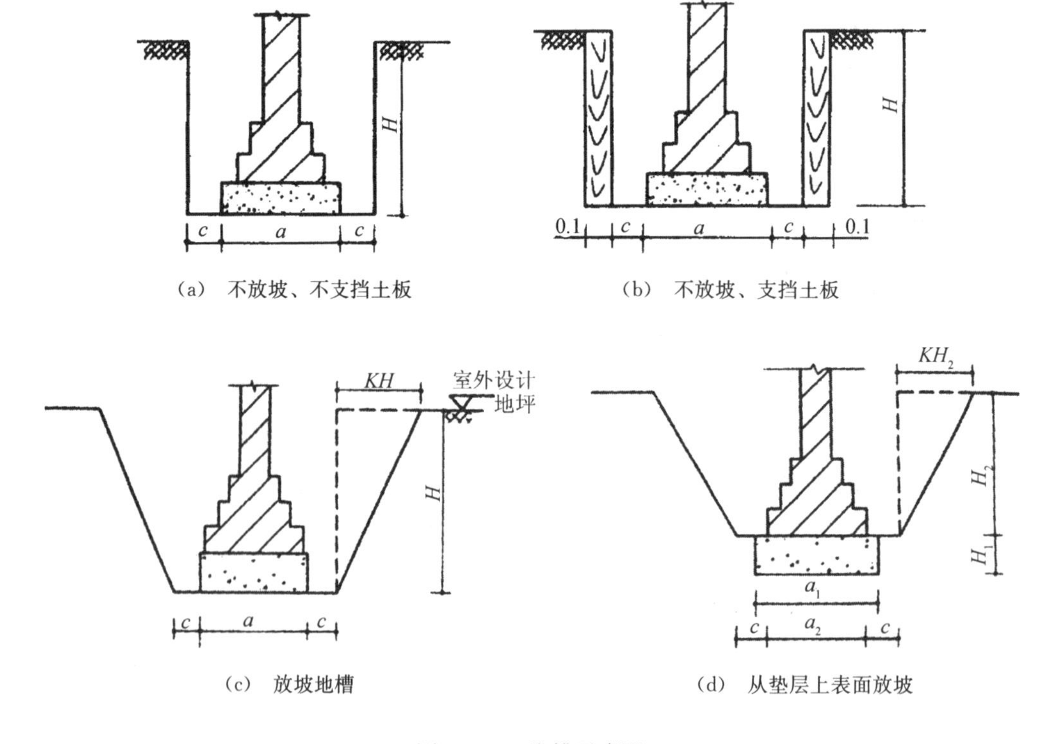

(a)　不放坡、不支挡土板

(b)　不放坡、支挡土板

(c)　放坡地槽

(d)　从垫层上表面放坡

图 4.2.7　沟槽示意图

a. 无垫层、不放坡、不带挡土板、无工作面：$V=a\times H\times L$

b. 无垫层、不放坡、不带挡土板、有工作面：$V=(a+2c)\times H\times L$

c. 垫层上面放坡：$V=[(a+2c+KH)h+(B+2c_1)(H-h)]\times L(c\geqslant c_1)$

d. 无垫层、双面支挡土板：$V=(a+2c+0.2)\times H\times L$

e. 无垫层、一面支挡土板、一面放坡：$V=(a+2c+0.1+KH/2)\times H\times L$

式中，V 为挖土方工程量(m^3)；a 为基础宽(m)；c 为基础工作面(m)；c_1 为垫层工作面(m)；H 为挖土深度(m)；h 为垫层上表面至室外地坪的高度(m)；L 为外墙为中心线长，内墙为基础(垫层)底面之间净长(m)；K 为综合放坡系数；B 为沟槽内垫层的宽度(m)。

(2)挖基坑、土方工程量，基坑如图 4.2.8 所示。

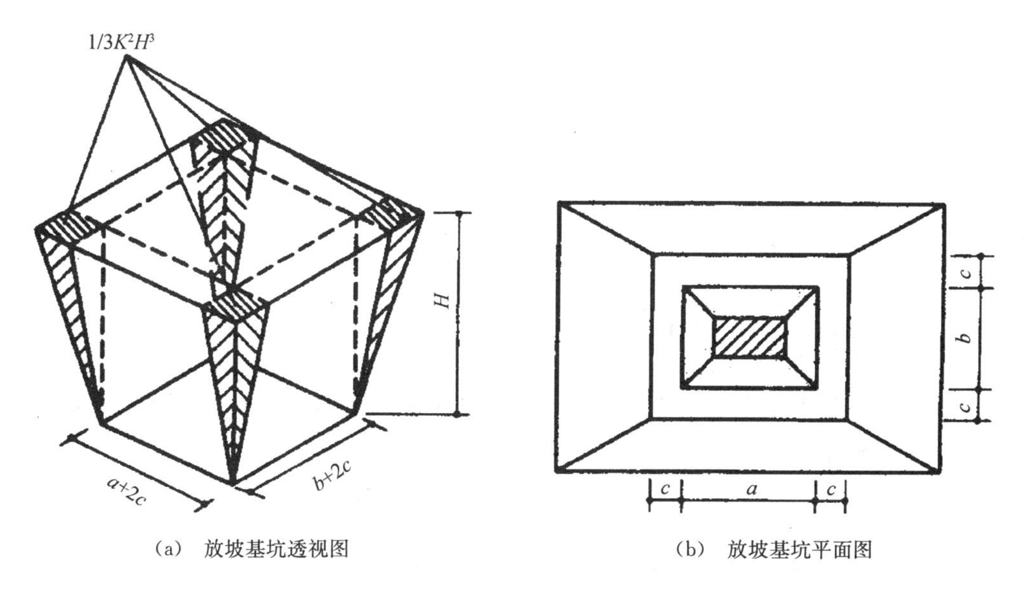

(a) 放坡基坑透视图　　(b) 放坡基坑平面图

图 4.2.8 基坑示意图

①无垫层、不放坡、不带挡土板、无工作面：$V= H\times a\times b$

②无垫层、不放坡、不带挡土板、有工作面：$V=H(a+2c)(b+2c)$

③无垫层、周边放坡：$V=\frac{1}{3}\times K^2h^3+h(a+2c+Kh)(b+2c+Kh)$

④有垫层、周边放坡：

$$V=H(a+2c+Kh)(b+2c+Kh)h+\frac{1}{3}\times K^2h^3+(a_1+2c_1)(b_1+2c_1)(H-h)$$

式中，V 为挖土方工程量(m^3)；a 为基础底面长(m)；b 为基础底面宽(m)；c 为基础工作面(m)；H 为挖土深度(m)；K 为综合放坡系数；h 为垫层上表面至室外地坪的高度(m)；a_1 为垫层长度(m)；b_1 为垫层宽度(m)；c_1 为垫层工作面(m)。

(3)管道沟槽的长度按图标的中心线长度(不扣除井池所占长度)计算。

$$管道沟槽挖土工程量=b\times h\times l$$

式中，b 为管道沟槽宽(m)；h 为管道沟槽深(m)；l 为管道沟槽中心线长(m)。

管道宽度、深度按设计规定计算；设计无规定时，其宽度按表 4.2.9 计算。

表 4.2.9 管道沟槽底宽度表

单位：m

管道公称直径 /(mm 以内)	钢管、铸铁管、铜管、铝塑管、 塑料管（Ⅰ类管道）	混凝土管、水泥管、陶土管 （Ⅱ类管道）
100	0.60	0.80
200	0.70	0.90
400	1.00	1.20
600	1.20	1.50
800	1.50	1.80
1000	1.70	2.00
1200	2.00	2.40
1500	2.30	2.70

4.2.2 石方工程

1. “工程量计算规范”清单项目设置

石方工程是指人工凿石、人工打眼爆破、机械打眼爆破等开挖石方的工作，以及在招标人指定运距范围内的石方清运工作。

“工程量计算规范”附录 A.2 石方工程包括：挖一般石方、挖沟槽石方、挖基坑石方和挖管沟石方。石方工程常见清单项目见表 4.2.10。

表 4.2.10 石方工程(编号：010102)

项目编码	项目名称	项目特征	计量单位	工程量计算规则	工作内容
010102001	挖一般石方	1. 岩石类别 2. 开凿深度 3. 弃渣运距	m^3	按设计图示尺寸以体积计算	1. 排地表水 2. 凿石 3. 运输
010102002	挖沟槽石方			按设计图示尺寸沟槽底面积乘以挖石深度以体积计算	
010102003	挖基坑石方			按设计图示尺寸基坑底面积乘以挖石深度以体积计算	
010102004	挖管沟石方	1. 岩石类别 2. 管外径 3. 挖沟深度	1. m 2. m^3	1. 以“m”计量，按设计图示以管道中心线长度计算 2. 以“m^3”计量，按设计图示截面积乘以长度计算	1. 排地表水 2. 凿石 3. 回填 4. 运输

2. “工程量计算规范”与计价规则说明

石方工程的工作内容包括打眼、装药、放炮、处理渗水及积水、岩石开凿、清理、运输以及安全防护等。

计算石方工程工程量的方法与计算土方工程工程量相似：

(1)首先判断石方工程是挖一般石方、挖沟槽石方还是挖基坑石方。沟槽、基坑与一般石方的划分方法与土方工程中一致。

(2)如石方工程属于挖一般石方的范畴，则选用挖一般石方的项目清单编码010102001，工程量计算规则与挖一般土方一致。

(3)如石方工程属于挖沟槽石方范畴，则选用挖沟槽石方的项目清单编码010102002，工程量计算规则与挖沟槽土方一致。

(4)如石方工程属于挖基坑石方范畴，则选用挖基坑石方的项目清单编码010102003，工程量计算规则与挖基坑土方一致。

(5)石方回填工程量计算规则，可参考土方回填工程量计算规则。

(6)如遇需进行石方换算的情况，可参考表 4.2.11 的相关内容

表 4.2.11　石方体积折算系数表

石方类别	天然实密体积	虚方体积	松填体积	码方
石方	1.0	1.54	1.31	
块石	1.0	1.75	1.43	1.67
砂夹石	1.0	1.07	0.94	

4.2.3　回填方

1. “工程量计算规范”清单项目设置

土(石)方回填包含场地回填、基础回填及室内回填土(石)的工作，以及招标人指定运距范围内的取土运输过程。

“工程量计算规范”附录 A.3 回填工程包括回填方和余方弃置。回填工程常见清单项目见表 4.2.12。

表 4.2.12　回填(编号：010103)

项目编码	项目名称	项目特征	计量单位	工程量计算规则	工作内容
010103001	回填方	1. 实密度要求 2. 填方材料要求 3. 填方粒径要求 4. 填方来源、运距	m^3	按设计图示尺寸以体积计算 1. 场地回填：回填面积乘以平均回填厚度 2. 室内回填：主墙间面积乘以回填厚度，不扣除间壁墙 3. 基础回填：按挖方清单项目工程量减去自然地坪以下埋设的基础体积(包括基础垫层及其他构筑物)	1. 运输 2. 回填 3. 压实
010103002	余方弃置	1. 废弃料品种 2. 运距		按挖方清单项目工程量减利用回填方体积(正数)计算	余方点装料运输至弃置点

2. “工程量计算规范”与计价规则说明

(1)工作内容：取土(石)方、装卸、运输、回填、夯实等。

(2)项目特征：密实度要求、填方材料及品种、填方粒径要求、填方来源、运距。

(3)计算规则：按设计图示尺寸以体积计算。

(4)计算方法：

①场地回填：回填面积×平均回填厚度。

②基础回填：按挖方清单项目对应的工程量减去自然地坪一下埋设的基础体积(包括垫层、埋设的构筑物等)。

③室内回填：主墙间面积×回填厚度，不扣除间隔墙。

例 4.2.3　已知例 4.2.2 中所述工程，其±0.00 以下基础工程已完工，现需进行土方回填操作。试计算该工程土方回填工程量及余方弃运工程量。

解：

序号	清单项目编码	清单项目名称	计算式	工程量合计	计量单位
1	010103002001	土方回填	垫层：$V=(37.8+2.08)\times0.92\times0.25+2.3\times2.3\times0.1=9.7$ 带形基础 $V=(37.8+2.76)\times(1.05\times0.24+0.0625\times3\times0.126\times4)=14.05$ 独基承台：$V=\frac{1}{3}\times0.25\times(0.5^2+2.1^2+0.5\times2.1)=0.48$ 柱：$V=1.05\times0.4\times0.4=0.17$ 独基承台长方体部分：$V=2.1\times2.1\times0.15=0.66$ 基坑回填：$V=77.77+18.16-9.7-14.05-0.48-0.17-0.66=70.87$ 室内回填：$V=(3.36\times2.76+7.86\times6.96-0.4\times0.4)\times(0.45-0.13)=20.42$ 土方回填工程量：$V=70.87+20.42=91.29$	91.29	m^3
2	010103001001	余方弃置	$V=95.93-91.29=4.64$	4.64	m^3

习　题

4-2-1　某办公楼基础平面图、剖面图如图4.2.9所示，土壤类别为二类，施工采用人工挖地槽。经计算，设计室外地坪以下埋设的砌筑物的总量为90.87 m^3，求该项目挖地槽、基础回填土、外运土方的工程量。

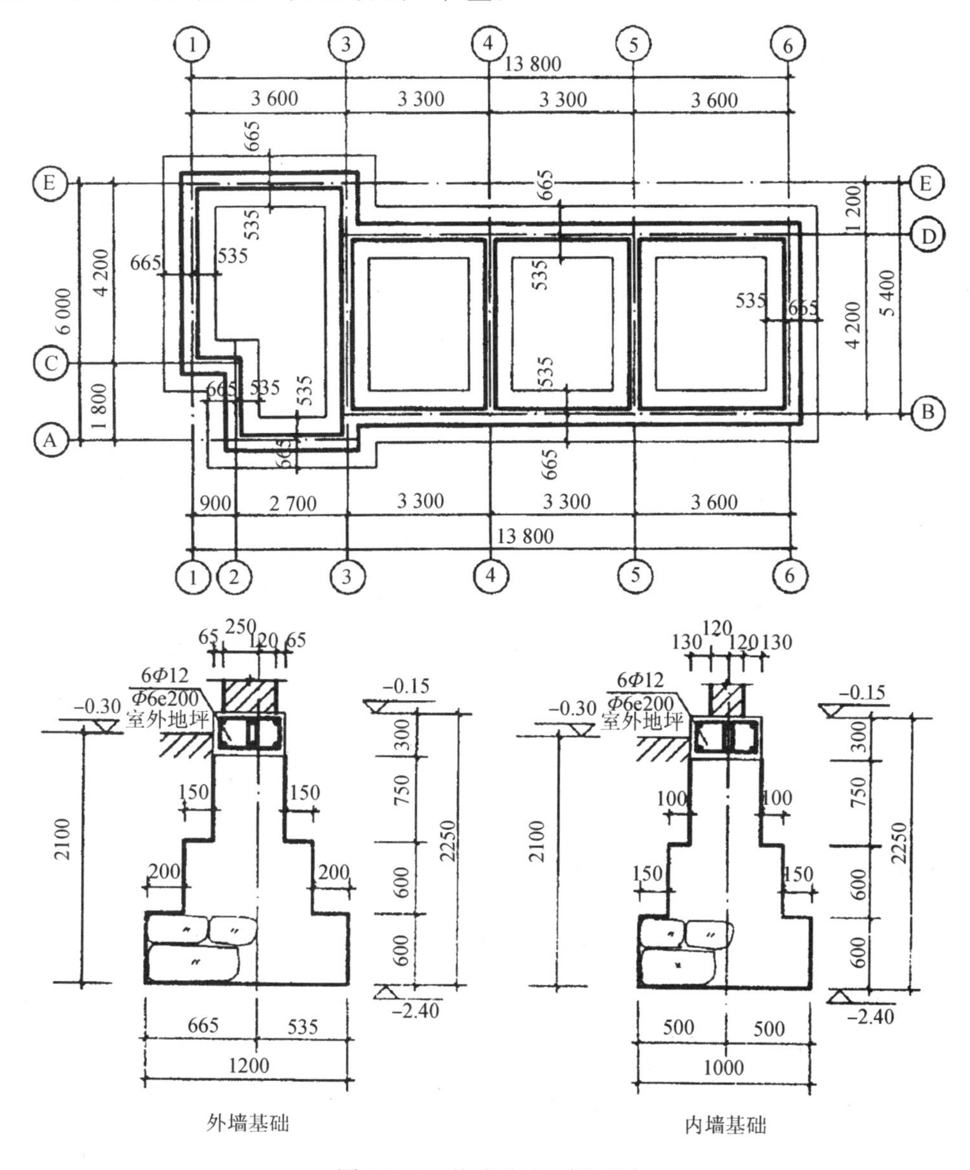

图4.2.9　基础平面、剖面图

4-2-2　计算如图4.2.10所示人工挖地坑的工程量。已知坡度系数$k=0.33$，不考虑工作面，作业现场三类土，土方全部外运，运距16 km，载重汽车运土，人工装卸土。

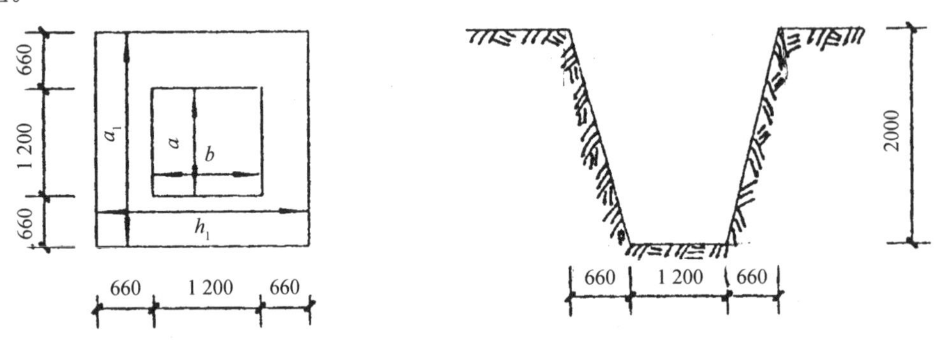

图 4.2.10　地坑平面、剖面图

4-2-3　某工程基础采用钢筋混凝土满堂基础，基础最外边总长 45.6 m，总宽 16.2 m，基础底板埋深－2.3 m，室外设计地坪标高－0.6 m，该处土壤类别二类，基础土方开挖采用反铲挖掘机挖土，在坑上作业，k 值为 0.75。所挖土方由自卸汽车全部外运，运距 10 km。求挖土方工程量。

4.3　地基处理与边坡支护工程

地基处理与边坡支护工程主要包括为了改善支承建筑物的地基的地基(土或者岩石)的承载能力或抗渗能力而进行的换填垫层、预压地基、强夯地基、振冲密实等地基处理工作项目，以及地下连续墙、钢板桩、型钢桩等边坡支护工作项目。具体划分为地基处理、基坑与边坡支护 2 个子目。

4.3.1　地基处理

1. “工程量计算规范”清单项目设置

“工程量计算规范”附录 B. 1 地基处理包括：换填垫层、铺设土工合成材料、预压地基、强夯地基、振冲密实(不填料)、振冲桩(填料)、砂石桩、水泥粉煤灰碎石桩、深层搅拌桩、粉喷桩、夯实水泥土桩、高压喷射注浆桩、石灰桩、灰土挤密桩、柱锤冲扩桩、注浆地基、褥垫层。地基处理常见清单项目见表 4.3.1。

表 4.3.1　地基处理(编码：010201)

项目编码	项目名称	项目特征	计量单位	工程量计算规则	工作内容
010201001	换填垫层	1. 材料种类及配比 2. 压实系数 3. 掺加剂品种	m^3	按设计图示尺寸以体积计算	1. 分层铺填 2. 碾压、振密或夯实 3. 材料运输
010201002	铺设土工合成材料	1. 部位 2. 品种 3. 规格	m^2	按设计图示尺寸以面积计算	1. 挖填锚固沟 2. 铺设 3. 固定 4. 运输
010201003	预压地基	1. 部位 2. 品种 3. 规格	m^2	按设计图示处理范围以面积计算	1. 设置排水竖井、盲沟、滤水管 2. 铺设砂垫层、密封膜 3. 堆载、卸载或抽气设备安拆、抽真空 4. 材料运输
010201004	强夯地基	1. 夯击能量 2. 夯击遍数 3. 夯击点分布形式、间距 4. 地耐力要求 5. 夯填材料种类			1. 铺设夯填材料 2. 强夯 3. 夯填材料运输
010201005	振冲密实(不填料)	1. 地层情况 2. 振密深度 3. 孔距			1. 振冲加密 2. 泥浆运输
010201006	振冲桩(填料)	1. 地层情况 2. 空桩长度、桩长 3. 桩径 4. 填充材料种类	1. m 2. m^3	1. 以“m”计量，按设计图示尺寸以桩长计算 2. 以“m^3”计量，按设计桩截面乘以桩长以体积计算	1. 振冲成孔、填料、振实 2. 材料运输 3. 泥浆运输
010201007	砂石桩	1. 地层情况 2. 空桩长度、桩长 3. 桩径 4. 成孔方法 5. 材料种类、级配		1. 以“m”计量，按设计图示尺寸以桩长(包括桩尖)计算 2. 以“m^3”计量，按设计桩截面乘以桩长(包括桩尖)以体积计算	1. 成孔 2. 填充、振实 3. 材料运输
010201008	水泥粉煤灰碎石桩	1. 地层情况 2. 空桩长度、桩长 3. 桩径 4. 成孔方法 5. 混合料强度等级	m	按设计图示尺寸以桩长(包括桩尖)计算	1. 成孔 2. 混合料制作、灌注、养护 3. 材料运输

续表

项目编码	项目名称	项目特征	计量单位	工程量计算规则	工作内容
010201009	深层搅拌桩	1. 地层情况 2. 空桩长度、桩长 3. 桩截面尺寸 4. 水泥强度等级、掺量	m	按设计图示尺寸以桩长计算	1. 预搅下钻、水泥浆制作、喷浆搅拌提升成桩 2. 材料运输
010201010	粉喷桩	1. 地层情况 2. 空桩长度、桩长 3. 桩径 4. 粉体种类、掺量 5. 水泥强度等级、石灰粉要求			1. 预搅下钻、喷粉搅拌提升成桩 2. 材料运输
010201011	夯实水泥土桩	1. 地层情况 2. 空桩长度、桩长 3. 桩径 4. 成孔方法 5. 水泥强度等级 6. 混合料配比		按设计图示尺寸以桩长(包括桩尖)计算	1. 成孔、夯底 2. 水泥土拌合、填料、夯实 3. 材料运输
010201012	高压喷射注浆桩	1. 地层情况 2. 空桩长度、桩长 3. 桩截面 4. 注浆类型、方法水泥强度等级		按设计图示尺寸以桩长计算	1. 成孔 2. 水泥浆制作、高压喷射注浆 3. 材料运输
010201013	石灰桩	1. 地层情况 2. 空桩长度、桩长 3. 桩径 4. 成孔方法 5. 灰土等级			1. 成孔 2. 混合料制作、运输、夯填
010201014	灰土(土)挤密桩	1. 地层情况 2. 空桩长度、桩长 3. 桩径 4. 成孔方法 5. 灰土等级		按设计图示尺寸以桩长(包括桩尖)计算	1. 成孔 2. 灰土拌合、运输、填充、夯填
010201015	柱锤冲扩桩	1. 地层情况 2. 空桩长度、桩长 3. 桩径 4. 成孔方法 5. 桩体材料种类、配合比		按设计图示尺寸以桩长计算	1. 安、拔套管 2. 冲孔、填料、夯实 3. 桩体材料制作、运输
010201016	注浆地基	1. 地层情况 2. 空钻深度、注浆深度 3. 注浆间距 4. 浆液种类及配比 5. 注浆方法 6. 水泥强度等级	1. m 2. m^3	1. 以“m”计量，按设计图示尺寸以钻孔深度计算 2. 以“m^3”计量，按设计图示尺寸以加固体积计算	1. 成孔 2. 注浆导管制作、安装 3. 浆液制作、压浆 4. 材料运输

续表

项目编码	项目名称	项目特征	计量单位	工程量计算规则	工作内容
010201017	褥垫层	1. 厚度 2. 材料品种及比例	1. m^2 2. m^3	1. 以“m^2”计量，按设计图示尺寸以铺设面积计算 2. 以“m^3”计量，按设计图示尺寸以体积计算	材料拌合、运输、铺设、压实

2. “工程量计算规范”与计价规则说明

(1)地层情况：应根据岩土工程勘察报告描述地层情况。可根据情况选用以下其中一种描述方法。

①描述各类土石的比例及范围值；

②分不同土石类别分别列项；

③直接描述“详见勘察报告”。

(2)空桩长度及桩长：在描述空桩长度、桩长时，可采用以下其中一种描述方法：

①描述“空桩长度、桩长”的范围值；

②描述“空桩长度、桩长”所占比例及范围值；

③空桩部分单独列项。

(3)对于“预压地基”、“强夯地基”和“振冲密实(不填料)”项目，计算工程量时应按照设计图示的处理范围以面积计算，即根据每个点位所代表的范围，乘以点位的数量进行计算，如图 4.3.1 所示。

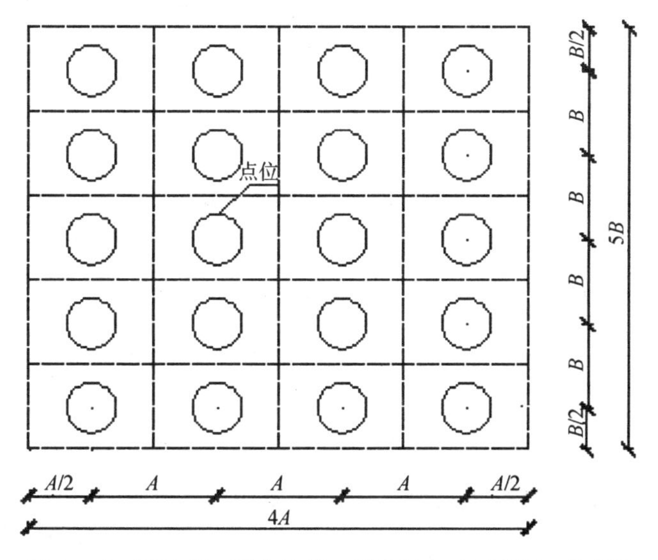

图 4.3.1　预地基、强夯地基、振冲密实（不填料）示意图

图 4.3.1 的工程量为 $20 \times A \times B$。

3. 配套定额相关规定(地基处理与边坡支护工程)

1)一般说明

(1)本分部适用于房屋建筑及市政基础设施工程的地基处理与边坡支护工程。

(2)单位工程的工程量在表 4.3.2 所示规定数量以内时，其人工、机械按相应定额乘以系数 1.25 计算。

表 4.3.2　单位工程工程量表

项目	单位工程的工程量
振冲密实(不填料)	500 m
振冲碎石桩(填料)	100 m^3
砂石桩、CFG 桩	500 m
锚杆(锚索)钻孔、打入式土钉	500 m
喷射混凝土、喷射水泥砂浆	500 m^2

(3)单独进行现场试验的地基处理与边坡支护工程项目，其人工、机械按相应定额乘以系数 1.5 计算。

(4)本分部所称桩径、孔径均指设计桩径、设计孔径。

(5)以米为计量单位的项目，没有相对应的桩径或孔径采用内插法计算。

(6)本分部不包括弃土外运，发生时按本定额“A 土石方工程”分部相应定额计算。

(7)本分部不包括地下障碍物清理，发生时按本定额“R 拆除工程”分部相应定额计算。

(8)本分部不包括检测费用，发生时另行计算。

2)地基处理

(1)振冲桩(填料)项目的空桩部分按振冲密实(不填料)相应定额计算，填料的品种规格与定额不同时，应按实调整，填料量的比例按勘察报告或现场签证确定。

(2)砂石桩项目的材料品种、规格与定额不同时，应按实调整。

(3)水泥粉煤灰碎石桩、高压喷射注浆桩的截(凿)桩头按“C 桩基工程”分部相应定额计算。

(4)高压喷射注浆桩项目的水泥品种、设计用量与定额不同时，应按实调整。如果采用成孔换填砂石材料后进行喷射注浆的，换填段增加费用按砂石桩相应定额计算换填段高压喷射注浆桩按一、二类土计算。高压喷射注浆桩产生的废水泥浆清理费用另行计算。

(5)换填垫层、褥垫层按本定额“D 砌筑工程、E 混凝土及钢筋混凝土工程”分部相应定额计算，设计或规范规定的材料品种、规格与定额不同时，应按实调整。

(6)铺设土工合成材料、强夯地基按 2015 年《四川省建设工程工程量清单计价定额——市政工程》中相应定额计算。

(7)预制桩尖模板按本定额“E 混凝土及钢筋混凝土工程”预制零星构件模板执行。

3)基坑与边坡支护。

(1)地下连续墙的导墙土石方开挖按本定额“A 土石方工程”分部相应定额计算，泥浆外运按本定额“C 桩基工程”分部相应定额计算。

(2)地下连续墙、喷射混凝土、喷射水泥砂浆的钢筋网的制作安装按本定额“E 混凝土及钢筋混凝土工程”分部相应定额计算。

(3)锚杆(锚索)及土钉钻孔、布筋、安装、灌浆、张拉、喷射混凝土(水泥砂浆)等项目的施工平台搭设、拆除发生时，根据设计要求或经批准的施工组织设计方案按本定额“S 措施项目”相应定额计算。

(4)如果土钉采用钻孔置入法施工时，按锚杆(锚索)相应定额计算。

(5)锚杆(锚索)钻孔、灌浆和土钉项目的浆液品种和设计用量与定额不同时，按实调整。

(6)钢筋混凝土支撑按本定额“E 混凝土及钢筋混凝土工程”“R 拆除工程”等分部相应定额计算。

4.3.2　基坑与边坡支护

1.“工程量计算规范”清单项目设置

“工程量计算规范”附录 B.2 基坑与边坡支护包括：地下连续墙、咬合灌注桩、圆木桩、预制钢筋混凝土板桩、型钢桩、钢板桩、锚杆(锚索)、土钉、喷射混凝土(水泥砂浆)、钢筋混凝土支撑、钢支撑。基坑与边坡支护常见清单项目见表 4.3.3。

表 4.3.3　基坑与边坡支护(编码：010202)

<table>
<tr><th>项目编码</th><th>项目名称</th><th>项目特征</th><th>计量单位</th><th>工程量计算规则</th><th>工作内容</th></tr>
<tr><td>010202001</td><td>地下连续墙</td><td>1. 地层情况
2. 导墙类型、截面
3. 墙体厚度
4. 成槽深度
5. 混凝土种类、强度等级
6. 接头形式</td><td>m^3</td><td>按设计图示墙中心线长乘以厚度乘以槽深以体积计算</td><td>1. 导墙挖填、制作、安装、拆除
2. 挖土成槽、固壁、清底置换
3. 混凝土制作、运输、灌注、养护
4. 接头处理
5. 土方、废泥浆外运
6. 打桩场地硬化及泥浆池、泥浆沟</td></tr>
<tr><td>010202002</td><td>咬合灌注桩</td><td>1. 地层情况
2. 桩长
3. 桩径
4. 混凝土种类、强度等级
5. 部位</td><td rowspan="3">1. m
2. 根</td><td>1. 以“m”计量，按设计图示尺寸以桩长计算
2. 以“根”计量，按设计图示数量计算</td><td>1. 成孔、固壁
2. 混凝土制作、运输、灌注、养护
3. 套管压拔
4. 土方、废泥浆外运
5. 打桩场地硬化及泥浆池、泥浆沟</td></tr>
<tr><td>010202003</td><td>圆木桩</td><td>1. 地层情况
2. 桩长
3. 材质
4. 尾径
5. 桩倾斜度</td><td rowspan="2">1. 以“m”计量，按设计图示尺寸以桩长(包括桩尖)计算
2. 以“根”计量，按设计图示数量计算</td><td>1. 工作平台搭拆
2. 桩机移位
3. 桩靴安装
4. 沉桩</td></tr>
<tr><td>010202004</td><td>预制钢筋混凝土板桩</td><td>1. 地层情况
2. 送桩深度、桩长
3. 桩截面
4. 沉桩方法
5. 连接方式
6. 混凝土强度等级</td><td>1. 工作平台搭拆
2. 桩机移位
3. 沉桩
4. 板桩连接</td></tr>
<tr><td>010202005</td><td>型钢桩</td><td>1. 地层情况或部位
2. 送桩深度、桩长
3. 规格型号
4. 桩倾斜度
5. 防护材料种类
6. 是否拔出</td><td>1. t
2. 根</td><td>1. 以“t”计算，按设计图示尺寸以质量计算
2. 以“根”计算，按设计图示数量计算</td><td>1. 工作平台搭拆
2. 桩机移位
3. 打(拔)桩
4. 接桩
5. 刷防护材料</td></tr>
<tr><td>010202006</td><td>钢板桩</td><td>1. 地层情况
2. 桩长
3. 板桩厚度</td><td>1. t
2. m^2</td><td>1. 以“t”计算，按设计图示尺寸以质量计算
2. 以“m^2”计算，按设计图示墙中心线长乘以桩长以面积计算</td><td>1. 工作平台搭拆
2. 桩机移位
3. 打(拔)钢板桩</td></tr>
</table>

续表

项目编码	项目名称	项目特征	计量单位	工程量计算规则	工作内容
010202007	锚杆(锚索)	1. 地层情况 2. 锚杆(索)类型、部位 3. 钻孔深度 4. 钻孔直径 5. 杆体材料种类、规格、数量 6. 预应力 7. 浆液种类、强度等级	1. m 2. 根	1. 以“m”计量，按设计图示尺寸以钻孔深度计算 2. 以根计算，按设计图示数量计算	1. 钻孔、浆液制作、运输、压浆 2. 锚杆(锚索)制作、安装 3. 张拉锚固 4. 锚杆(锚索)施工平台搭设、拆除
010202008	土钉	1. 地层情况 2. 钻孔深度 3. 钻孔直径 4. 置入方法 5. 杆体材料品种、规格、数量 6. 浆液种类、强度等级			1. 钻孔、浆液制作、运输、压浆 2. 土钉制作、安装 3. 土钉施工平台搭设、拆除
010202009	喷射混凝土、水泥砂浆	1. 部位 2. 厚度 3. 材料种类 4. 混凝土(砂浆)类别、强度等级	m^2	按设计图示尺寸以面积计算	1. 修整边坡 2. 混凝土(砂浆)制作、运输、喷射、养护 3. 钻排水孔、安排水管 4. 喷射施工平台搭设、拆除
010202010	钢筋混凝土支撑	1. 部位 2. 混凝土种类 3. 混凝土强度等级	m^3	按设计图示尺寸以体积计算	1. 模版(支架或支撑)制作、安装、拆除、堆放、运输及清理模内杂物、刷隔离剂等 2. 混凝土制作、运输、浇筑、振捣、养护
010202011	钢支撑	1. 部位 2. 钢材品种、规格 3. 探伤要求	t	按设计图示尺寸以质量计算，不扣除孔眼质量，焊条、铆钉、螺栓等不另增加质量	1. 支撑、铁件制作(摊销、租赁) 2. 支撑、铁件安装 3. 探伤 4. 刷漆 5. 拆除 6. 运输

2. “工程量计算规范”与计价规则说明

(1)土钉的置入方法包括钻孔置入、打入或射入等，在编制工程量清单时，应就土钉的置入方法进行说明。

(2)混凝土种类：指清水混凝土、彩色混凝土等，如同一地区既使用预拌(商品)混凝土，又允许现场搅拌混凝土时，应注明使用混凝土是商品混凝土或现场搅拌混凝土。

(3)地下连续墙和喷射混凝土(砂浆)的钢筋网、咬合灌注桩的钢筋笼及钢筋混凝土支撑的钢筋制作、安装，按本书“钢筋工程”部分中的相关项目列项计算。

(4)本章未列的基坑与边坡支护的排桩项目，按本书“桩基工程”部分中的相关项目列项计算。

3. 配套定额相关规定

详见 4.3.1 对应内容

习　题

4-3-1　根据《房屋建筑与装饰工程工程量计算规范》(GB 50854－2013)规定，关于地基处理工程量计算正确的为(　　)。

A. 振冲桩(填料)按设计图示处理范围以面积计算

B. 砂石桩按设计图示尺寸以桩长(不包括桩尖)计算

C. 水泥粉煤灰碎石桩按设计图示尺寸以体积计算

D. 深层搅拌桩按设计图示尺寸以桩长计算

4-3-2　对某建筑地基设计要求强夯处理，处理范围为 40.0 m×56.0 m，需要铺设 400 mm 厚土工合成材料，并进行机械压实，根据《房屋建筑与装饰工程工程量计算规范》(GB 50854－2013)规定，正确的项目列项或工程量计算是(　　)。

A. 铺设土工合成材料的工程量为 896 m^3

B. 铺设土工合成材料的工程量为 2240 m^2

C. 强夯地基工程量按一般土方项目列项

D. 强夯地基工程量为 896 m^3

4-3-3　根据《房屋建筑与装饰工程工程量计算规范》(GB 50854－2013)规定，关于基坑支护工程量计算正确的为(　　)。

A. 地下连续墙按设计图示墙中心线长度以米计算

B. 预制钢筋混凝土板桩按设计图示数量以根计算

C. 钢板桩按设计图示数量以根计算

D. 喷射混凝土按设计图示面积乘以喷层厚度以体积计算

4-3-4　某栋别墅工程基底为可塑黏土，不能满足设计承载力要求，采用水泥粉煤灰碎石桩进行地基处理，桩径为 400 mm，桩体强度等级为 C20，桩数为 52 根，设计桩长为 10 m，桩端进入硬素黏土层不少于 1.5 m，桩顶在地面以下 1.5～2 m，水泥粉煤灰碎石桩采用振动沉管灌注桩施工，桩顶采用 200 mm 厚人工级配砂石(砂：碎石＝3：7，最大粒径 30 mm)作为褥垫层，如图 4.3.2 和图4.3.3 所示。

据以上背景资料及现行国家标准《建设工程工程量清单计价规范》(GB 50500－

2013)、《房屋建筑与装饰工程工程量计算规范》(GB 50854－2013)，试列出该工程地基处理分部分项工程量清单。

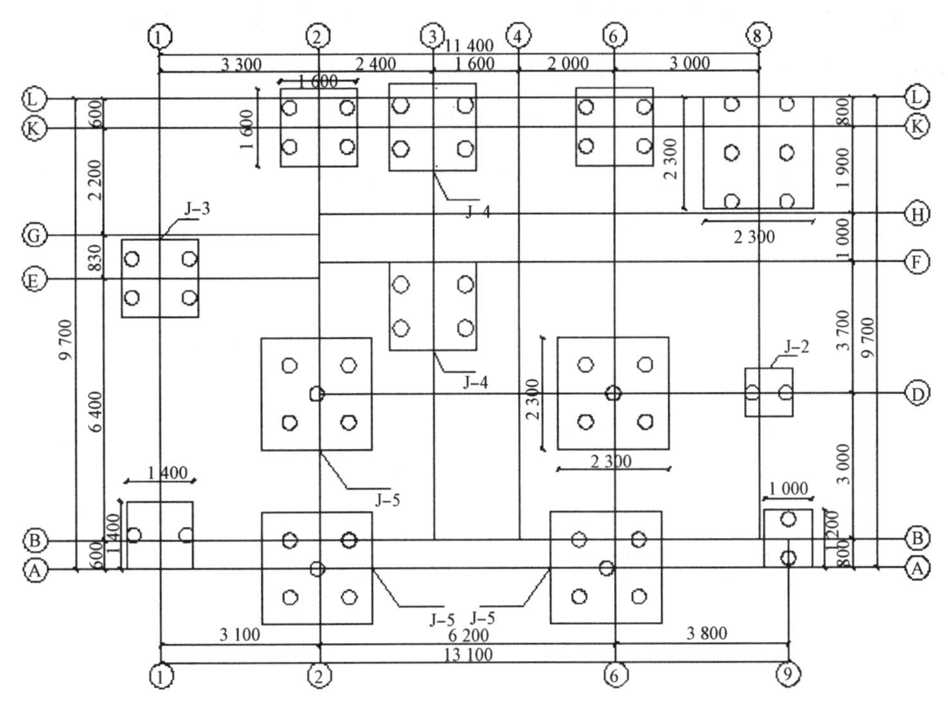

图 4.3.2　某栋别墅水泥粉煤灰碎石桩平面图

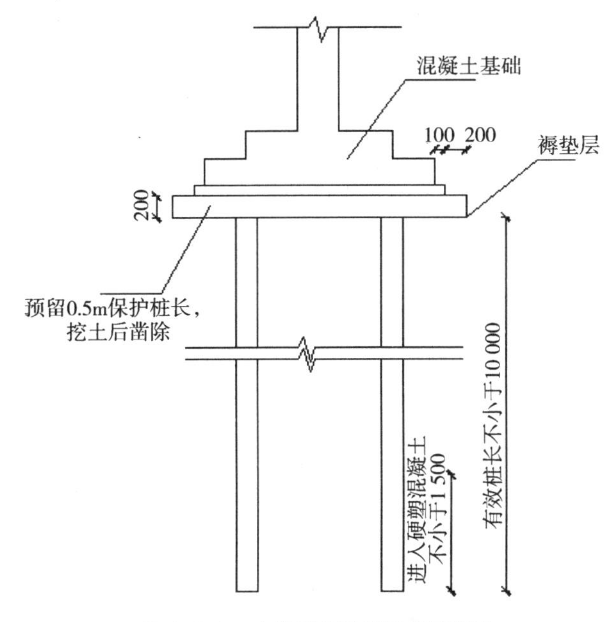

图 4.3.3　水泥粉煤灰碎石桩详图

4-3-5　某边坡工程采用土钉支护，根据岩土工程勘察报告，地层为带块石的碎石土，土钉成孔直径为 90 mm，采用一根 HRB335，直径 25 mm 的钢筋作为杆体，成孔深度均为 10.0 m，土钉入射倾角为 15°，杆筋送入钻孔后，灌注 M30 水泥砂浆，混凝土面板采用 C20 喷射混凝土，厚度为120 mm，如图 4.3.4 和图 4.3.5 所示。

根据以上背景资料及现行国家标准《建设工程工程量清单计价规范》(GB 50500－2013)、《房屋建筑与装饰工程工程量计算规范》(GB 50854－2013)，试列出该边坡分部分项工程量清单(不考虑挂网及锚杆、喷射平台等内容)。

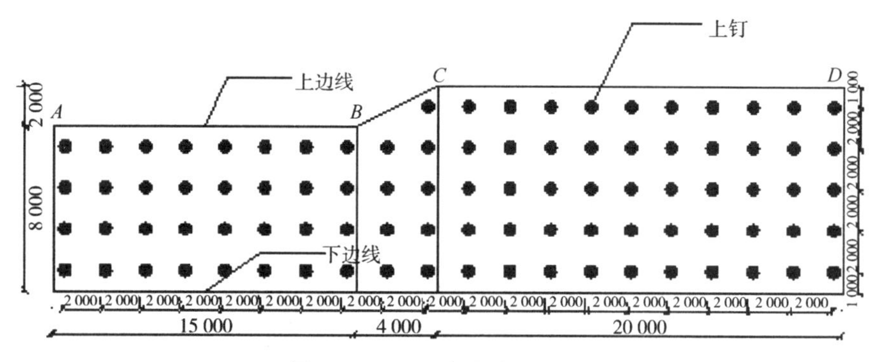

图 4.3.4　*AD* 段边坡立面图

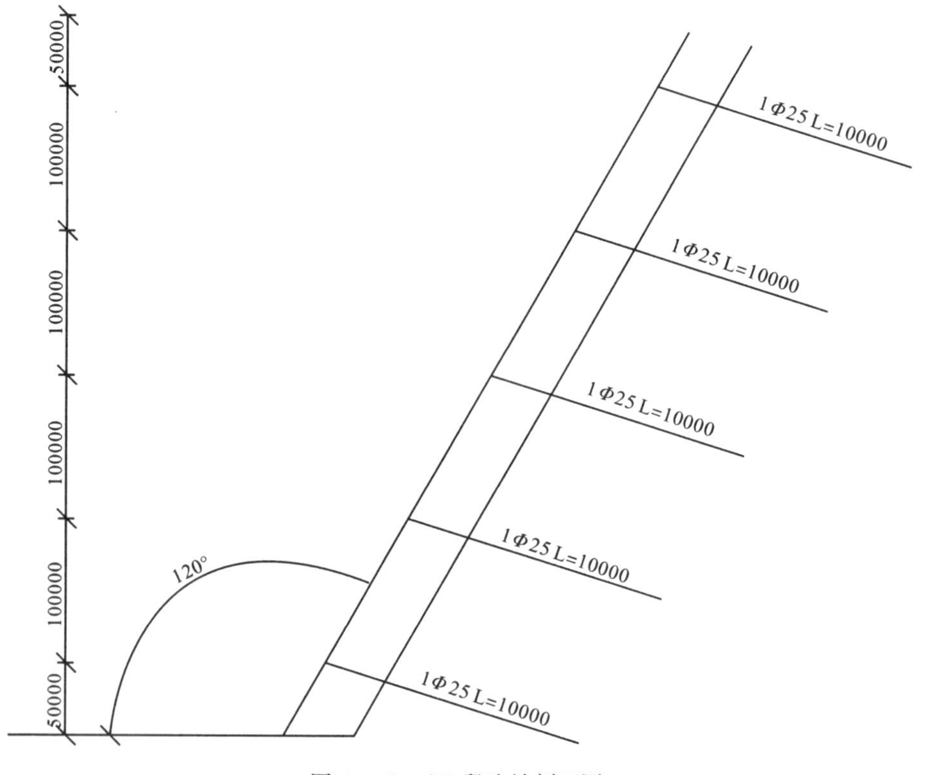

图 4.3.5　*AD* 段边坡剖面图

4.4 桩基工程

一般情况下，工业与民用建筑物多采用浅基础，它造价低廉、施工简便。当遇到天然浅土层软弱时，可以采用各种地基处理的方法对其进行人工加固，从而形成人工处理地基浅基础。如果是土层软弱，建筑物为高层建筑，上部荷载很大的工业建筑或者对变形和稳定有严格要求的一些特殊建筑，无法采用浅基础时，则经过技术经济比较后就需采用深基础。桩基是一种常见的深基础，也是处理软弱地基、减少建筑物沉降的最有效方法之一。改革开放以来，随着我国城市建设的迅猛发展，桩基在我国建设活动中得到了广泛应用。桩基工程具体划分为打桩及灌注桩 2 个子目。某项目桩基工程施工现场如图 4.4.1 所示。

图 4.4.1　某项目桩基工程施工现场

4.4.1 打桩

1. “工程量计算规范”清单项目设置

打桩包括的主要清单项目见表 4.4.1。

表 4.4.1 打桩(编号 010301)

<table>
<tr><th>项目编码</th><th>项目名称</th><th>项目特征</th><th>计量单位</th><th>工程量计算规则</th><th>工作内容</th></tr>
<tr><td>010301001</td><td>预制钢筋混凝土方桩</td><td>1. 地层情况
2. 送桩深度、桩长
3. 桩截面
4 桩倾斜度
5. 沉桩方法
6. 接桩方式
7. 混凝土强度等级</td><td rowspan="2">1. m
2. m^3
3. 根</td><td rowspan="2">1. 以“m”计量，按设计图示尺寸以桩长(包括桩尖)计算
2. 以“m^3”计量，按设计图示截面积乘以桩长(包括桩尖)以实体积计算
3. 以“根”计量，按设计图示数量计算</td><td>1. 工作平台搭拆
2. 桩基竖拆、移位
3. 沉桩
4. 接桩
5. 送桩</td></tr>
<tr><td>010301002</td><td>预制钢筋混凝土管桩</td><td>1. 地层情况
2. 送桩深度、桩长
3. 桩外径、壁厚
4. 桩倾斜度
5. 沉桩方法
6. 桩尖类型
7. 混凝土强度等级
8. 填充材料种类
9. 防护材料种类</td><td>1. 工作平台搭拆
2. 桩基竖拆、移位
3. 沉桩
4. 接桩
5. 送桩
6. 桩尖制作安装
7. 填充材料、刷防护材料</td></tr>
<tr><td>010301003</td><td>钢管桩</td><td>1. 地层情况
2. 送桩深度、桩长
3. 材质
4. 管径、壁厚
5. 桩倾斜度
6. 沉桩方法
7. 填充材料种类
8. 防护材料种类</td><td>1. t
2. 根</td><td>1. 以“t”计量，按设计图示尺寸以质量计算
2. 以“根”计量，按设计图示数量计算</td><td>1. 工作平台搭拆
2. 桩基竖拆、移位
3. 沉桩
4. 接桩
5. 送桩
6. 切割钢管、精割盖帽
7. 管内取土
8. 填充材料、刷防护材料</td></tr>
<tr><td>010301004</td><td>截(凿)桩头</td><td>1. 桩类型
2. 桩头截面、高度
3. 混凝土强度等级
4. 有无钢筋</td><td>1. m^3
2. 根</td><td>1. 以“m^3”计量，按设计桩截面乘以桩头长度以体积计算
2. 以“根”计量，按设计图示数量计算</td><td>1. 截(切割)桩头
2. 凿平
3. 废料外运</td></tr>
</table>

2. “工程量计算规范”与计价规则说明

(1)地层情况：应根据岩土工程勘察报告描述地层情况。可根据情况选用以下其中一种描述方法。

①描述各类土石的比例及范围值；

②分不同土石类别分别列项；

③直接描述“详见勘察报告”。

(2)接桩：当单根预制桩长度不满足设计要求时，为使桩达到设计长(深)度，需要进行接桩。接桩的方法有电焊接桩、硫黄胶泥(锚固)接桩等形式。如图 4.4.2～图 4.4.4所示。

图 4.4.2　电焊接桩工作图

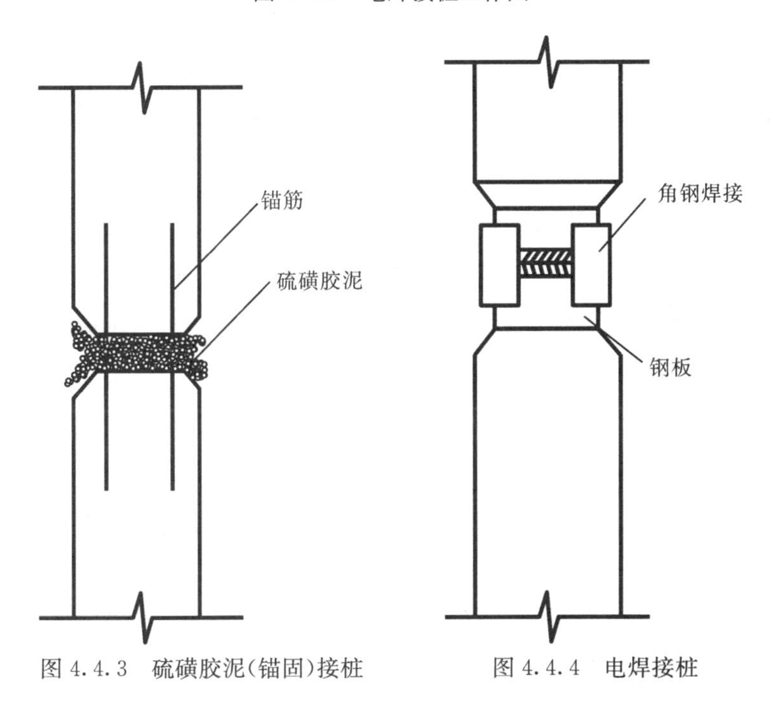

图 4.4.3　硫磺胶泥(锚固)接桩　　图 4.4.4　电焊接桩

(3)送桩：当设计桩顶标高在地坪以下时，为了保证桩到达设计位置(标高)，常采用送桩。

3. 配套定额及相关规定(桩基工程)

(1)单位工程的工程量在表 4.4.2 规定数量以内时，其人工、机械按相应定额乘以系数 1.25 计算。

表 4.4.2 单位工程工程量表

项 目	单位工程的工程量
预制钢筋混凝土方桩、预制钢筋混凝土管桩	800 m
回旋钻孔灌注混凝土桩、冲击成孔灌注混凝土桩、旋挖钻孔灌注混凝土桩	100 m^3
沉管灌注混凝土桩、钻孔灌注微型桩、抗浮锚杆、压力灌浆微型桩	500 m

(2)单独进行现场试验而进行的桩基工程项目，其人工、机械按相应定额乘以系数1.5计算。

(3)如发生弃土外运工作，则按“土石方工程”分部相应内容计算。

(4)如发生地下障碍物清理工作，则按“拆除工程”分部相应内容计算。

(5)现场浇灌混凝土桩的钢筋笼，按“混凝土及钢筋混凝土工程”的内容计算。

(6)打桩均按垂直桩考虑，如打斜桩，其斜度小于 1∶6 时，则人工、机械乘以系数 1.43(俯打、仰打均相同)；当斜度超过 1∶6 时，打桩所采用的措施费用按实计算。

(7)灌注桩钢护筒埋设深度超过 7 m 时，按经批准的技术措施方案计算。当采用混凝土护筒时，按人工挖孔相应计算规则计算。

(8)灌注桩中的材料用量已包含了充盈量和损耗，不另外计算。如果成孔时遇到特殊地层造成塌孔、斜孔、扩孔、缩径、泥浆流失等情况时，在制定相应技术措施后，经签证确认，实际发生的材料费用，措施费用另行计算。

(9)旋挖钻机钻孔如有扩底，扩底部分按相应定额乘以系数 2.2 计算。

(10)挖孔桩土(石)方挖淤泥时，按一、二类土定额基价乘以系数 1.5 计算，采取的特殊护壁措施另行计算。

(11)人工挖孔桩不浇护壁，桩芯浇筑执行挖孔桩芯定额，并将混凝土用量换算为 11 m^3/10 m^3。

(12)沉管灌注桩、长螺旋钻孔灌注桩按“地基处理与边坡支护工程”分部相应定额计算。

4.4.2 灌注桩

1. “工程量计算规范”清单项目设置

灌注桩包括的主要清单项目见表 4.4.3。

表 4.4.3　灌注桩(编号 010302)

项目编码	项目名称	项目特征	计量单位	工程量计算规则	工作内容
010302001	泥浆护壁 成孔灌注桩	1. 地层情况 2. 空桩长度、桩长 3. 桩径 4. 成孔方法 5. 护筒类型、长度 6. 混凝土种类、强度等级	1. m 2. m^3 3. 根	1. 以“m”计量，按设计图示尺寸以桩长(包括桩尖)计算 2. 以“m^3”计量，按不同截面在桩上范围内以体积计算 3. 以“根”计量，按设计图示数量计算	1. 护筒埋设 2. 成孔、固壁 3. 混凝土制作、运输、灌注、养护 4. 土方、废泥浆外运 5. 打桩场地硬化及泥浆池、泥浆沟
010302002	沉管灌注桩	1. 地层情况 2. 空桩长度、桩长 3. 复打长度 4. 桩径 5. 沉管方法 6. 桩尖类型 7. 混凝土种类、强度等级			1. 打(沉)拔钢管 2. 桩尖制作、安装 3. 混凝土制作、运输、灌注、养护
010302003	干作业成孔 灌注桩	1. 地层情况 2. 空桩长度、桩长 3. 桩径 4. 扩孔直径、高度 5. 成孔方法 6. 混凝土种类、强度等级			1. 成孔、扩孔 2. 混凝土制作、运输、灌注、振捣、养护
010302004	挖孔桩土(石)方	1. 地层情况 2. 挖孔深度 3. 弃土(石)运距	m^3	按设计图示尺寸(含护壁)截面积乘以挖孔深度以“m^3”计算	1. 地表排水 2. 挖土、凿石 3. 基底钎探 4. 运输
010302005	人工挖孔灌注桩	1. 柱芯长度 2. 柱芯直径、扩底直径、扩底高度 3. 护壁厚度、高度 4. 护壁混凝土种类、强度等级 5. 柱芯混凝土种类、强度等级	1. m^3 2. 根	1. 以“m^3”计量，按桩芯混凝土体积计算 2. 以“根”计量，按设计图示数量计算	1. 护壁制作 2. 混凝土制作、运输、灌注、振捣、养护
010302006	钻孔压浆桩	1. 地层情况 2. 空钻长度、桩长 3. 钻孔直径 4. 水泥强度等级	1. m 2. 根	1. 以“m”计量，按设计图示尺寸以桩长计算 2. 以“根”计量，按设计图示数量计算	钻孔、下注浆管、投放骨料、浆液制作、运输、压浆
010302007	灌注桩后压浆	1. 注浆导管材料、规格 2. 注浆导管长度 3. 单孔注浆量 4. 水泥强度等级	孔	按设计图示以注浆孔数计算	1. 注浆导管制作、安装 2. 浆液制作、运输、压浆

2. “工程量计算规范”与计价规则说明

(1)项目特征中，桩长应包括桩尖。

(2)空桩长度=孔深−桩长，孔深为自然地面至设计桩底的深度。

(3)桩截面(桩径)、混凝土强度等级、桩类型等可直接用标准图代号或设计桩型进行描述。

(4)人工挖孔时采用的护壁，如砖砌护壁、预制混凝土护壁、现浇混凝土护壁、钢模周转护壁、竹笼护壁等，应包括在报价内。

(5)钻孔周壁泥浆的搅拌运输，泥浆池、泥浆沟槽的砌筑、拆除所发生的费用，应包括在报价内。

3. 配套定额及相关规定

详见 4.3.1 相关部分。

例 4.4.1　某工程冲击成孔泥浆护壁灌注桩如下：土壤级别为二级土；单根桩设计长度为 7.5 m；桩总根数为 186 根；桩截面直径为 760 mm；混凝土强度级别为 C30。试编制招标工程量清单。

解：

序号	项目编码	项目名称	项目特征描述	计量单位	工程量	金额/元	
						综合单价	合价
1	010302001001	泥浆护壁成孔灌注桩	1. 地层情况：一、二类土地占25%，三类土约占20%，四类土约占55% 2. 桩长：7.5 m 3. 桩径：760 mm 4. 成孔方法：冲击成孔 5. 护筒类型、长度：5 mm 厚铜护筒、不少于 3 m 6. 混凝土种类、强度等级：C30	m^3	632.84		

即　　混凝土灌注桩总长度=7.5×186=1395(m)

设计灌注桩体积=3.1416×0.38^2×1395=632.84(m^3)

习　题

4-4-1　桩基工程工程量清单项目中，接桩的计量单位为(　　)

A. 个或 m　　B. 个或根　　C. m 或根　　D. 根或 m^2　　E. 个或 m^2

4-4-2　请分别简述泥浆护壁成孔灌注桩、沉管灌注桩、干作业成孔灌注桩的清单工程量计算规则。

4-4-3　请分别简述人工挖孔灌注桩、钻孔压浆桩的清单工程量计算规则。

4-4-4　某工程有 30 根钢筋混凝土柱，根据上部荷载计算，每根柱下需要设 4 根 350 mm×350 mm 断面的预制砼方桩，桩长 30 m，由 3 根长 10 m 的方桩用焊接方式接桩。桩顶距自然地面5 m。采用柴油打桩机，试根据条件计算清单工程量。

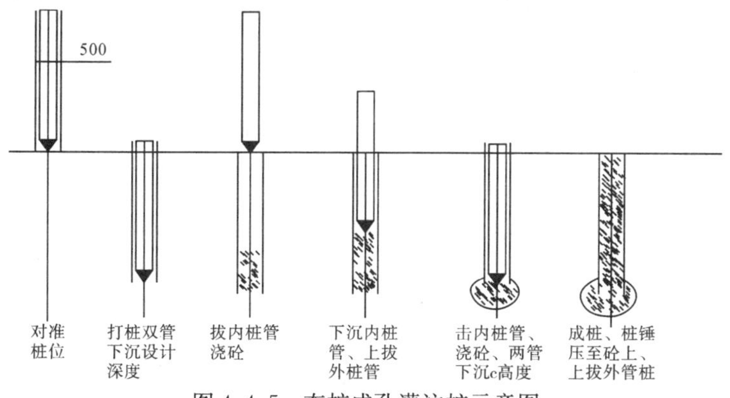

图 4.4.5　夯扩成孔灌注桩示意图

4-4-5　如图 4.4.5 所示，某工程采用夯扩成孔灌注混凝土桩共 70 根，设计单根桩长 21 m，直径 500 mm，底部扩大球体直径为 1000 mm，试计算其清单工程量。

4.5　砌 筑 工 程

砌筑工程又叫砌体工程，是指在建筑工程中使用普通黏土砖、承重黏土空心砖、蒸压灰砂砖、粉煤灰砖、各种中小型砌块和石材等材料进行砌筑的工程。砌筑工程共划分为砖砌体、砌块砌体、石砌体与垫层共 4 个子目。

常见砌体工程如图 4.5.1 所示。

图 4.5.1　常见砌体工程

4.5.1 砖砌体

1. “工程量计算规范”清单项目设置

砖砌体常见项目内容见表 4.5.1。

表 4.5.1 砖砌体(编号：010401)

项目编码	项目名称	项目特征	计量单位	工程量计算规则	工作内容
010401001	砖基础	1. 砖品种、规格、强度等级 2. 基础类型 3. 砂浆强度等级 4. 防潮层材料种类	m^3	按设计图示尺寸以体积计算 包括附墙垛基础宽出部分体积，扣除地梁(圈梁)、构造柱所占体积，不扣除基础大放脚T形接头处的重叠部分及嵌入地基内的钢筋、铁件、管道、基础砂浆防潮层和单个面积≤0.3 m^2 的孔洞所占体积，靠墙暖气沟的挑檐不增加 基础长度：外墙按外墙中心线，内墙按内墙净长线计算	1. 砂浆制作、运输 2. 砌砖 3. 防潮层铺设 4. 材料运输
010401002	砖砌挖孔桩护壁	砖品种、规格、强度等级 砂浆强度等级		按设计图示尺寸以“m^3”计算	1. 砂浆制作、运输 2. 砌砖 3. 材料运输
010401003	实心砖墙	1. 砖品种、规格、强度等级 2. 墙体类型 3. 砂浆强度等级、配合比		按设计图示尺寸以体积计算 扣除门窗、洞口、嵌入墙体的钢筋混凝土柱、梁、圈梁、挑梁、过梁及凹进墙内的壁、管槽、暖气槽、消火栓箱所占体积，不扣除梁头、板头、头、垫木、木楞头、沿缘木、木砖、木窗走头、砖墙内加固钢筋、木筋、铁件、钢管及单个面积≤0.3 m^2 的孔洞所占的体积。凸出墙面的腰线、挑檐、压顶、窗台线、虎头砖、门窗套的体积亦不增加。凸出墙面的砖垛并入墙体体积内计算 1. 墙长度：外墙按中心线、内墙按净长计算 2. 墙高度： (1)外墙：斜(坡)屋面无檐口天棚者算至屋面板底；有屋架且室内外均有天棚者算至屋架下弦底另加 200 mm；无天棚者算至屋架下弦底另加 300 mm，出檐宽度超过 600 mm 时按实砌高度计算；与钢筋混凝土楼板隔层者算至板顶。平屋顶算至钢筋混凝土板底 (2)内墙：位于屋架下弦者，算至屋架下弦底；无屋架者算至天棚底另加 100 mm；有钢筋混凝土楼板隔层者算至板顶；有框架梁时算至梁底 (3)女儿墙：从屋面板上表面算至女儿墙顶面(如有混凝土压顶时算至压顶下表面) (4)内、外山墙：按其平均高度计算 3. 框架间墙：不分内外墙按墙体净尺寸以体积计算 4. 围墙：高度算至压顶上表面(如有混凝土压顶时算至压顶下表面)，围墙柱并入围墙体积内	1. 砂浆制作、运输 2. 砌砖 3. 刮缝 4. 砖压顶砌筑 5. 材料运输

续表

项目编码	项目名称	项目特征	计量单位	工程量计算规则	工作内容
010401004	多孔砖墙	1. 砖品种、规格、强度等级 2. 墙体类型 3. 砂浆强度等级、配合比	m^3		
010401005	空心砖墙				
010401006	空斗墙	1. 砖品种、规格、强度等级 2. 墙体类型 3. 砂浆强度等级、配合比		按设计图示尺寸以空斗墙外形体积计算。墙角、内外墙交接处、门窗洞口立边、窗台砖、屋檐处的实砌部分体积并入空斗墙体积内	1. 砂浆制作、运输 2. 砌砖 3. 装填充料 4. 刮缝 5. 材料运输
010401007	空花墙			按设计图示尺寸以空花部分外形体积计算，不扣除空洞部分体积	
010401008	填充墙	1. 砖品种、规格、强度等级 2. 墙体类型 3. 填充材料种类及厚度 4. 砂浆强度等级、配合比		按设计图示尺寸以填充墙外形体积计算	
010401009	实心砖柱	1. 砖品种、规格、强度等级 2. 柱类型 3. 砂浆强度等级、配合比		按设计图示以体积计算。扣除混凝土及钢筋混凝土梁垫、梁头、板头所占体积	1. 砂浆制作、运输 2. 砌砖 3. 刮缝 4. 材料运动
010401010	多孔砖柱				
010401011	砖检查井	1. 井截面、深度 2. 砖品种、规格、强度等级 3. 垫层材料种类、厚度 4. 底板厚度 5. 井盖安装 6. 混凝土强度等级 7. 砂浆强度等级 8. 防潮层材料种类	座	按设计图示数量计算	1. 砂浆制作、运输 2. 铺设垫层 3. 底板混凝土制作、运输、浇筑、振捣、养护 4. 砌砖 5. 刮缝 6. 井底池、壁抹灰 7. 抹防潮层 8. 材料运输
010401012	零星砌砖	1. 零星砌砖名称、部位 2. 砖品种、规格、规格、强度等级 3. 砂浆强度等级、配合比	1. m^3 2. m^2 3. m 4. 个	1. 以“m^3”计量，按设计图示尺寸截面积乘以长度计算 2. 以“m^2”计量，按设计图示尺寸水平投影面积计算 3. 以“m”计量，按设计图示长度计算 4. 以“个”计量，按设计图示数量计算	1. 砂浆制作、运输 2. 砌砖 3. 刮缝 4. 材料运输
010401013	砖散水、地坪	1. 砖品种、规格、强度等级 2. 垫层材料种类、厚度 3. 散水、地坪厚度 4. 面层种类、厚度 5. 砂浆强度等级	m^2	按设计图示尺寸以面积计算	1. 土方挖、运、填 2. 地基找平、夯实 3. 铺设垫层 4. 砌砖散水、地坪 5. 抹砂浆面层

续表

项目编码	项目名称	项目特征	计量单位	工程量计算规则	工作内容
010401014	砖地沟、明沟	1. 砖品种、规格、强度等级 2. 沟截面尺寸 3. 垫层材料种类、厚度 4. 混凝土强度等级 5. 砂浆强度等级	m	以“m”计量，按设计图示尺寸以中心线长度计算	1. 土方挖、运、填 2. 铺设垫层 3. 底板混凝土制作、运输、浇筑、振捣、养护 4. 砌砖 5. 刮缝、抹灰 6. 材料运输

砌筑砖墙如图 4.5.2 所示。

图 4.5.2　砌筑砖墙

2. “工程量计算规范”与计价规则说明

(1)“砖基础”项目适用于各种类型砖基础，如柱基础、墙基础、管道基础等。

(2)基础与墙(柱)的划分界限：

①当基础与墙(柱)身使用同一种材料时，以设计室内地面为界(如设计有地下室，以地下室室内设计地面为界)，以下为基础，以上为墙(柱)身。

②基础与墙(柱)身采用不同材料时，材料分界线与设计室内地面间高差≤±300 mm 的，以材料分界线为界，以上为墙身，以下为基础；材料分界线与设计室内地面间高差>±300 mm 的，以设计室内地面为分界线。

③砖围墙以设计室外地坪为界，以下为基础，以上为墙身。

(3)砖砌体内设置钢筋加固部分，以本书“混凝土及钢筋工程”中的相关规定计算。

(4)框架外表面的镶贴砖部分，按零星项目编码列项。

(5)附墙烟囱、通风道、垃圾道、应按设计图示尺寸以体积(扣除孔洞所占体积)计算并入所依附的墙体体积内。当设计规定孔洞内需抹灰时，应按本规范附录 L 中零星抹灰项目编码列项。

(6)空斗墙的窗间墙、窗台下、楼板下、梁头下等的实砌部分，按零星砌砖项目编码列项。

(7)“空花墙”项目适用于各种类型的空花墙，使用混凝土花格砌筑的空花墙，实砌墙体与混凝土花格应分别计算，混凝土花格按混凝土及钢筋混凝土中预制构件相关项目编码列项。

(8)台阶、台阶挡墙、梯带、锅台、炉灶、蹲台、池槽、池槽腿、砖胎模、花台、花池、楼梯栏板、阳台栏板、地垄墙、≤0.3 m^2 的孔洞填塞等应按零星砌砖项目编码列项。砖砌锅台与炉灶可按外形尺寸以个计算，砖砌台阶可按水平投影面积以平方米计算，小便槽、地垄墙可按长度计算、其他工程按立方米计算。

(9)砖砌体勾缝按本书中相关项目编码列项。

(10)检查井内的爬梯按本书中相关项目编码列项；井、池内的混凝土构件按本书中混凝土及钢筋混凝土预制构件编码列项。

(11)如施工图设计标注做法见标准图集时，应注明标注图集的编码、页号及节点大样。

(12)砖石基础(砖墙)可按如下方式计算基础(墙)长度：外墙墙基按外墙中心线长度计算；内墙墙基按内墙净长计算。

(13)基础大放脚重叠部分如图 4.5.3 所示。

(14)砖基础工程量的计算，关键在于两边大放脚截面面积的计算，常规的计算方法是用两边大放脚截面面积除以墙厚计算出折加高度，然后用折加高度加上原砖基础

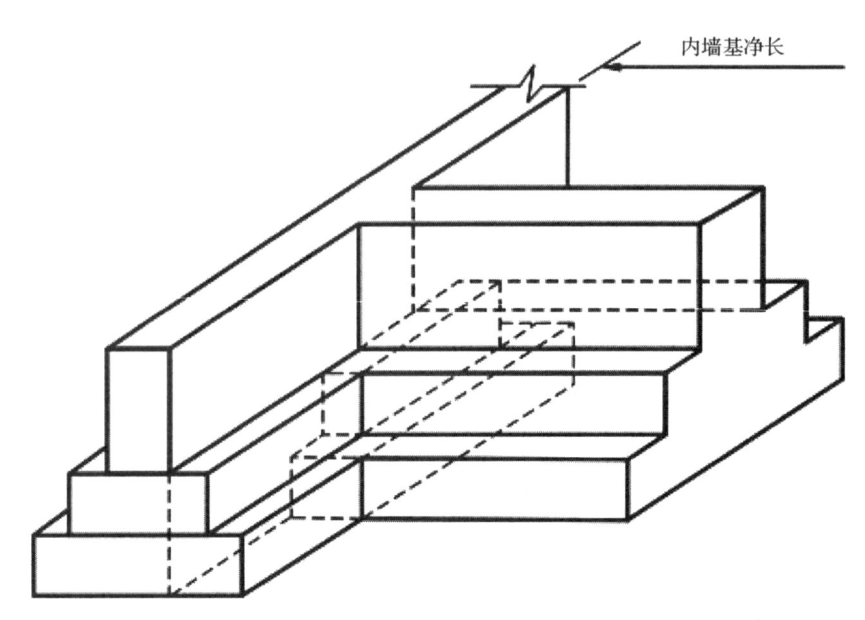

图 4.5.3　砖基础 T 形接头示意图

高度再乘以砖墙长和墙厚。如果能把放脚截面面积处理好，那问题就可以迎刃而解了。

砖基础计算原则：V 砖基＝基础长度×(砖基高度＋折加高度)×墙厚

大放脚折加高度＝两边放脚截面面积/墙厚

砖基础大放脚的增加部分如图 4.5.4 所示。

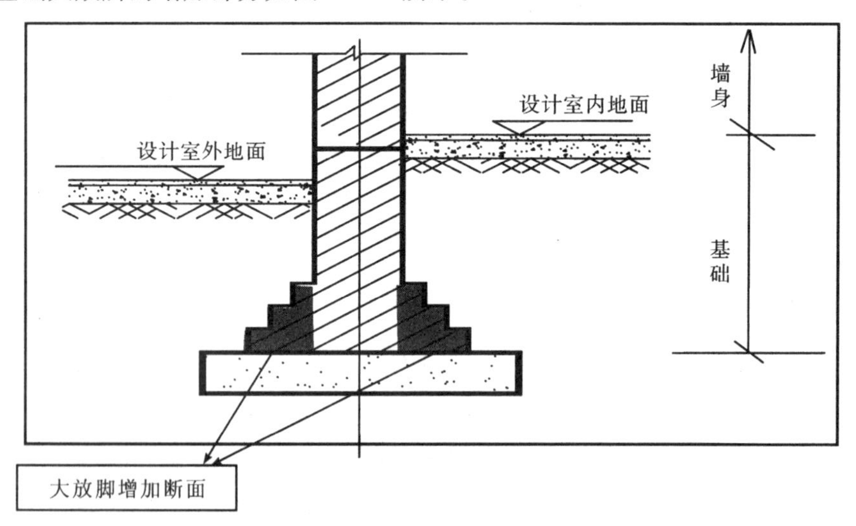

图 4.5.4　砖基础大放脚增加部分示意图

①砖基础大放脚分为等高式和间隔式，间隔式大放脚的截面面积在计算中又分错台为奇数和错台为偶数两种。等高与不等高基础大放脚如图 4.5.5 所示，等高式计算如下：

$$等高式大放脚折算面积=0.126\times(n+1)\times0.0625\times n$$

其中，n 为大放脚错台层数。

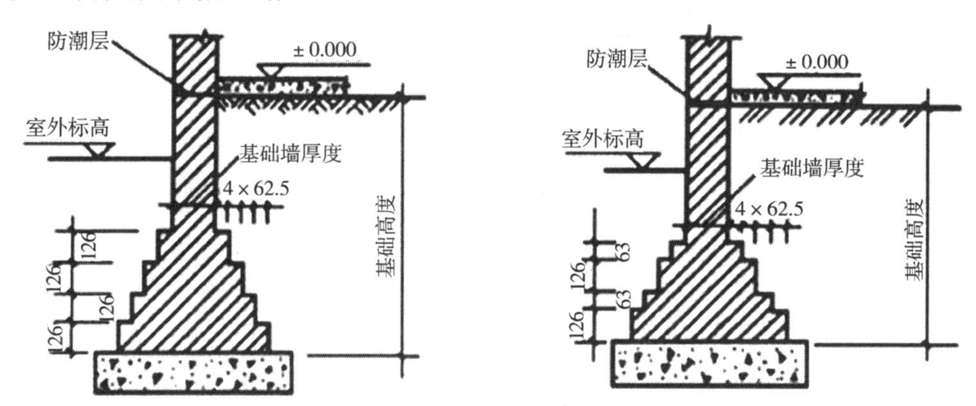

图 4.5.5　等高与不等高基础大放脚示意图

注：放脚尺寸图中已给出

②错台为奇数大放脚如图 4.5.6 所示。

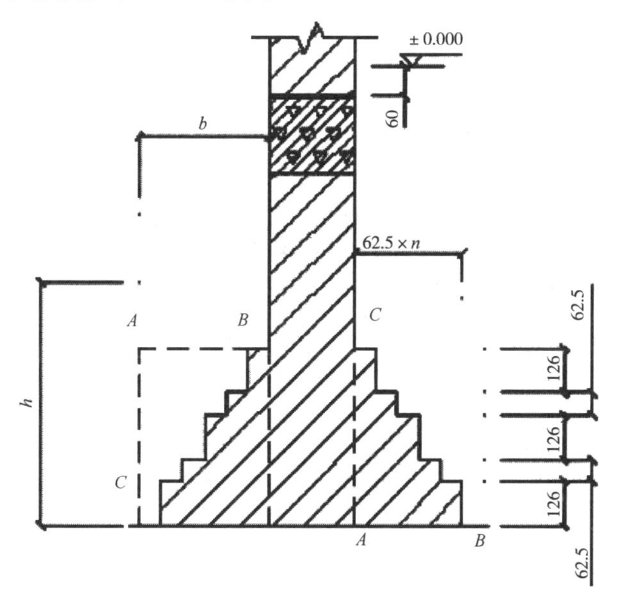

图 4.5.6　错台为奇数大放脚示意图

矩形宽：　　　　　$b=0.0625n$

矩形高：　　　$h=[0.126(n+1)+0.0625(n-1)]\times0.5$

大放脚截面面积：　　　$s=b\times h$

其中，n 为大放脚错台层数。

③错台为偶数大放脚如图 4.5.7 所示。

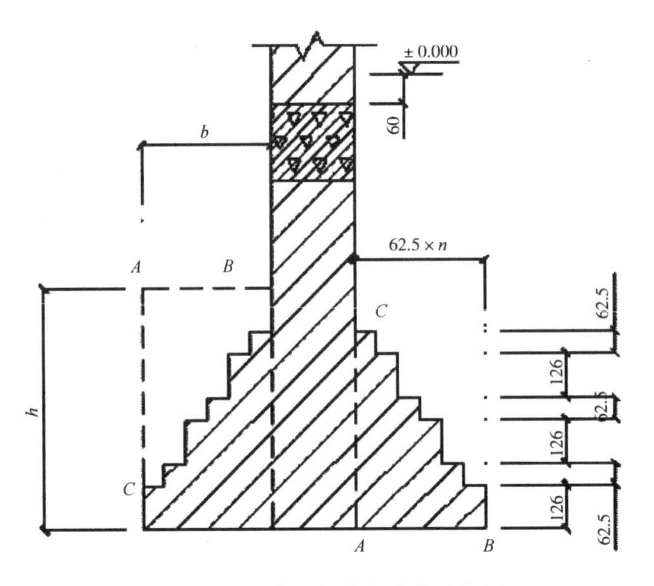

图 4.5.7　错台为偶数大放脚示意图

注：放脚尺寸图中已给出

矩形宽：　　　　　$b=0.0625(n+1)$

矩形高：　　　$h=[0.126(n+2)+0.0625n]\times0.5$

大放脚截面面积：　　　$s=b\times h$

其中，n 为大放脚错台层数。

④由此可见，只要清楚明确大放脚形式及错台层数后，就可以快速计算出该大放脚的折加高度及砖基础体积了。为了计算方便，将砖基础大放脚的折加高度及大放脚增加断面积编制成表格如表 4.5.2 所示，可直接查折加高度和大放脚增加断面积表计算工程量。

表 4.5.2　标准砖大放脚折加高度和增加断面面积

放脚层数	折加高度/m								增加断面面积/m²	
	1/2 砖		1 砖		1.5 砖		2 砖			
	等高	不等高	等高	不等高	等高	不等高	等高	不等高	等高	不等高
1	0.137	0.137	0.066	0.066	0.043	0.043	0.032	0.032	0.0158	0.0158
2	0.411	0.343	0.197	0.164	0.129	0.108	0.096	0.080	0.0473	0.0394
3			0.394	0.328	0.259	0.216	0.193	0.161	0.0945	0.0788
4			0.656	0.525	0.432	0.345	0.321	0.253	0.1575	0.1260
5			0.984	0.788	0.647	0.518	0.482	0.380	0.2363	0.1890
6			1.378	1.083	0.906	0.712	0.672	0.580	0.3308	0.2599
7			1.838	1.444	1.208	0.949	0.900	0.707	0.441	0.3465
8			2.363	1.838	1.553	1.208	1.157	0.900	0.567	0.4411

(15)附墙垛基础宽处部分如图 4.5.8 所示。

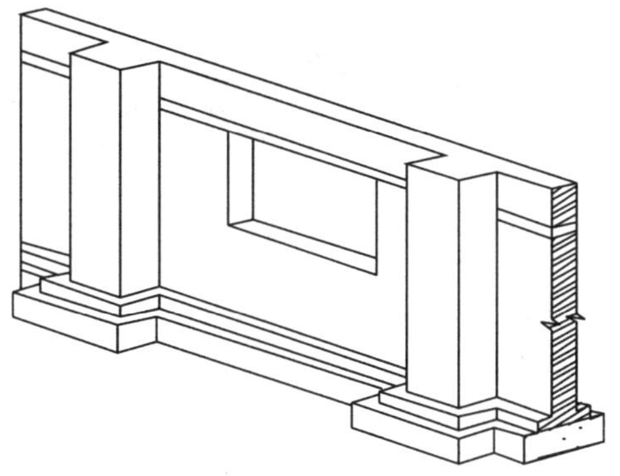

图 4.5.8　附墙垛基础宽处部分示意图

(16)墙体长度：外墙按中心线计算，内墙按净长线计算。

(17)墙体高度。

①外墙：斜(坡)屋面无檐口天棚者算至屋面板底；有屋架且室内外均有天棚者算至屋架下弦底另加 200 mm；无天棚者算至算至屋架下弦底另加 300 mm，出檐宽度超过 600 mm 时按实砌高度计算；与钢筋混凝土楼板隔层者算至板顶；平屋顶算至钢筋混凝土板底，各种情况如图 4.5.9 所示。

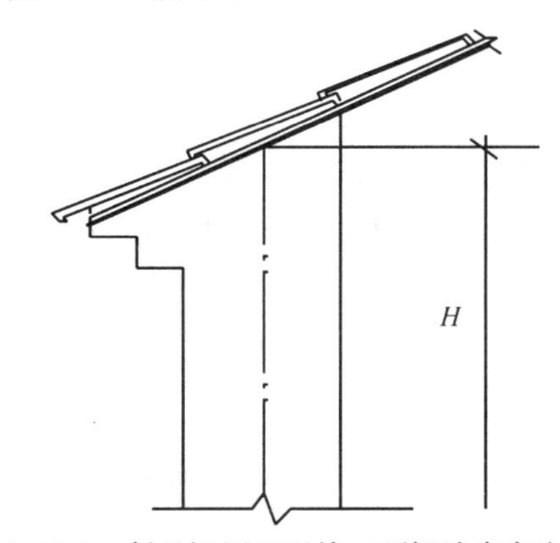

图 4.5.9(a)　斜(坡)屋面无檐口顶棚墙身高度示意图

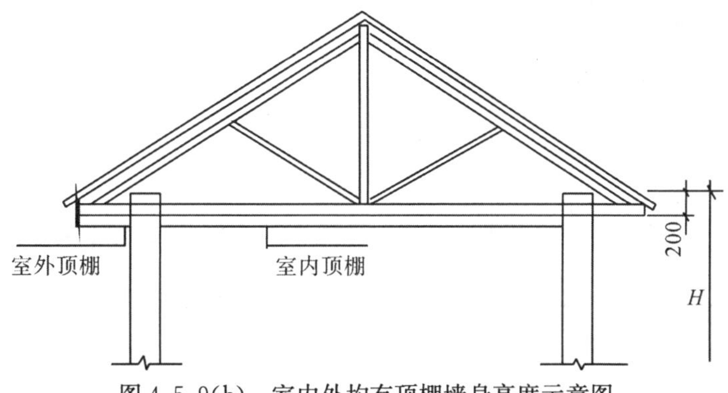

图 4.5.9(b)　室内外均有顶棚墙身高度示意图

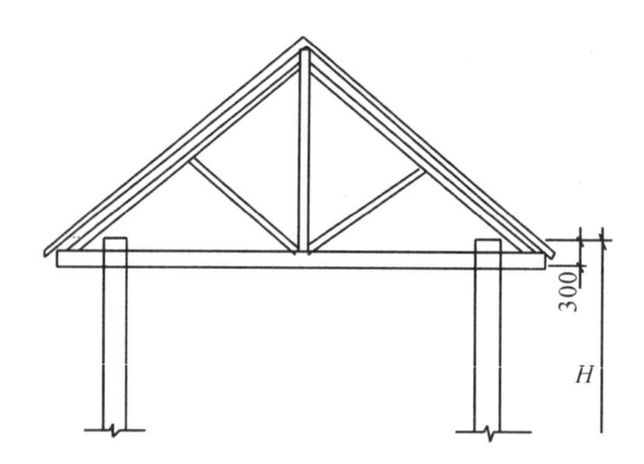

图 4.5.9(c)　有屋架无顶棚墙身高度示意图

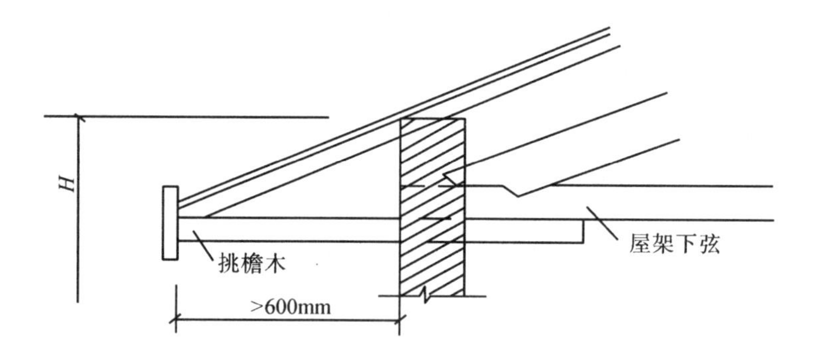

图 4.5.9(d)　出檐宽度超过 600 mm 墙身高度示意图

②内墙：位于屋架下弦者，算至屋架下弦底；无屋架者算至天棚底另加 100 mm；有钢筋混凝土楼板隔层者算至板顶；有框架梁时算至梁底，各种情况如图 4.5.10 所示。

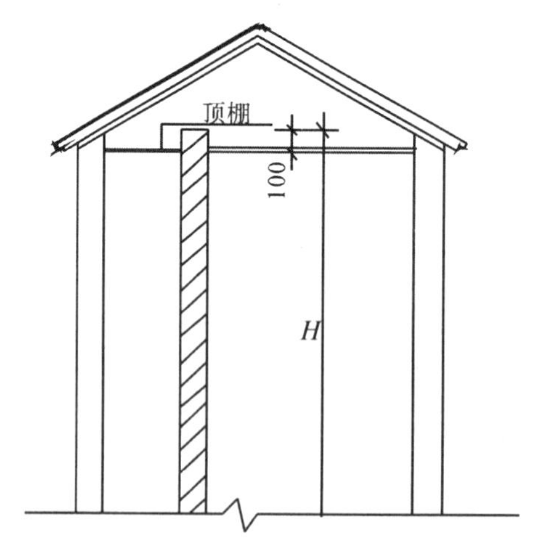

图 4.5.10(a)　有天棚内墙高度示意图

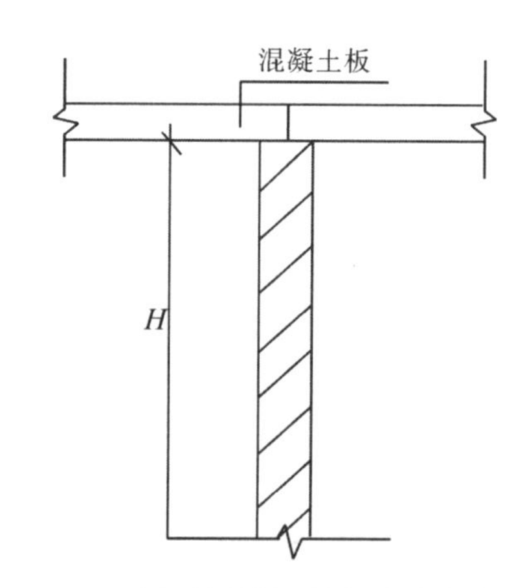

4.5.10(b)　有钢筋混凝土楼板内墙高度示意图

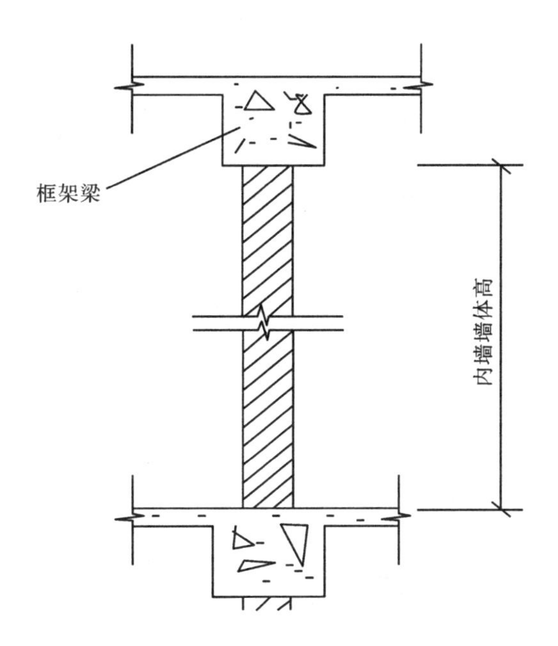

图 4.5.10(c) 有框架梁时内墙高度示意图

③女儿墙：从屋面板上表面算至女儿墙顶面(如有混凝土压顶时算至压顶下表面)，如图 4.5.11 所示。

④内、外山墙：按其平均高度计算，如图 4.5.11 所示。

⑤框架间墙：不分内外墙按墙体净尺寸以体积计算。

⑥围墙：高度算至压顶上表面(如有混凝土压顶时算至压顶下表面)，围墙柱并入围墙体积内。

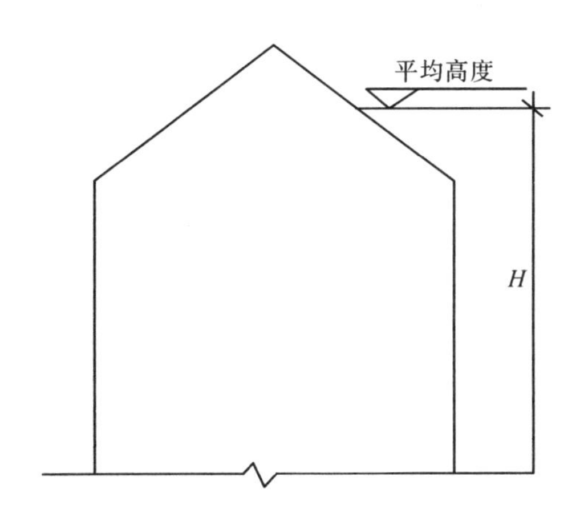

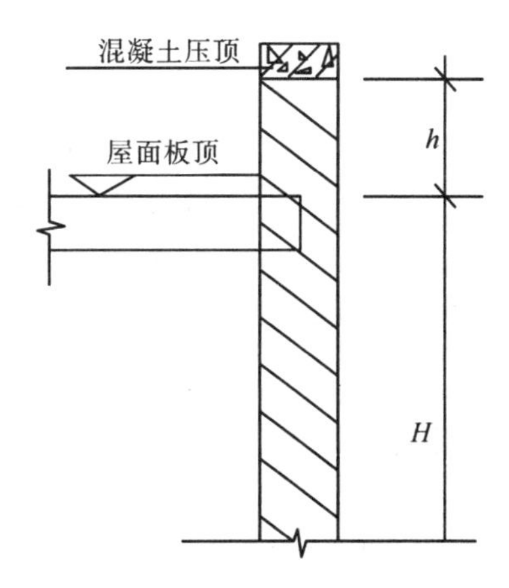

图 4.5.11 山墙和女儿墙高度示意图

3. 配套定额相关规定

详见4.5.5。

例4.5.1　某门卫房砖基础施工如下图所示，请计算砖基础的长度(基础墙均为240厚)

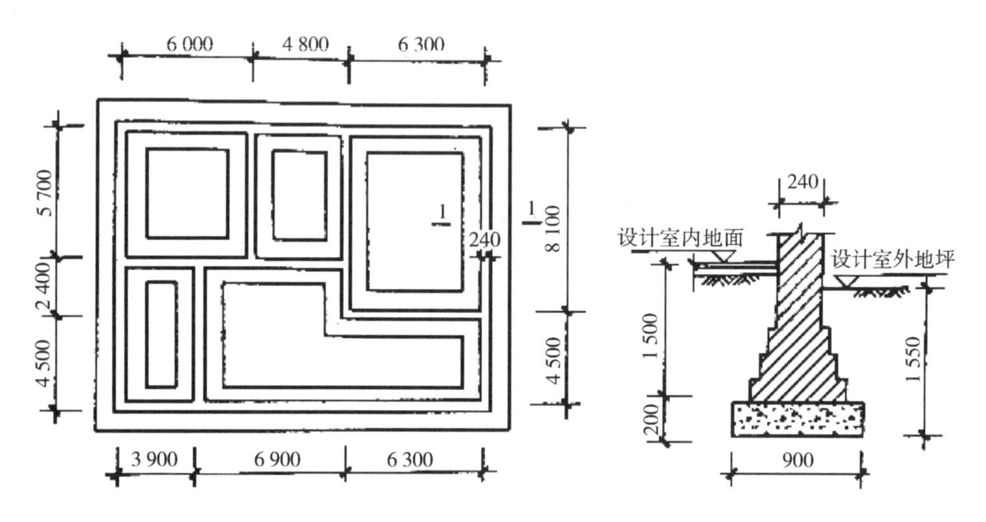

图4.5.12　砖基础施工图(平面及剖面)

解：

(1)外墙砖基础长($L_{中}$)。

$$L_{中}=[(4.5+2.4+5.7)+(3.9+6.9+6.3)]\times 2$$
$$=(12.6+17.1)\times 2=59.4(\mathrm{m})$$

(2)内墙砖基础净长($L_{内}$)。

$$L_{内}=(5.7-0.24)+(8.1-0.24)+(4.5+2.4-0.24)+(6+4.8-0.24)+6.3$$
$$=5.46+7.86+6.66+10.56+6.3=36.84(\mathrm{m})$$

4.5.2　砌块砌体

1. “工程量计算规范”清单项目设置

砌块砌体清单项目见表4.5.3。

表 4.5.3　砌块砌体(编码：010402)

项目编码	项目名称	项目特征	计量单位	工程量计算规则	工作内容
010402001	砌块墙	1. 砌块品种、规格、强度等级 2. 墙体类型 3. 砂浆强度等级	m^3	按设计图示尺寸以体积计算 扣除门窗、洞口、嵌入墙内的钢筋混凝土柱、梁、圈梁、挑梁、过梁及凹进墙内的壁龛、管槽、暖气槽、消火栓箱所占体积，不扣除梁头、板头、檩头、垫木、木楞头、沿缘木、木砖、门窗走头、砌块墙内加固钢筋、木筋、铁件、钢管及单个面积≤0.3 m^2 的孔洞所占体积。凸出墙面的腰线、挑檐、压顶、窗台线、虎头砖、门窗套的体积亦不增加。凸出墙面的砖垛并入墙体体积内计算 1. 墙长度：外墙按中心线、内墙按净长计算 2. 墙高度： (1)外墙：斜(坡)屋面无檐口天棚者算至屋面板底；有屋架且室内外均有天棚者算至屋架下弦底另加 200 mm；无天棚者算至屋架下弦底另加 300 mm，出檐宽度超过 600 mm 时按照实砌高度计算；与钢筋混凝土楼板隔层者算至板顶；平屋面算至钢筋混凝土板底 (2)内墙：位于屋架下弦者，算至屋架下弦底；无屋架者算至天棚底另加 100 mm；有钢筋混凝土楼板隔层者算至楼板顶；有框架梁时算至梁底	1. 砂浆制作、运输 2. 砌砖、砌块 3. 勾缝 4. 材料运输
010402002	砌块柱			按设计图示尺寸以体积计算扣除混凝土及钢筋混凝土梁垫、梁头、板头所占体积	

常见填充墙的砌筑如图 4.5.13 所示。

图 4.5.13　常见填充墙的砌筑

2. “工程量计算规范”与计价规则说明

(1)砌体内加筋、拉结筋的制作、安装，按本书“混凝土及钢筋工程”有关内容计算。

(2)砌块排列应上、下错缝搭砌，如果搭错缝长度满足不了规定的压搭要求，应采取压砌钢筋网片的措施，具体构造要求按设计规定。若设计无规定时，应注明由投标人根据工程实际情况自行考虑。

(3)砌体垂直灰缝宽＞30 mm 时，灰缝采用 C20 细石混凝土灌实。所使用混凝土按本书“混凝土及钢筋工程”有关规定计算。

3. 配套定额相关规定

详见 4.5.5。

4.5.3 石砌体

1. “工程量计算规范”清单项目设置

石砌体清单项目见表 4.5.4。

表 4.5.4 石砌体(编码：010403)

项目编码	项目名称	项目特征	计量单位	工程量计算规则	工作内容
010403001	石基础	1. 石料种类、规格 2. 基础类型 3. 砂浆强度等级	m^3	按设计图示尺寸以体积计算 包括附墙垛基础宽出部分体积，不扣除基础砂浆防潮层及单个面积≤0.3 m² 的孔洞所占体积，靠墙暖气沟的挑檐不增加体积。基础长度：外墙按中心线，内墙按净长计算	1. 砂浆制作、运输 2. 吊装 3. 砌石 4. 防潮层铺设 5. 材料运输
010403002	石勒脚	1. 石材种类、规格 2. 石表面加工要求 3. 勾缝要求 4. 砂浆强度等级、配合比		按设计图示尺寸以体积计算，扣除单个面积＞0.3 m² 的孔洞所占的体积	

续表

项目编码	项目名称	项目特征	计量单位	工程量计算规则	工作内容
010403003	石墙	1. 石料种类、规格 2. 石表面加工要求 3. 勾缝要求 4. 砂浆强度等级、配合比	m^3	按设计图示尺寸以体积计算 扣除门窗、洞口、嵌入墙内的钢筋混凝土柱、梁、圈梁、挑梁、过梁及凹进墙内的壁龛、管槽、暖气槽、消火栓箱所占体积，不扣除梁头、板头、檩头、垫木、木楞头、沿缘木、木砖、门窗走头、砌块墙内加固钢筋、木筋、铁件、钢管及单个面积≤0.3 m^2 的孔洞所占体积。凸出墙面的腰线、挑檐、压顶、窗台线、虎头砖、门窗套的体积亦不增加。凸出墙面的砖垛并入墙体体积内计算 1. 墙长度：外墙按中心线、内墙按净长计算 2. 墙高度： (1)外墙：斜(坡)屋面无檐口天棚者算至屋面板底；有屋架且室内外均有天棚者算至屋架下弦底另加 200 mm；无天棚者算至屋架下弦底另加 300 mm，出檐宽度超过 600 mm 时按照实砌高度计算；与钢筋混凝土楼板隔层者算至板顶；平屋面算至钢筋混凝土板底 (2)内墙：位于屋架下弦者，算至屋架下弦底；无屋架者算至天棚底另加 100 mm；有钢筋混凝土楼板隔层者算至楼板顶；有框架梁时算至梁底 (3)女儿墙：从屋面板上表面算至女儿墙顶面(如有混凝土压顶时算至压顶下表面) (4)内、外山墙：按其平均高度计算 3. 围墙：高度算至压顶上表面(如有混凝土压顶时算至压顶下表面)，围墙柱并入围墙体积内	1. 砂浆制作、运输 2. 吊装 3. 砌石 4. 石表面加工 5. 勾缝 6. 材料运输 1. 砂浆制作、运输 2. 吊装 3. 砌石 4. 石表面加工 5. 勾缝 6. 材料运输
010403004	石挡土墙			按设计图示尺寸以体积计算	1. 砂浆制作、运输 2. 吊装 3. 砌石 4. 变形缝、泄水孔、压顶抹灰 5. 滤水层 6. 勾缝 7. 材料运输
010403005	石柱				
010403006	石栏杆		m	按设计图示以长度计算	

续表

<table>
<tr><th>项目编码</th><th>项目名称</th><th>项目特征</th><th>计量单位</th><th>工程量计算规则</th><th>工作内容</th></tr>
<tr><td>010403007</td><td>石护坡</td><td rowspan="3">1. 垫层材料种类、厚度
2. 石料种类、规格
3. 护坡厚度、高度
4. 石表面加工要求
5. 勾缝要求
6. 砂浆强度等级、配合比</td><td rowspan="2">m^2</td><td rowspan="2">按设计图示尺寸以体积计算</td><td rowspan="2">1. 砂浆制作
2. 吊装
3. 砌石
4. 石表面加工
5. 勾缝
6. 材料运输</td></tr>
<tr><td>010403008</td><td>石台阶</td></tr>
<tr><td>010403009</td><td>石坡道</td><td>m^2</td><td>按设计图示尺寸以水平投影面积计算</td><td>1. 铺设垫层
2. 石料加工
3. 砂浆制作、运输
4. 砌石
5. 是表面加工
6. 勾缝
7. 材料运输</td></tr>
<tr><td>010403010</td><td>石地沟、明沟</td><td>1. 沟截面尺寸
2. 土壤类别、运距
3. 垫层材料种类、厚度
4. 石料种类、规格
5. 石表面加工要求
6. 勾缝要求
7. 砂浆强度等级、配合比</td><td>m</td><td>按设计图示以中心线长度计算</td><td>1. 土方挖、运
2. 砂浆制作、运输
3. 铺设垫层
4. 砌石
5. 石表面加工
6. 勾缝
7. 回填
8. 材料运输</td></tr>
</table>

2. "工程量计算规范"与计价规则说明

(1)石基础、石勒脚、石墙的划分：基础与勒脚应以设计室外地坪为界。勒脚与墙身应以设计室内地坪为界。石围墙内外地坪标高不同时，应以较低地坪标高为界，地坪标高以下为基础；内外标高之差为挡土墙时，挡土墙以上为墙身。

(2)石砌基础如为台阶式断面时可按下式计算基础的平均宽度：

$$B=A/H$$

式中，B 为基础断面平均宽度(m)；A 为基础断面面积(m^2)；H 为基础深度(m)。

3. 配套定额相关规定

详见 4.5.5。

4.5.4　垫层

1. “工程量计算规范”清单项目设置

垫层清单项目只有 1 个，见表 4.5.5。

表 4.5.5　石砌体(编码：010404)

项目编码	项目名称	项目特征	计量单位	工程量计算规则	工作内容
010404001	垫层	垫层材料种类、配合比、厚度	m^3	按设计图示以立方米计算	1. 垫层材料的拌制 2. 垫层铺设 3. 材料运输

2. “工程量计算规范”与计价规则说明

混凝土垫层按本书“混凝土及钢筋工程”有关内容计算，其他无垫层要求的清单项目则按本节中“垫层”项目计算。

3. 配套定额相关规定

详见 4.5.5。

4.5.5　配套定额相关规定

1. 定额说明

(1)标准砖墙厚度，按表 4.5.6 规定计算。

表 4.5.6　标准砖墙厚度表

砖数(厚度)	1/4	1/2	3/4	1	$1\frac{1}{2}$	2	$2\frac{1}{2}$	3
计算厚度/mm	53	115	180	240	365	490	615	740

(2)墙体材料中，加气混凝土砌块、预制混凝土空心砌块的规格，按工程实际综合考虑。

(3)标准砖、砌块、石的规格如下：

①标准砖：240 mm×115 mm×53 mm；

②硅酸盐砌块：880 mm×430 mm×240 mm；

③条石：1000 mm×300 mm×300 mm 或 1000 mm×250 mm×250 mm；

④方整石：400 mm×220 mm×220 mm；

⑤五料石：1000 mm×400 mm×200 mm；

⑥烧结多孔砖：KP1 型 240 mm×115 mm×90 mm

KP2 型 240 mm×115 mm×53 mm

KP3 型 240 mm×115 mm×115 mm；

⑦烧结空心砖：240 mm×180 mm×115 mm。

(4)砖(石)墙身、基础如为弧形时，按相应项目人工费乘以系数 1.1。砖用量乘以系数 1.025。

(5)框架结构间和预制柱间砌砖墙、砌块墙按相应项目人工乘以系数 1.25。

(6)砖砌挡土墙 2 砖以上执行砖基础定额项目。高度超过 3.6 m 者，人工乘以系数 1.15。2 砖以内执行砖墙定额。

(7)零星砌筑适用于厕所水槽腿、垃圾箱、台阶、台阶挡墙、梯带、阳台栏板(杆)、楼梯栏板、锅台、炉灶、蹲台、池槽、池槽腿、小便槽、地垄墙、屋面隔热板下方的砖墩、花台、花池、房上烟囱以及石墙的门窗立边、窗台虎头砖、钢筋过梁砖，以及孔洞面积>0.3 m^2 填塞等实砌体，零星项目如图 4.5.14 所示。

(8)砌石项目中，未包括勾缝，如需勾缝，按“墙、柱面装饰工程”的相关内容计算。

(9)散水、防滑坡道的垫层按垫层项目计算，人工乘以系数 1.2。

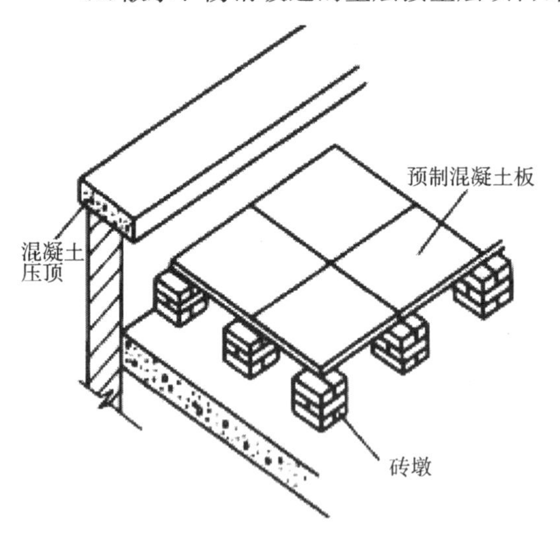

图 4.5.14(a)　屋面架空隔热层砖墩

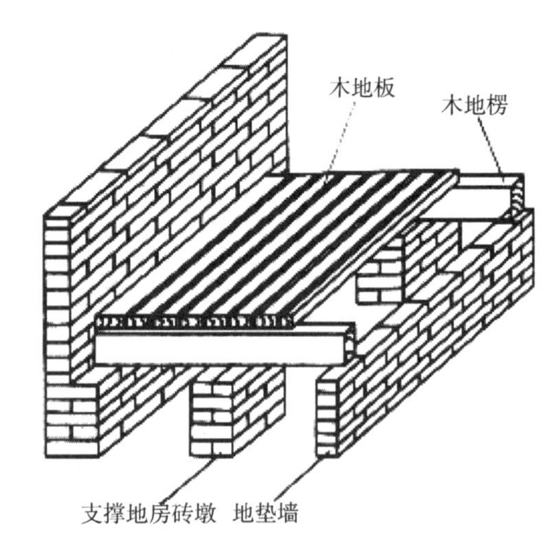

图 4.5.14(b)　地垄墙及支撑地楞砖墩

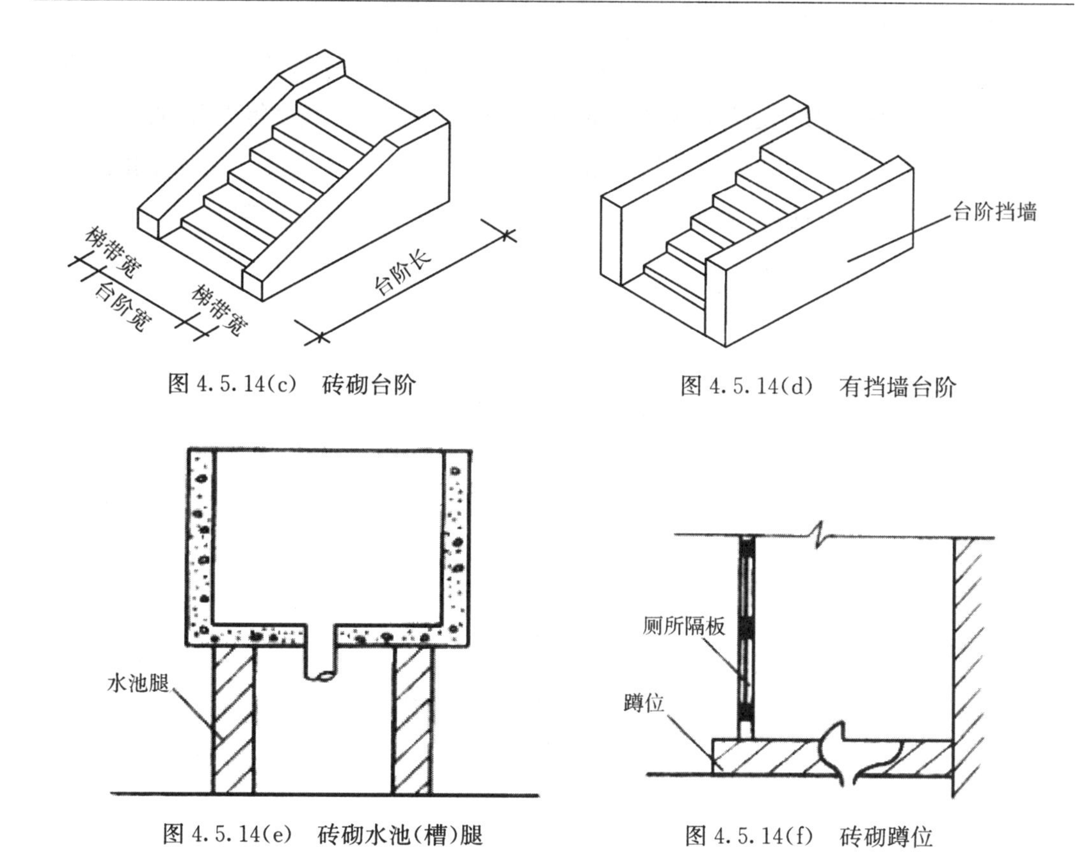

图 4.5.14(c)　砖砌台阶

图 4.5.14(d)　有挡墙台阶

图 4.5.14(e)　砖砌水池(槽)腿

图 4.5.14(f)　砖砌蹲位

2. 工程量计算规则

(1)砖石基础长度：外墙墙基按外墙中心线长度计算；内墙墙基按内墙净长计算。

(2)砌砖、砌块墙长度：外墙长度按外墙中心线长度计算；内墙长度按内墙净长计算。

(3)实砌砖墙按设计图示尺寸以体积计算，应扣除过人洞、空圈、门窗洞口面积和每个孔洞面积>0.3 m^2 所占的体积。

(4)砖砌地下室内外墙身按砖墙项目计算。

(5)框架间墙以净空面积乘以墙厚按“m^3”计算。

(6)设计图示尺寸外形体积计算，扣除门窗洞口面积和梁(包括过梁、圈梁、挑梁)所占体积，其实砌部分已包括在项目内，不另计算。

(7)砖地沟按设计图示尺寸以“m^3”计算；砖明沟、暗沟按设计图示尺寸以中心线延长米计算。

(8)石梯带、石踏步、石梯膀以“m^3”计算；隐蔽部分按相应的基础项目计算。

例 4.5.2　某仓库新建工程±0.00 以下采用条形基础(平面、剖面大样图详见

图 4.5.15)，室内外高差为 150 mm。基础垫层为原槽浇注，清条石 1000 mm×300 mm×300 mm，基础使用水泥砂浆 M7.5 砌筑，页岩标砖，砖强度等级 MU7.5，基础为 M5 水泥砂浆砌筑。本工程室外标高为－0.15，垫层为 3∶7 灰土，现场拌和。请根据以上背景资料及现行国家标准《建设工程工程量清单计价规范》(GB 50500－2013)、《房屋建筑与装饰工程工程量计算规范》(GB 50854－2013)，试列出该工程基础垫层、石基础、砖基础的分部分项工程量清单。

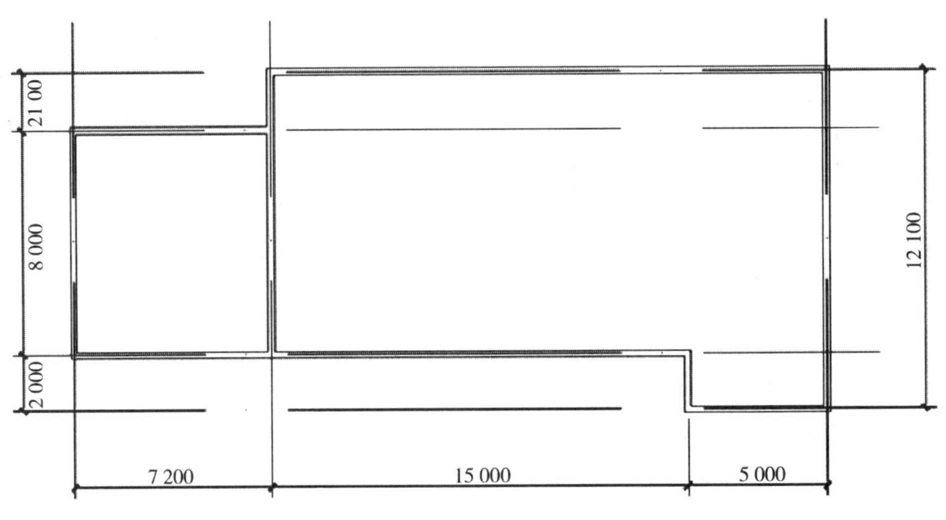

图 4.5.15(a)　基础平面图

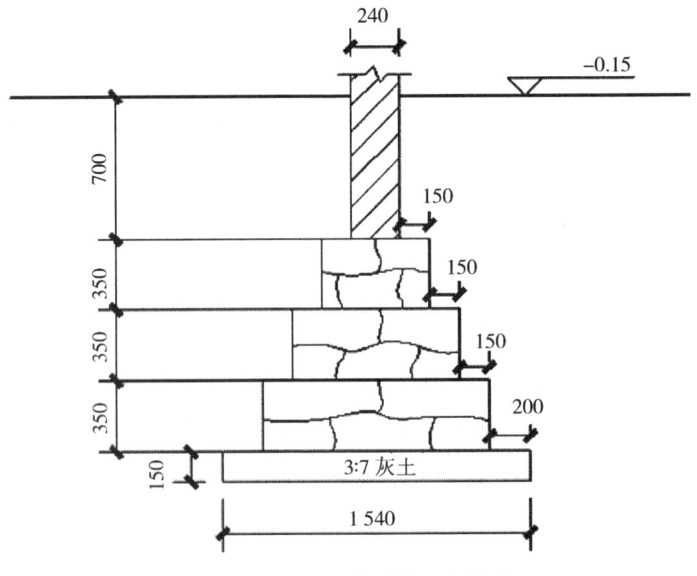

图 4.5.15(b)　基础剖面大样图

解：

清单工程量计算表

工程名称：某仓库新建工程

序号	清单项目编码	清单项目名称	计算式	工程量合计	计量单位
1	010404001001	垫层	$L_{外}$=(27.2+12.1)×2=78.6 $L_{内}$=8−1.54=6.46 V=(78.6+6.46)×1.54×0.15=19.65	19.65	m^3
2	010403001001	石基础	$L_{外}$=78.6 $L_{内1}$=8−1.14=6.86 $L_{内2}$=8−0.84=7.16 $L_{内3}$=8−0.54=7.46 V=(78.6+6.86)×1.14×0.35+(78.6+7.16)×0.84×0.35+(78.6+7.46)×0.54×0.35 =34.10+25.21+16.27=75.58	75.58	m^3
3	010401001001	砖基础	$L_{外}$=78.6 $L_{内}$=8−0.24=7.76 V=(78.6+7.76)×0.24×0.85=17.62	17.62	m^3

注：石基础按设计图示尺寸以体积计算

分部分项工程和单价措施项目清单与计价

工程名称：某仓库新建工程

序号	项目编码	项目名称	项目特征描述	计量单位	工程量	金额/元	
						综合单价	合价
1	010404001001	垫层	垫层材料种类、配合比、厚度：3∶7 灰土，150 mm 厚	m^3	19.65		
2	010403001001	石基础	1. 石料种类、规格：清条石：1000 mm×300 mm×300 mm 2. 基础类型：条形基础 3. 砂浆强度等级：M7.5 水泥砂浆	m^3	75.58		
3	010401001001	砖基础	1. 砖品种、规格、强度等级：页岩砖：240 mm×115 mm×53 mm、MU7.5 2. 基础类型：条形 3. 砂浆强度等级：M5 水泥砂浆	m^3	17.62		

注：根据规范规定，灰土垫层应按附录“垫层”项目编码列项。清单计价列项时，应在项目特征中描述清楚项目的详细特征

习　　题

4-5-1　请尝试归纳砖砌体包括哪些工作项目。

4-5-2　如某工程采用等高式大放脚砖基础(图 4.5.16)，该工程砖基础工程量该如何计算？

4-5-3　如某工程采用不等高式大放脚砖基础(图 4.5.17)，该工程砖基础工程量该

如何计算?

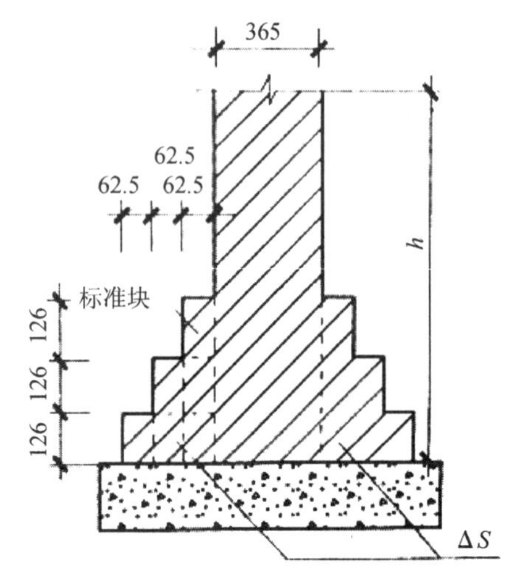

图 4.5.16　等高式大放脚砖基础

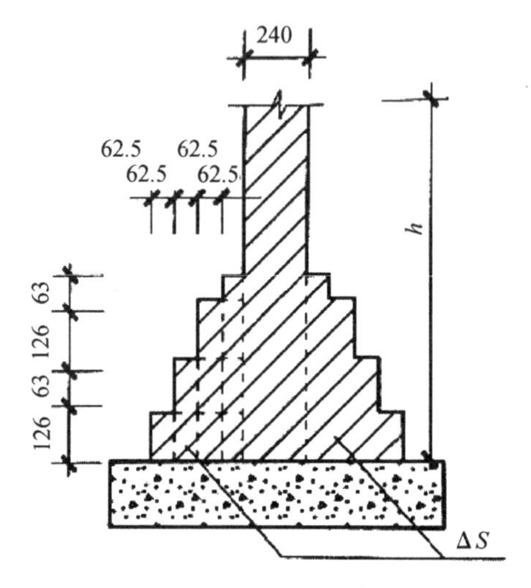

图 4.5.17　不等高式大放脚砖基础

4-5-4　墙在转角处如何计算长度，墙在 T 字接头处如何计算长度? 墙在十字形接头处如何计算长度?

4-5-5　有放脚的砖柱基础工程量应如何计算?

4-5-6　某工业厂房基础有 5 个等高式放脚砖柱基础。根据下列条件，计算砖基础工程量：

(1)柱断面 0.365 m×0.365 m;

(2)柱基高 1.85 m;

(3)放脚层数为 5 层。

4.6　混凝土及钢筋混凝土工程

混凝土及钢筋混凝土工程主要包含现浇混凝土构件、预制混凝土构件、钢筋工程三大部分。具体划分为现预制混凝土柱、预制混凝土梁、预制混凝土屋架、预制混凝土板、预制混凝土楼梯，其他预制构件钢筋工程、螺栓、铁件 16 个子分部项目。

4.6.1　现浇混凝土基础

1. “工程量计算规范”清单项目设置

“工程量计算规范”附录 E.1 现浇混凝土基础包括垫层、带形基础、独立基础、满堂基础、桩承台基础、设备基础。现浇混凝土基础常见项目见表 4.6.1。

表 4.6.1　现浇混凝土基础(编号：010501)

项目编码	项目名称	项目特征	计量单位	工程量计算规则	工作内容
010501001	垫层	1. 混凝土种类 2. 混凝土强度等级	m^3	按设计图示尺寸以体积计算。不扣除伸入承台基础的桩头所占体积	1. 模板及支架(撑)制作、安装、拆除、堆放、运输及清理模内杂物、刷隔离剂等 2. 混凝土制作、运输、浇筑、振捣、养护
010501002	带形基础				
010501003	独立基础				
010501004	满堂基础				
010501005	桩承台基础				
010501006	设备基础	1. 混凝土种类 2. 混凝土强度等级 3. 灌浆材料及其强度等级			

2. “工程量计算规范”与计价规则说明

(1)垫层适用于各种基础形式下的混凝土垫层、楼地面垫层等。

(2)带形基础适用于各种带性基础，包括墙下的板式基础和浇筑在一字排桩上的带形基础。带性基础有有梁带形基础和无梁带形基础之分，应按规范相关项目分别编码列项，并注明肋高。带形基础如图 4.6.1 所示。

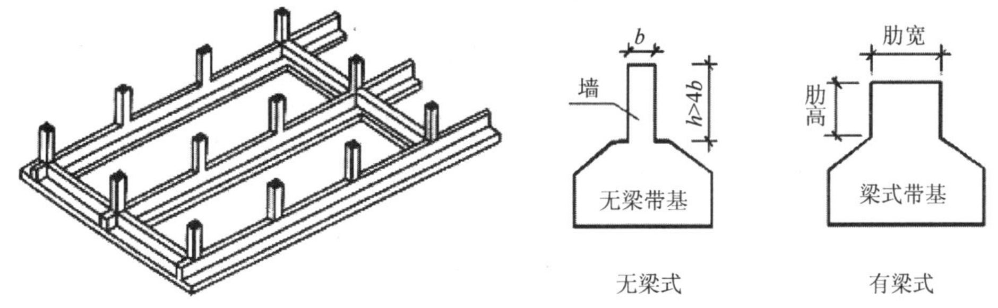

图 4.6.1　带形基础

(3)独立基础适用于块体柱基、杯基等，按构造形式主要分为阶梯形独立基础、锥形独立基础和杯形独立基础。独立基础如图 4.6.2 所示。

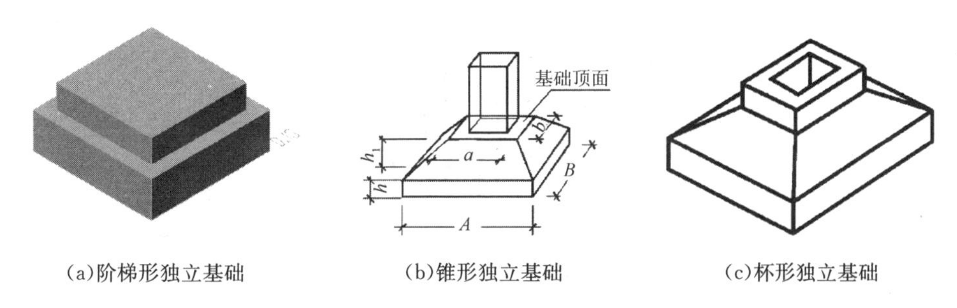

(a)阶梯形独立基础　(b)锥形独立基础　(c)杯形独立基础

图 4.6.2　独立基础示意图

(4)满堂基础适用于地下室的箱形基础、筏板基础等。箱式满堂基础中柱、梁、墙、板按表 4.6.2～表 4.6.5 相关项目分别编码列项；箱式满堂基础底板按表 4.6.1 满堂基础项目列项，如图 4.6.3 所示。

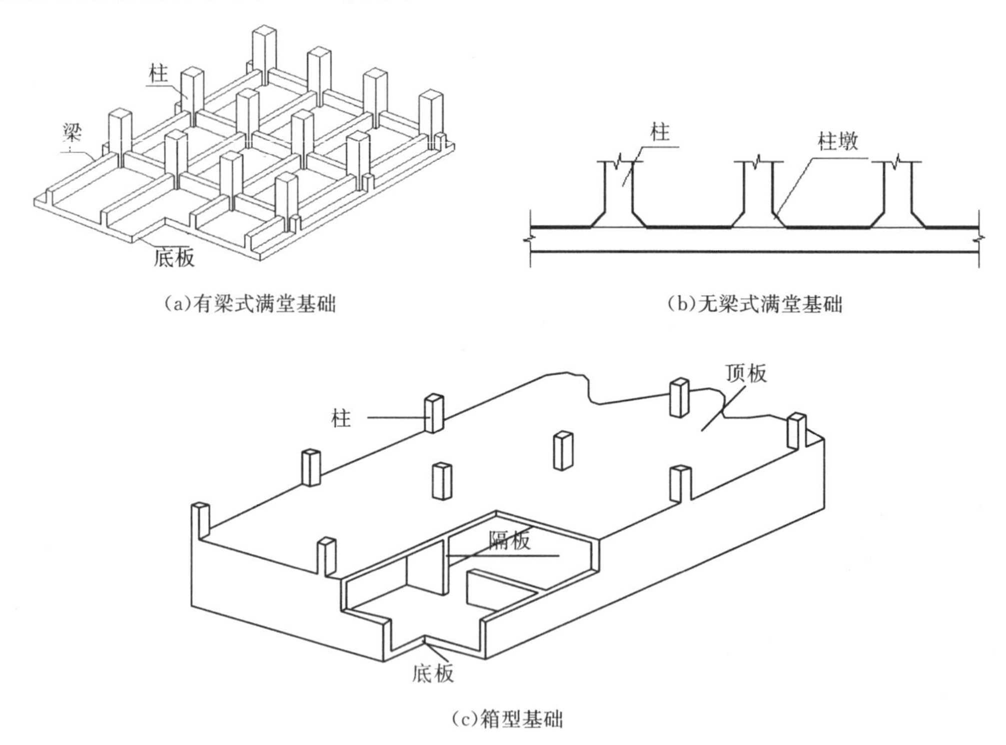

图 4.6.3　满堂基础示意图

(5)桩承台基础适用于浇筑在组桩(如梅花桩)上的承台，如图 4.6.4 所示。

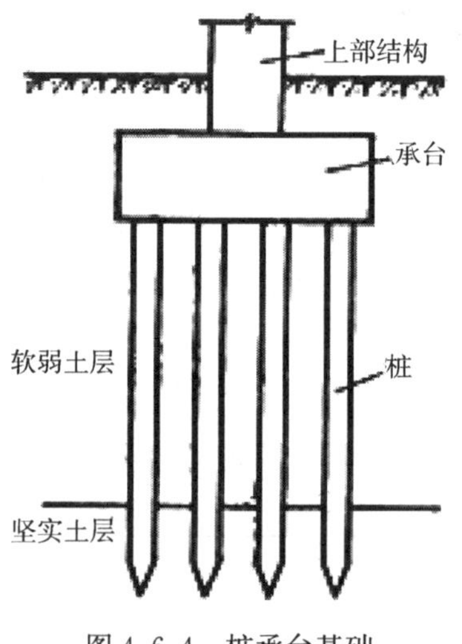

图 4.6.4　桩承台基础

(6)设备基础适用于设备的块体基础、框架式基础等。框架式设备基础中柱、梁、墙、板按表 4.6.2～表 4.6.5 相关项目分别编码列项；基础部分按表 4.6.1 相关项目编码列项。

(7)有肋带形基础、无肋带形基础应分别编码列项，并注明肋高。

(8)如为毛石混凝土基础，项目特征应描述毛石所占比例。

(9)基础现浇混凝土垫层项目，按垫层项目编码列项。

(10)混凝土种类指清水混凝土、彩色混凝土等，若使用预拌(商品)混凝土或现场搅拌混凝土，在项目特征描述时应注明。

(11)预制混凝土及钢筋混凝土构件，按现场制作编制项目，工作内容中包括模板制作、安装、拆除，不再单列，钢筋按预制构件钢筋项目编码列项。若是成品构件，钢筋和模板工程均不再单列，综合单价中包括钢筋和模板的费用。

(12)现浇构件中固定位置的支撑钢筋，双层钢筋用的“铁马”以及螺栓、预埋铁件、机械连接的工程数量，在编制过程清单时，如果设计未明确，其工程量可为暂估价，实际工程量按现场签证数量计算。

(13)混凝土及钢筋混凝土构筑物项目，按构筑物工程相应项目编码列项。

3. 配套定额相关规定

(1)混凝土垫层用于槽坑且厚度≤300 mm 者为基础垫层，否则算作基础。

(2)散水、防滑坡道混凝土垫层，按垫层项目计算，人工乘以系数 1.2。

(3)楼地面商品混凝土垫层，按商品混凝土垫层项目执行，人工乘以系数 0.9。

(4)商品混凝土垫层项目适用于基础垫层、楼地面垫层。

(5)商品混凝土基础项目适用于带形基础、独立基础、满堂基础、桩承台及箱形基础的底板。

(6)现浇混凝土满堂基础适用于有梁式和无梁式满堂基础及箱形基础的底板。

(7)混凝土高杯柱基(长颈柱基)高杯(长颈)部分的高度小于其横截面长边的 3 倍，则该部分高杯(长颈)按柱基计算；高杯(长颈)高度大于其横截面长边的 3 倍，则该部分高杯(长颈)按柱计算。

(8)混凝土墙基的颈部高度小于该部分厚度的 5 倍时，则颈部按基础计算；颈部高度大于该部分厚度 5 倍时，则颈部按墙计算。

(9)现浇混凝土杯形基础按现浇混凝土独立基础项目执行，人工费乘以系数 1.1。

(10)带形基础：外墙按设计外墙中心线长度、内墙按设计内墙基础图示长度乘设计断面计算。

(11)柱与柱基的划分以柱基的扩大顶面为分界线。

例 4.6.1 某带形基础如图 4.6.5 所示，带形基础和垫层的混凝土标号分别为 C30 和 C15，垫层每边比基础宽 100 mm，请计算混凝土垫层和混凝土基础的工程量。

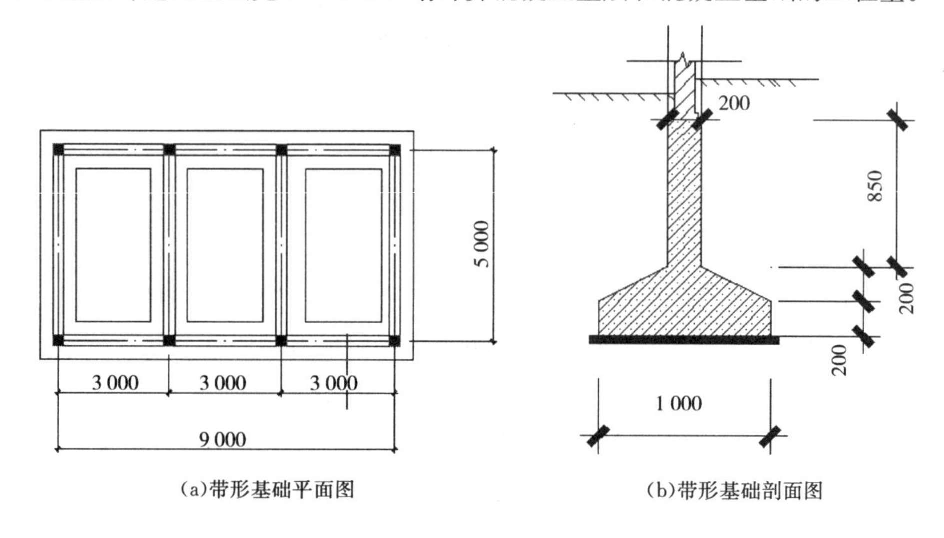

(a)带形基础平面图　　(b)带形基础剖面图

图 4.6.5　某带形基础图

解：

(1)混凝土垫层工程量。

$$垫层工程量=垫层断面积\times垫层长度$$

当为带形基础时，外墙基础下垫层长度取外墙中心线长，内墙基础下垫层长度取内墙基础下垫层净长。

$$垫层中心线长度=(9+5)\times2=28(m)$$

$$垫层净长线=(5-1-0.2)\times2=7.6(m)$$

$$垫层长度=28+7.6=35.6(m)$$

$$垫层工程量=(1+0.2)\times0.1\times35.6=4.27(m^3)$$

(2)混凝土基础工程量。

$$\begin{aligned}外墙下混凝土基础工程量&=基础断面积\times外墙中心线长\\&=[0.2\times0.85+1\times0.2+(0.2+1)\times0.2\times0.5]\times28\\&=13.72(m^3)\end{aligned}$$

$$\begin{aligned}内墙下混凝土基础工程量&=内墙下基础各部分\times相应计算长度\\&=1\times0.2\times[(5-1)\times2]+0.2\times0.85\times[(5-0.2)\times2]+(0.2+1)\times0.2\times0.5\times\left[\left(5-\frac{0.2+1}{2}\right)\times2\right]\\&=4.29(m^3)\end{aligned}$$

$$混凝土基础工程量=13.72+4.29=18.01(m^3)$$

4.6.2　现浇混凝土柱

1. “工程量计算规范”清单项目设置

“工程量计算规范”附录 E.2 现浇混凝土柱包括矩形柱、构造柱和异形柱。现浇混凝土柱常见项目见表 4.6.2。

表 4.6.2　现浇混凝土柱(编号：010502)

项目编码	项目名称	项目特征	计量单位	工程量计算规则	工作内容
010502001	矩形柱	1. 混凝土种类 2. 混凝土强度等级	m^3	按设计图示尺寸以体积计算 柱高： 1. 有梁板的柱高，应自柱基上表面(或楼板上表面)至上一层楼板上表面之间的高度计算 2. 无梁板的柱高，应自柱基上表面(或楼板上表面)至柱帽下表面之间的高度计算 3. 框架柱的柱高：应自柱基上表面至柱顶高度计算 4. 构造柱按全高计算，嵌接墙体部分(马牙槎)并入柱身体积 5. 依附柱上的牛腿和升板的柱帽，并入柱身体积计算	1. 模板及支架(撑)制作、安装、拆除、堆放、运输及清理模内杂物、刷隔离剂等 2. 混凝土制作、运输、浇筑、振捣、养护
010502002	构造柱				
010502001	异形柱	1. 柱形状 2. 混凝土种类 3. 混凝土强度等级			

2. “工程量计算规范”与计价规则说明

1)矩形柱

矩形柱适用于各种形式下的柱，如矩形截面的框架柱、梯柱等。

2)构造柱

构造柱嵌接在墙体部分的马牙槎应并入柱身体积。构造柱如图 4.6.6 所示。

图 4.6.6　构造柱

3)异形柱

异形柱适用于各种形式下的柱，如非矩形截面的框架柱、梯柱等。

4)混凝土种类

指清水混凝土、彩色混凝土等，如在同一地区既使用预拌(商品)混凝土，又允许现场搅拌混凝土时，也应注明(下同)。

例 4.6.2 图 4.6.7 为某建筑物中某楼层构造柱的三种位置关系。已知构造柱的尺寸为 240 mm×240 mm，构造柱高度为 3 m，墙厚 240 mm，计算构造柱的工程量。

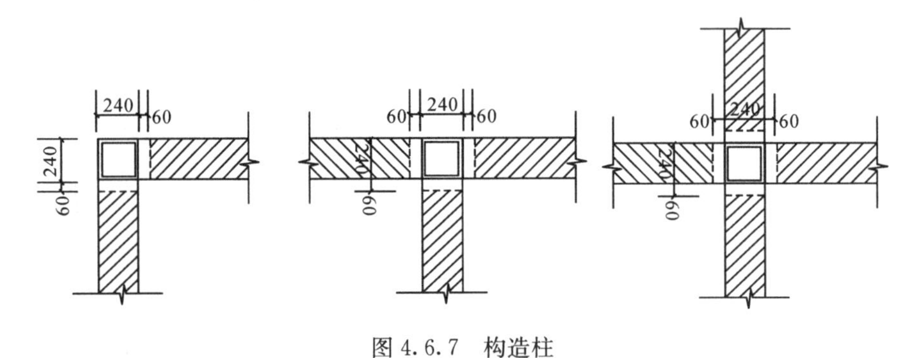

图 4.6.7 构造柱

L 形构造柱的工程量$=0.24\times0.24\times3+0.24\times0.03\times3\times2=0.216(m^3)$

T 形构造柱的工程量$=0.24\times0.24\times3+0.24\times0.03\times3\times3=0.238(m^3)$

十字形构造柱的工程量$=0.24\times0.24\times3+0.24\times0.03\times3\times4=0.259(m^3)$

3. 配套定额相关规定

(1)阳台栏板内的构造柱、女儿墙构造柱执行构造柱项目。

(2)有梁板的柱高，应自柱基上表面(或楼板上表面)至上一层楼板上表面之间的高度计算，如图 4.6.8 所示。

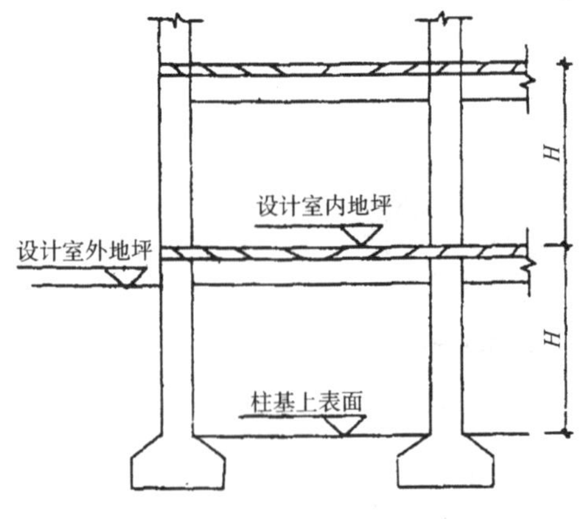

图 4.6.8 有梁板的柱高示意图

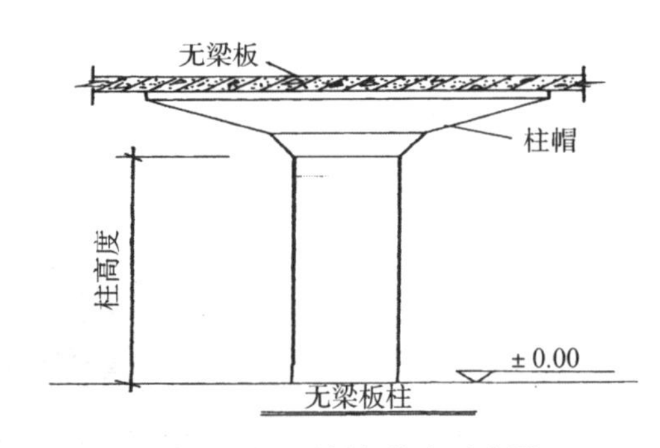

图 4.6.9 无梁板柱高示意图

(3)无梁板的柱高，应自柱基上表面(或楼板上表面)至柱帽下表面之间的高度计算，如图 4.6.9 所示。

(4)框架柱的柱高，应自柱基上表面至柱顶高度计算。

(5)构造柱(抗震柱)按全高计算，嵌接墙体部分马牙槎并入柱身体积。

(6)依附柱上的牛腿和升板的柱帽，并入柱身体积计算。

4.6.3　现浇混凝土梁

1. “工程量计算规范”清单项目设置

“工程量计算规范”附录 E.3 现浇混凝土梁包括基础梁、矩形梁、异形梁、圈梁、过梁、弧形、拱形梁。现浇混凝土梁常见项目见表 4.6.3。

表 4.6.3　现浇混凝土梁(编号：010503)

项目编码	项目名称	项目特征	计量单位	工程量计算规则	工作内容
010503001	基础梁	1. 混凝土种类 2. 混凝土强度等级	m^3	按设计图示尺寸以体积计算。伸入墙内的梁头、梁垫并入梁体积内 梁长： 1. 梁与柱连接时，梁长算至柱侧面 2. 主梁与次梁连接时，次梁长算至主梁侧面	1. 模板及支架(撑)制作、安装、拆除、堆放、运输及清理模内杂物、刷隔离剂等 2. 混凝土制作、运输、浇筑、振捣、养护
010503002	矩形梁				
010503003	异形梁				
010503004	圈梁				
010503005	过梁				
010503006	弧形、拱形梁				

2. “工程量计算规范”与计价规则说明

1)基础梁

基础梁项目指独立基础间架设的，承受上部墙传来荷载的梁。

2)矩形梁

矩形梁项目适用于梁的截面形状为矩形的梁。

3)异形梁

异形梁项目适用于梁的截面形状为矩形以外的梁。

4)圈梁

圈梁项目适用于为了加强结构整体性、构造上要求设置的封闭型的水平梁。

5)过梁

过梁项目主要适用于建筑物门窗洞口上所设置的梁。

6)弧形、拱形梁

弧形、拱形梁适用于形状为弧形和拱形的梁。

3. 配套定额相关规定

(1)商品混凝土梁适用于基础梁、矩形梁、异形梁、圈梁、过梁、叠合梁。

(2)现浇混凝土叠合梁按现浇混凝土圈梁项目执行。

(3)梁长：梁与柱连接时，梁长算到柱侧面，伸入墙内的梁头，应计算在梁的长度内，如图 4.6.10 所示。

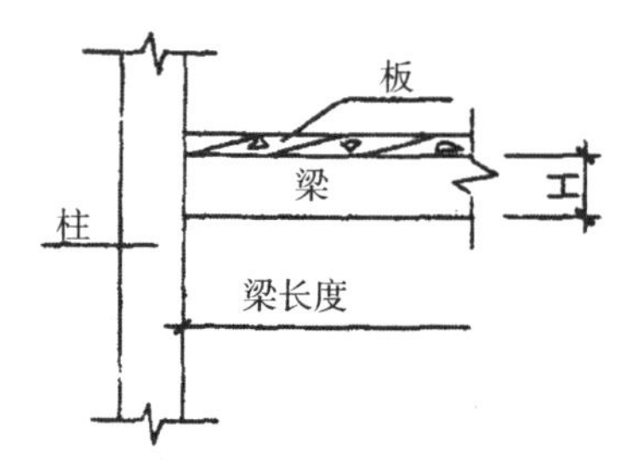

图 4.6.10　梁与柱连接示意图

(4)与主梁连接的次梁，长度算到主梁的侧面；现浇梁头处有现浇垫块者，垫块体积并入梁内计算，如图 4.6.11 所示(高度不同时，主梁高；高度相同时，主梁配筋多)。

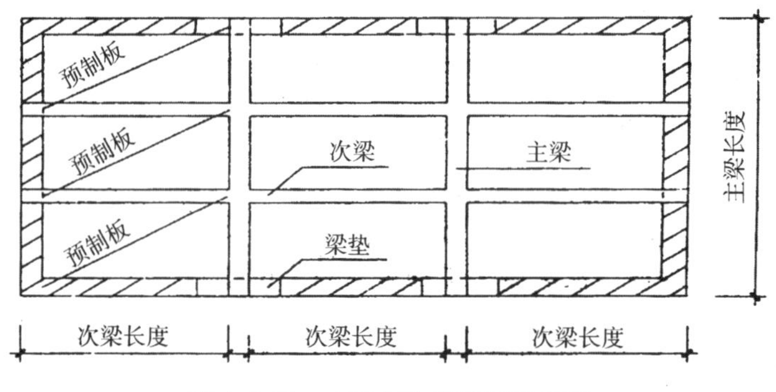

图 4.6.11　主梁与次梁连接示意图

(5)梁高：梁底至顶面的距离。

(6)圈梁外墙按中心线，内墙按净长线计算；圈梁带挑梁时，以墙的结构外皮为分界线，伸出墙外部分按梁计算，墙内部分按圈梁计算；圈梁与构造柱(柱)连接时，算至柱侧面，圈梁与板连接部分按圈梁计算。圈梁与梁连接时，圈梁体积应扣除伸入圈梁内的梁体积。圈梁与过梁连接时，分别套用圈梁、过梁定额，过梁长度按设计规定计算，设计无规定时，按门窗洞口宽度，两端各加 250 mm 计算，如图 4.6.12 所示。

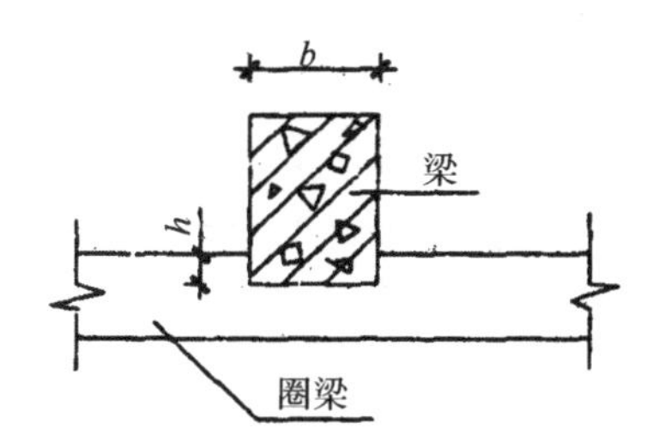

图 4.6.12(a)　圈梁与梁连接图

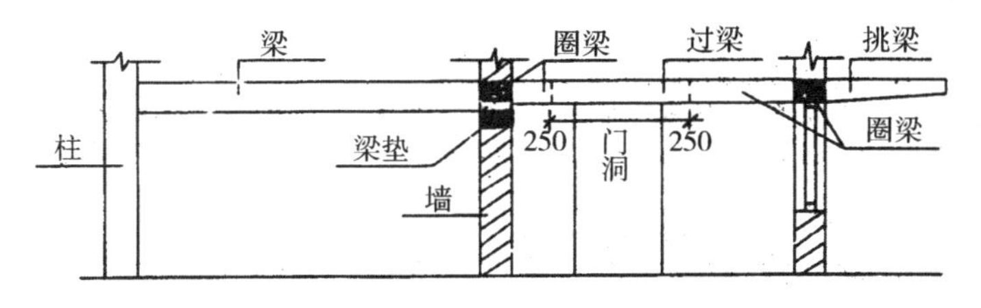

图 4.6.12(b)　圈梁与过梁连接图

(7)梁、圈梁带宽度≤300 mm 线脚者按梁计算；梁、圈梁带>300 mm 线脚或带遮阳板者，按有梁板计算。

例 4.6.3　某工程钢筋混凝土框架(KJ_1)2 根，尺寸如图 4.6.13 所示，混凝土强度等级柱为 C40，梁为 C30，混凝土采用泵送商品混凝土，由施工企业自行采纳，根据招标文件要求，现浇混凝土构件实体项目包含模板工程，根据以上背景资料及现行国家标准《建设工程工程量清单计价规范》(GB 50500－2013)、《房屋建筑与装饰工程工程量计算规范》(GB 50854－2013)，试列出该钢筋混凝土框架(KJ_1)柱、梁的分部分项工程量清单。

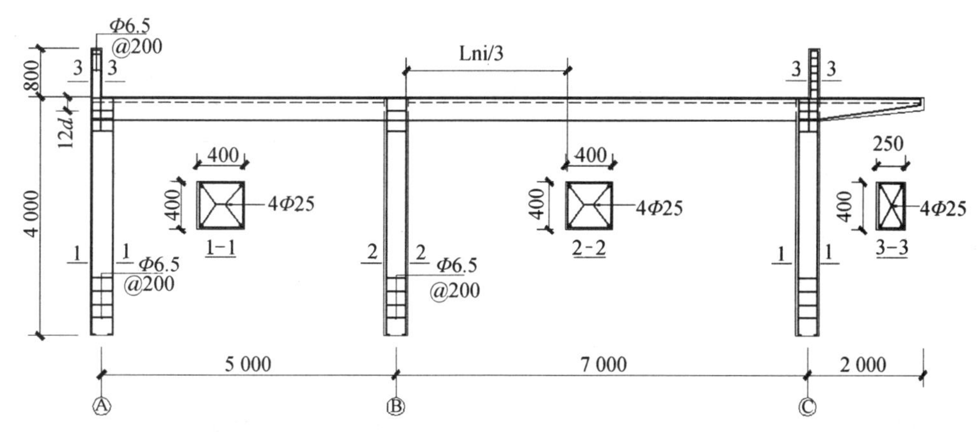

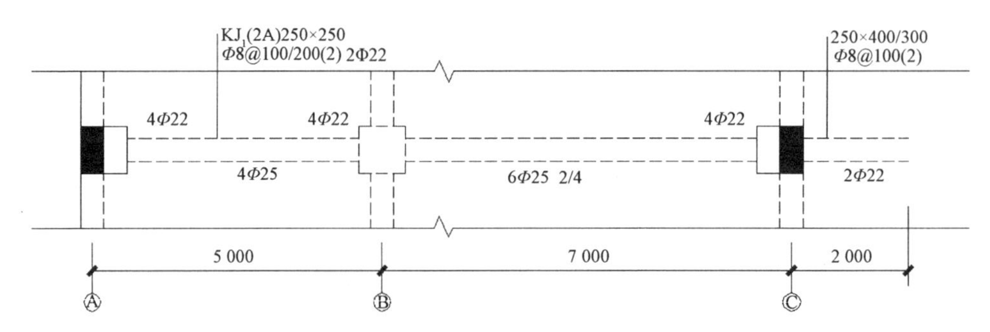

图 4.6.13　某工程钢筋混凝土框架示意图

解：

工程名称：某工程

序号	清单项目编码	清单项目名称	计算式	工程量合计	计量单位
1	010502001001	矩形柱	$V=(0.4\times0.4\times4\times3+0.4\times0.25\times0.8\times2)=4.16$	4.16	m^3
2	010503002001	矩形梁	$V_1=(4.6\times0.25\times0.5+6.6\times0.25\times0.50)\times2=2.8$ $V_2=1/3\times1.8\times(0.4\times0.25+0.25\times0.3+\sqrt{0.4\times0.25+0.25\times0.3})\times2=1/3\times1.8\times(0.1+0.075+0.418)\times2=0.81$ $V=2.8+0.81=4.42$	4.42	m^3

注：根据规范的规定，①梁与柱连接时，梁长算至柱侧面；②不扣除构件内钢筋所占体积

工程名称：某工程

序号	项目编码	项目名称	项目特征描述	计量单位	工程量	金额/元	
						综合单价	合价
1	010502001001	矩形柱	1. 混凝土种类：商品混凝土 2. 混凝土强度等级：C40	m^3	4.16		
2	010503002001	矩形梁	1. 混凝土种类：商品混凝土 2. 混凝土强度等级：C30	m^3	4.42		

注：根据规范要求，现浇混凝土模板项目不单列，现浇混凝土工程项目的综合单价中应包括模板工程费用

4.6.4　现浇混凝土墙

1. “工程量计算规范”清单项目设置

“工程量计算规范”附录 E.4 现浇混凝土墙包括直行墙、弧形墙、短肢剪力墙、挡土墙。现浇混凝土墙常见项目见表 4.6.4。

表 4.6.4　现浇混凝土墙(编号：010504)

项目编码	项目名称	项目特征	计量单位	工程量计算规则	工作内容
010504001	直形墙	1. 混凝土种类 2. 混凝土强度等级	m^3	按设计图示尺寸以体积计算扣除门窗洞口及单个面积＞0.3 m^2 的孔洞所占体积，墙垛及突出墙面部分并入墙体体积计算内	1. 模板及支架(撑)制作、安装、拆除、堆放、运输及清理模内杂物、刷隔离剂等 2. 混凝土制作、运输、浇筑、振捣、养护
010504002	弧形墙				
010504003	短肢剪力墙				
010504004	挡土墙				

2. “工程量计算规范”与计价规则说明

(1)直行墙。适用于墙的形状呈直行的墙体，不仅适用于墙项目，也适用于电梯井项目。

(2)弧形墙。适用于墙的形状呈弧形的墙体，不仅适用于墙项目，也适用于电梯井项目。

(3)短肢剪力墙。短肢剪力墙是指截面厚度不大于 300 mm、各肢截面高度(H)与厚度(B)之比的最大值大于 4 但不大于 8 的剪力墙；各肢截面高度(H)与厚度(B)之比的最大值不大于 4 的剪力墙按柱项目编码列项，如图 4.6.14 所示。

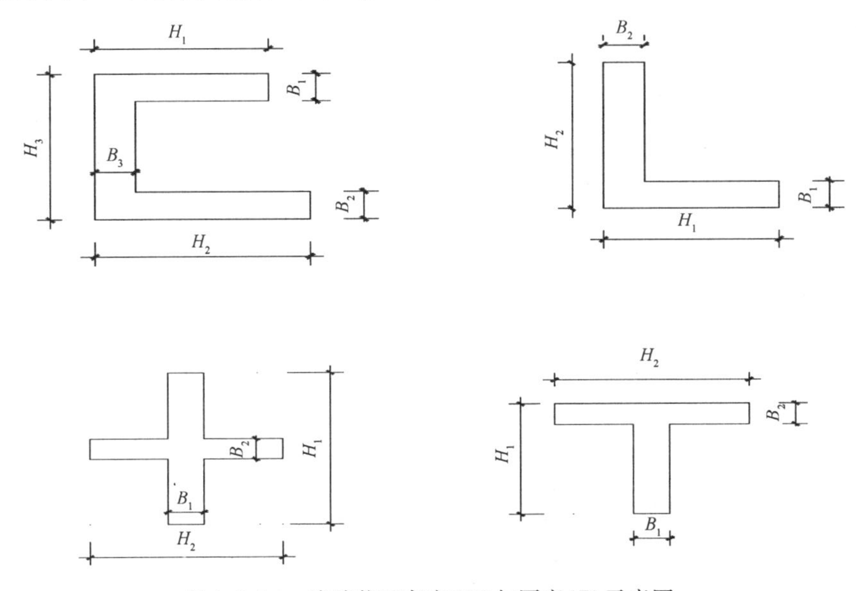

图 4.6.14　墙肢截面高度(H)与厚度(B)示意图

(4)挡土墙。适用于支承路基填土或山坡土体、防止填土或土体变形失稳的构造物。

(5)墙按图示尺寸以“m^3”计算，应扣除门窗洞口＞0.3 m^2的体积。墙垛及突出部分、三角八字、附墙柱(框架柱除外)并入墙体积内计算，执行墙项目；外墙长度按外墙中心线长度计算，内墙长度按内墙净长线计算。墙与现浇板连接时其高度算到板顶面。挡护墙厚度≤300 mm 按墙计算。

例 4.6.4 图 4.6.15 所示为某房屋结构平面图，层高为 3 m。所有构件混凝土等级为商品混凝土 C45。计算构混凝土墙与暗柱的工程量并列出相应清单项目。

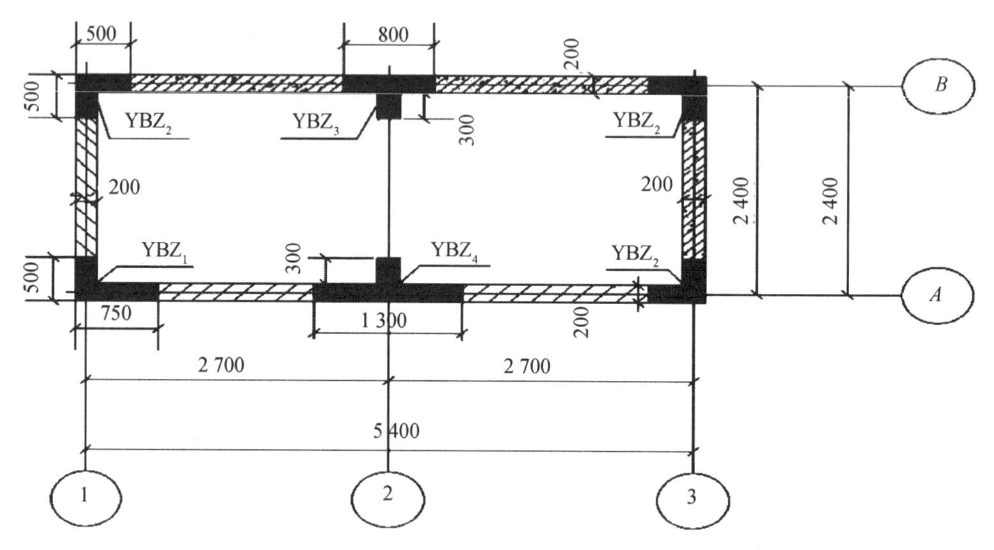

图 4.6.15 某房屋结构平面图

解：

如图 4.6.15 所示，1 轴和 *A* 轴线上墙体为砌体墙，其余轴线为混凝土墙。

剪力墙体积＝剪力墙净长×厚度×高度

剪力墙净长＝2.4＋0.1×2－0.5×2(2 轴线)＋5.4＋0.1×2－0.5×2－0.8(*B* 轴线)

＝1.6＋3.8

＝5.4(m)

剪力墙体积＝剪力墙净长×厚度×高度

＝5.4×0.2×3

＝3.24(m^3)

暗柱体积＝暗柱截面面积×高度

YBZ_1＝[0.5×0.2＋(0.75－0.2)×0.2]×3＝0.63(m^3)

YBZ_2＝[0.5×0.2＋(0.5－0.2)×0.2]×3×3＝1.44(m^3)

YBZ_3＝(0.8×0.2＋0.3×0.2)×3＝0.66(m^3)

YBZ_4＝(1.3×0.2＋0.3×0.2)×3＝0.96(m^3)

如图 4.6.15 所示：

(1)YBZ_1 边缘没有混凝土墙，同时每肢截面高度与厚度之比小于 4，其截面形状为

L 形；因此 YBZ_1 体积应执行异形柱项目。

(2) YBZ_4 边缘没有混凝土墙，厚度为 200 mm，最大截面高度与厚度之比为 4～8；因此 YBZ_4 体积应执行短肢剪力墙项目。

(3)其余暗柱边缘都有混凝土墙，因暗柱所属于剪力墙，所以其余暗柱体积应并入剪力墙中，执行直形墙项目。

故：

异形柱体积＝YBZ_1＝0.63(m^3)

短肢剪力墙体积＝YBZ_4＝0.96(m^3)

直形墙体积＝剪力墙体积＋其余暗柱体积

＝3.24(剪力墙)＋1.44(YBZ_2)＋0.66(YBZ_3)

＝5.34(m^3)

3. 配套定额相关规定

(1)L、Y、T、十字、Z 形等短墙单肢中心线长度≤0.4 m，按异形柱定额项目执行；L、Y、T、十字、Z 形等短墙单肢中心线长度≤0.8 m，按墙的项目执行；一字形短墙中心线长度>0.4 m 且≤1 m，按墙的项目执行；一字形短墙中心线长度≤0.4 m，混凝土按柱定额项目执行。

(2)墙按图示尺寸以“m^3”计算，应扣除门窗洞口>0.3 m^2 的体积。墙垛及突出部分、三角八字、附墙柱(框架柱除外)并入墙体积内计算，执行墙项目；外墙长度按外墙中心线长度计算，内墙长度按内墙净长线计算。

(3)墙与现浇板连接时其高度算到板顶面。

(4)挡护墙厚度≤300 mm 按墙计算。

4.6.5　现浇混凝土板

1. “工程量计算规范”清单项目设置

“工程量计算规范”附录 E.5 现浇混凝土板包括有梁板、无梁板、平板、拱板、薄壳板、栏板、天沟(檐沟)、挑檐板、雨篷、悬挑板、阳台板、空心板、其他板。现浇混凝土板常见项目见表 4.6.5。

表 4.6.5　现浇混凝土板(编号：010505)

<table>
<tr><th>项目编码</th><th>项目名称</th><th>项目特征</th><th>计量单位</th><th>工程量计算规则</th><th>工作内容</th></tr>
<tr><td>010505001</td><td>有梁板</td><td rowspan="10">1. 混凝土种类
2. 混凝土强度等级</td><td rowspan="10">m^3</td><td rowspan="6">按设计图示尺寸以体积计算，不扣除单个面积≤0.3 m^2的柱、垛以及孔洞所占体积
压形钢板混凝土楼板扣除构件内压形钢板所占体积
有梁板(包括主、次梁与板)按梁、板体积之和计算，无梁板按板和柱帽体积之和计算，各类板伸入墙内的板头并入板体积内，薄壳板的肋、基梁并入薄壳体积内计算</td><td rowspan="10">1. 模板及支架(撑)制作、安装、拆除、堆放、运输及清理模内杂物、刷隔离剂等
2. 混凝土制作、运输、浇筑、振捣、养护</td></tr>
<tr><td>010505002</td><td>无梁板</td></tr>
<tr><td>010505003</td><td>平板</td></tr>
<tr><td>010505004</td><td>拱板</td></tr>
<tr><td>010505005</td><td>薄壳板</td></tr>
<tr><td>010505006</td><td>栏板</td></tr>
<tr><td>010505007</td><td>天沟(檐沟)、挑檐板</td><td>按设计图示尺寸以体积计算</td></tr>
<tr><td>010505008</td><td>雨篷、悬挑板、阳台板</td><td>按设计图示尺寸以墙外部分体积计算。包括伸出墙外的牛腿和雨篷反挑檐的体积</td></tr>
<tr><td>010505009</td><td>空心板</td><td>按设计图示尺寸以体积计算。空心板(GBF 高强薄壁蜂巢芯板等)应扣除空心部分体积</td></tr>
<tr><td>010505010</td><td>其他板</td><td>按设计图示尺寸以体积计算</td></tr>
</table>

2. “工程量计算规范”与计价规则说明

(1)有梁板。梁板同时存在，适用于密肋板、井字梁板，如图 4.6.16 所示。

图 4.6.16　有梁板

(2)无梁板。支架(撑)在柱上的板，板与柱交接的地方往往设置柱帽，如图 4.6.1
所示。

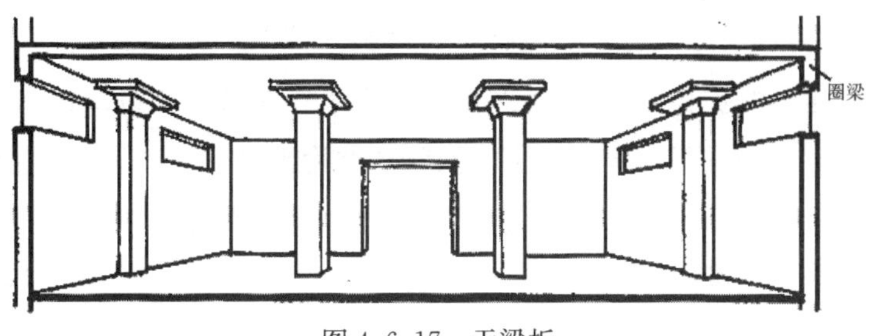

图 4.6.17　无梁板

(3)平板。直接支架(撑)在墙上(或圈梁上)的板，所在的空间一般不大，如图 4.6.18所示。

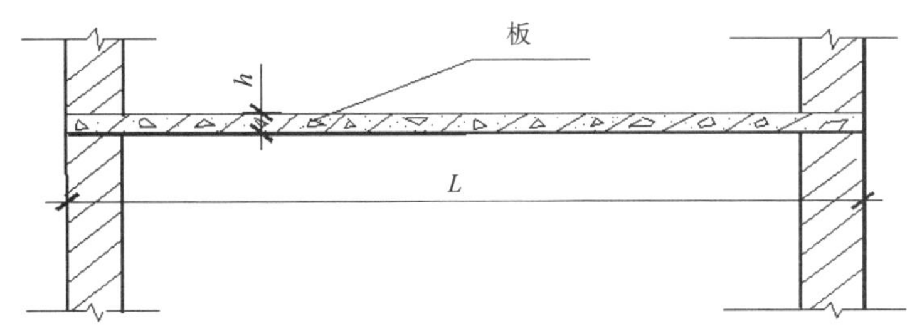

图 4.6.18　平板

(4)拱板。采用现浇混凝土，把拱肋拱波结合成整体的结构物，较为常用的有波形或折线形拱板。

(5)薄壳板。混凝土薄壳板跨度比较大，而板厚比较薄，浇筑时主要采用弧线模板来支架(撑)板，有暗截面比较小的密肋梁。由于薄壳结构能够承受很大的压力，所以建筑师们用它们做成很大、很薄的屋顶。

(6)栏板。适用于楼梯或阳台上所设的安全防护板，高度一般为 900～1200 mm，如图 4.6.19 所示。

图 4.6.19　阳台栏板

(7)天沟(檐沟)、挑檐板。挑檐是指屋面挑出外墙的部分，主要是为了方便做屋面排水，对外墙也起到保护作用；天沟是指屋面排水的沟槽。有组织排水一般是把雨水集到天沟内再由雨水管排下，集聚雨水的沟就被称为天沟。

(8)雨篷、悬挑板、阳台板。雨篷板指建筑物入口处和顶层阳台上部用以遮挡雨水和保护外门免受雨水浸蚀的水平构件；阳台板指伸入外墙以外的水平悬挑构件。

(9)空心板。将板的横截面做成空心的称为空心板。空心板较同跨径的实心板重量轻，运输安装方便，建筑高度又较同跨径的 T 梁小，因而小跨径桥梁中使用较多。其中间挖空形式有很多种。

(10)其他板。以上情况以外的各类板。

(11)现浇挑檐、天沟板、雨篷、阳台与板(包括屋面板、楼板)连接时，以外墙外边线为分界线；与圈梁(包括其他梁)连接时，以梁外边线为分界线。外边线以外为挑檐、天沟、雨篷或阳台，如图 4.6.20 所示。

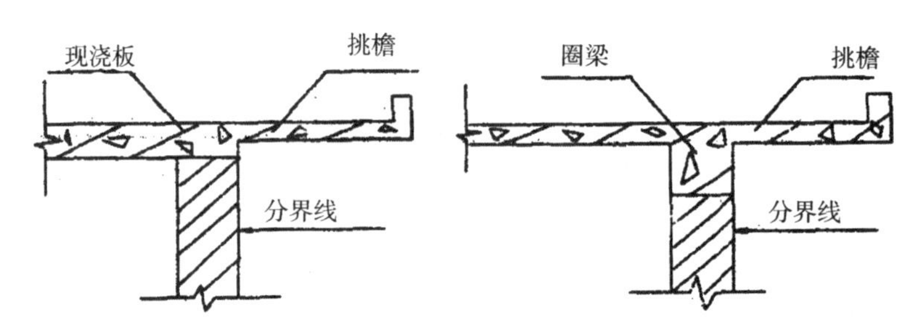

图 4.6.20　现浇钢筋混凝土挑檐

例 4.6.5　如图 4.6.21 所示，请计算柱及有梁板的工程量。

解：

1)柱子混凝土工程量

柱子混凝土工程量＝柱子截面面积×高度×根数

$$=0.4\times0.4\times3\times4=1.92(\mathrm{m}^3)$$

2)有梁板混凝土工程量

(1)梁构件混凝土。

梁构件混凝土工程量＝断面积×长度

其中，梁与柱连接时，梁长算至柱侧面。柱梁与次梁连接时，次梁长算至柱梁侧面。

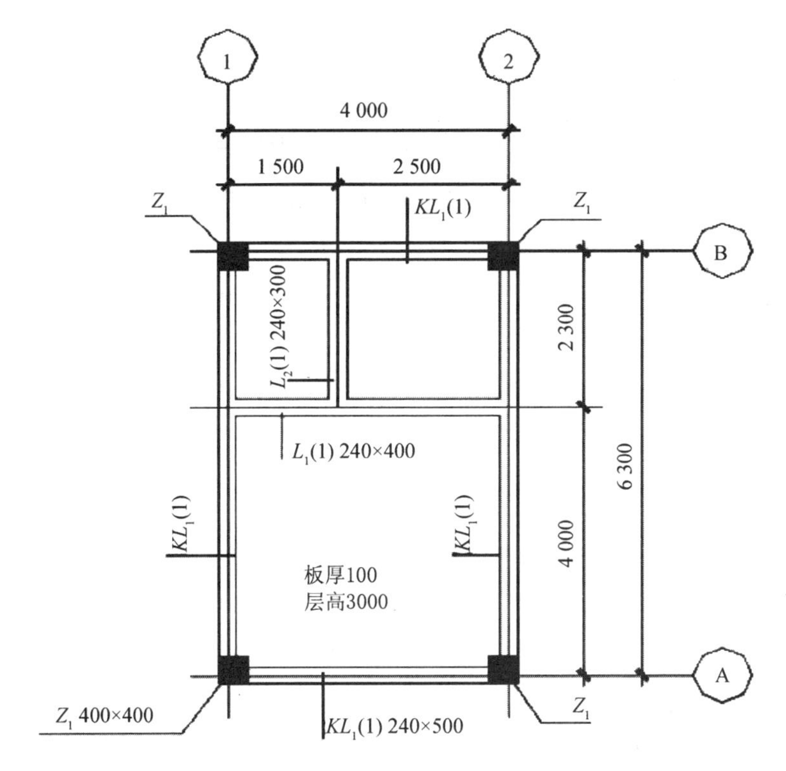

图 4.6.21　某柱及有梁板示意图

Ⓐ轴 $KL_1(1)$工程量＝0.24×0.5×(4＋0.24－0.4×2)＝0.413(m^3)

Ⓑ轴 $KL_1(1)$工程量同Ⓐ轴，同为 0.413 m^3。

①轴 $KL_1(1)$工程量＝0.24×0.5×(6.3＋0.24－0.4×2)＝0.689(m^3)

②轴 $KL_1(1)$工程量同①轴，同为 0.689 m^3

$L_1(1)$工程量＝0.24×0.4×(4－0.24)＝0.361(m^3)

$L_2(1)$工程量＝0.24×0.3×(2.3－0.24)＝0.148(m^3)

梁构件混凝土工程量＝0.413×2＋0.689×2＋0.361＋0.148＝2.713(m^3)

(2)板构件混凝土。

根据《房屋建筑与装饰工程工程量计算规范》(GB 50854－2013)，有梁板的计量规则为按设计图示尺寸以体积计算，不扣除单个面积≤0.3 m^2 的柱、垛以及孔洞所占体积。

板构件混凝土工程量＝[(1.5－0.24)×(2.3－0.24)＋(2.5－0.24)×(2.3－0.24)
＋(4－0.24)×(4－0.24)] ×0.1＝2.139(m^3)

有梁板混凝土工程量＝梁构件混凝土＋板构件混凝土
＝2.713＋2.139＝4.85(m^3)

3. 配套定额相关规定

(1)坡屋面混凝土按相应定额项目执行，混凝土用量乘以系数1.05。

(2)现浇商品混凝土实心栏板厚度≤120 mm者，执行商品混凝土零星项目；厚度>120 mm者，执行现浇商品混凝土墙项目。

(3)现浇混凝土阶梯形(锯齿形)楼板每一梯步宽度大于300 mm时，按板的项目执行，人工乘以系数1.45。

(4)有梁板(包括主、次梁与板)按梁、板体积之和计算，各类板伸入墙内的板头并入有梁板体积内计算。

(5)无梁板系指不带梁(圈梁除外)直接用柱支承的板，按板和柱帽体积之和计算。

(6)挑檐、天沟(檐沟)与板(包括屋面板、楼板)连接时，以外墙外边线为分界线；与圈梁(包括其他梁)连接时，以梁外边线为分界线。雨篷、阳台板按设计图示尺寸以墙外部分体积计算，包括伸出墙外的牛腿和雨篷反挑檐的体积。

4.6.6　现浇混凝土楼梯

1. “工程量计算规范”清单项目设置

“工程量计算规范”附录E.6现浇混凝土楼梯包括直行楼梯、弧形楼梯。现浇混凝土楼梯常见项目见表4.6.6。

表4.6.6　现浇混凝土楼梯(编号：010506)

项目编码	项目名称	项目特征	计量单位	工程量计算规则	工作内容
010506001	直形楼梯	1. 混凝土种类 2. 混凝土强度等级	1. m^2 2. m^3	1. 以“m^2”计量，按设计图示尺寸以水平投影面积计算。不扣除宽度≤500 mm的楼梯井，伸入墙内部分不计算 2. 以“m^3”计量，按设计图示尺寸以体积计算	1. 模板及支架(撑)制作、安装、拆除、堆放、运输及清理模内杂物、刷隔离剂等 2. 混凝土制作、运输、浇筑、振捣、养护
010506002	弧形楼梯				

2. “工程量计算规范”与计价规则说明

(1)直行楼梯梯段的形状呈直线，可分为单跑、双跑或多跑楼梯。

(2)弧形楼梯梯段的形状呈弧形，具有一定的装饰效果。

(3)整体楼梯(包括直形楼梯、弧形楼梯)水平投影面积包括休息平台、平台梁、斜梁和楼梯的连接梁。

当整体楼梯与现浇楼板无梯梁连接时，以楼梯的最后一个踏步边缘加 300 mm 为界，如图 4.6.22 所示。

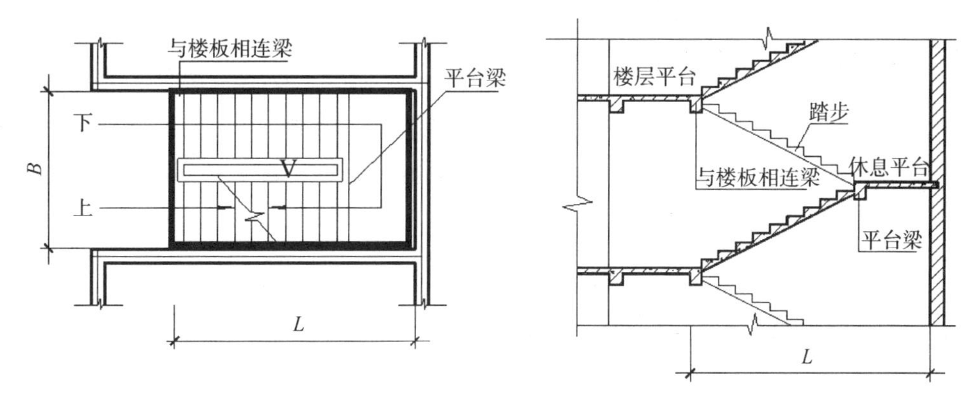

图 4.6.22　整体楼梯示意图

例 4.6.6　现有楼梯平面图如图 4.6.23 所示，楼梯混凝土为 C35，试计算楼梯的工程量。

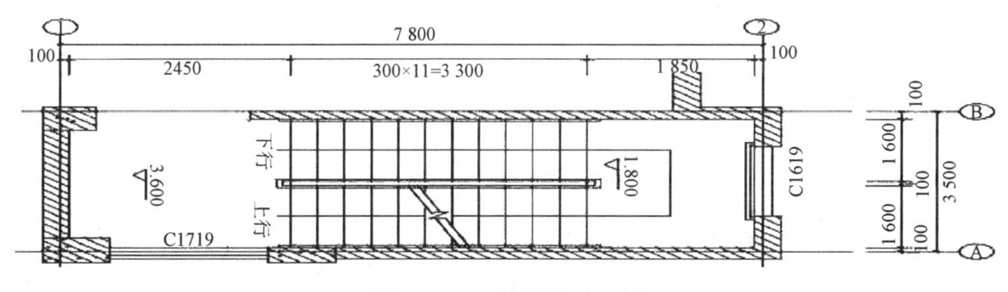

图 4.6.23　某楼梯平面图

解：

如图 4.6.23 所示，楼梯井的宽度为 100 mm，因此计算楼梯水平投影面积时不扣除楼梯井的面积。因楼梯为标示梯梁，则楼梯长方向的长度应按最后一阶外边缘加 300 mm 计算。

$$
\begin{aligned}
\text{楼梯工程量} &= \text{楼梯水平投影面积} \\
&= (1.85+3.3+0.3)\times(1.6\times2+0.1) \\
&= 17.99(\mathrm{m}^2)
\end{aligned}
$$

3. 配套定额相关规定

整体楼梯(包括休息平台、平台梁、斜梁和楼层板的连接梁)分层按水平投影面积计算，不扣除宽度小于 500 mm 的楼梯井，伸入墙内部分项目已包括不另计算。整体楼梯与现浇楼层板无楼梯梁连接时，以楼层的最后一个踏步外边缘加 300 mm 为界。

4.6.7　现浇混凝土其他构件

1. “工程量计算规范”清单项目设置

“工程量计算规范”附录 E.7 现浇混凝土其他构件包括散水、坡道、室外地坪、电缆沟、地沟、台阶、扶手、压顶、化粪池、检查井、其他构件。现浇混凝土其他构件常见项目见表 4.6.7。

表 4.6.7　现浇混凝土其他构件(编号：010507)

<table>
<tr><th>项目编码</th><th>项目名称</th><th>项目特征</th><th>计量单位</th><th>工程量计算规则</th><th>工作内容</th></tr>
<tr><td>010507001</td><td>散水、坡道</td><td>1. 垫层材料种类、厚度
2. 面层厚度
3. 混凝土种类
4. 混凝土强度等级
5. 变形缝填塞材料种类</td><td rowspan="2">m^2</td><td rowspan="2">按设计图示尺寸以水平投影面积计算。不扣除单个≤0.3 m^2的孔洞所占面积</td><td rowspan="2">1. 地基夯实
2. 铺设垫层
3. 模板及支架(撑)制作、安装、拆除、堆放、运输及清理模内杂物、刷隔离剂等
4. 混凝土制作、运输、浇筑、振捣、养护
5. 变形缝填塞</td></tr>
<tr><td>010507002</td><td>室外地坪</td><td>1. 地坪厚度
2. 混凝土强度等级</td></tr>
<tr><td>010507003</td><td>电缆沟、地沟</td><td>1. 土壤类别
2. 沟截面净空尺寸
3. 垫层材料种类、厚度
4. 混凝土种类
5. 混凝土强度等级
6. 防护材料种类</td><td>m</td><td>按设计图示以中心线长度计算</td><td>1. 挖填、运土石方
2. 铺设垫层
3. 模板及支架(撑)制作、安装、拆除、堆放、运输及清理模内杂物、刷隔离剂等
4. 混凝土制作、运输、浇筑、振捣、养护
5. 刷防护材料</td></tr>
<tr><td>010507004</td><td>台阶</td><td>1. 踏步高、宽
2. 混凝土种类
3. 混凝土强度等级</td><td>1. m^2
2. m^3</td><td>1. 以“m^2”计量，按设计图示尺寸水平投影面积计算
2. 以“m^3”计量，按设计图示尺寸以体积计算</td><td>1. 模板及支架(撑)制作、安装、拆除、堆放、运输及清理模内杂物、刷隔离剂等
2. 混凝土制作、运输、浇筑、振捣、养护</td></tr>
</table>

续表

项目编码	项目名称	项目特征	计量单位	工程量计算规则	工作内容
010507005	扶手、压顶	1. 断面尺寸 2. 混凝土种类 3. 混凝土强度等级	1. m 2. m^3	1. 以“m”计量，按设计图示的中心线延长米计算 2. 以“m^3”计量，按设计图示尺寸以体积计算	1. 模板及支架(撑)制作、安装、拆除、堆放、运输及清理模内杂 物、刷隔离剂等 2. 混凝土制作、运输、浇筑、振捣、养护
010507006	化粪池、检查井	1. 部位 2. 混凝土强度等级 3. 防水、抗渗要求	1. m^3 2. 座	1. 按设计图示尺寸以体积计算 2. 以座计量，按设计图示数量计算	
010507007	其他构件	1. 构件的类型 2. 构件规格 3. 部位 4. 混凝土种类 5. 混凝土强度等级	m^3		

2. “工程量计算规范”与计价规则说明

(1)散水、坡道。适用于结构层为混凝土的散水、坡道。

(2)室外地坪。适用于室外结构层为混凝土的地坪处理项目。

(3)电缆沟、地沟。适用于沟壁为混凝土的地沟项目。

(4)台阶。适用于踏步为混凝土的台阶项目。架空式混凝土台阶，按现浇楼梯计算。

(5)扶手、压顶。扶手是指依附之用的附握构件、较窄；压顶是指加强稳定封顶的构件、较宽。

(6)化粪池、检查井。适用于池壁(井壁)为混凝土的构筑物项目。

(7)其他构件。适用于现浇混凝土小型池槽、垫块、门框等。

(8)现浇混凝土小型池槽、垫块、门框等，应按本表其他构件项目编码列项。

(9)架空式混凝土台阶，按现浇楼梯计算。

例 4.6.7　现有某房屋一层平面图如图 4.6.24 所示，图中散水为 C15 现浇混凝土，台阶为 C20 现浇混凝土。台阶踏步高 150 mm，墙厚为 200 mm，轴线居墙中线，请计算出散水和台阶的工程量。

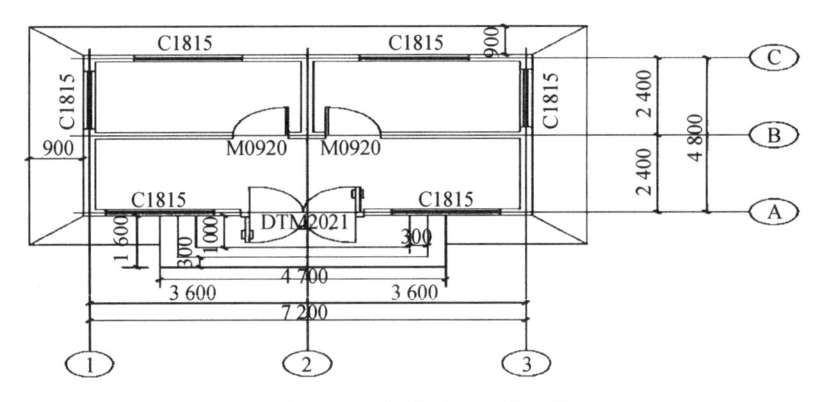

图 4.6.24　某房屋一层平面图

解：

散水的工程量＝散水宽度×(散水中心线长度－台阶长度)

散水中心线长度＝(7.2＋0.2＋4.8＋0.2)×2＋4×0.9 ＝ 28.4(m)

散水的工程量＝0.9×(28.4－4.7)＝21.33(m^2)

台阶的工程量＝4.7×1.6－(4.7－0.3×6)×(1.6－0.3×3)＝5.49(m^2)

3. 配套定额相关规定

(1)检查井及化粪池项目适用于上下水检查井、连接井。本定额只编制检查井、化粪池项目，其他井池按 2015 年《四川省建设工程工程量清单计价定额——构筑物工程》中相应项目执行。

(2)混凝土散水、坡道、台阶、地沟、后浇带等均按图示尺寸以“m^3”计算。

4.6.8　后浇带

1. “工程量计算规范”清单项目设置

“工程量计算规范”附录 E.8 后浇带项目见表 4.6.8。

表 4.6.8　后浇带(编号：010508)

项目编码	项目名称	项目特征	计量单位	工程量计算规则	工作内容
010508001	后浇带	1. 混凝土种类 2. 混凝土强度等级	m^3	按设计图示尺寸以体积计算	1. 模板及支架(撑)制作、安装、拆除、堆放、运输及清理模内杂物、刷隔离剂等 2. 混凝土制作、运输、浇筑、振捣、养护及混凝土交接面、钢筋等的清理

2. “工程量计算规范”与计价规则说明

根据国家标准，《混凝土结构工程施工规范》(GB 50666－2011)第 2.0.10 条对后浇带的定义是：考虑环境温度变化、混凝土收缩、结构不均匀沉降等因素，将梁、板(包括基础底板)、墙分为若干部分，经过一定时间后再浇筑的具有一定宽度的混凝土带，如图 4.6.25 所示。

图 4.6.25　后浇带

3. 配套定额相关规定

混凝土散水、坡道、台阶、地沟、后浇带等均按图示尺寸以“m^3”计算。

4.6.9　预制混凝土构件

1. “工程量计算规范”清单项目设置

预制混凝土构件分为预制混凝土柱、预制混凝土梁、预制混凝土屋架、预制混凝土板、预制混凝土楼梯、其他预制构件共六个子项，具体如表 4.6.9～表 4.6.14 所示。

表 4.6.9　预制混凝土柱(编号：010509)

项目编码	项目名称	项目特征	计量单位	工程量计算规则	工作内容
010509001	矩形柱	1. 图代号 2. 单件体积 3. 安装高度 4. 混凝土强度等级 5. 砂浆(细石混凝土)强度等级、配合比	1. m^3 2. 根	1. 以“m^3”计量，按设计图示尺寸以体积计算。 2. 以“根”计量，按设计图示尺寸以数量计算。	1. 模板制作、安装、拆除、堆放、运输及清理模内杂物、刷隔离剂等 2. 混凝土制作、运输、浇筑、振捣、养护 3. 构建运输、安装 4. 砂浆制作、运输 5. 接头灌缝、养护
010509002	异形柱				

表 4.6.10　预制混凝土梁(编号：010510)

项目编码	项目名称	项目特征	计量单位	工程量计算规则	工作内容
010510001	矩形梁	1. 图代号 2. 单件体积 3. 安装高度 4. 混凝土强度等级 5. 砂浆(细石混凝土)强度等级、配合比	1. m^3 2. 根	1. 以"m^3"计量，按设计图示尺寸以体积计算 2. 以"根"计量，按设计图示尺寸以数量计算	1. 模板制作、安装、拆除、堆放、运输及清理模内杂物、刷隔离剂等 2. 混凝土制作、运输、浇筑、振捣、养护 3. 构建运输、安装 4. 砂浆制作、运输 5. 接头灌缝、养护
010510002	异形梁				
010510003	过梁				
010510004	拱形梁				
010510005	鱼腹式吊车梁				
010510006	其他梁				

表 4.6.11　预制混凝土屋架(编号：010511)

项目编码	项目名称	项目特征	计量单位	工程量计算规则	工作内容
010511001	折线型	1. 图代号 2. 单件体积 3. 安装高度 4. 混凝土强度等级 5. 砂浆(细石混凝土)强度等级、配合比	1. m^3 2. 榀	1. 以"m^3"计量，按设计图示尺寸以体积计算 2. 以"榀"计量，按设计图示尺寸以数量计算	1. 模板制作、安装、拆除、堆放、运输及清理模内杂物、刷隔离剂等 2. 混凝土制作、运输、浇筑、振捣、养护 3. 构建运输、安装 4. 砂浆制作、运输 5. 接头灌缝、养护
010511002	组合				
010511003	薄腹				
010511004	门式钢架				
010511005	天窗架				

表 4.6.12　预制混凝土板(编号：010512)

项目编码	项目名称	项目特征	计量单位	工程量计算规则	工作内容
010512001	平板	1. 图代号 2. 单件体积 3. 安装高度 4. 混凝土强度等级 5. 砂浆(细石混凝土)强度等级、配合比	1. m^3 2. 块	1. 以"m^3"计量，按设计图示尺寸以体积计算。不扣除单个面积≤300 mm×300 mm 的孔洞所占体积 2. 以"块"计量，按设计图示尺寸以数量计算	1. 模板制作、安装、拆除、堆放、运输及清理模内杂物、刷隔离剂等 2. 混凝土制作、运输、浇筑、振捣、养护 3. 构建运输、安装 4. 砂浆制作、运输 5. 接头灌缝、养护
010512002	空心板				
010512003	槽形板				
010512004	网架板				
010512005	折线板				
010512006	带肋板				
010512008	沟盖板 井盖板 井圈	1. 单件体积 2. 安装高度 3. 混凝土强度等级 4. 砂浆强度等级、配合比	1. m^3 2. 块(套)	1. 以"m^3"计量，按设计图示尺寸以体积计算 2. 以"块"计量，按设计图示尺寸以数量计算	

表 4.6.13　预制混凝土楼梯(编号：010513)

项目编码	项目名称	项目特征	计量单位	工程量计算规则	工作内容
010513001	楼梯	1. 楼梯类型 2. 单件体积 3. 混凝土强度等级 4. 砂浆(细石混凝土)强度等级	1. m^3 2. 段	1. 以"m^3"计量，按设计图示尺寸以体积计算。扣除空心踏步板空洞体积。 2. 以"段"计量，按设计图示尺寸以数量计算。	1. 模板制作、安装、拆除、堆放、运输及清理模内杂物、刷隔离剂等 2. 混凝土制作、运输、浇筑、振捣、养护 3. 构建运输、安装 4. 砂浆制作、运输 5. 接头灌缝、养护

表 4.6.14　其他预制构件(编号：010514)

项目编码	项目名称	项目特征	计量单位	工程量计算规则	工作内容
010514001	垃圾道、通风道、烟道	1. 单件体积 2. 混凝土强度等级 3. 砂浆强度等级	1. m^3 2. m^2 3. 根(块、套)	1. 以“m^3”计量，按设计图示尺寸以体积计算。不扣除单个面积≤300 mm×300 mm 的孔洞所占体积，扣除烟道、垃圾道、通风道的孔洞所占面积 2. 以“m^2”计量，按设计图示尺寸以面积计算。不扣除单个面积≤300 mm×300 mm 的孔洞所占面积 3. 以“根”计量，按设计图示尺寸以数量计算	1. 模板制作、安装、拆除、堆放、运输及清理模内杂物、刷隔离剂等 2. 混凝土制作、运输、浇筑、振捣、养护 3. 构建运输、安装 4. 砂浆制作、运输 5. 接头灌缝、养护
010514002	其他构件	1. 单件体积 2. 构件的类型 3. 混凝土强度等级 4. 砂浆强度等级			

2. “工程量计算规范”与计价规则说明

(1)有相同截面、长度的预制混凝土柱、梁工程量可按根数计算。预制混凝土柱、梁以根计算，必须描述单件体积。

(2)同类型、相同跨度的预制混凝土屋架工程量可按榀数计算，预制混凝土屋架以榀计算，必须描述单件体积，三角形屋架按折线型屋架项目编码列项。

(3)同类型、相同构件尺寸的预制混凝土板工程量可按块数计算，同类型、相同构件尺寸的预制混凝土沟盖板工程量可按块数计算，预制混凝土板以块、套计量，必须描述单件体积；不带筋的预制遮阳板、雨篷板、挑檐板、拦板等，应按平板项目编码列表；预制 F 形板、双 T 形板、单筋板和带反挑檐的雨篷板、挑檐板、遮阳板等，应按带肋板项目编码列项；预制大型墙板、大型楼板、大型屋面板等，按大型板项目编码列表。

(4)预制混凝土楼梯以段计量，必须描述单件体积。

(5)其他预制构件以块、根计量，必须描述单件体积；预制钢筋混凝土小型池槽、压顶、扶手、垫块、隔热板、花格等，按其他构件项目编码列项。

3. 配套定额相关规定

1)预制混凝土构件项目适用范围

(1)预制梁适用于基础梁、楼梯斜梁、挑梁等。

(2)预制异形柱适用于工字形柱、双肢柱和圆柱。

(3)预制槽形板适用于槽形楼板、槽形墙板、天沟板。

(4)预制平板适用于不带肋的预制遮阳板、挑檐板、栏板。

(5)预制零星构件适用于烟囱、支撑、天窗侧板、上下档、垫头、压顶、扶手、窗台板、阳台隔板、壁龛、粪槽、池槽、雨水管、厨房壁柜、搁板、架空隔热板。

(6)预应力屋架适用于屋架、托架。

(7)预应力梁适用于连系梁。

2)预制构件制作、安装及灌浆

(1)预制构件项目中成品预制构件单价包含混凝土制作、钢筋制作安装、模板安拆及构件运输等费用。

(2)屋架下弦为圆钢或型钢时，按定额“F金属结构工程”钢拉杆项目计算。

(3)预制构件安装未包括铺垫道木、钢板、钢轨等的铺设及维修工料，发生时另行计算。

(4)构件灌浆工料已综合在项目中，不另计算。

(5)构件安装中未含吊装机械费，发生时按相应项目计算。

(6)除用塔式起重机，卷扬机吊装外，若单层房屋盖系统构件必须在跨外安装时，按相应的构件安装定额的机械费乘以系数1.18。

(7)高层建筑吊装费按相应定额项目乘以系数1.65。

3)预制、预应力构件工程量计算

(1)预制柱、梁、屋架、檩、枋、椽、沟盖板、井盖板、井圈等均按设计图示尺寸以体积计算。不扣除构件内钢筋、预埋铁件所占体积。

(2)预制平板、槽形板、网架板、折线板、带肋板、大型板按设计图示尺寸以体积计算。不扣除构件内钢筋、预埋铁件及单个尺寸≤300 mm×300 mm的孔洞所占体积。

(3)预制楼梯按设计图示尺寸以体积计算。不扣除构件内钢筋、预埋铁件所占体积，但应扣除空心踏步板空洞体积。

(4)其他预制构件：

①支架及零星构件均按设计图示尺寸以体积计算，不扣除构件内钢筋、预埋铁件及单个尺寸≤300 mm×300 mm的孔洞所占体积。

②预制井筒安装按设计图示数量以节计算。

(5)预制混凝土构件模板工程：

①预制构件模板工程量均按模板与混凝土接触面积以“m^2”计算，地模综合考虑，不另计算。

②预制板、水磨石构件模板上单孔面积≤0.3 m^2的孔洞不予扣除，洞侧壁模板亦不增加，单孔面积>0.3 m^2时，应予扣除，洞侧壁模板面积并入墙、板模板工程量内计算。

(6)构件运输。

构件运输工程量按图算量计算。

4.6.10　钢筋工程

1. “工程量计算规范”清单项目设置

“工程量计算规范”附录 E.15 钢筋工程包括现浇构件钢筋、预制构件钢筋、钢筋网片、钢筋笼、先张法预应力钢筋、后张法预应力钢筋、预应力钢丝、预应力钢绞线、支架(撑)钢筋(铁马)、声测管。钢筋工程常见项目见表 4.6.15。

2. “工程量计算规范”与计价规则说明

(1)现浇构件钢筋、预制构件钢筋指位于现浇构件、预制构件内的各种类型的钢筋。钢筋工程应区别现浇、预制构件和不同钢种、规格计算，其最终原理就是计算钢筋的长度，然后转化成重量，以吨计算。

(2)钢筋网片是指纵向钢筋和横向钢筋分别以一定的间距排列且互成直角、全部交叉点均焊接在一起的网片。钢筋网片这种新型配筋形式，特别适用于大面积混凝土工程，如图 4.6.26 所示。

图 4.6.26　钢筋网片示意图

表 4.6.15　钢筋工程(编号：010515)

项目编码	项目名称	项目特征	计量单位	工程量计算规则	工作内容
010515001	现浇构件钢筋	钢筋种类、规格	t	按设计图示钢筋(网)长度(面积)乘单位理论质量计算	1. 钢筋制作、运输 2. 钢筋安装 3. 焊接(绑扎)
010515002	预制构件钢筋				
010515003	钢筋网片				1. 钢筋网制作、运输 2. 钢筋网安装 3. 焊接(绑扎)
010515004	钢筋笼				1. 钢筋网制作、运输 2. 钢筋网安装 3. 焊接(绑扎)
010515005	先张法预应力钢筋	1. 钢筋种类、规格 2. 锚具种类		按设计图示钢筋长度乘单位理论质量计算	1. 钢筋制作、运输 2. 钢筋张拉
010515006	后张法预应力钢筋	1. 钢筋种类、规格 2. 钢丝种类、规格 3. 钢绞线种类、规格 4. 锚具种类 5. 砂浆强度等级		按设计图示钢筋(丝束、绞线)长度乘单位理论质量计算 1. 低合金钢筋两端均采用螺杆锚具时，钢筋长度按孔道长度减0.35 m计算，螺杆另行计算 2. 低合金钢筋一端采用镦头插片，另一端采用螺杆锚具时，钢筋长度按孔道长度计算，螺杆另行计算 3. 低合金钢筋一端采用镦头插片，另一端采用帮条锚具时，钢筋增加0.15 m计算；两端均采用帮条锚具时，钢筋长度按孔道长度增加0.3 m计算 4. 低合金钢筋采用后张混凝土自锚时，钢筋长度按孔道长度增加0.35 m计算 5. 低合金钢筋(钢绞线)采用JM、XM、QM型锚具，孔道长度≤20 m时，钢筋长度增加1 m计算，孔道长度＞20 m时，钢筋长度增加1.8 m计算 6. 碳素钢丝采用锥形锚具，孔道长度≤20 m时，钢丝束长度按孔道长度增加1 m计算，孔道长度＞20 m时，钢丝束长度按孔道长度增加1.8 m计算 7. 碳素钢丝采用镦头锚具时，钢丝束长度按孔道长度增加0.35 m计算	1. 钢筋、钢丝、钢绞线制作、运输 2. 钢筋、钢丝、钢绞线安装 3. 预埋管孔道铺设 4. 锚具安装 5. 砂浆制作、运输 6. 孔道压浆、养护
010515007	预应力钢丝				
010515008	预应力钢绞线				
010515009	支撑钢筋(铁马)	1. 钢筋种类 2. 规格		按钢筋长度乘单位理论质量计算	钢筋制作、焊接、安装
010515010	声测管	1. 材质 2. 规格型号		按设计图示尺寸以质量计算	1. 检测管截断、封头 2. 套管制作、焊接 3. 定位、固定

(3)钢筋笼。当混凝土结构物为柱状或者条状构件时，其中心部分不需要配筋，只在混凝土构件接触空气的面底下配置钢筋。如果这个构件是独立的，我们把这个构件周边设置的钢筋预先制作好，这个就是钢筋笼。通常我们把钻孔灌注桩、挖孔桩、立柱等预先制作的钢筋结构叫钢筋笼。

(4)先张法预应力钢筋、后张法预应力钢筋。预应力钢筋是指钢筋混凝土结构，构件受拉会有裂缝，虽然不影响安全，但是感官不好。先张法预应力钢筋指先给钢筋施加拉力，然后浇筑混凝土，待强度达到要求松开钢筋，使钢筋回缩，与正常使用荷载的拉力抵消，后张法则是浇筑混凝土预留孔洞，成型后加受拉力的钢筋，然后用器械锚固在构件两头。

(5)预应力钢丝。预应力钢丝为采用碳钢线材加工而成的、应用于预应力混凝土结构或预应力钢结构的一种钢丝，其直径一般为 4 mm、4.8 mm、5.0 mm。

(6)预应力钢绞线。预应力钢绞线是指由 2 根、3 根、7 根或 19 根高强度钢丝构成的绞合钢缆，并经消除应力处理(稳定化处理)，适合预应力混凝土或类似用途。

(7)支架(撑)钢筋(铁马)。铁马的作用不容小觑。比如悬挑板、阳台、雨篷，受力钢筋在上部，呈悬浮状态，工人操作务必要在上面踩踏，最容易把受力钢筋踩到下面而失去抗拉作用，无数阳台雨篷坍塌事件都是由此造成，为了保证悬挑构件的施工质量，铁马凳的作用绝对不可轻视，施工中，在悬挑部位的根部垫上马凳，使受力纵筋的位置稳固，就不会出现质量事故，马凳如图 4.6.27 所示。

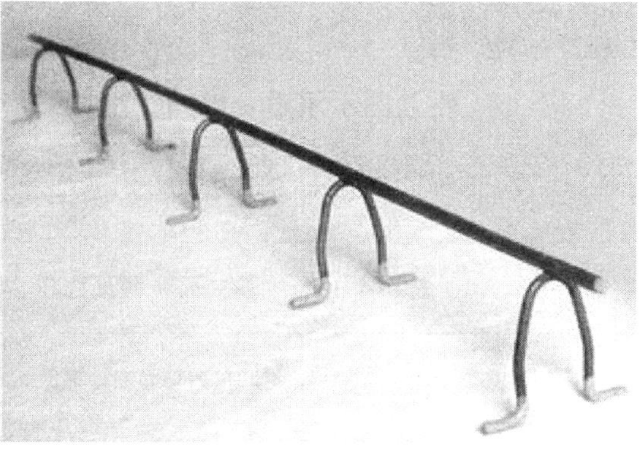

图 4.6.27　马凳示意图

(8)声测管。声测管是灌注桩进行超声检测法时探头进入桩身内部的通道。它是灌注桩超声检测系统的重要组成部分，它在桩内的预埋方式及其在桩的横截面上的布置形式将直接影响检测结果。因此，需检测的桩应在设计时将声测管的布置和埋置方式标入图纸，在施工时应严格控制埋置的质量，以确保检测工作顺利进行。

(9)现浇构件中伸出构件的锚固钢筋应并入钢筋工程量内。除设计(包括规范规定)

标明的搭接外，其他施工搭接不计算工程量，在综合单价中综合考虑。

(10)现浇构件中固定位置的支撑钢筋、双层钢筋用的“铁马”在编制工程量清单时，其工程数量可为暂估量，结算时按现场签证数量计算。

3. 配套定额相关规定

(1)定额中的钢筋是以机制、手绑，部分电焊、对焊、点焊、电渣压力焊、窄间隙焊等编制的。定额中已包括钢筋除锈工料，不另行计算。

(2)现浇构件中固定钢筋位置的支架(撑)钢筋、双层钢筋用的“铁马”、衬铁、伸出构件的锚固钢筋按相应项目计算。短钢筋接长所需的工料、机械，项目内已综合考虑，不另计算。

(3)砌体钢筋加固执行现浇构件钢筋项目，钢筋用量乘以系数 0.97。

(4)弧型钢筋制安按相应项目执行，人工费乘以系数 1.2。

(5)现浇构件中采用机械连接部分的钢筋，定额钢筋用量调整为 1.03，机械费乘以 0.4。

(6)钢筋(钢丝束、钢绞线)按设计图示长度乘以单位理论质量计算，项目中已综合考虑钢筋、铁件的制作安装损耗及钢筋的施工搭接用量，伸出构件的锚固钢筋并入钢筋工程量内，除设计(包括规范规定)标明的搭接外，其他施工搭接不计算工程量。

(7)计算钢筋工程量时，钢筋保护层厚度按设计规定计算，设计无规定时，按施工规范规定计算。

$$钢筋图示用量=钢筋长度\times线密度(钢筋单位理论质量)$$

$$钢筋单位理论质量=0.006165\times d^2(d 为钢筋直径)$$

或者按表 4.6.16 计算。

表 4.6.16　钢筋的公称截面面积、计算截面面积及理论重量

公称直径/mm	不同根数钢筋的计算截面面积/mm²									单根钢筋理论重量/(kg/m)
	1	2	3	4	5	6	7	8	9	
6	28.3	57	85	113	142	170	198	226	255	0.222
6.5	33.2	66	100	133	166	199	232	265	299	0.26
8	50.3	101	151	201	252	302	352	402	453	0.395
8.2	52.8	106	158	211	264	317	370	423	475	0.432
10	78.5	157	236	314	393	471	550	628	707	0.617
12	113.1	226	339	452	565	678	791	904	1017	0.888
14	153.9	308	461	615	769	923	1077	1231	1385	1.21

续表

公称直径/mm	不同根数钢筋的计算截面面积/mm^2									单根钢筋理论重量/(kg/m)
	1	2	3	4	5	6	7	8	9	
16	201.1	402	603	804	1005	1206	1407	1608	1809	1.58
18	254.5	509	763	1017	1272	1527	1781	2036	2290	2
20	314.2	628	942	1256	1570	1884	2199	2513	2827	2.47
22	380.1	760	1140	1520	1900	2281	2661	3041	3421	2.98
25	490.9	982	1473	1964	2454	2945	3436	3927	4418	3.85
28	615.8	1232	1847	2463	3079	3695	4310	4926	5542	4.83
32	804.2	1609	2413	3217	4021	4826	5630	6434	7238	6.31
36	1017.9	2036	3054	4072	5089	6107	7125	8143	9161	7.99
40	1256.6	2513	3770	5027	6283	7540	8796	10053	11310	9.87
50	1964	3928	5892	7856	9820	11784	13748	15712	17676	15.42

注：表中直径 d=8.2 mm 的计算截面面积及理论重量仅适用于有纵肋的热处理钢筋

①混凝土保护层是为了防止钢筋生锈，保证钢筋与混凝土之间有足够的黏结力，因此在钢筋混凝土中钢筋必须有足够的厚度的混凝土保护层。混凝土保护层最小厚度应符合设计要求，根据《混凝土结构设计规范》(GB 50010—2010)的规定，受力钢筋其混凝土保护层厚度(钢筋外边缘至混凝土表面的距离)不应小于钢筋的公称直径 d，如无设计要求，设计使用年限为 50 年的混凝土结构，最外层钢筋的保护层厚度要符合表 4.6.17 的规定，设计使用年限为 100 年的混凝土结构最外层钢筋的保护层厚度不应小于表 4.6.17 规定数值的 1.4 倍。纵向受力的普通钢筋及预应力钢筋其混凝土保护层厚度(钢筋外边缘至混凝土表面的距离)不应小于钢筋的公称直径，且应符合表 4.6.18 的规定。

表 4.6.17　混凝土保护层最小厚度

环境类别		板墙壳	梁柱	环境类别		板墙壳	梁柱
一		15	20	三	a	30	40
二	a	20	25	三	b	40	50
二	b	25	30				

注：1. 混凝土强度等级不大于 C25 时，表中保护层厚度数值应增加 5 mm；2. 钢筋混凝土基础宜设置混凝土垫层，基础中钢筋的混凝土保护层厚度应从垫层顶面算起，且不应小于 40 mm

表 4.6.18　纵向受力的普通钢筋及预应力钢筋其混凝土保护层厚度

环境类别		板、墙、壳			梁			柱		
		≤C20	C25～C45	≥C50	≤C20	C25～C45	≥C50	≤C20	C25～C45	≥C50
一		20	15	15	30	25	25	30	30	30
二	a	—	20	20	—	30	30	—	30	30
	b	—	25	20	—	35	30	—	35	30
三		—	30	25	—	40	35	—	40	35

注：基础中纵向受力钢筋的混凝土保护层厚度不应小于 40 mm；当无垫层时不应小于 70 mm

②锚固长度。钢筋与混凝土共同作用是靠它们之间的黏结力实现的，因此受力钢筋均应采用必要的锚固措施。在支座锚固处的受拉钢筋，当计算中充分利用其强度时，则伸入支座的锚固长度应符合表 4.6.19 的规定。如支座长度不能满足上述要求时，可采用 90°向上弯折增长锚固长度或其他锚固措施，如钢筋末端焊钢板或角钢等。

表 4.6.19　受拉钢筋锚固长度 l_a、l_{aE}

受拉钢筋锚固长度 l_a

钢筋种类	混凝土强度等级																
	C20	C25		C30		C35		C40		C45		C50		C55		≥C60	
	d≤25	d≤25	d>25	d≤25	d>25	d≤25	d>25	d≤25	d>25	d≤25	d>25	d≤25	d>25	d≤25	d>25	d≤25	d>25
HPB300	39d	34d	—	30d	—	28d	—	25d	—	24d	—	23d	—	22d	—	21d	—
HRB335、HRBF335	38d	33d	—	29d	—	27d	—	25d	—	23d	—	22d	—	21d	—	21d	—
HRB400、HRBF400、RRB400	—	40d	44d	35d	39d	32d	35d	29d	32d	28d	31d	27d	30d	26d	29d	25d	28d
HRB500、HRBF500	—	48d	53d	43d	47d	39d	43d	36d	40d	34d	37d	32d	35d	31d	34d	30d	33d

受拉钢筋抗震锚固长度 l_{aE}

钢筋种类及抗震等级		混凝土强度等级																
		C20	C25		C30		C35		C40		C45		C50		C55		≥C60	
		d≤25	d≤25	d>25	d≤25	d>25	d≤25	d>25	d≤25	d>25	d≤25	d>25	d≤25	d>25	d≤25	d>25	d≤25	d>25
HPB300	一、二级	45d	39d	—	35d	—	32d	—	29d	—	28d	—	26d	—	25d	—	24d	—
	三级	41d	36d	—	32d	—	29d	—	26d	—	25d	—	24d	—	23d	—	22d	—
HRB335 HRBF335	一、二级	44d	38d	—	33d	—	31d	—	29d	—	26d	—	25d	—	24d	—	24d	—
	三级	40d	35d	—	30d	—	28d	—	26d	—	24d	—	23d	—	22d	—	22d	—

续表

受拉钢筋抗震锚固长度 l_{aE}																		
钢筋种类及抗震等级		混凝土强度等级																
		C20	C25		C30		C35		C40		C45		C50		C55		≥C60	
		$d\leqslant 25$	$d\leqslant 25$	$d>25$	$d\leqslant 25$	$d>25$	$d\leqslant 25$	$d>25$	$d\leqslant 25$	$d>25$	$d\leqslant 25$	$d>25$	$d\leqslant 25$	$d>25$	$d\leqslant 25$	$d>25$	$d\leqslant 25$	$d>25$
HRB400 HRBF400	一、二级	—	46d	51d	40d	45d	37d	40d	33d	37d	32d	36d	31d	35d	30d	33d	29d	32d
	三级	—	42d	46d	37d	41d	34d	37d	30d	34d	29d	33d	28d	32d	27d	30d	26d	29d
HRB500 HRBF500	一、二级	—	55d	61d	49d	54d	45d	49d	41d	46d	39d	43d	37d	40d	36d	39d	35d	38d
	三级	—	50d	56d	45d	49d	41d	45d	38d	42d	36d	39d	34d	37d	33d	36d	32d	35d

③受力钢筋的弯钩和弯折规定。用于绑扎骨架中的光圆受力筋，除轴心受压构件外，均应在末端做弯钩。变形钢筋、焊接骨架和焊接网中的光圆钢筋，其末端可不做弯钩；但如设计有要求时，则应按设计要求做弯钩，如图 4.6.28 及表 4.6.20 所示。

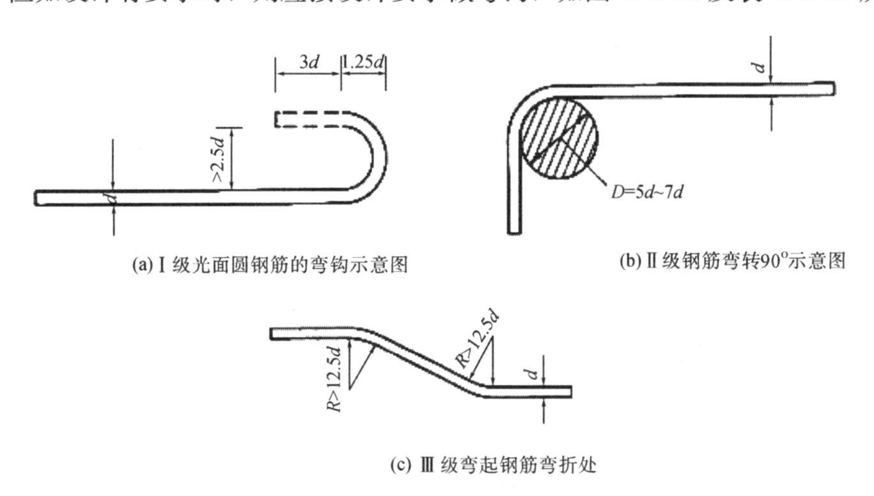

(a) Ⅰ级光面圆钢筋的弯钩示意图

(b) Ⅱ级钢筋弯转90°示意图

(c) Ⅲ级弯起钢筋弯折处

图 4.6.28　钢筋弯钩和弯折示意图

表 4.6.20　弯起钢筋增加长度计算表

形状		30°（S、h、L）	45°（S、h、L）	60°（S、h、L）
计算方法	斜边长 S	$2h$	$1.414h$	$1.155h$
	增加长度 $S-L=\Delta l$	$0.268h$	$0.414h$	$0.577h$

④钢筋连接。钢筋的接头有焊接连接、机械连接和绑扎连接等几种形式，由于钢筋通过连接接头传力的性能总不如整根钢筋，因此设置钢筋连接原则为：第一，钢筋的接头宜设置在受力较小处；第二，同一纵向受力钢筋在同一受力区段内不宜设置两个或两个以上接头，以保证钢筋的承载、传力性能；第三，设置在同一构件内的接头应相互错开；第四，接头距钢筋弯起点的距离不应小于钢筋直径的 10 倍。

同一连接区段内，纵向钢筋搭接接头面积百分率为该区段内有搭接接头的纵向受力钢筋截面面积与全部纵向受力钢筋截面面积的比值。纵向受力钢筋的接头面积百分率应符合设计要求。当设计无具体要求时，应符合下列规定：

a. 在受拉区不宜大于 50%，受压区不受限制。

b. 接头不宜设置在有抗震设防要求的框架梁端、柱端的箍筋加密区。当无法避开时，对等强度高质量机械连接接头，不应大于 50%。

c. 直接承受动力荷载的结构构件中不宜采用焊接接头。当采用机械连接接头时，不应大于 50%。

对梁类、板类及墙类构件，纵向受力钢筋的接头面积百分比不宜大于 25%；对柱类构件，不宜大于 50%。当工程中确有必要增大接头面积百分率时，对梁类构件，不应大于 50%；对其他构件，可根据实际情况放宽。纵向受力钢筋机械连接接头及焊接接头连接区段的长度为 $35d$（d 为纵向受力钢筋的较大直径），且不小于 500 mm，凡接头中点位于该连接区段长度内的接头均属于同一连接区段。焊接接头的类型有闪光对焊、帮条电弧焊(双面、单面焊)、搭接电弧焊(双面、单面焊)、坡口平焊、坡口立焊、电渣压力焊、钢筋与钢板搭接焊、电阻点焊、预埋件丁字接头内(接头埋弧压力焊、贴角焊与接头穿孔塞焊)、气压焊等。纵向受拉钢筋绑扎接头搭接长度如表 4.6.21 所示。

表 4.6.21　纵向受拉钢筋搭接长度

纵向受拉钢筋搭接长度 l_1																		
钢筋种类及同一区段内搭接钢筋面积百分率		混凝土强度等级																
		C20	C25		C30		C35		C40		C45		C50		C55		≥C60	
		$d\leqslant 25$	$d\leqslant 25$	$d>25$	$d\leqslant 25$	$d>25$	$d\leqslant 25$	$d>25$	$d\leqslant 25$	$d>25$	$d\leqslant 25$	$d>25$	$d\leqslant 25$	$d>25$	$d\leqslant 25$	$d>25$	$d\leqslant 25$	$d>25$
HPB 300	≤25%	$47d$	$41d$	—	$36d$	—	$34d$	—	$30d$	—	$29d$	—	$28d$	—	$26d$	—	$25d$	—
	50%	$55d$	$48d$	—	$42d$	—	$39d$	—	$35d$	—	$34d$	—	$32d$	—	$31d$	—	$29d$	—
	100%	$62d$	$54d$	—	$48d$	—	$45d$	—	$40d$	—	$38d$	—	$37d$	—	$35d$	—	$34d$	—
HRB335、HRBF335	≤25%	$46d$	$40d$	—	$35d$	—	$32d$	—	$30d$	—	$28d$	—	$26d$	—	$25d$	—	$25d$	—
	50%	$53d$	$46d$	—	$41d$	—	$38d$	—	$35d$	—	$32d$	—	$31d$	—	$29d$	—	$29d$	—
	100%	$61d$	$53d$	—	$46d$	—	$43d$	—	$40d$	—	$37d$	—	$35d$	—	$34d$	—	$34d$	—

续表

纵向受拉钢筋搭接长度 l_l																		
钢筋种类及同一区段内搭接钢筋面积百分率		混凝土强度等级																
		C20	C25		C30		C35		C40		C45		C50		C55		≥C60	
		$d\leqslant 25$	$d\leqslant 25$	$d>25$	$d\leqslant 25$	$d>25$	$d\leqslant 25$	$d>25$	$d\leqslant 25$	$d>25$	$d\leqslant 25$	$d>25$	$d\leqslant 25$	$d>25$	$d\leqslant 25$	$d>25$	$d\leqslant 25$	$d>25$
HRB 400、HRBF 400、RRB 400	≤25%	—	$48d$	$53d$	$42d$	$47d$	$38d$	$42d$	$35d$	$38d$	$34d$	$37d$	$32d$	$36d$	$31d$	$35d$	$30d$	$34d$
	50%	—	$56d$	$62d$	$49d$	$55d$	$45d$	$49d$	$41d$	$45d$	$39d$	$43d$	$38d$	$42d$	$36d$	$41d$	$35d$	$39d$
	100%	—	$64d$	$70d$	$56d$	$62d$	$51d$	$56d$	$46d$	$51d$	$45d$	$50d$	$43d$	$48d$	$42d$	$46d$	$40d$	$45d$
HRB 500、HRBF 500	≤25%	—	$58d$	$64d$	$52d$	$56d$	$47d$	$52d$	$43d$	$48d$	$41d$	$44d$	$38d$	$42d$	$37d$	$41d$	$36d$	$40d$
	50%	—	$67d$	$74d$	$60d$	$66d$	$55d$	$60d$	$50d$	$56d$	$48d$	$52d$	$45d$	$49d$	$43d$	$48d$	$42d$	$46d$
	100%	—	$77d$	$85d$	$69d$	$75d$	$62d$	$69d$	$58d$	$64d$	$54d$	$59d$	$51d$	$56d$	$50d$	$54d$	$48d$	$53d$

例 4.6.8　如图 4.6.29 所示，KL_5 的混凝土强度为 C30，其制作 KZ 的截面尺寸均为 600 mm×600 mm，混凝土强度等级为 C35，所处环境为一类环境，抗震等级为三级，计算 KL_5 的钢筋工程量(只计算其长度)。

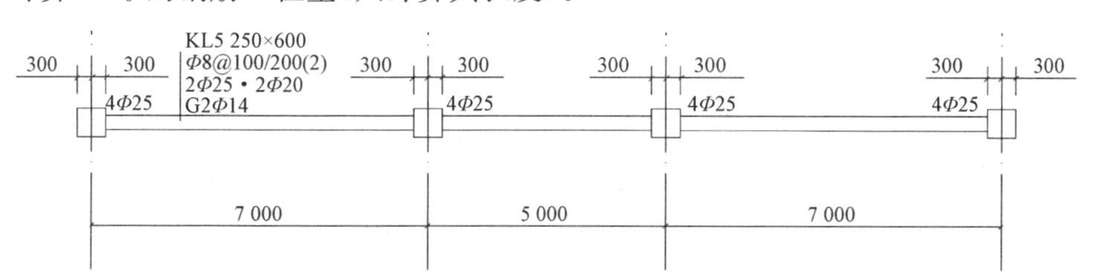

图 4.6.29　KL_5 示意图

分析：根据梁配筋的平法施工图表示方法，KL5 包含以下钢筋类型：上部通长筋 2B25、侧面构造钢筋(腰筋)2B14、拉筋 Φ6@400(梁宽≤350mm)、下部通长筋 2B20、1 轴线端支座负筋 2B25、2 轴线中间支座负筋 2B25、3 轴线中间支座负筋 2B25、4 轴线端支座负筋 2B25、箍筋 Φ8@100/200(2)。

解：

1. 上部通长筋 2B25

依据 16G101-1 第 84 页，框架梁上部通长筋在支座处的锚固情况分为弯锚和直锚。因此，首先判定纵向钢筋在端支座的锚固情况。

通过查询 16G101-1 第 58 页受拉钢筋抗震锚固长度 l_{aE} 表，可以得出

$$l_{aE}=28d=28\times 25=700(\mathrm{mm})$$

h_c(柱宽)$-c$(保护层)$=600-20=580\ \mathrm{mm}<l_{aE}=700(\mathrm{mm})$，由此判定纵向钢筋在

端支座的锚固情况为弯锚。

上部纵向钢筋单根长度＝净跨长＋左支座锚固长度＋右支座锚固长度

＝(7＋5＋7－0.3×2)＋(0.6－0.02＋15×0.025)×2

＝20.31(m)

上部纵向钢筋总长度＝上部纵向钢筋单根长度×根数

＝20.31×2＝40.62(m)

2. 构造腰筋 G2B14

依据 16G101-1 第 90 页，梁侧面构造纵筋的搭接与锚固长度可取 15d。

构造腰筋单根长度＝净跨长＋左支座锚固长度＋右支座锚固长度

＝(7＋5＋7－0.3×2)＋15×0.014×2＝18.82(m)

构造腰筋总长度＝构造腰筋单根长度×根数

＝18.82×2＝37.64(m)

3. 拉筋 Φ6@400

依据 16G101-1 第 90 页，当梁宽≤350 时，拉筋直径为 6；当梁宽＞350 时，拉筋直径为 8，拉筋间距为非加密区箍筋间距的 2 倍。

(1)拉筋单根长度(250－2×20)＋2×(75＋1.9×d)

依据 16G101-1 第 62 页，拉筋的弯折角度为 135°，即

拉筋单根长度＝b(梁宽)－2c(保护层)＋2×1.9d＋2max(10d，75 mm)

＝(0.25－2×0.02)＋2×1.9×0.006＋2×0.075＝0.383(m)

(2)拉筋根数

依据 16G101-1 第 88 页，箍筋的起步距离为 50 mm，则拉筋的起步距离也取 50 mm。

第一跨拉筋根数＝分布范围/间距＋1

＝［(7－0.3×2－0.05×2)/0.4＋1］×2

＝17×2＝34(根)

第二跨拉筋根数＝分布范围/间距＋1

＝(5－0.3×2－0.05×2)/0.4＋1

＝12(根)

拉筋总长度＝拉筋单根长度×拉筋根数

＝0.383×46＝17.62(m)

4. 下部通长筋 2B20

依据 16G101-1 第 84 页，下部通长筋在端支座有直锚和弯锚两种情况，在中间支

座直锚。

通过查表，$l_{aE}=28d=28\times20=560$(mm)

h_c(柱宽)$-c$(保护层)$=600-20=580$ mm$>l_{aE}=560$(mm)

由此判断下部通长筋在端支座直锚。

第一跨下部通长筋单根长度=净跨长+左支座锚固+右支座锚固

$=[Ln_1+\max(l_{aE}, 0.5h_c+5d)+\max(l_{aE}, 0.5h_c+5d)]$

$=(7-0.3\times2)+0.56\times2=7.52$(m)

第二跨下部通长筋单根长度=净跨长+左支座锚固+右支座锚固

$=[Ln_2+\max(l_{aE}, 0.5h_c+5d)+\max(l_{aE}, 0.5h_c+5d)]$

$=(5-0.3\times2)+0.56\times2=5.52$(m)

第三跨下部通长筋单根长度同第一跨，取值为7.52 m。

下部通长筋总长度=第一跨钢筋总长+第二跨钢筋总长+第三跨钢筋总长

$=7.52\times2+5.52\times2+7.52\times2=41.12$(m)

5. 支座负筋

1)①轴线端支座负筋 2B25

依据16G101—1第84页，端支座负筋在端支座有直锚和弯锚两种情况。

通过查表，$l_{aE}=28d=28\times25=700$(mm)

h_c(柱宽)$-c$(保护层)$=600-20=580$ mm$< l_{aE}=700$(mm)

由此判断端支座负筋在端支座弯锚。

①轴线端支座负筋单根长度$=Ln1/3+$左端支座锚固长度

$=(7-0.3\times2)/3+(0.6-0.02+15\times0.025)=3.088$(m)

①轴线端支座负筋总长=单根长度×根数

$=3.088\times2=6.18$(m)

2)②轴线中间支座负筋 2B25

②轴线中间支座负筋单根长度$=L_n/3+h_c+L_n/3$

$=(7-0.3\times2)/3+0.6+(7-0.3\times2)/3=4.867$(m)

②轴线中间支座负筋总长$=4.867\times2=9.73$(m)

3)③轴线中间支座负筋 2B25

③轴线中间支座负筋总长同②轴线，即为9.73 m。

4)④轴线端支座负筋 2B25

④轴线端支座负筋总长同①轴线，即为6.18 m。

6. 箍筋 $\Phi8$@100/200(2)

1)箍筋单根长度

箍筋单根长度＝构件周长－8×保护层厚度＋2×1.9d＋2×max(10d，75 mm)

＝(0.25＋0.6)×2－8×0.02＋2×1.9×0.008＋2×10×0.008

＝1.73(m)

2)箍筋根数

依据16G101－1第88页，抗震等级二～四级，加密区范围：≥1.5hb且≥500(hb为梁截面高度)。

1.5hb＝1.5×600＝900＞500，则本题中箍筋加密区范围为900 mm。

第一跨箍筋根数＝加密区布置范围/加密区布置间距

＋非加密区布置范围/非加密区布置间距＋1

＝［(0.9－0.05)/0.1］×2＋(7－0.3×2－0.9×2)/0.2＋1

＝9×2＋23＋1＝42(根)

第二跨箍筋根数＝加密区布置范围/加密区布置间距

＋非加密区布置范围/非加密区布置间距＋1

＝［(0.9－0.05)/0.1］×2＋(5－0.3×2－0.9×2)/0.2＋1

＝9×2＋13＋1＝32根

第三跨箍筋根数同第一跨，即为42根。

箍筋总长度＝箍筋单根长度×箍筋根数＝1.73×(42＋32＋42)＝200.68(m)

例4.6.9　如图4.6.30所示，图中柱、梁、板混凝土等级均为C30，所处环境类别为一类环境，抗震等级为三级，未注明分布筋采用为A8@200，板支座负筋的伸出长度从支座中线算起。试计算板中的钢筋工程量。

分析：

根据板配筋的平法施工图表示方法，图中板的钢筋包括底筋：$X\Phi10$@100、$Y\Phi10$@150，端支座负筋：①$\Phi8$@150，中间支座负筋：②$\Phi8$@150以及负筋下的分布筋$\Phi8$@200。

解：

1. 底筋

依据16G101-1第99页板在端部支座(梁)的锚固构造，板的底筋在梁内直锚，其直锚长度满足≥5d且至少到梁中线，若为光圆钢筋，可考虑180°弯勾。

依据16G101-1第99页，板底筋的起步距离为距梁边1/2板筋间距。

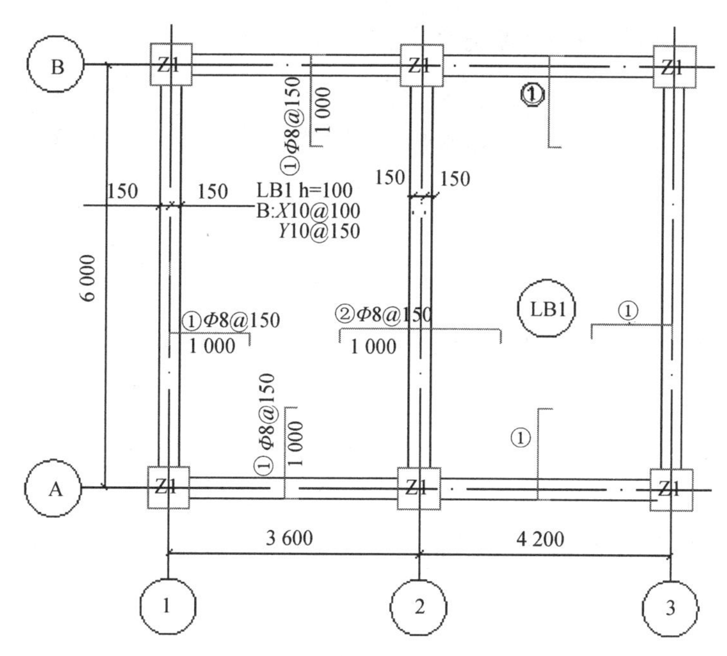

图 4.6.30　板示意图

1)$X\Phi10@100$

①－②轴 X 方向底筋单根长度＝净跨＋左右支座锚固长度

$$=(3.6-0.15\times2)+\max(5d,150)+\max(5d,150)+2\times6.25\times0.01$$

$$=3.3+0.15\times2+0.125=3.725(\text{m})$$

①－②轴 X 方向底筋根数＝底筋分布范围/分布间距＋1

$$=(6-0.15\times2-2\times0.05)/0.1+1=57(\text{根})$$

②－③轴 X 方向底筋单根长度＝净跨＋左右支座锚固长度

$$=(4.2-0.15\times2)+\max(5d,150)+\max(5d,150)+2\times6.25\times0.01$$

$$=3.9+0.15\times2+0.125=4.325(\text{m})$$

②－③轴 X 方向底筋根数＝底筋分布范围/分布间距＋1

$$=(6-0.15\times2-2\times0.05)/0.1+1=57(\text{根})$$

2)$Y\Phi10@150$

①－②/Ⓐ－Ⓑ轴 Y 方向底筋单根长度＝净跨＋左右支座锚固长度

$$=(6-0.15\times2)+\max(5d,150)+\max(5d,150)+2\times6.25\times0.01$$

$$=5.7+0.15\times2+0.125=6.125(\text{m})$$

①－②/Ⓐ－Ⓑ轴 Y 方向底筋根数＝底筋分布范围/分布间距＋1

＝(3.6－0.15×2－2×0.075)/0.15＋1＝22(根)

②－③/Ⓐ－Ⓑ轴 Y 方向底筋单根长度＝净跨＋左右支座锚固长度

＝(6－0.15×2)＋max(5d，150)＋

max(5d，150)＋2×6.25×0.01

＝5.7＋0.15×2＋0.125＝6.125(m)

②－③/Ⓐ－Ⓑ轴 Y 方向底筋根数＝底筋分布范围/分布间距＋1

＝(4.2－0.15×2－2×0.075)/0.15＋1＝26(根)

2. 支座负筋

依据 16G101-1 第 99 页板在端部支座(梁)的锚固构造，端支座负筋的锚固构造同板顶筋，即板顶筋在端支座应伸至梁支座外侧纵筋内侧后弯折 15d，当平直段长度分别 $\geqslant l_a$、$\geqslant l_{aE}$时可不弯折。

依据 16G101-1 第 99 页，板支座负筋的起步距离为距梁边 1/2 板筋间距。

通过查表，$l_a=30d=30\times8=240$ mm，而平直段长度＝支座宽－保护层＝300－20＝280 mm$>l_a$，则端支座负筋在端支座处进行直锚，其值取 l_a＝240 mm。

1)端支座负筋 1Φ8@150

端支座负筋单根长度＝端支座锚固长度＋平直段净长＋板内的弯折长度

＝0.24＋(1－0.15)＋(0.1－0.015×2)＝1.16(m)

①轴端支座负筋的根数＝负筋分布范围/分布间距＋1

＝(6－0.15×2－0.075×2)/0.15＋1＝38(根)

③轴端支座负筋的根数同 1 轴，即 38 根。

Ⓐ/①－②轴端支座负筋的根数＝负筋分布范围/分布间距＋1

＝(3.6－0.15×2－0.075×2)/0.15＋1＝22(根)

Ⓑ/①－②轴端支座负筋的根数同Ⓐ/①－②轴，即 22 根。

Ⓐ/②－③轴端支座负筋的根数＝负筋分布范围/分布间距＋1

＝(4.2－0.15×2－0.075×2)/0.15＋1＝26(根)

Ⓑ/②－③轴端支座负筋的根数同Ⓐ/②－③轴，即 26 根。

端支座负筋总长度＝单根长度×根数

＝1.16×(38×2＋22×2＋26×2)＝199.52(m)

2)中间支座负筋：②Φ8@150

中间支座负筋单根长度＝左端板内的弯折长度＋平直段长度＋右端板内的弯折长度

＝(0.1－0.015×2)×2＋1×2＝2.14(m)

②轴中间支座负筋根数＝负筋分布范围/分布间距＋1

＝(6－0.15×2－0.075×2)/0.15＋1＝38(根)

中间支座负筋总长度＝单根长度×根数

＝2.14×38＝81.32(m)

3. 负筋下的分布筋 Φ8@200

经分析，负筋下的分布筋会与同向的支座负筋进行搭接，搭接的尺寸为 150 mm。

①轴端支座负筋下的分布筋单根长度＝净跨－支座负筋伸出长度＋搭接长度

＝6－1×2＋0.15×2＝4.3(m)

依据 16G101-1 第 99 页，

①轴端支座负筋下的分布筋根数＝分布筋分布范围/分布间距＋1

＝(1－0.15－0.5×0.2)/0.2＋1＝4＋1＝5(根)

①轴端支座负筋下的分布筋总长＝单根长度×根数

＝4.3×5＝21.5(m)

③轴端支座负筋下的分布筋总长同①轴，即 21.5 m。

Ⓐ/①－②轴端支座负筋下的分布筋单根长度＝净跨－支座负筋伸出长度＋搭接长度

＝3.6－1×2＋0.15×2＝1.9(m)

Ⓐ/①－②轴端支座负筋下的分布筋根数＝5(根)

Ⓐ/①－②轴端支座负筋下的分布筋总长＝单根长度×根数

＝1.9×5＝9.5(m)

Ⓑ/①－②轴端支座负筋下的分布筋总长同Ⓐ/①－②轴，即 9.5 m。

Ⓐ/②－③轴端支座负筋下的分布筋单根长度＝净跨－支座负筋伸出长度＋搭接长度

＝4.2－1×2＋0.15×2＝2.5(m)

Ⓐ/②－③轴端支座负筋下的分布筋根数＝5(根)

Ⓐ/②－③轴端支座负筋下的分布筋总长＝单根长度×根数

＝2.5×5＝12.5(m)

Ⓑ/②－③轴端支座负筋下的分布筋总长同Ⓐ/②－③轴，即 12.5(m)。

②轴上中间支座负筋下的分布筋单根长度＝净跨－支座负筋伸出长度＋搭接长度

＝6－1×2＋0.15×2＝4.3(m)

②轴上中间支座负筋下的分布筋根数＝5×2＝10(根)

②轴上中间支座负筋下的分布筋总长＝单根长度×根数

＝4.3×10＝43(m)

例 4.6.10　已知框架柱 KZ1 为角柱，其截面尺寸为 500 mm×500 mm，全部纵筋为 12C25，箍筋型号为 4×4，配筋信息为 Φ8@100/200。其中，柱、梁、板、基础的混凝土等级均为 C30，所处环境类别为一类环境，抗震等级为三级，其楼层信息如表 4.6.22所示。

表 4.6.22　楼层信息表

层号	顶标高/m	层高/m	梁高/mm
3	10.80	3.3	650
2	7.50	3.3	600
1	4.20	4.2	600
基础	−0.6	—	基础厚度 800

分析：

框架柱内的钢筋类型主要有两种：纵向钢筋和箍筋。本题中，纵向钢筋的单根长度＝基础插筋＋中间部分长度＋超出顶层梁底的锚固长度，箍筋长度的计算应考虑单个复合箍的长度以及复合箍的数量。

解：

1. 纵向钢筋的计算(12C25)

1)基础插筋

依据 16G101-3 第 66 页，柱纵向钢筋在基础中的锚固情况分为两种：基础高度满足直锚和基础高度不满足直锚。通过查表，$l_{aE}=37d=37\times25=925$ mm$>h_j$(基础厚度)＝800mm，则基础高度不满足直锚，纵向钢筋伸到基础底部后应再弯折 $15d$。

基础插筋单根长度＝h_j(基础厚度)－c(基础保护层)＋$15d$

$$=0.8-0.04+15\times0.025=1.135(\text{m})$$

2)中间部分长度

中间部分单根长度＝10.8＋0.6－0.65＝10.75(m)

3)超出顶层梁底的锚固长度

通过区分柱子的内外侧钢筋，分析出本构件 12 根纵筋中，有 7 根外侧纵筋，5 根内侧纵筋。依据 16G101-1 第 67 页，角柱柱顶钢筋的构造有多种节点做法，本题中选择 2＋4 节点的组合做法。

按图集要求，伸入梁内的柱外侧纵筋不宜少于柱外侧全部纵筋面积的 65%。则 7 根外侧纵筋中，其中 5 根(7×65%)伸入梁内，余下 2 根按照节点 4 的做法，1 根作为柱顶第一层钢筋伸入柱内边向下弯折 $8d$，1 根作为柱顶第二层钢筋伸入柱内边。

依据 16G101-1 第 68 页，柱内侧纵筋柱顶钢筋构造同中柱，根据屋面梁梁高尺寸分为直锚和弯锚两种情况。

(1)伸入梁内的外侧纵筋。

通过查表，$l_{abE}=37d$，则 $1.5\,l_{abE}=1.5\times37\times25=1387.5$(mm)(从梁底算起超过柱内侧边缘)

(2)未伸入梁内的柱顶第一层钢筋。

$L=(h_b-C)+(h_c-2c)+8\mathrm{d}=(0.65-0.02)+(0.5-2\times0.02)+8\times0.025$

$=1.29$(m)

(3)未伸入梁内的柱顶第二层钢筋。

$L=(h_b-c)+(h_c-2c)=(0.65-0.02)+(0.5-2\times0.02)=1.09$(m)

(4)柱内侧纵筋。

通过查表，$l_{aE}=37d=37\times25=925\ \mathrm{mm}>h_b=650\ \mathrm{mm}$，则柱内侧纵筋在柱顶的锚固情况为弯锚。

$L=h_b-c+12d=0.65-0.02+12\times0.025=0.93$(m)

综上所述，

伸入梁内的外侧纵筋(5C25)单根长度=基础插筋+中间部分长度

+超出顶层梁底的锚固长度

=1.135+10.75+1.388=13.273(m)

伸入梁内的外侧纵筋总长=13.273×5=66.365(m)

未伸入梁内的柱顶第一层钢筋(1C25)单根长度=基础插筋+中间部分长度

+超出顶层梁底的锚固长度

=1.135+10.75+1.29

=13.175(m)

未伸入梁内的柱顶第二层钢筋(1C25)单根长度=基础插筋+中间部分长度

+超出顶层梁底的锚固长度

=1.135+10.75+1.09

=12.975(m)

柱内侧纵筋(5C25)单根长度=基础插筋+中间部分长度

+超出顶层梁底的锚固长度

=1.135+10.75+0.93=12.815(m)

柱内侧纵筋总长=12.815×5=64.075(m)

2. 复合箍筋的计算(Φ8@100/200)

1)复合箍筋单个长度

依据 16G101-1 第 70 页，本题中 4×4 复合箍筋的类型为 1 个大双肢箍和 2 个小双肢箍组合，构成一组复合箍。因此，复合箍筋的单组长度为 1 个大双肢箍和 2 个小双肢箍的长度之和。

大双肢箍单根长度＝构件周长－8×保护层厚度＋2×1.9d＋2×max(10d，75 mm)

＝0.5×4－8×0.02＋2×1.9×0.008＋2×0.08＝2.03(m)

小双肢箍单根长度＝[(0.5－0.02×2)/3＋(0.5－0.02×2)] ×2＋2×1.9×0.008＋2×0.08

＝1.417(m)

复合箍筋单个长度＝2.03＋1.417×2＝4.864(m)

2)复合箍筋数量

依据 16G101-1 第 65 页，箍筋的设置分为加密区和非加密区。其中，加密区的范围规定为：

(1)自基础顶面，底层柱根加密≥$\frac{H_n}{3}$(H_n 为基础顶面到第一层梁底之间的高度)

(2)其他各层梁柱交接处及上下均加密，上下加密区范围≥柱长边尺寸≥500 mm。

由此可得：

柱根加密区范围＝(4.2＋0.6－0.6)/3＝1.4(m)

一层梁下侧加密区范围＝max(0.5、0.5、4.2/6)＝0.7(m)

一层梁上侧加密区范围＝max(0.5、0.5、3.3/6)＝0.55(m)

二层梁下侧加密区范围＝max(0.5、0.5、3.3/6)＝0.55(m)

二层梁上侧加密区范围＝max(0.5、0.5、3.3/6)＝0.55(m)

三层梁下侧加密区范围＝max(0.5、0.5、3.3/6)＝0.55(m)

柱根加密区箍筋数量＝(1.4－0.05)/0.1＋1＝15(个)

一层梁范围加密区箍筋数量＝(0.7＋0.6＋0.55)/0.1＋1＝20(个)

一层非加密区箍筋数量＝(4.2＋0.6－0.6－0.7－1.4)/0.2－1＝10(个)

二层梁范围加密区箍筋数量＝(0.55＋0.6＋0.55)/0.1＋1＝18(个)

二层非加密区箍筋数量＝(3.3－0.55－0.55)/0.2－1＝10(个)

三层梁范围加密区箍筋数量＝(0.65＋0.55－0.05)/0.1＋1＝13(个)

三层非加密区箍筋数量＝(3.3－0.55－0.55)/0.2－1＝10(个)

复合箍筋的数量总和＝15＋20＋10＋18＋10＋13＋10＝96(个)

复合箍筋的总长＝复合箍筋单个长度×复合箍筋数量

＝4.864×96＝466.94(m)

例 4.6.11　某剪力墙平面布置，构造型边缘构件 GJZ1，连梁 LL1，尺寸如图 4.6.31及表 4.6.23、表 4.6.24 所示，已知该结构使用商品混凝土，混凝土强度均为 C40，此剪力墙高度为(+3.0～6.0m)请计算剪力墙的钢筋工程量。

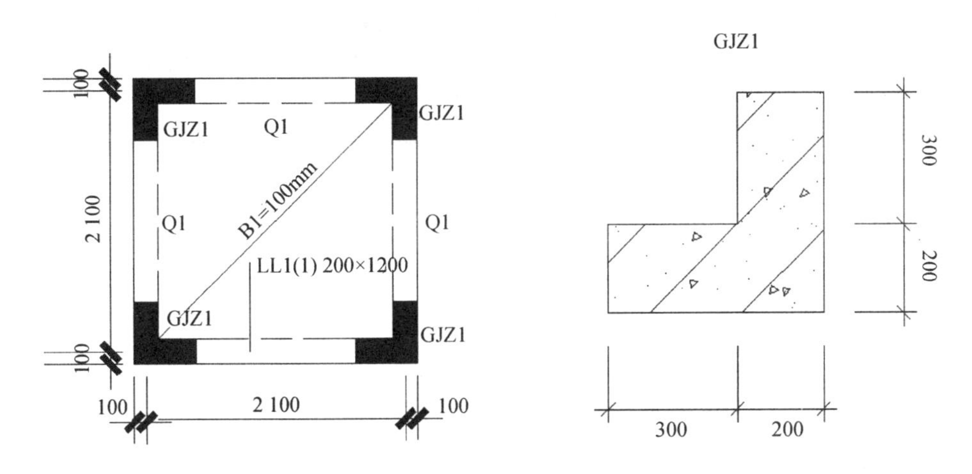

图 4.6.31　构件示意图

表 4.6.23　剪力墙墙柱表

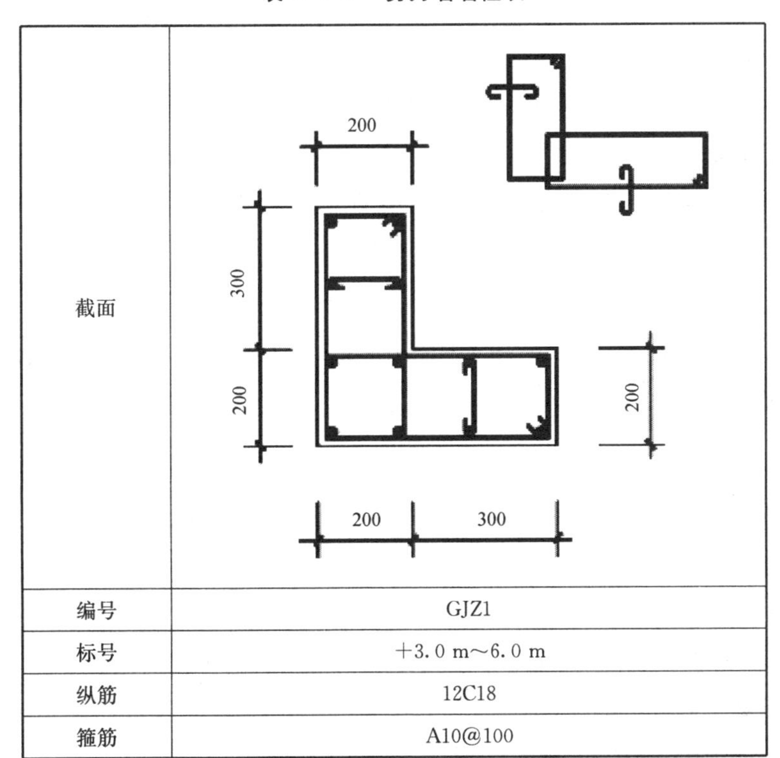

截面	(截面图：200、300、200、200、300、200)
编号	GJZ1
标号	+3.0 m～6.0 m
纵筋	12C18
箍筋	A10@100

表 4.6.24(a)　剪力墙墙身表

编号	标高	墙厚	水平分布筋	垂直分布筋	拉筋(矩形)
Q1	+3.0～6.0 m	200	C12@200	C12@200	A6@600@600

表 4.6.24(b)　剪力墙墙梁表

编号	梁截面 b×h	上部纵筋	下部纵筋	箍筋
LL1	200×1200	4C25	4C25	A10@100(2)

分析：根据剪力墙的基本构造，剪力墙包括墙身、墙柱和墙梁，本题将分别计算这三类构件的钢筋工程量。

解：

1. 墙身

1)水平分布筋

依据 16G101-1 第 71 页，本题中墙身的水平分布筋与转角墙有关，分为外侧水平筋和内侧水平筋。

外侧水平筋单根长度＝(2.3×4－8×0.015)－(2.1－0.4×2)－0.015×2＝7.75(m)

内侧水平筋单根长度＝(2.3－0.015×2＋2×15×0.012)×3＝7.89(m)

水平钢筋根数＝(3－0.1×2)/0.2＋1＝15(根)

水平钢筋总长＝单根长度×根数

＝(7.75＋7.89)×15＝234.6(m)

2)垂直分布筋

依据 16G101-1 第 74 页，剪力墙竖向钢筋在顶部的锚固情况为伸至板顶再弯折 12d。

垂直分布筋单根长度＝3－0.015＋12×0.012＝3.129(m)

垂直分布筋根数＝［(2.1－0.4×2－0.1×2)/0.2＋1］×2×3＝7×2×3＝42(根)

垂直分布筋总长＝3.129×42＝131.42(m)

3)拉筋

依据 16G101-1 第 62 页，拉筋的弯勾角度为 135°，平直段为 5d。

拉筋单根长度＝0.2－0.015×2＋2×1.9×0.006＋2×5×0.006＝0.253(m)

一列拉筋根数＝(3－0.1×2)/0.6＋1＝5＋1＝6(根)

拉筋列数＝［(2.1－0.4×2－0.1×2)/0.6＋1］×3＝3×3＝9(列)

拉筋总根数＝6×9＝54(根)

拉筋总长度＝0.253×54＝13.66(m)

2. 墙柱

1)纵向钢筋

依据 16G101-1 第 74 页，剪力墙竖向钢筋在顶部的锚固情况为伸至板顶再弯折 12d，而暗柱的纵向钢筋构造同剪力墙的竖向钢筋。

纵向钢筋单根长＝竖直长度＋弯折长度

＝3－0.015＋12×0.018＝3.201(m)

纵向钢筋根数＝12×4＝48 根

纵向钢筋总长＝单根长×根数

＝3.201×48＝153.65(m)

2)箍筋

本题中，复合箍筋由两个大双肢箍和两个单肢箍构成。

大双肢箍单根长度＝(0.2－0.02×2＋0.5－0.02×2)×2＋2×1.9×0.01＋2×0.1

＝1.478(m)

单肢箍单根长度＝(0.2－0.02×2)＋2×1.9×0.01＋2×0.1＝0.398(m)

复合箍筋单个长度＝1.478×2＋0.398×2＝3.752(m)

复合箍筋个数＝［(3－0.05×2)/0.1＋1］×4＝30×4＝120(个)

复合箍筋总长度＝单个长度×个数

＝3.752×120＝450.24(m)

3. 墙梁

1)上部纵筋

上部纵筋单根长度＝净跨＋左支座锚固＋右支座锚固

＝(2.1－0.4×2)＋(0.5－0.02＋15×0.025)×2

＝3.01(m)

上部纵筋总长度＝上部纵筋单根长度×根数

＝3.01×2＝6.02(m)

2)下部纵筋

下部纵筋单根长度＝净跨＋左支座锚固＋右支座锚固

＝(2.1－0.4×2)＋(0.5－0.02＋15×0.025)×2

＝3.01(m)

下部纵筋总长度＝下部纵筋单根长度×根数

＝3.01×2＝6.02(m)

3)箍筋

箍筋单根长度＝构件周长－8×保护层厚度＋2×1.9d＋2×max(10*d*，75 mm)

＝(0.2＋1.2)×2－8×0.02＋2×1.9×0.01＋2×0.1＝2.878(m)

箍筋根数＝分布范围/分布间距＋1

＝(2.1－0.4×2－0.05×2)/0.1＋1＝13(根)

箍筋总长度＝单根长度×根数

＝2.878×13＝37.41(m)

习　　题

4-6-1　某工程采用框架结构，其主次梁板应按(　　)编码列项。

A. 有梁板　　　　B. 无梁板

C. 平板　　　　D. 梁板分别编码列项

4-6-2　依据规范，现浇混凝土钢筋的计量单位为(　　)。

A. m　　　　B. m^2

C. m^3　　　　D. t

4-6-3　依据图纸及《房屋建筑与装饰工程工程量计算规范》(GB 50854－2013)，计算图4.6.32混凝土无梁板的工程量。(　　)

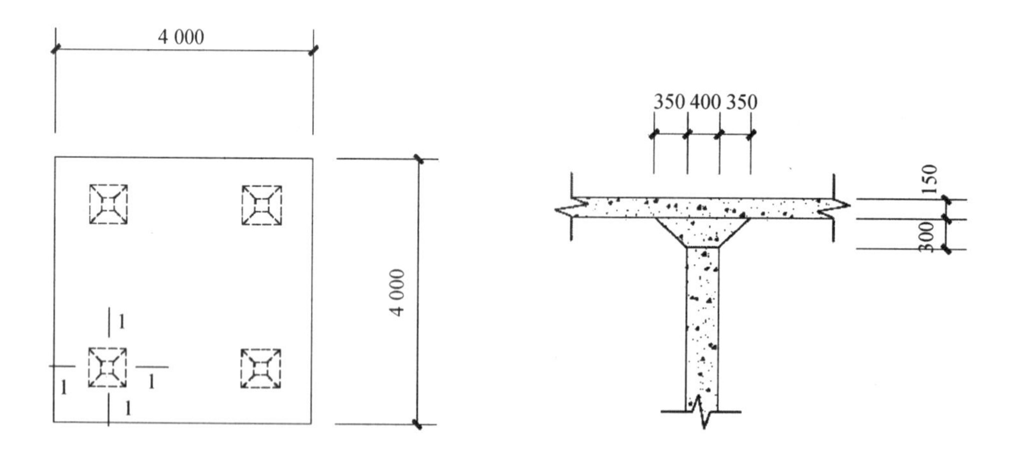

图4.6.32　某混凝土无梁板示意图

4-6-4　依据《房屋建筑与装饰工程工程量计算规范》(GB 50854－2013)，计算

图 4. 6. 33所示的 C30 混凝土框架梁工程量。

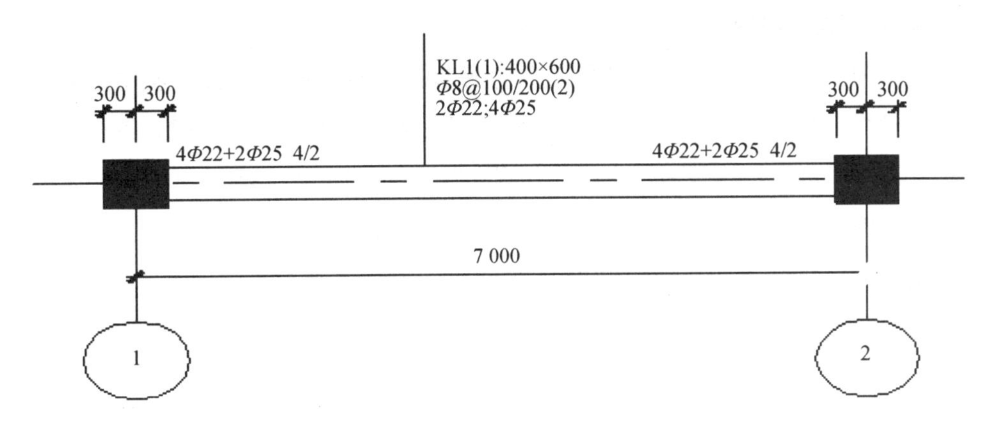

图 4. 6. 33　混凝土框架梁示意图

4-6-5　某工程设有钢筋混凝土柱 20 根，其中垫层厚度为 100 mm，柱下独立基础形式如图 4. 6. 34 所示，请计算垫层和基础的混凝土工程量。

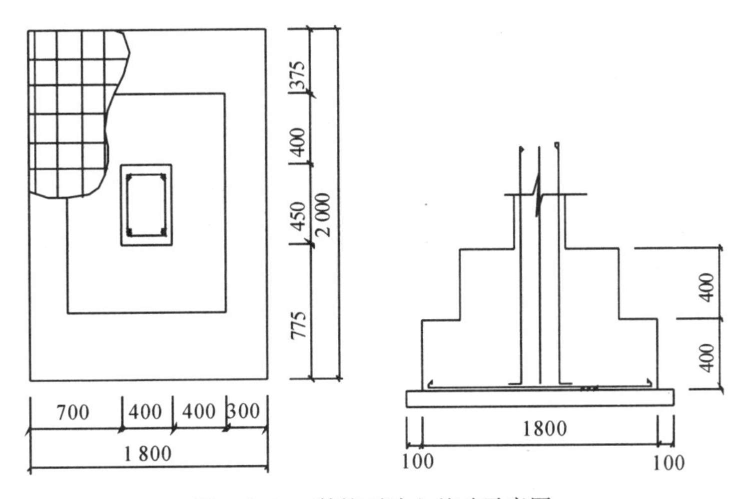

图 4. 6. 34　某柱下独立基础示意图

4. 7　金属结构工程

金属结构主要由钢制材料组成，是主要的建筑结构类型之一，因其自重较轻，且施工简便，广泛应用于大型厂房、场馆等建筑。

金属结构工程适用于建筑物和构筑物的钢结构工程，包括钢网架，钢屋架、钢托架、钢桁架、钢架桥，钢柱，钢梁，刚板楼板、墙板，钢构件，金属制品等 7 个子分部工程。

(1)相关问题说明。

①金属构件面层刷油漆单独执行油漆章节。

②部分钢构件项目按工厂成品化生产考虑编制项目，取消工作内容中“制作、运输”，同时增补“补刷油漆”的内容。例如：钢网架、钢屋架、钢桁架、钢托架、钢桥架、钢柱、梁、楼板、墙板、钢支撑、拉条、檩条、天窗架、挡风架、墙架等项目均按成品编制项目。

③金属构件切边，不规则及多边形钢板发生的损耗在综合单价中考虑。

④防火要求指耐火极限。

⑤金属结构工程中部分钢构件按工厂成品化生产编制项目，购置成品价格或现场制作的所有费用应计入综合单价中。

(2)应注意的问题。

“钢护栏”区别于装饰栏杆项，装饰性栏杆按“其他装饰工程”相关项目编码列项。

在金属结构工程计量中，不规则或多边形钢板按设计图示例面积乘以单位理论质量计算，金属构件切边、切肢以及不规则多边形钢板发生的损耗考虑在综合单价中。

(3)除了极少数钢构件以外，均按工厂成品化生产编制项目，对于刷油漆按两种方式处理：一是若购置成品价不含油漆，单独按油漆、涂料、裱糊工程相关项目编码列项。二是若购置成品价含油漆，本规范工作内容应包含“补刷油漆”。

4.7.1 钢网架

1. “工程量计算规范”清单项目设置

“工程量计算规范”附录 F.1 见表 4.7.1。

表 4.7.1 钢网架(编号：010601)

项目编码	项目名称	项目特征	计量单位	工程量计算规则	工作内容
010601001	钢网架	1. 钢材品种、规格 2. 网架节点形式、连接方式 3. 网架跨度、安装高度 4. 探伤要求 5. 防火要求	t	按设计图示尺寸以质量计算。不扣除孔眼的质量，焊条、铆钉等不另增加质量	1. 拼装 2. 安装 3. 探伤 4. 补刷油漆

2. “工程量计算规范”与计价规则说明

(1)钢网架项目适用于一般钢网架和不锈钢网架。不论节点形式和节点连接方式均使用该项目。

(2)钢网架在地面组装后的整体提升设备费用，应列在纯质运输费中。

(3)钢网架中的螺栓质量另行计算。

3. 配套定额相关规定

(1)钢网架安装定额按平面网格结构编制，如设计为筒壳、球壳及其他曲面结构，其相应项目安装定额人工、机械费乘以系数 1.20。

(2)钢网架按设计图示尺寸以质量计算(包括螺栓球质量)，不扣除孔眼的质量，焊条、铆钉等不另增加质量。

4.7.2　钢屋架、钢托架、钢桁架、钢架桥

1. “工程量计算规范”清单项目设置

“工程量计算规范”附录 F.2 见表 4.7.2 钢屋架、钢托架、钢桁架、钢架桥(编码：010602)。

表 4.7.2　钢屋架、钢托架、钢桁架、钢架桥(编码：010602)

项目编码	项目名称	项目特征	计量单位	工程量计算规则	工作内容
010602001	钢屋架	1. 钢材品种、规格 2. 单榀质量 3. 屋架跨度、安装高度 4. 螺栓种类 5. 探伤要求 6. 防火要求	1. 榀 2. t	1. 以“榀”计量，按设计图示数量计算 2. 以“t”计量，按设计图示尺寸以质量计算。不扣除孔眼的质量，焊条、铆钉、螺栓等不另增加质量	1. 拼装 2. 安装 3. 探伤 4. 补刷油漆
010602002	钢托架	1. 钢材品种、规格 2. 单榀质量 3. 安装高度 4. 螺栓种类 5. 探伤要求 6. 防火要求	t	按设计图示尺寸以质量计算。不扣除孔眼的质量，焊条、铆钉、螺栓等不另增加质量	
010602003	钢桁架				
010602004	钢架桥	1. 桥类型 2. 钢材品种、规格 3. 单榀质量 4. 安装高度 5. 螺栓种类 6. 探伤要求	t	按设计图示尺寸以质量计算。不扣除孔眼的质量，焊条、铆钉、螺栓等不另增加质 量	1. 拼装 2. 安装 3. 探伤 4. 补刷油漆

2. “工程量计算规范”与计价规则说明

(1)钢屋架适用于一般钢屋架和轻钢屋架及冷弯薄壁型钢屋架，如图 4.7.1 所示。

图 4.7.1　钢屋架

(2)钢筋混凝土组合屋架的钢拉杆，应按照钢屋架支撑编码列项。

(3)以榀计量，按照标准图设计的应注明标准图代号，按费标准图设计的项目特征必须描述单榀屋架的质量。

(4)钢托架、钢桁架。简单来说，钢桁架就是用钢材制造的桁架，如工业与民用建筑的屋盖结构、吊车梁、桥梁和水工闸门等构造常用钢桁架作为主要承重构件。而钢托架是用钢材做成的桁架，支托垂直方向的构件传来的集中荷载，钢托架是桁架体系的构件，属于桁架的一种表现形式。如图 4.7.2 所示。

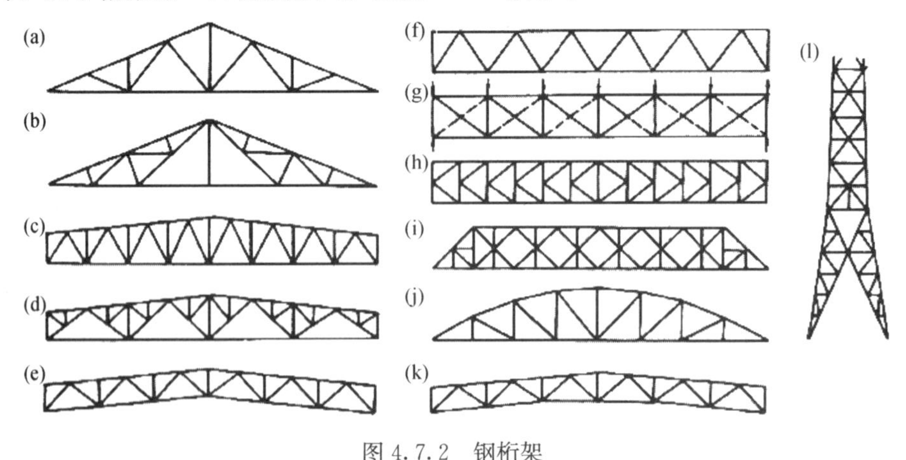

图 4.7.2　钢桁架

(5)钢架桥。桥跨结构(梁或板)和墩台整体相连的桥梁称为刚架桥，常见的刚架桥有门式刚架桥和斜腿刚架桥等，如图 4.7.3 所示。

图 4.7.3　门式钢架桥

3. 配套定额相关规定

(1)钢架桥适用于人行天桥、路桥、城市立交桥。钢架桥分为车行钢架桥和人行钢架桥，车行钢架桥适用于机动车辆通行桥。

(2)钢桁架安装按直线型桁架编制，如设计为曲线、折线型桁架，其相应项目安装定额人工、机械费乘以系数 1.20。

(3)钢架桥安装按直线型构件编制，如设计为曲线、折线型钢桥，其相应项目安装定额人工、机械费乘以系数 1.30。

4.7.3　钢柱

1. “工程量计算规范”清单项目设置

“工程量计算规范”附录 F.3 钢柱包括实腹钢柱、空腹钢柱和钢管柱。钢柱常见项目见表 4.7.3。

表 4.7.3　钢柱(编码：010603)

<table>
<tr><th>项目编码</th><th>项目名称</th><th>项目特征</th><th>计量单位</th><th>工程量计算规则</th><th>工作内容</th></tr>
<tr><td>010603001</td><td>实腹钢柱</td><td rowspan="2">1. 柱类型
2. 钢材品种、规格
3. 单根柱质量
4. 螺栓种类
5. 探伤要求
6. 防火要求</td><td rowspan="3">t</td><td rowspan="2">按设计图示尺寸以质量计算。不扣除孔眼的质量，焊条、铆钉、螺栓等不另增加质量，依附在钢柱上的牛腿及悬臂梁等并入钢柱工程量内</td><td rowspan="3">1. 拼装
2. 安装
3. 探伤
4. 补刷油漆</td></tr>
<tr><td>01060302</td><td>空腹钢柱</td></tr>
<tr><td>01060303</td><td>钢管柱</td><td>1. 钢材品种、规格
2. 单根柱质量
3. 螺栓种类
4. 探伤要求
5. 防火要求</td><td>按设计图示尺寸以质量计算。不扣除孔眼的质量，焊条、铆钉、螺栓等不另增加质量，钢管柱上的节点板、加强环、内衬管、牛腿等并入钢管柱工程量内</td></tr>
</table>

2. “工程量计算规范”与计价规则说明

1)实腹钢柱、空腹钢柱

实腹柱是具有实腹式断面(如字形、T 形、L 形、H 形等)的柱，实腹柱项目适用于实腹钢柱和实腹式型钢混凝土柱；空腹钢柱是具有箱形、格构式断面的柱，空腹柱项目适用于空腹钢柱和空腹式型钢混凝土柱。

2)钢管柱

钢管柱适用于钢管柱和钢管混凝土柱。

例 4.7.1　某钢柱结构如图 4.7.4 所示，请计算钢柱工程量。

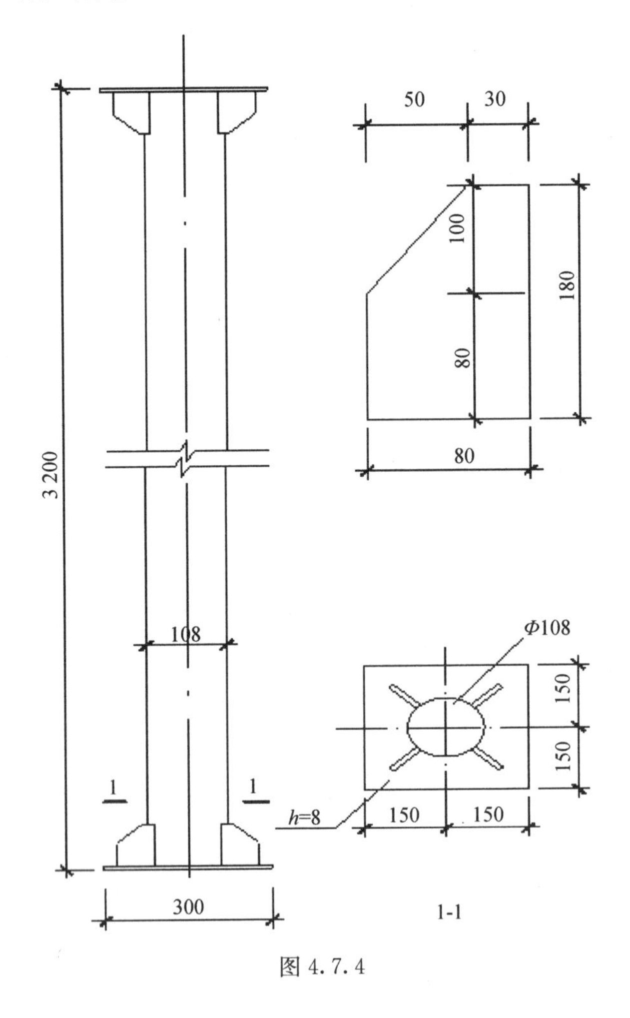

图 4.7.4

分析：本题中钢柱的工程量包括钢板和钢管的工程量。通过查表可知，钢板每平方米的重量＝7.85 g/cm^3×钢板厚度，钢管每米重量＝10.26 kg/m。

解：

1. 钢板

(1)方形钢板。

方形钢板面积＝0.3×0.3×2＝0.18 m^2＝1800(cm^2)

方形钢板重量＝7.85×0.8×1800＝11304 g＝11.3(kg)

(2)梯形钢板。

梯形钢板面积＝［(0.08＋0.18)×0.05×0.5＋0.18×0.03］×8＝952(cm^2)

梯形钢板重量＝7.85×0.6×952＝4483.92(g)＝4.48(kg)

2. 钢管

钢管重量＝(3.2－0.008×2)×10.26＝32.67(kg)

3. 配套定额相关规定

(1)钢柱安装在混凝土柱上时，其机械乘以系数 1.43。

(2)柱安装按钢板厚≤20 mm 编制。

(3)依附在钢柱上的牛腿及悬臂梁等并入钢柱工程量内。钢管柱上的节点板、加强环、内衬管及牛腿等并入钢管柱工程量内。

4.7.4　钢梁

1. “工程量计算规范”清单项目设置

“工程量计算规范”附录 F.4 钢梁包括钢梁和钢吊车梁。钢梁常见项目见表 4.7.4。

表 4.7.4　钢梁(编码：010604)

项目编码	项目名称	项目特征	计量单位	工程量计算规则	工作内容
010604001	钢梁	1. 梁类型 2. 钢材品种、规格 3. 单根质量 4. 螺栓种类 5. 安装高度 6. 探伤要求 7. 防火要求	t	按设计图示尺寸以质量计算。不扣除孔眼的质量，焊条、铆钉、螺栓等不另增加质量，制动梁、制动板、制动桁架、车挡并入钢吊车梁工程量内	1. 拼装 2. 安装 3. 探伤 4. 补刷油漆
010604002	钢吊车梁	1. 钢材品种、规格 2. 单根质量 3. 螺栓种类 4. 安装高度 5. 探伤要求 6. 防火要求			

2. “工程量计算规范”与计价规则说明

(1)钢梁适用于钢梁和实腹式型钢混凝土梁、空腹式型钢混凝土梁，梁类型指 H 形、L 形、T 形、箱形、格构式等。

(2)钢吊车梁适用于钢吊车梁的制动梁、制动板、制动桁架，梁类型指 H 形、L 形、T 形、箱形、格构式等。

3. 配套定额相关规定

钢吊车梁上的制动梁、制动板、制动桁架、车档并入钢吊车梁工程量内。

4.7.5 钢板楼板、墙板

1. “工程量计算规范”清单项目设置

“工程量计算规范”附录 F.5 包括钢板楼板、钢板墙板。其常见项目见表 4.7.5。

表 4.7.5 钢板楼板、墙板(编码：010605)

项目编码	项目名称	项目特征	计量单位	工程量计算规则	工作内容
010605001	钢板楼板	1. 钢材品种、规格 2. 钢板厚度 3. 螺栓种类 4. 防火要求	m^2	按设计图示尺寸以铺设水平投影面积计算。不扣除单个面积≤0.3 m^2 垛及孔洞所占面积	1. 拼装 2. 安装 3. 探伤 4. 补刷油漆
010605002	钢板墙板	1. 钢材品种、规格 2. 钢板厚度、复合板厚度 3. 螺栓种类 4. 复合板夹芯材料种类、层数、型号、规格 5. 防火要求		按设计图示尺寸以铺挂展开面积计算。不扣除单个面积≤0.3 m^2 的梁、孔洞所占面积，包角、包边、窗台泛水等不另加面积	

2. “工程量计算规范”与计价规则说明

钢板楼板、钢板墙板指采用镀锌或经防腐处理的薄钢板，适用于现浇混凝土楼板(墙板)，使用压型钢板永久性模板，并与混凝土叠合后组成共同受力的构件，见图 4.7.5。

图 4.7.5　钢板楼板

3. 配套定额相关规定

(1)压型钢板楼板按设计图示尺寸以铺设面积计算，不扣除单个≤0.3 m^2 的柱、梁及孔洞所占面积。包角、包边、泛水等不另增加面积。

(2)压型钢板墙板按设计图示尺寸以铺挂面积计算，不扣除单个≤0.3 m^2 的梁孔洞所占面积。包角、包边、泛水等不另增加面积。

4.7.6　钢构件

1. “工程量计算规范”清单项目设置

“工程量计算规范”附录 F.6 包括钢支撑、钢拉条、钢檩条、钢天窗架、钢挡风架、钢墙架、钢平台、钢走道、钢梯、钢护栏、钢漏斗、钢板天沟、钢支架、零星钢构件等。钢构件常见项目见表 4.7.6。

表 4.7.6　钢构件(编码：010606)

<table>
<tr><th>项目编码</th><th>项目名称</th><th>项目特征</th><th>计量单位</th><th>工程量计算规则</th><th>工作内容</th></tr>
<tr><td>010606001</td><td>钢支撑、
钢拉条</td><td>1. 钢材品种、规格
2. 构件类型
3. 安装高度
4. 螺栓种类
5. 探伤要求
6. 防火要求</td><td rowspan="13">t</td><td rowspan="9">按设计图示尺寸以质量计算，不扣除孔眼的质量，焊条、铆钉、螺栓等不另增加质量</td><td rowspan="9">1. 拼装
2. 安装
3. 探伤
4. 补刷油漆</td></tr>
<tr><td>010606002</td><td>钢檩条</td><td>1. 钢材品种、规格
2. 构件类型
3. 单根质量
4. 安装高度
5. 螺栓种类
6. 探伤要求
7. 防火要求</td></tr>
<tr><td>010606003</td><td>钢天窗架</td><td>1. 钢材品种、规格
2. 单榀质量
3. 安装高度
4. 螺栓种类
5. 探伤要求
6. 防火要求</td></tr>
<tr><td>010606004</td><td>钢挡风架</td><td rowspan="2">1. 钢材品种、规格
2. 单榀质量
3. 螺栓种类
4. 探伤要求
5. 防火要求</td></tr>
<tr><td>010606005</td><td>钢墙架</td></tr>
<tr><td>010606006</td><td>钢平台</td><td rowspan="2">1. 钢材品种、规格
2. 螺栓种类
3. 防火要求</td></tr>
<tr><td>010606007</td><td>钢走道</td></tr>
<tr><td>010606008</td><td>钢梯</td><td>1. 钢材品种、规格
2. 钢梯形式
3. 螺栓种类
4. 防火要求</td></tr>
<tr><td>010606009</td><td>钢护栏</td><td>1. 钢材品种、规格
2. 防火要求</td></tr>
<tr><td>010606010</td><td>钢漏斗</td><td rowspan="2">1. 钢材品种、规格
2. 漏斗、天沟形式
3. 安装高度
4. 探伤要求</td><td rowspan="2">按设计图示尺寸以质量计算，不扣除孔眼的质量，焊条、铆钉、螺栓等不另增加质量，依附漏斗或天沟的型钢并入漏斗或天沟工程量内</td><td rowspan="4"></td></tr>
<tr><td>010606011</td><td>钢板天沟</td></tr>
<tr><td>010606012</td><td>钢支架</td><td>1. 钢材品种、规格
2. 安装高度
3. 防火要求</td><td rowspan="2">按设计图示尺寸以质量计算，不扣除孔眼的质量，焊条、铆钉、螺栓等不另增加质量</td></tr>
<tr><td>010606013</td><td>零星钢构件</td><td>1. 构件名称
2. 钢材品种、规格</td></tr>
</table>

2. “工程量计算规范”与计价规则说明

1)钢支撑、钢拉条

钢支撑一般是倾斜的连接构件，最常见的是人字形和交叉形状的，截面形式可以是钢管、H 型钢、角钢等，作用是增强结构的稳定性。钢拉条一般是指拉结檩条的圆钢，作用是为了增强檩条的稳定性，使檩条在一定的外力作用下不容易失稳破坏。钢支撑、钢拉条类型指单式、复式。

2)钢檩条

钢檩条是屋盖结构体系中次要的承重构件，它将屋面荷载传递到钢架。钢檩条类型指型钢式、格构式。

3)钢天窗架

天窗架是天窗的承重构件，它支承在屋架的上弦，常用钢筋混凝土或型钢支座，见图 4.7.6。

图 4.7.6　天窗架

4)钢挡风架、钢墙架

钢墙架是现代建筑工程中的一种金属结构建材，一般多由型钢制作，作为墙的骨架，主要包括墙架柱、墙架梁和连接杆件等部件。钢挡风架是有型钢柱，由间支撑和水平拉杆组成。如图 4.7.7 和图 4.7.8 所示。

图 4.7.7　钢墙架

图 4.7.8　钢挡风架

5)钢平台、钢走道

钢平台和钢走道是按照施工功能区分的，钢平台是作为操作平台使用，钢走道平台具有交通通行功能。

6)钢梯

钢梯是由钢结构组成的楼梯，具有新颖美观、坚固耐用、安装快捷、免维护等特点。如图 4.7.9 所示。

图4.7.9 钢梯

7)钢护栏

钢护栏是使用钢制材质制作的护栏，具有高强度、高硬度、外观精美、色泽鲜艳等优点。如图4.7.10所示。

图4.7.10 钢护栏

8)钢漏斗、钢板天沟

钢漏斗指以钢材为材料制作的漏斗。钢漏斗有方形和圆形之分。一般是由一个锥形的斗和一根管子构成。钢板天沟指以钢材为材料制作的屋顶排水构件，其形式主要有矩形和半圆形。如图 4.7.11 所示。

图 4.7.11 钢天沟

9)钢支架

钢支架是一种被动支护，抗拉强度、抗压强度较高，具有良好的韧性，可多次使用。

10)零星钢构件

主要指加工铁件等小型构件。

3. 配套定额相关规定

(1)钢护栏定额适用于钢楼梯、钢平台及钢走道板等与金属结构相连的栏杆，其他部位的栏杆、扶手按本定额“Q 其他装饰工程”相应项目执行。

(2)金属构件安装定额中，不包括专门为钢构件安装所搭设的临时性脚手架、承重支架等特殊措施的费用，发生时另行计算。

(3)构件安装连接使用的高强螺栓、栓钉按数量以“套”为单位计算。

(4)探伤按探伤部位以“延长米”计算。

4.7.7 金属制品

1. “工程量计算规范”清单项目设置

“工程量计算规范”附录 F.7 包括成品空调金属百页护栏、成品栅栏、成品雨篷金属网栏、砌块墙钢丝网加固、后浇带金属网。其常见项目见表 4.7.7。

表 4.7.7　金属制品(编码：010607)

项目编码	项目名称	项目特征	计量单位	工程量计算规则	工作内容
010607001	成品空调金属百页护栏	1. 材料品种、规格 2. 边框材质	m^2	按设计图示尺寸以框外围展开面积计算	1. 安装 2. 校正 3. 预埋铁件及安螺栓
010607002	成品栅栏	1. 材料品种、规格 2. 边框及立柱型钢品种、规格			1. 安装 2. 校正 3. 预埋铁件 4. 安螺栓及金属立柱
010607003	成品雨篷	1. 材料品种、规格 2. 雨篷宽度 3. 晾衣杆品种、规格	1. m 2. m^2	1. 以“m”计量，按设计图示接触边以米计算 2. 以“m^2”计量，按设计图示尺寸以展开面积计算	1. 安装 2. 校正 3. 预埋铁件及安螺栓
010607004	金属网栏	1. 材料品种、规格 2. 边框及立柱型钢品种、规格	m^2	按设计图示尺寸以框外围展开面积计算	1. 安装 2. 校正 3. 螺栓及金属立柱
010607005	砌块墙钢丝网加固	1. 材料品种、规格 2. 加固方式		按设计图示尺寸以面积计算	1. 铺贴 2. 铆固
010607006	后浇带金属网				

2. “工程量计算规范”与计价规则说明

(1)成品空调金属百叶护栏如图 4.7.12 所示。

图 4.7.12　成品空调金属百叶护栏

(2)成品栅栏见图 4.7.13 所示。

图 4.7.13　成品栅栏

(3)成品雨篷。成品雨篷是指使用钢制材料制作的雨篷构件。

(4)金属网栏如图 4.7.14 所示。

图 4.7.14　金属网栏

(5)砌块墙钢丝网加固、后浇带金属网。

砌块墙钢丝网加固指框架结构、框架剪力墙结构中的后砌加气块与原有混凝土结构结合部位的上部、侧面需要加铺一定宽度的钢丝网，其作用是防止不同材料交接处干缩值不同而开裂。

后浇带金属网指为了减少混凝土漏浆，保证先浇筑部分的混凝土成型，需要在后浇带的两侧铺设的金属网。

3. 配套定额相关规定

(1)钢丝网加固及金属网按设计图示尺寸以面积计算。

(2)雨篷按接触边以“延长米”计算。

(3)空调百叶护栏按框外围面积以平方米计算，窗栅、防盗栅、栅栏按框外围垂直投影面积以平方米计算。

习　　题

4-7-1　某厂房屋面钢屋架 15 榀，每榀重 5 t，采用不同规格的角钢。由金属构件厂加工，场外运输 5 km，现场拼装，采用汽车吊跨外安装，安装高度为 10 m。编制钢屋架的分部分项工程量清单。

4-7-2　如图 4.7.15 所示，某工程空腹钢柱共 24 根，刷防锈漆 1 遍。柱脚底座钢板 12 mm 厚。编制空腹钢柱分部分项工程量清单。

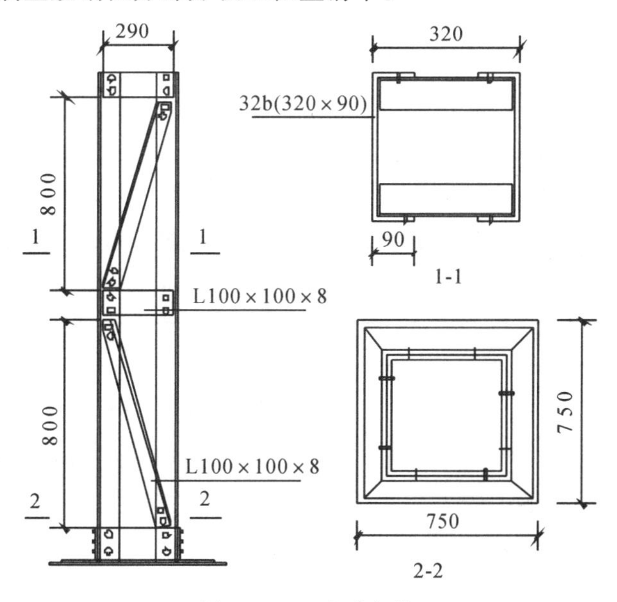

图 4.7.15　空腹钢柱

4-7-3　根据《房屋建筑与装饰工程工程量计量规范》(GB 50854－2013)，计算如图 4.7.16 所示 20 块钢板(7850 kg/m^3)的工程量(单位：cm)。

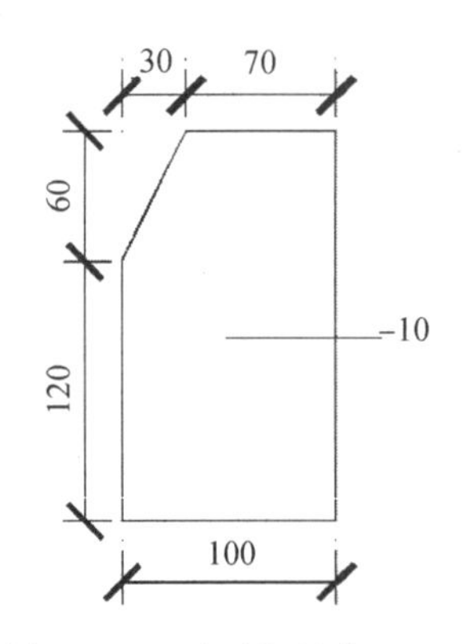

图 4.7.16　钢板(单位：cm)

4.8　木结构工程

木结构工程适用于建筑物与构筑物的木结构工程，包括木屋架、木构件、屋面木基层等 3 个子分部工程。

4.8.1　木屋架

1. “工程量计算规范”清单项目设置

“工程量计算规范”附录 G.1 包括木屋架、钢木屋架，其常见项目见表 4.8.1。

表 4.8.1　木屋架(编号：010701)

项目编码	项目名称	项目特征	计量单位	工程量计算规则	工作内容
010701001	木屋架	1. 跨度 2. 材料品种、规格 3. 刨光要求 4. 拉杆及夹板种类 5. 防护材料种类	1. 榀 2. m^3	1. 以“榀”计量，按设计图示数量计算 2. 以“m^3”计量，按设计图示的规格尺寸以体积计算	1. 制作 2. 运输 3. 安装 4. 刷防护材料
010701002	钢木屋架	1. 跨度 2. 木材品种、规格 3. 刨光要求 4. 钢材品种、规格 5. 防护材料种类	榀	以“榀”计量，按设计图示数量计算	

2. “工程量计算规范”与计价规则说明

由木材(钢木)制成的桁架式屋盖构建称为木(钢木)屋架，如图 4.8.1 所示。

图 4.8.1　木(钢木)屋架

例 4.8.1　计算 15 m 跨度方木屋架工程量，如图 4.8.2 所示。

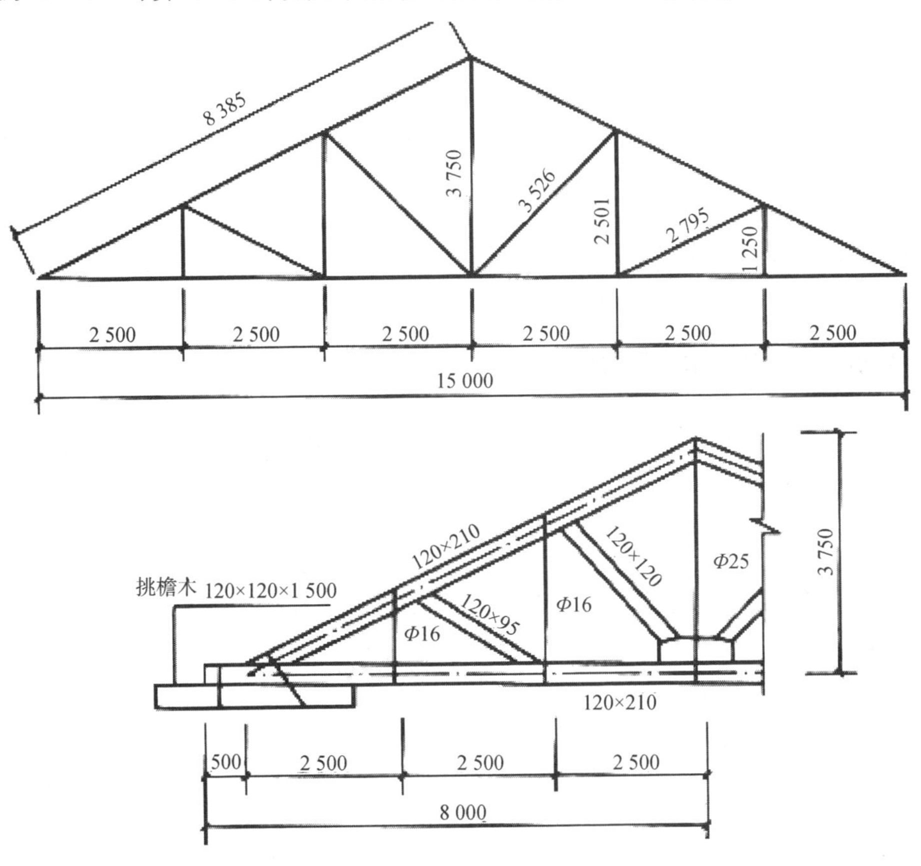

图 4.8.2　某方木屋架示意图

分析：本题中木屋架的工程量应包括上弦工程量、下弦工程量、斜撑工程量及挑檐木工程量之和。

解：

上弦工程量＝0.12×0.21×8.385×2＝0.423(m^3)

下弦工程量＝0.12×0.21×(15＋0.5×2)＝0.403(m^3)

斜撑工程量＝0.12×0.12×3.526×2＝0.102(m^3)

斜撑工程量＝0.12×0.095×2.795×2＝0.064(m^3)

挑檐木工程量＝0.12×0.12×1.5×2＝0.043(m^3)

木屋架工程量＝0.423＋0.403＋0.102＋0.064＋0.043＝1.035(m^3)

3. 配套定额相关规定

(1)屋架的跨度是指屋架两端上下弦中心线交点之间的长度。

(2)屋架需刨光者，人工乘以系数1.15，木材材积乘以系数1.08。

(3)木屋架、钢木屋架制安项目均按设计断面竣工木料以“m^3”计算，其后备长度及配制损耗均已包括在项目内，不另计算。附属于屋架的木夹板、垫木、风撑、与屋架连接的挑檐木均按竣工木材计算后并入相应的屋架内。与圆木屋架相连的挑檐木、风撑等如为方木时，应乘以系数1.563折合圆木，并入圆木屋架竣工木材材积内。屋架的马尾、折角和正交部分的半屋架应并入相连接的正屋架竣工材积内。

4.8.2 木构件

1. “工程量计算规范”清单项目设置

“工程量计算规范”附录G.2包括木柱、木梁、木檩、木楼梯、其他木构件等，其常见项目见表4.8.2。

表4.8.2 木构件(编码：010702)

项目编码	项目名称	项目特征	计量单位	工程量计算规则	工作内容
010702001	木柱	1. 构件规格尺寸 2. 木材种类 3. 刨光要求 4. 防护材料种类	m^3	按设计图示尺寸以体积计算	1. 制作 2. 运输 3. 安装 4. 刷防护材料
010702002	木梁				
010702003	木檩		1. m^3 2. m	1. 以“m^3”计量，按设计图示尺寸以体积计算 2. 以“m”计量，按设计图示尺寸以长度计算	

续表

项目编码	项目名称	项目特征	计量单位	工程量计算规则	工作内容
10702004	木楼梯	1. 楼梯形式 2. 木材种类 3. 刨光要求 4. 防护材料种类	m^2	按设计图示尺寸以水平投影面积计算。不扣除宽度≤300 mm 的楼梯井，伸入墙内部分不计算	1. 制作 2. 运输 3. 安装 4. 刷防护材料
10702005	其他木构件	1. 构件名称 2. 构件规格尺寸 3. 木材种类 4. 刨光要求 5. 防护材料种类	1. m^3 2. m	1. 以“m^3”计量，按设计图示尺寸以体积计算 2. 以“m”计量，按设计图示尺寸以长度计算	

．“工程量计算规范”与计价规则说明

(1)木柱、木梁、木檩。值得注意的是，梁是用来支撑檩条和屋面板的，而檩条是用来支撑屋面板或瓦的。

(2)木楼梯如图 4.8.3 所示。

图 4.8.3　木楼梯

．配套定额相关规定

(1)木楼梯、木构件运输未编制定额，参照 2015 年《四川省建设工程工程量清单计价定额——仿古建筑工程》中相应项目执行。

(2)木盖板、木搁板按图示尺寸以“m^2”计算。

4.8.3　屋面木基层

1. “工程量计算规范”清单项目设置

“工程量计算规范”附录G.3屋面木基层的项目见表4.8.3。

表4.8.3　屋面木基层(编码：010703)

项目编码	项目名称	项目特征	计量单位	工程量计算规则	工作内容
010703001	屋面木基层	1. 椽子断面尺寸及椽距 2. 望板材料种类、厚度 3. 防护材料种类	m^2	按设计图示尺寸以斜面积计算 不扣除房上烟囱、风帽底座、风道、小气窗、斜沟等所占面积。小气窗的出檐部分不增加面积	1. 椽子制作、安装 2. 望板制作、安装 3. 顺水条和挂瓦条制作、安装 4. 刷防护材料

2. “工程量计算规范”与计价规则说明

屋面木基层是指铺设在屋架上面的镶条、椽子、屋面板等，这些构架有的起承重作用，有的起维护作用，屋面木基层的构造须根据其屋面防水材料种类而定。

3. 配套定额相关规定

(1)屋面板厚度是按毛料计算的，厚度不同时，一等薄板按比例换算，其他不变。

(2)水平支撑、剪刀撑按方檩木项目计算。

(3)屋面木基层工程量按斜面积以“m^2”计算。不扣除附墙烟囱、通风孔、通风帽底座、屋顶小气窗和斜沟的面积。天窗挑檐与屋面重叠部分另行计算，并计入屋面木基层工程量内。

习　　题

4-8-1　简述木结构的计算原理。

4-8-2　简述工程中常见木结构类型。

4-8-3　简述木结构工程计算原理。

4.9　门 窗 工 程

门窗工程共分为10个子分部工程，即包括木门、金属门、金属卷帘(闸)门、厂库房大门、特种门、其他门、木窗、金属窗、门窗套、窗台板、窗帘、窗帘盒、轨等 10 个部分。

4.9.1　木门

1. “工程量计算规范”清单项目设置

木门工程量清单项目设置、项目特征描述、计量单位及工程量计算规则应按“工程量计算规范”附录 H.1 的规定执行。如表 4.9.1 所示。

表 4.9.1　木门(编码：010801)

项目编码	项目名称	项目特征	计量单位	工程量计算规则	工作内容
010801001	木质门	1. 门代号及洞口尺寸 2. 镶嵌玻璃品种、厚度	1.樘 2. m^2	1. 以“樘”计量，按设计图示数量计算 2. 以“m^2”计量，按设计图示洞口尺寸以面积计算	1. 门安装 2. 玻璃安装 3. 五金安装
010801002	木质门带套				
010801003	木质连窗门				
010801004	木质防火门	1. 门代号及洞口尺寸 2. 镶嵌玻璃品种、厚度			
010801005	木门框	1. 门代号及洞口尺寸 2. 框截面尺寸 3. 防护材料种类			1. 木门框制作、安装 2. 运输 3. 刷防护材料
010801006	门锁安装	1. 锁品种 2. 锁规格	个 (套)	按设计图示数量计算	安装

2. “工程量计算规范”与计价规则说明

(1)木质门应区分镶板木门、企口木板门、实木装饰门、胶合板门、夹板装饰门、木纱门、全玻门(带木质扇框)、木质半玻门(带木质扇框)等项目，分别编码列项。

(2)木门五金应包括：折页、插销、门碰珠、弓背拉手、搭机、木螺丝、弹簧折页(自动门)、管子拉手(自由门、地弹门)、地弹簧(地弹门)、角铁、门轧头(地弹门、自由门)等。

(3)木质门带套计量按洞口尺寸以面积计算，不包括门套的面积，但门套应计算在综合单价中。

(4)以樘计量，项目特征必须描述洞口尺寸；以平方米计量，项目特征可不描述洞口尺寸。

(5)单独制作安装木门框按木门框项目编码列项。

3. 配套定额相关说明(门窗工程部分)

1)一般说明

本分部门窗(厂、库房大门除外)均以成品安装编制项目，成品门窗单价，包括成品制作及运输费用。若采用现场制作的门窗，应包括制作的所有费用。

(1)木门窗。

①本分部木门框所注明的框断面是以边立挺设计净断面为准，框截面如为钉条者，应加钉条的断面计算。刨光损耗包括在定额内，不另计算。

②各类门窗的区别如下：

a. 全部用冒头结构镶板者，称“镶板门”。

b. 在同一门扇上装玻璃和镶板(钉板)者，玻璃面积大于或等于镶板(钉板)面积的1/2者，称“半玻门”。

c. 在同一门扇上无镶板(钉板)，全部装玻璃者，称“全玻门”。

d. 用上下冒头或一根中冒头钉企口板，板面起三角槽者，称“拼板门”。

③门窗安装定额内已包括门窗框刷防腐油、安放木砖、框边填石灰麻刀浆、水泥砂浆或嵌油灰等的工料。

④“镶板、胶合板门带窗”“镶板、胶合板门带窗带纱”分别按本分部门、窗相应项目执行。

⑤木质“半玻自由门”“全玻自由门”按木质自由门项目执行。

⑥本分部门窗定额项目包括普通五金及配件，不包括特殊五金及门锁，设计要求时执行门锁、特殊五金相应定额项目。

⑦本分部门窗定额项目不包括木门扇的镶嵌雕花等工艺制作及其材料。

(2)金属门窗。

①空腹钢门、钢窗均按钢门窗定额计算。

②门窗定额内已包括预埋铁件、水泥脚和玻璃卡以及水泥砂浆或混凝土嵌缝的工料等。

③双层窗按定额单价乘以系数2计算。

④金属门窗定额项目包括普通五金及附件、毛条(胶条)、玻璃胶，不包括特殊五金及门锁。

⑤“钢百叶窗”按“塑钢百叶窗”定额项目执行。

⑥彩板窗的副框按彩板门副框定额项目执行。

(3)厂、库房大门、特种门。

①厂、库房大门木材种类均以一、二类木种为准，如采用三、四类木种时，制作、安装人工费、机械费乘以系数 1.26。

②金属格栅门、钢质花饰大门、特种门均按工厂制品、现场安装编制。

③厂、库房大门、特种门的五金按实计算。

④厂、库房大门安装定额内已包括门窗框刷防腐油、安放木砖、框边填石灰麻刀浆或嵌油灰以及安装一般五金等的工料。

⑤全钢板大门和围墙铁丝门项目定额内已包括刷一遍红丹酚醛防锈漆的工料。

⑥全钢板大门和围墙铁丝门的五金(包括折页、门轴、门闩、插销等)均已考虑，地(滑)轮、滑轨、阻扁轮或轴承等零件，应按设计要求另行计算。

⑦定额项目内所列的垫铁(或铁件)，是为施工中调整偏差和标高使用的。

⑧门窗扇包镀锌铁皮，以双面为准，如设计规定为单面包铁皮时，其工料乘系数 0.67。

(4)其他说明。

①不锈钢片包门框中，木骨架枋材断面按 40 mm×45 mm 计算。如果设计与定额不同时，允许换算。

②电动伸缩门长度与定额含量不同时，伸缩门及钢轨允许换算。打凿混凝土工程量另行计算。

③窗台板厚度为 25 mm，窗帘盒展开宽度为 430 mm。设计与定额不同时，材料用量允许调整。

④门窗套龙骨定额内不包括刷防火涂料的工料，设计要求时执行“P 油漆、涂料工程”相应定额项目。

⑤木门窗套、木筒子板、木窗台板(除特殊注明外)木材种类均以一、二类木种为准，如采用三、四类木种时，制作、安装人工费、机械费乘以系数 1.35。

⑥木门窗套(成品除外)不包括线条，设计要求时按“Q 其他装饰工程”相应定额项目执行。

2)工程量计算规则说明

(1)木门窗。

①木质门、木质门带套、木质防火门、木质窗安装工程量，按设计门窗洞口尺寸以面积计算，无框者按扇外围面积计算。

②木纱窗、装饰空花木窗安装工程量，按框外围面积计算。

③木门框制作安装工程量，按设计门洞口尺寸以面积计算。

(2)金属门窗。

①钢门窗、塑钢门窗、铝合金门窗、断桥铝合金门窗、铝合金地弹门、不锈钢地弹门安装工程量，按设计门窗洞口面积以平方米计算。

②钢质防火门、防盗门、金属防火窗、金属百叶窗、彩板门窗安装工程量，按设计门窗洞口面积以平方米计算，金属纱门窗按框外围面积计算。

③防盗窗、金属格栅窗按框外围面积计算。

④彩板组角门附框安装按延长米计算，彩板组角窗附框按彩板门附框项目执行。

⑤金属(塑钢、断桥)飘(凸)窗按展开面积计算，套相应金属(塑钢、断桥)窗定额。

⑥卷闸门安装按其安装高度乘以门的实际宽度以平方米计算，安装高度算至滚筒顶点。带卷筒罩的按展开面积增加。电动装置安装以套计算，小门安装以个计算，小门面积不扣除。

⑦金属(塑钢、断桥)橱窗制作、安装。

a. 橱窗封边按设计图示饰面外围尺寸展开面积以平方米计算。

b. 橱窗玻璃安装按设计图示封边框内边缘尺寸以平方米计算。

c. 玻璃肋安装按设计图示肋的尺寸，以平方米计算。

d. 玻璃磨边以延长米计算。

(3)厂、库房大门、特种门。

①厂、库房大门运输定额项目包括框和扇的运输，工程量按门窗洞口面积计算。若单运框或扇时定额项目乘以系数0.5。

②木板大门、钢木大门制安项目中标明有框的按洞口面积计算工程量，无框的按扇外围面积计算工程量。

③特种门安装工程量，按设计门窗洞口尺寸以面积计算。

④全钢板大门、防护铁丝门制作安装按设计门扇外围面积计算。

⑤金属格栅门安装工程量，按框外围面积计算。

⑥钢质花饰大门安装工程量，按扇外围面积计算。

⑦大门钢骨架按设计图示尺寸以质量计算，不扣除孔眼、切边的质量，焊条、铆钉等不另增加质量，不规则或多边形钢板以其外接矩形面积乘以厚度，以单位理论质量计算。

(4)其他门。

①不锈钢板包门框、门窗套、门窗筒子板按展开面积计算。成品门窗套按设计图示尺寸以延长米计算，若只包单面时，人工乘以系数0.65。

②电子感应门按门扇面积计算，电磁感应装置按套计算。

③不锈钢电动伸缩门和旋转门以樘计算。

④复合塑料门按设计门洞口尺寸以面积计算。

⑤电子对讲门按设计门洞口尺寸以面积计算。

⑥全玻自由门按设计门扇面积以平方米计算。

(5)门窗套、窗台板

①门窗贴脸、窗帘盒、窗帘轨按延长米计算。

②窗台板按设计图示尺寸以面积计算。

4.9.2　金属门

1. “工程量计算规范”清单项目设置

金属门工程量清单项目设置、项目特征描述、计量单位及工程量计算规则应按“工程量计算规范”附录 H.2 的规定执行。如表 4.9.2 所示。

表 4.9.2　金属门(编码：010802)

<table>
<tr><th>项目编码</th><th>项目名称</th><th>项目特征</th><th>计量单位</th><th>工程量计算规则</th><th>工作内容</th></tr>
<tr><td>010802001</td><td>金属(塑钢)门</td><td>1. 门代号及洞口尺寸
2. 门框或扇外围尺寸
3. 门框、扇材质
4. 玻璃品种、厚度</td><td rowspan="4">1.樘
2. m²</td><td rowspan="4">1. 以“樘”计量，按设计图示数量计算
2. 以“m²”计量，按设计图示洞口尺寸以面积计算</td><td rowspan="3">1. 门安装
2. 五金安装
3. 玻璃安装</td></tr>
<tr><td>010802002</td><td>彩板门</td><td>1. 门代号及洞口尺寸
2. 门框或扇外围尺寸</td></tr>
<tr><td>010802003</td><td>钢质防火门</td><td>1. 门代号及洞口尺寸
2. 门框或扇外围尺寸
3. 门框、扇材质</td></tr>
<tr><td>010702004</td><td>防盗门</td><td>1. 门代号及洞口尺寸
2. 门框或扇外围尺寸
3. 门框、扇材质</td><td>1. 门安装
2. 五金安装</td></tr>
</table>

2. “工程量计算规范”与计价规则说明

(1)金属门应区分金属平开门、金属推拉门、金属地弹门、全玻门(带金属扇框)、金属半玻门(带扇框)等项目，分别编码列项。

(2)铝合金门五金包括：地弹簧、门锁、拉手、门插、门铰、螺丝等。

(3)金属门五金包括 L 型执手插锁(双舌)、执手锁(单舌)、门轨头、地锁、防盗门机、门眼(猫眼)、门碰珠、电子锁(磁卡锁)、闭门器、装饰拉手等。

(4)以樘计量，项目特征必须描述洞口尺寸，没有洞口尺寸必须描述门框或扇外围尺寸，以平方米计量，项目特征可不描述洞口尺寸及框、扇的外围尺寸。

(5)以平方米计量，无设计图示洞口尺寸，按门框、扇外围以面积计算。

3. 配套定额相关说明

详见4.9.1相关部分说明。

4.9.3　金属卷帘(闸)门

1. “工程量计算规范”清单项目设置

金属卷帘(闸)门工程量清单项目设置、项目特征描述、计量单位及工程量计算规则应按“工程量计算规范”附录H.3的规定执行。如表4.9.3所示。

表4.9.3　金属卷帘(闸)门(编码：010803)

项目编码	项目名称	项目特征	计量单位	工程量计算规则	工作内容
010803001	金属卷帘(闸)门	1. 门代号及洞口尺寸 2. 门材质 3. 启动装置品种、规格	1. 樘 2. m^2	1. 以“樘”计量，按设计图示数量计算 2. 以“m^2”计量，按设计图示洞口尺寸以面积计算	1. 门运输、安装 2. 启动装置、活动小门、五金安装
010803002	防火卷帘(闸)门				

2. “工程量计算规范”与计价规则说明

以樘计量，项目特征必须描述洞口尺寸；以平方米计量，项目特征可不描述洞口尺寸。

3. 配套定额相关说明

详见4.9.1相关部分说明。

4.9.4　厂库房大门、特种门

1. “工程量计算规范”清单项目设置

厂库房大门、特种门工程量清单项目设置、项目特征描述、计量单位及工程量计算规则应按“工程量计算规范”附录H.4的规定执行。如表4.9.4所示。

表4.9.4 厂库房大门、特种门(编码：010804)

<table>
<tr><th>项目编码</th><th>项目名称</th><th>项目特征</th><th>计量单位</th><th>工程量计算规则</th><th>工作内容</th></tr>
<tr><td>010804001</td><td>木板大门</td><td rowspan="4">1. 门代号及洞口尺寸
2. 门框或扇外围尺寸
3. 门框、扇材质
4. 五金种类、规格
5. 防护材料种类</td><td rowspan="7">1. 樘
2. m^2</td><td rowspan="3">1. 以“樘”计量，按设计图示数量计算
2. 以“m^2”计量，按设计图示洞口尺寸以面积计算</td><td rowspan="4">1. 门(骨架)制作，运输
2. 门、五金配件安装
3. 刷防护材料</td></tr>
<tr><td>010804002</td><td>钢木大门</td></tr>
<tr><td>010804003</td><td>全钢板大门</td></tr>
<tr><td>010804004</td><td>防护铁丝门</td><td>1. 以“樘”计量，按设计图示数量计算
2. 以“m^2”计量，按设计图示门框或扇以面积计算</td></tr>
<tr><td>010804005</td><td>金属格栅门</td><td>1. 门代号及洞口尺寸
2. 门框或扇外围尺寸
3. 门框、扇材质
4. 启动装置的品种、规格</td><td>1. 以“樘”计量，按设计图示数量计算
2. 以“m^2”计量，按设计图示洞口尺寸以面积计算</td><td>1. 门安装
2. 启动装置、五金配件安装</td></tr>
<tr><td>010804006</td><td>钢质花饰大门</td><td rowspan="2">1. 门代号及洞口尺寸
2. 门框或扇外围尺寸
3. 门框、扇材质</td><td>1. 以“樘”计量，按设计图示数量计算
2. 以“m^2”计量，按设计图示门框或扇以面积计算</td><td rowspan="2">1. 门安装
2. 五金配件安装</td></tr>
<tr><td>010804007</td><td>特种门</td><td>1. 以“樘”计量，按设计图示数量计算
2. 以“m^2”计量，按设计图示洞口尺寸以面积计算</td></tr>
</table>

2. “工程量计算规范”与计价规则说明

(1)特种门应区分冷藏门、冷冻间门、保温门、变电室门、隔音门、防射线门、人防门、金库门等项目，分别编码列项。

(2)以“樘”计量，项目特征必须描述洞口尺寸，没有洞口尺寸必须描述门框或扇外围尺寸；以“m^2”计量，项目特征可不描述洞口尺寸及框、扇的外围尺寸。

(3)以“m^2”计量，无设计图示洞口尺寸，按门框、扇外围以面积计算。

3. 配套定额相关说明

详见4.9.1相关部分说明。

4.9.5 其他门

1. “工程量计算规范”清单项目设置

其他门工程量清单项目设置、项目特征描述、计量单位及工程量计算规则应按

“工程量计算规范”附录 H. 5 的规定执行。如表 4. 9. 5 所示。

表 4.9.5　其他门(编码：010805)

项目编码	项目名称	项目特征	计量单位	工程量计算规则	工作内容
010805001	平开电子感应门	1. 门代号及洞口尺寸 2. 门框或扇外围尺寸 3. 门框、扇材质 4. 玻璃品种、厚度 5. 启动装置的品种、规格 6. 电子配件品种、规格	1. 樘 2. m^2	1. 以“樘”计量，按设计图示数量计算 2. 以“m^2”计量，按设计图示洞口尺寸以面积计算	1. 门安装 2. 启动装置、五金、电子配件安装
010805002	旋转门				
010805003	电子对讲门	1. 门代号及洞口尺寸 2. 门框或扇外围尺寸 3. 门材质 4. 玻璃品种、厚度 5. 启动装置的品种、规格 6. 电子配件品种、规格	1. 樘 2. m^2	1. 以“樘”计量，按设计图示数量计算 2. 以“m^2”计量，按设计图示洞口尺寸以面积计算	1. 门安装 2. 启动装置、五金、电子配件安装
010805004	电动伸缩门				
010805005	全玻自由门	1. 门代号及洞口尺寸 2. 门框或扇外围尺寸 3. 框材质 4. 玻璃品种、厚度			1. 门安装 2. 五金安装
010805006	镜面不锈钢饰面门	1. 门代号及洞口尺寸 2. 门框或窗外围尺寸 3. 框、扇材质 4. 玻璃品种、厚度			

2. “工程量计算规范”与计价规则说明

(1)以“樘”计量，项目特征必须描述洞口尺寸，没有洞口尺寸必须描述门框或扇外围尺寸；以“m^2”计量，项目特征可不描述洞口尺寸及框、扇的外围尺寸。

(2)以“m^2”计量，无设计图示洞口尺寸，按门框、扇外围以面积计算。

3. 配套定额相关说明

详见 4. 9. 1 相关部分说明。

4.9.6　木窗

1. “工程量计算规范”清单项目设置

木窗工程量清单项目设置、项目特征描述、计量单位及工程量计算规则应按“工程量计算规范”附录 H. 6 的规定执行。如表 4. 9. 6 所示。

表 4.9.6　木窗(编码：010806)

项目编码	项目名称	项目特征	计量单位	工程量计算规则	工作内容
010806001	木质窗	1. 窗代号及洞口尺寸 2. 玻璃品种、厚度 3. 防护材料种类	1. 樘 2. m^2	1. 以“樘”计量，按设计图示数量计算 2. 以“m^2”计量，按设计图示洞口尺寸以面积计算	1. 窗制作、运输、安置 2. 五金、玻璃安装 3. 刷防护材料
010806002	木橱窗	1. 窗代号 2. 框截面及外围展开面积 3. 玻璃品种、厚度 4. 防护材料种类		1. 以“樘”计量，按设计图示数量计算 2. 以“m^2”计量，按设计图示尺寸以框外围展开面积计算	
010806003	木飘(凸)窗				
010806004	木质成品窗	1. 窗代号及洞口尺寸 2. 玻璃品种、厚度		1. 以“樘”计量，按设计图示数量计算 2. 以“m^2”计量，按设计图示洞口尺寸以面积计算	1. 窗安装 2. 五金、玻璃安装

2. “工程量计算规范”与计价规则说明

(1)木质窗应区分木百叶窗、木组合窗、木天窗、木固定窗、木装饰空花窗等项目，分别编码列项。

(2)以“樘”计量，项目特征必须描述洞口尺寸，没有洞口尺寸必须描述窗框外围尺寸；以“m^2”计量，项目特征可不描述洞口尺寸及框的外围尺寸。

(3)以“m^2”计量，无设计图示洞口尺寸，按窗框外围以面积计算。

(4)木橱窗、木飘(凸)窗以樘计量，项目特征必须描述框截面及外围展开面积。

(5)木窗五金包括：折页、插销、风钩、木螺丝、滑轮滑轨(推拉窗)等。

3. 配套定额相关说明

详见 4.9.1 相关部分说明。

4.9.7　金属窗

1. “工程量计算规范”清单项目设置

金属窗工程量清单项目设置、项目特征描述、计量单位及工程量计算规则应按“工程量计算规范”附录 H.7 的规定执行。如表 4.9.7 所示。

表 4.9.7　金属窗(编码：010807)

<table>
<tr><th>项目编码</th><th>项目名称</th><th>项目特征</th><th>计量单位</th><th>工程量计算规则</th><th>工作内容</th></tr>
<tr><td>010807001</td><td>金属(塑钢、断桥)窗</td><td rowspan="3">1. 窗代号及洞口尺寸
2. 框、扇材质
3. 玻璃品种、厚度</td><td rowspan="8">1.樘
2. m²</td><td rowspan="4">1. 以“樘”计量，按设计图示数量计算
2. 以“m²”计量，按设计图示洞口尺寸以面积计算</td><td rowspan="2">1. 窗安装
2. 五金、玻璃安装</td></tr>
<tr><td>010807002</td><td>金属防火窗</td></tr>
<tr><td>010807003</td><td>金属百叶窗</td><td rowspan="2">1. 窗安装
2. 五金安装</td></tr>
<tr><td>010807004</td><td>金属纱窗</td><td>1. 窗代号及洞口尺寸
2. 框材质
3. 窗纱材料品种、规格</td></tr>
<tr><td>010807005</td><td>金属格栅窗</td><td>1. 窗代号及洞口尺寸
2. 框外围尺寸
3. 框、扇材质</td><td>1. 以“樘”计量，按设计图示数量计算
2. 以“m²”计量，按设计图示洞口尺寸以面积计算</td><td>1. 窗安装
2. 五金安装</td></tr>
<tr><td>0108006</td><td>金属(塑钢、断桥)橱窗</td><td>1. 窗代号
2. 框外围展开面积
3. 框、扇材质
4. 玻璃品种、厚度
5. 防护材料种类</td><td rowspan="2">1. 以“樘”计量，按设计图示数量计算
2. 以“m²”计量，按设计图示尺寸以框外围展开面积计算</td><td>1. 窗制作、运输、安装</td></tr>
<tr><td>010807007</td><td>金属(塑钢断桥)飘(凸)窗</td><td>1. 穿代号
2. 框外围展开面积
3. 框、扇材质
4. 玻璃品种、厚度</td><td rowspan="2">1. 窗安装
2. 五金、玻璃安装</td></tr>
<tr><td>010807008</td><td>彩板窗</td><td>1. 穿代号及洞口尺寸
2. 框外围尺寸
3. 框、扇材质
4. 玻璃品种、厚度</td><td>1. 以“樘”计量，按设计图示数量计算
2. 以“m²”计量，按设计图示洞口尺寸或外围以面积计算</td></tr>
</table>

2. “工程量计算规范”与计价规则说明

(1)金属窗应区分金属组合窗、防盗窗等项目，分别编码列项。

(2)以“樘”计量，项目特征必须描述洞口尺寸，没有洞口尺寸必须描述窗框外围尺寸；以“m^2”计量，项目特征可不描述洞口尺寸及框的外围尺寸。

(3)以“m^2”计量，无设计图示洞口尺寸，按窗框外围以面积计算。

(4)金属橱窗、飘(凸)窗以樘计量，项目特征必须描述框外围展开面积。

(5)金属窗五金包括：折页、螺丝、执手、卡锁、铰拉、风撑、滑轮、滑轨、拉把、拉手、角码、牛角制等。

3. 配套定额相关说明

详见 4.9.1 相关部分说明。

4.9.8　门窗套

1. “工程量计算规范”清单项目设置

门窗套工程量清单项目设置、项目特征描述、计量单位及工程量计算规则应按“工程量计算规范”附录 H.8 的规定执行。如表 4.9.8 所示。

表 4.9.8　门窗套(编码：010808)

<table>
<tr><th>项目编码</th><th>项目名称</th><th>项目特征</th><th>计量单位</th><th>工程量计算规则</th><th>工作内容</th></tr>
<tr><td>010808001</td><td>木门窗套</td><td>1. 窗代号及洞口尺寸
2. 门窗套展开宽度
3. 基层材料种类
4. 面层材料品种、规格
5. 线条品种、规格
6. 防护材料种类</td><td rowspan="5">1. 樘
2. m^2
3. m</td><td rowspan="5">1. 以“樘”计量、按设计图示数计算
2. 以“m^2”计量，按设计图示尺寸以展开面积计算
3. 以“m”计量，按设计图示中心以延长米计算</td><td rowspan="3">1. 清理基层
2. 立筋制作、安装
3. 基层板安装
4. 面层铺贴
5. 线条安装
6. 刷防护材料</td></tr>
<tr><td>010808002</td><td>木筒子板</td><td>1. 筒子板宽度
2. 基层材料种类
3. 面条材料品种、规格
4. 线条品种、规格
5. 防护材料种类</td></tr>
<tr><td>010808003</td><td>饰面夹板筒子板</td><td>1. 筒子板宽度
2. 基层材料种类
3. 面层材料品种、规格
4. 线条品种、规格
5. 防护材料种类</td></tr>
<tr><td>010808004</td><td>金属门窗套</td><td>1. 窗代号及洞口尺寸
2. 门窗套展开宽度
3. 基层材料种类
4. 面层材料品种、规格
5. 防护材料种类</td><td>1. 清理基层
2. 立筋制作、安装
3. 基层板安装
4. 面层铺贴
5. 刷防护材料</td></tr>
<tr><td>010808005</td><td>石材门窗套</td><td>1. 窗代号及洞口尺寸
2. 门窗套展开宽度
3. 底层厚度、砂浆配合比
4. 面层材料品种、规格
5. 线条品种、规格</td><td>1. 清理基层
2. 立筋制作、安装
3. 基层抹灰
4. 面层铺贴
5. 线条安装</td></tr>
<tr><td>010808006</td><td>门窗木贴脸</td><td>1. 门窗代号及洞口尺寸
2. 贴脸板宽度
3. 防护材料种类</td><td>1. 樘
2. m</td><td>1. 以“樘”计量，按设计图示数量计算
2. 以“m”计量，按设计图示尺寸以延长米计算</td><td>贴脸板安装</td></tr>
<tr><td>010808007</td><td>成品木门窗套</td><td>1. 窗代号及洞口尺寸
2. 门窗套展开宽度
3. 门窗套材料品种、规格</td><td>1. 樘
2. m^2
3. m</td><td>1. 以“樘”计量，按设计图示数量计算
2. 以“m^2”来计量，按设计图示尺寸以展开面积计算
3. 以“m”计量，按设计图示中心以延长米计算</td><td>1. 清理基层
2. 立筋制作、安装
3. 板安装</td></tr>
</table>

2. “工程量计算规范”与计价规则说明

(1)以“樘”计量，项目特征必须描述洞口尺寸、门窗套展开宽度。

(2)以“m^2”计量，项目特征可不描述洞口尺寸、门窗套展开宽度。

(3)以“m”计量，项目特征必须描述门窗套展开宽度、筒子板及贴脸宽度。

(4)木门窗套适用于单独门窗套的制作、安装。

3. 配套定额相关说明

详见 4.9.1 相关部分说明。

4.9.9　窗台板

1. “工程量计算规范”清单项目设置

窗台板工程量清单项目设置、项目特征描述、计量单位及工程量计算规则应按“工程量计算规范”附录 H.9 的规定执行。如表 4.9.9 所示。

表 4.9.9　窗台板(编码：010809)

项目编码	项目名称	项目特征	计量单位	工程量计算规则	工作内容
010809001	木窗台板	1. 基层材料种类 2. 窗台面板材质、规格、颜色 3. 防护料种类	m^2	按设计图示尺寸以展开面积计算	1. 基层清理 2. 基层制作、安装 3. 窗台板制作、安装 4. 刷防护材料
010809002	铝塑窗台板				
010809003	金属窗台板				
010809004	石材窗台板	1. 黏结层厚度、砂浆配合比 2. 窗台板材质、规格、颜色			1. 基层清理 2. 抹找平层 3. 窗台板制作、安装

4.9.10　窗帘、窗帘盒、轨

1. “工程量计算规范”清单项目设置

窗帘、窗帘盒、轨工程量清单项目设置、项目特征描述、计量单位及工程量计算规则应按表 H.10 的规定执行。如表 4.9.10 所示。

表 4.9.10　窗帘、窗帘盒、轨(编码：010810)

项目编码	项目名称	项目特征	计量单位	工程量计算规则	工作内容
010810001	窗帘(杆)	1. 窗帘材质 2. 窗帘高度、宽度 3. 窗帘层数 4. 带幔要求	1. m 2. m^2	1. 以“m”计量，按设计图示尺寸以长度计算 2. 以“m^2”计量，按图示尺寸以展开面积计算	1. 制作、运输 2. 安装
010810002	木窗帘盒	1. 窗帘盒材质、规格 2. 防护材料种类	m	按设计图示尺寸以长度计算	1. 制作、运算、安装 2. 刷防护材料
010810003	饰面夹板、塑料窗帘盒				
010810004	铝合金窗帘盒				
010810005	窗帘轨	1. 窗帘轨材质、规格 2. 防护材料种类			

2. “工程量计算规范”与计价规则说明

(1)若窗帘是双层，项目特征必须描述每层材质。

(2)若窗帘以米计量，项目特征必须描述窗帘高度和宽。

3. 配套定额相关说明

详见 4.9.1 相关部分说明。

例 4.9.1　试计算如图 4.9.1 所示建筑物的门窗工程量。

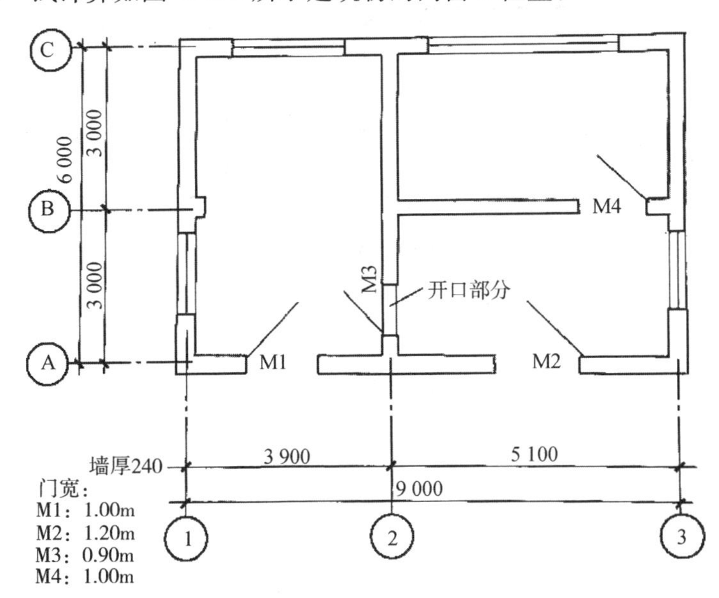

图 4.9.1　门窗工程示意图

解：如图 4.9.1 所示，该建筑物中共有 4 樘门，其中 M1 的工程量为 1 樘；M2 的工程量为 1 樘；M3 的工程量为 1 樘；M4 的工程量为 1 樘。

习　题

4-9-1　窗按(　　)分为平开窗、推拉窗、中悬窗、固定窗、撑窗等。

A. 固定方式　　B. 制作材料　　C. 开关方式　　D. 窗结构

4-9-2　按(　　)不同，门可分为木门、钢门、不锈钢门、铝合金门、塑料门等品种。

A. 开关方式　　B. 制作材料　　C. 制作工艺　　D. 门结构

4-9-3　电子感应自动门的工程量按(　　)计算。

A. 设计图示数量以樘　　B. 设计图示洞口尺寸以面积

C. 设计门框外围以面积　　D. 设计门扇外围以面积

4-9-4　某建筑平面如图 4.9.2 所示，墙厚 240 mm，室内铺设 500 mm×500 mm 中国红大理石，试计算如图所示门窗的工程量。

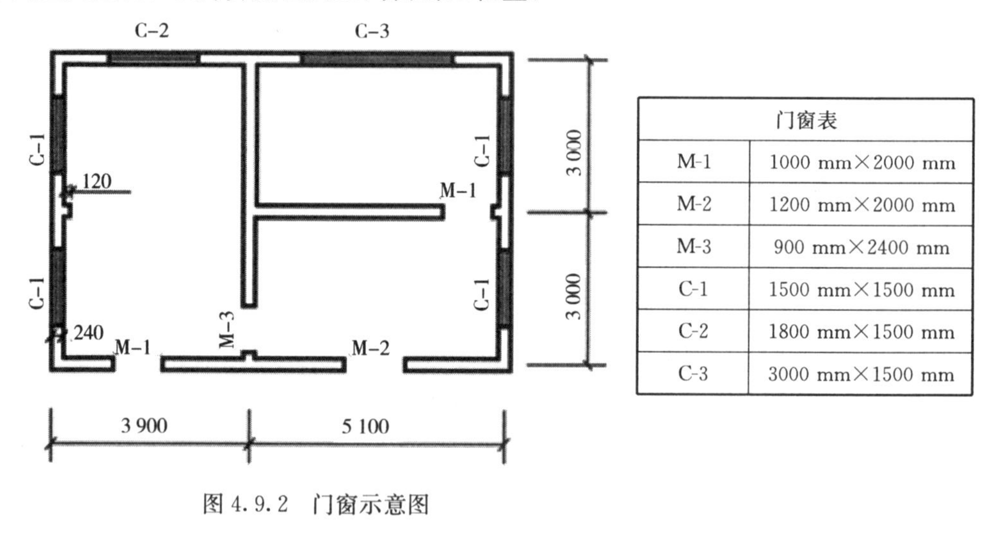

门窗表	
M-1	1000 mm×2000 mm
M-2	1200 mm×2000 mm
M-3	900 mm×2400 mm
C-1	1500 mm×1500 mm
C-2	1800 mm×1500 mm
C-3	3000 mm×1500 mm

图 4.9.2　门窗示意图

4-9-5　试计算如图 4.9.3 所示单层建筑物中的门窗工程量。

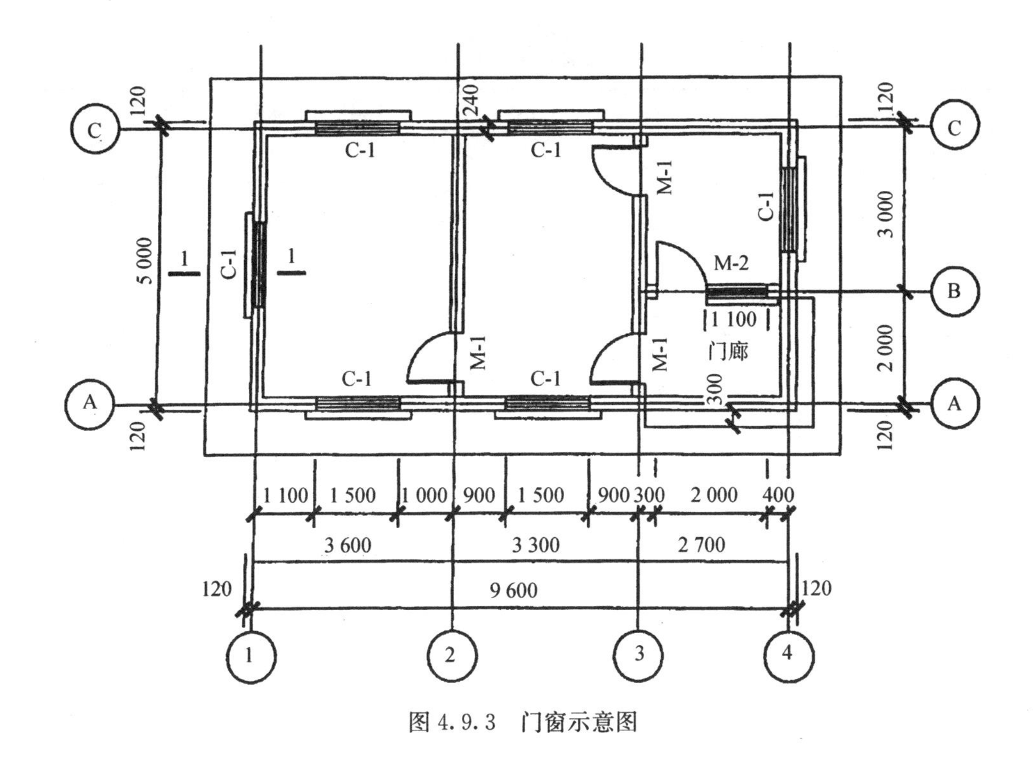

图 4.9.3　门窗示意图

4.10　屋面及防水工程

屋面及防水工程共分为 4 个子分部工程，即包括瓦、型材及其他，屋面、屋面防水及其他，墙面防水、防潮，楼(地)面防水、防潮等 4 个部分。

4.10.1　瓦、型材及其他屋面

1. “工程量计算规范”清单项目设置

瓦、型材及其他屋面工程量清单项目设置、项目特征描述、计量单位及工程量计算规则应按“工程量计算规范”附录 J.1 的规定执行。如表 4.10.1 所示。

表 4.10.1　瓦、型材及其他屋面(编码：010901)

项目编码	项目名称	项目特征	计量单位	工程量计算规则	工作内容
010901001	瓦屋面	1. 瓦品种、规格 2. 黏结层砂浆的配合比	m²	按设计图示尺寸以斜面积计算。不扣除房上烟囱、风帽底座，风道、小气窗、斜沟等所占面积。小气窗的出檐部分不增加面积	1. 砂浆制作、运输、摊铺、养护 2. 安瓦、作瓦脊
010901002	型材屋面	1. 型材品种、规格 2. 金属檩条材料品种、规格 3. 按缝，嵌缝材料种类			1. 檩条制作、运输、安装 2. 屋面型材安装 3. 接缝、嵌缝
010901003	阳光板屋面	1. 阳光板品种、规格 2. 骨架材料品种、规格 3. 接缝、嵌缝材料种类 4. 油漆品种、刷漆遍数		按设计图示尺寸以斜面积计算。不扣除屋面面积≤0.3 m² 孔洞所占面积	1. 骨架制作、运输、安装、刷防护材料、油漆 2. 阳光板安装 3. 接缝、嵌缝
010901004	玻璃钢屋面	1. 玻璃钢品种、规格 2. 骨架材料品种、规格 3. 玻璃钢固定方式 4. 接缝、嵌缝材料种类 5. 油漆品种、刷漆遍数			1. 骨架制作、运输、安装、刷防护材料、油漆 2. 玻璃钢制作、安装 3. 接缝、嵌缝
010901005	膜结构屋面	1. 膜布品种、规格 2. 支柱(网架)钢材品种、规格 3. 钢丝绳品种、规格 4. 锚固基座做法 5. 油漆品种、刷漆遍数		按设计图示尺寸以需要覆盖的水平投影面积计算	1. 膜布热压胶接 2. 支柱(网架)制作、安装 3. 膜布安装 4. 穿钢丝绳、锚头锚固 5. 锚固基座挖土、回填 6. 刷防护材料、油漆

2. “工程量计算规范”与计价规则说明

(1)若瓦屋面是在木基层上铺瓦，项目特征不必描述黏结层砂浆的配合比，瓦屋面铺防水层，按“工程量计算规范”附录表 J.2 屋面防水及其他中相关项目编码列项。

(2)型材屋面，阳光板屋面，玻璃钢屋面的柱、梁、屋架按“工程量计算规范”附录 F 金属结构工程、附录 G 木结构工程中相关项目编码列项。

3. 配套定额相关规定(屋面及防水工程部分)

1)一般说明

屋面及防水工程定额项目中未包括砂浆平面、立面找平层、保温层等项目，应按定额“L 楼地面装饰工程”、“M 墙、柱面装饰与隔断、幕墙工程”及“K 保温、隔热、防腐工程”相关项目计算。

(1)瓦、型材及其他屋面。

①“瓦屋面”项目适用于石棉水泥瓦、彩色沥青瓦、镀锌铁皮屋面等，小青瓦、平瓦、筒瓦按 2015 年《四川省建设工程工程量清单计价定额——仿古建筑工程》中“F 屋面工程”相应项目执行。

②玻璃钢瓦屋面铺在混凝土檩子上，按铺在钢檩上项目计算；阳光板屋面中铝结构、钢檩应按定额“F 金属结构工程”及“N 天棚工程”相关项目计算。

③膜结构(也称索膜结构)是一种以膜布与支撑(柱、网架等)和拉结结构(拉杆、钢丝绳等)组成的屋盖、篷顶结构，常用于候车亭、收费站和地下通道出口等，膜结构中支撑和拉固膜布的钢柱、拉杆、金属网架、钢丝绳、锚固的锚头等已包括在项目内，不得另算。支撑柱的钢筋混凝土柱基、锚固的钢筋混凝土基础以及地脚螺栓等应按定额“E 混凝土及钢筋混凝土工程”相关项目计算。

(2)屋面防水、墙面防水、防潮。

①适用于屋面、墙基、墙身、地下室、构筑物、水池、水塔及室内厕所、浴室等平、立面防水。

②屋面防水刚性层项目内已包括刷素水泥浆用量。

③防水层、防潮层项目内包括搭接用量，未含附加层用量，发生时，按实计算。

④防水层、屋面刚性层的找平及嵌缝未包括在项目内，应按相应定额项目另行计算。

⑤涂膜防水中的“二布三涂”或“一布二涂”，是指涂料构成防水层数，并非指涂刷遍数。每一层“涂层”刷二遍至数遍不等，每一层不论刷几遍，项目不作调整。

⑥铁皮排水项目。

a. 铁皮材料与项目不同时，可以换算，但其他材料和用工均不作调整。

b. 铁皮咬口、卷边、搭接的工料，均已包括在项目内。

⑦采用白铁皮弯头时，按铁皮水落管项目执行。

⑧安装塑料水斗、山墙出水口、吐水管等按个数套相应项目。

⑨变形缝按屋面、墙面等部位，分别编制定额项目，变形缝包括温度缝、沉降缝、抗震缝。

⑩建筑油膏、丙烯酸酯、非焦油聚氨酯变形缝断面按 30 mm×25 mm 计算，灌沥青、石油沥青玛王帝脂变形缝断面按 30 mm×30 mm 计算，其余变形缝定额项目以断面 30 mm×150 mm 计算；如设计变形缝断面或油膏断面与项目不同时，允许换算，但人工不变。

⑪止水带接头以环氧树脂为准，如采用其他材料黏结时，黏结剂可以换算，其他工料不变。

⑫止水带项目内已包括连接件、固定件，不得另行计算。

(3)楼(地)面防水、防潮。楼(地)面防水、防潮不编制定额，按本分部J.2屋面防水及其他、J.3墙面防水、防潮相应项目执行。

2)工程量计算规则说明

(1)瓦、型材及其他屋面。

①瓦屋面，按设计图示尺寸以斜面积计算。不扣除房上烟囱、风帽底座、风道、小气窗、斜沟等所占面积，小气窗的出檐部分也不增加面积；天窗出檐与屋面重叠部分的面积，应并入屋面工程量计算。

②石棉瓦屋面、GRC屋面、镀锌铁皮屋面、彩色沥青瓦等屋面，按实铺面积计算。

③玻璃钢瓦屋面、金属压型钢板屋面、彩色涂层钢板屋面、阳光板屋面按实铺面积计算。

④膜结构屋面，按设计图示尺寸以需要覆盖的水平投影面积计算。

(2)屋面、楼(地)面防水、防潮。

①屋面卷材、涂膜防水，按设计图示尺寸以面积计算。斜屋顶(不包括平屋顶找坡)按斜面积计算，平屋顶按水平投影面积计算；不扣除房上烟囱、风帽底座、风道、屋面小气窗和斜沟所占面积；屋面女儿墙、山墙、天窗、变形缝、天沟等处的弯起部分应按图示尺寸计算(如图纸无规定时，女儿墙和缝弯起高度可按300 mm、天窗可按500 mm计算)，并入屋面工程量内。

②楼(地)面防水，按设计图示尺寸以面积计算。扣除凸出地面的构筑物、设备基础等所占面积。不扣除间壁墙及单个≤0.3 m^2的柱、垛、烟囱和孔洞所占面积，楼(地)面防水反边高度≤300 mm时，按楼(地)面防水计算；反边高度>300 mm时，按墙面防水计算。

③屋面刚性防水，按设计图示尺寸以面积计算。不扣除房上烟囱、风帽底座、风道等所占面积。

④屋面天沟、檐沟，按设计图示尺寸以面积计算。铁皮和卷材天沟按展开面积计算。

⑤塑料水落管，按设计图示尺寸以长度计算，如设计未标注尺寸，以檐口至设计室外散水上表面垂直距离计算，若有延伸至地沟、明沟者，其延伸部分的长度应并入水落管工程量内。

⑥石棉水泥水斗、塑料吐水管、铝板穿墙出水口、钢筋混凝土排水槽按“个”计算。

⑦保温屋面镀锌铁皮排气管、镀锌铁皮通风帽按个计算。

(3)墙面防水、防潮。

①墙面防水、防潮，按设计图示尺寸以面积计算。

②墙基防水，外墙按中心线，内墙按净长乘以宽度计算。

(4)变形缝。

①变形缝，按设计图示尺寸以长度计算。

②变形缝如内外双面填缝者，工程量按双面计算。

4.10.2　屋面防水及其他

1. “工程量计算规范”清单项目设置

屋面防水及其他工程量清单项目设置、项目特征描述、计量单位及工程量计算规则应按“工程量计算规范”附录 J.2 的规定执行。如表 4.10.2 所示。

表 4.10.2　屋面防水及其他(编码：010902)

项目编码	项目名称	项目特征	计量单位	工程量计算规则	工作内容
010902001	屋面卷材防水	1. 卷材品种、规格、厚度 2. 防水层数 3. 防水层做法	m^2	按设计图示尺寸以面积计算 1. 斜屋顶(不包括平屋顶找坡)按斜面积计算，平屋顶按水平投影面积计算 2. 不扣除房上烟囱、风帽底座、风道、屋面小气窗和斜沟所占面积 3. 屋面的女儿墙、伸缩缝和天窗等处的弯起部分，并入屋面工程量内	1. 基层处理 2. 刷底油 3. 铺油毡卷材、接缝
010902002	屋面涂膜防水	1. 防水膜品种 2. 漆膜厚度、遍数 3. 增强材料种类			1. 基层处理 2. 刷基层处理剂 3. 铺布、喷涂防水层
010902003	屋面刚性层	1. 刚性层厚度 2. 混凝土强度等级 3. 嵌缝材料种类 4. 钢筋种类、型号		按设计图示尺寸以面积计算不扣除房上烟囱、风帽底座、风道等所占面积	1. 基层处理 2. 混凝土制作、运输、建筑、养护 3. 钢筋制安
01090004	屋面排水管	1. 排水管品种、规格 2. 雨水斗、山墙出水口品种、规格 3. 接缝、嵌缝材料种类 4. 油漆品种、刷漆遍数	m	按设计图示尺寸以长度计算如设计未标注尺寸，以檐口至设计室外散水上表面垂直距离计算	1. 排水管及配性安装、固定 2. 雨水斗、山墙出水口、雨水箅子安装 3. 接缝、嵌缝 4. 刷漆
010902005	屋面排(透)气管	1. 排(透)气管品种，规格 2. 接缝、嵌缝材料种类 3. 油漆品种、刷漆遍数		按设计图示尺寸以长度计算	1. 排(透)气管及配件安装、固定 2. 铁件制作、安装 3. 接缝、嵌缝 3. 刷漆

续表

项目编码	项目名称	项目特征	计量单位	工程量计算规则	工作内容
010992006	屋面(廊、阳台)吐水管	1. 吐水管品种、规格 2. 接缝、嵌缝材料种类 3. 吐水管长度 4. 油漆品种，刷漆遍数	根(个)	按设计图示数量计算	1. 吐水管及配件安装、固定 2. 接缝、嵌缝 3. 刷漆
010902007	屋面天沟、檐沟	1. 材料品种、规格 2. 接缝、嵌缝材料种类	m^2	按设计图示尺寸以展开面积计算	1. 天沟材料铺设 2. 天沟配件安装 3. 接缝、嵌缝 4. 刷防护材料
010902008	屋面变形缝	1. 嵌缝材料种类 2. 止水带材料种类 3. 盖缝材料 4. 防护材料种类	m	按设计图示以长度计算	1. 清缝 2. 填塞防水材料 3. 止水带安装 4. 盖缝制作、安装 5. 刷防护材料

2. “工程量计算规范”与计价规则说明

(1)屋面刚性层无钢筋，则钢筋项目特征不必描述。

(2)屋面找平层按“工程量计算规范”附录L楼地面装饰工程“平面砂浆找平层”项目编码列项。

(3)屋面防水搭接及附加层用量不另行计算，在综合单价中考虑。

(4)屋面保温找坡层按“工程量计算规范”附录K保温、隔热、防腐工程“保温隔热屋面”项目编码列项。

3. 配套定额相关说明

详见4.10.1相关部分说明。

4.10.3　墙面防水、防潮

1. “工程量计算规范”清单项目设置

墙面防水、防潮工程量清单项目设置、项目特征描述、计量单位及工程量计算规则应按“工程量计算规范”附录J.3的规定执行。如表4.10.3所示。

表 4.10.3　墙面防水、防潮(编码：010903)

项目编码	项目名称	项目特征	计量单位	工程量计算规则	工作内容
010903001	墙面卷材防水	1. 卷材品种、规格、厚度 2. 防水层数 3. 防水层做法	m^2	按设计图示尺寸以面积计算	1. 基层处理 2. 刷黏结剂 3. 铺防水卷材 4. 接缝、嵌缝
010903002	墙面涂膜防水	1. 防水膜品种 2. 涂膜厚度、遍数 3. 增强材料种类			1. 基层处理 2. 刷基层处理剂 3. 铺布、喷涂防水层
010903003	墙面砂浆防水(防潮)	1. 防水层做法 2. 砂浆厚度、配合比 3. 钢丝网规格			1. 基层处理 2. 挂钢丝网片 3. 设置分格缝 4. 砂浆制作、运输、摊铺、养护
010903004	墙面变形缝	1. 嵌缝材料种类 2. 止水带材料种类 3. 盖缝材料 4. 防护材料种类	m	按设计图示以长度计算	1. 清缝 2. 填塞防水材料 3. 止水带安装 4. 盖缝制作、安装 5. 刷防防材料

2. “工程量计算规范”与计价规则说明

(1)墙面防水搭接及附加层用量不另行计算，在综合单价中考虑。

(2)墙面变形缝，若做双面，工程量乘系数2。

(3)墙面找平层按“工程量计算规范”附录M墙、柱面装饰与隔断、幕墙工程“立面砂浆找平层”项目编码列项。

3. 配套定额相关说明

详见4.10.1相关部分说明。

例4.10.1　根据例题4.9.1图中的有关数据，计算墙基水泥砂浆防潮层工程量(墙厚均为240 mm)。

解：$S=[(6.0+9.0)\times2+6.0-0.24+5.1-0.24]\times0.24$

$=40.62\times0.24=9.75(m^2)$

4.10.4　楼(地)面防水、防潮

1. “工程量计算规范”清单项目设置

楼(地)面防水、防潮工程量清单项目设置、项目特征描述、计量单位及工程量计

算规则应按“工程量计算规范”附录 J.4 的规定执行。如表 4.10.4 所示。

表 4.10.4　楼(地)面防水、防潮(编码：010904)

项目编码	项目名称	项目特征	计量单位	工程量计算规则	工作内容
010904001	楼(地)面卷材防水	1. 卷材品种、规格、厚度 2. 防水层数 3. 防水层做法	m^2	按设计图示尺寸以面积计算 1. 楼(地)面防水：按主墙间净空面积计算，扣除凸出地面的构筑物、设备基础等所占面积，不扣除间壁墙及单个面积≤0.3 m^2 柱、垛、烟囱和孔洞所占面积 2. 楼(地)面防水反边高度≤300 mm 算作地面防水，反边高度＞300 mm 算作墙面防水	1. 基层处理 2. 刷粘结构 3. 铺防水卷材 4. 接缝、嵌缝
010904002	楼(地)面涂膜防水	1. 防水膜品种 2. 涂膜厚度、遍数 3. 增强材料种类			1. 基层处理 2. 刷基层处理剂 3. 铺布、喷除防水层
010904003	楼(地)面砂浆防水(防潮)	1. 防水层做法 2. 砂浆厚度、配合比			1. 基层处理 2. 砂浆制作、运输、摊铺、养护
010904004	楼(地)面变形缝	1. 嵌缝材料种类 2. 止水带材料种类 3. 盖缝材料 4. 防护材料种类	m	按设计图示以长度计算	1. 清缝 2. 填塞防水材料 3. 止水带安装 4. 盖缝制作、安装 5. 刷防护材料

2. “工程量计算规范”与计价规则说明

(1)楼(地)面防水找平层按“工程量计算规范”附录 L 楼地面装饰工程“平面砂浆找平层”项目编码列项。

(2)楼(地)面防水搭接及附加层用量不另行计算，在综合单价中考虑。

3. 配套定额相关说明

详见 4.10.1 相关部分说明。

习　　题

4-10-1　根据《房屋建筑与装饰工程工程量计算规范》(GB 50854—2013)，屋面卷材防水清单项目的项目特征可不必描述的内容是(　　)。

A. 防水层做法　　B. 屋面板类型及排水方式

C. 防水层数　　D. 卷材品种、规格、厚度

4-10-2　某工业车间，设计中轴线尺寸为 6.0 m×8.0 m，墙体厚度为 240 mm，地面做水乳型再生胶沥青聚酯布二布三涂防水层，设计要求与墙面连接处防水层上弯高度为 600 mm，其平面防水工程量为(　　)m^2。

A. 16.22　　B. 44.70　　C. 58.22　　D. 60.92

4-10-3　平屋面根据所用防水材料不同，可分为刚性防水屋面和柔性防水屋面两种，下列属于刚性防水屋面的是(　　)。

A. 采用聚氨酯涂膜作为防水层　　B. 采用石油沥青玛帝脂卷材作为防水层

C. 采用细石混凝土作为防水层　　D. 采用塑料油膏作为防水层

4-10-4　某屋面如图 4.10.1 所示，砖墙上圆檩木 20 mm 厚平口杉木屋面板单面刨光、油毡一层、上有 36×8@500 顺水条、25×25 挂瓦条盖黏土平瓦，屋面坡度为 $B/2A=1/4$，按清单计价规范编制工程量清单。

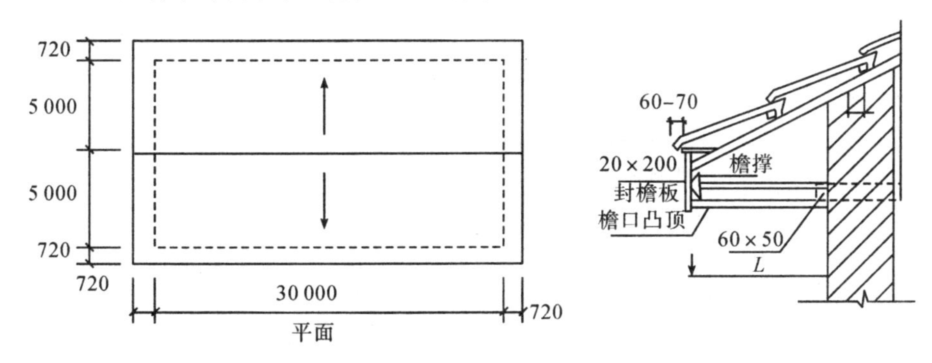

图 4.10.1　某屋面示意图(瓦伸出木基层 50～70 按 70 计)

4-10-5　某住宅刚性屋面做法如表 4.10.5 所示，已计算得清单工程量为 112.09 m²，铺设预制架空板 83.987 m²，按清单计价规范列出工程量清单。

表 4.10.5　刚性屋面做法表

刚性屋面做法
35 mm×800 mm×800 mm 预制薄板(架空)
40 厚 C20 现浇钢丝网细石混凝土
纸筋灰隔离层
氯丁橡胶油毡一层
100 mm 厚水泥珍珠岩板保温层
20 厚水泥砂浆找平层
砚浇钢筋混凝土板

4.11　保温、隔热、防腐工程

保温、隔热、防腐工程共包括 3 个子分部工程，即包括保温、隔热，防腐面层，其他防腐等 3 个部分。

4.11.1　保温、隔热

1. “工程量计算规范”清单项目设置

保温、隔热工程量清单项目设置、项目特征描述、计量单位及工程量计算规则应按“工程量计算规范”附录K.1的规定执行。如表4.11.1所示。

表4.11.1　保温、隔热(编码：011001)

项目编码	项目名称	项目特征	计量单位	工程量计算规则	工作内容
011001001	保温隔热屋面	1. 保温隔热材料品种、规格、厚度 2. 隔气层材料品种、厚度 3. 黏结材料种类、做法 4. 防护材料种类、做法	m^2	按设计图示尺寸以面积计算。扣除面积>0.3 m^2孔洞及占位面积	1. 基层清理 2. 刷黏结材料 3. 铺粘保温层 4. 铺、刷(喷)防护材料
011001002	保温隔热天棚	1. 保温隔热面层材料品种、规格、性能 2. 保温隔热材料品种、规格及厚度 3. 黏结材料种类及做法 4. 防护材料种类及做法		按设计图示尺寸以面积计算。扣除面积>0.3 m^2上柱、垛、孔洞所占面积，与天棚相连的梁按展开面积，计算并入天棚工程量内	
011001003	保温隔热墙面	1. 保温隔热部位 2. 保温隔热方式 3. 踢脚线、勒脚线保温做法 4. 龙骨材料品种、规格 5. 保温隔热面层材料品种、规格、性能 6. 保温隔热材料品种、规格及厚度 7. 增强网及抗裂防水砂浆种类 8. 黏结材料种类及做法 9. 防护材料种类及做法		按设计图示尺寸以面积计算。扣除门窗洞口以及面积>0.3 m^2梁、孔洞所占面积；门窗沿口侧壁以及与墙相连的柱，并入保温墙体工程量内	1. 基层清理 2. 刷界面剂 3. 安装龙骨 4. 填贴保温材料 5. 保温板安装 6. 粘贴面层 7. 铺设增强格网、抹抗裂、防水砂浆面层 8. 嵌缝 9. 铺、刷(喷)防护材料
011001004	保温柱、梁			按设计图示尺寸以面积计算 1. 柱按设计图示柱断面保温层中心线展开长度乘保险层高度以面积计算，扣除面积>0.3 m^2梁所占面积 2. 梁按设计图示梁断面保温层中心线展开长度乘保温层长度以面积计算	
011001005	保温隔热楼地面隔热	1. 保温隔热部位 2. 保温隔热材料品种、规格、厚度 3. 隔气层材料品种、厚度 4. 黏结材料种类、做法 5. 防护材料种类、做法	m^2	按设计图示尺寸以面积计算。扣除面积>0.3 m^2柱、垛、孔洞等所占面积。门洞、空圈、暖气包槽、壁龛的开口部分不增加面积	1. 基层清理 2. 刷黏结材料 3. 铺粘保温层 4. 铺、刷(喷)防护材料

续表

项目编码	项目名称	项目特征	计量单位	工程量计算规则	工作内容
011001006	其他保温隔热	1. 保温隔热部位 2. 保温隔热方式 3. 隔气层材料品种、厚度 4. 保温隔热面层材料品种、规格、性能 5. 保温隔热材料品种、规格及厚度 6. 黏结材料种类及做法 7. 增强网及抗裂防水砂浆种类 8. 防护材料种类及做法	m^2	按设计图示尺寸以展开面积计算。扣除面积>0.3 m^2 孔洞及占位面积	1. 基层清理 2. 刷界面剂 3. 安装龙骨 4. 填贴保温材料 5. 保温板安装 6. 粘贴面层 7. 铺设增强格网、抹抗裂防水砂浆面层 8. 嵌缝 9. 铺、刷(喷)防护材料

2. “工程量计算规范”与计价规则说明

(1)保温隔热装饰面层，按“工程量计算规范”附录 L、M、N、P、Q 中相关项目编码列项；仅做找平层按“工程量计算规范”附录 L 楼地面装饰工程“平面砂浆找平层”或附录 M 墙、柱面装饰与隔断、幕墙工程“立面砂浆找平层”项目编码列项。

(2)柱帽保温隔热应并入天棚保温隔热工程量内。

(3)池槽保温隔热应按其他保温隔热项目编码列项。

(4)保温隔热方式：内保温、外保温、夹心保温。

(5)保温柱、梁适用于不与墙、天棚相连的独立柱、梁。

3. 配套定额相关规定(保温、隔热、防腐工程部分)

1)一般性说明

(1)保温、隔热工程。

①保温层的保温材料配合比、标号如设计规定与项目不同时，可以换算。

②干铺珍珠岩保温层适用于墙及天棚内填充保温。

③本保温隔热工程项目只包括保温隔热材料的铺贴，不包括隔气、防潮保护层或衬墙等。

④本隔热层铺贴，除稻壳、玻璃棉及矿棉为散装外，其他保温板材均以石油沥青 30＃作为胶结材料，根据低温特性要求，一律不得采用砂浆玛王帝脂作为保温材料的胶结料。

⑤稻壳隔热项目已包括稻壳装填前的筛选、除尘工料。

⑥玻璃棉、矿渣棉在装填前，需用聚氯乙烯塑料薄膜袋包装，包装材料及人工均已包括在项目内。

⑦附墙铺贴板材，基层上涂刷沥青的工料均已包括在项目内，不另计算。

⑧“沥青玻璃棉”“沥青矿渣棉”“松散稻壳”“沥青稻壳板”适用于墙面、天棚的隔热工程。“沥青稻壳板”还适用于柱子隔热，沥青稻壳板的重量比为1∶0.4(稻壳∶沥青)，板的容重为300kg/m^3。项目中已包括制作沥青稻壳板的工料。

⑨保温隔热墙的装饰面层，应按定额有关分部相应装饰项目计算。

⑩柱帽保温隔热应并入天棚保温隔热工程量。

⑪池槽保温隔热、池底保温隔热按地面保温隔热项目执行，人工费乘以系数1.2；池壁保温隔热按墙面保温隔热项目执行，人工费乘以系数1.2。

(2)防腐工程。

①各种胶泥砂浆配合比、混凝土强度等级以及各种整体面层厚度和各种块料面层的结合层砂浆或胶泥厚度，如设计规定与项目不同时，可以换算。

②整体面层和隔离层的防腐工程项目适用于平面、立面的防腐蚀面层，包括沟、池、槽。

③除水玻璃耐酸胶泥、砂浆、混凝土的粉料是按石英粉∶铸石粉＝1∶0.9外，其他耐酸胶泥、砂浆、混凝土的粉料均按石英粉计算；实际采用填料不同时，可以换算。

④水玻璃类面层及块料的水玻璃类结合层项目中均包括涂稀胶泥工料。树脂类、沥青类面层及块料树脂类、沥青类结合层项目中，均未包括树脂打底及刷冷底子油工料；发生时，按本分部“打底”及“J屋面及防水工程”相应项目计算。

⑤浇灌硫黄混凝土需支模时，按每平方米接触面积增加二等锯材0.01 m^3。

⑥耐酸防腐是按自然法养护考虑的。

⑦各种面层均不包括踢脚线，除聚氯乙烯塑料地面外，其他整体面层踢脚线，按整体面层相应项目计算，其人工乘以系数1.6；块料面层踢脚线，按块料面层相应项目计算，其人工乘以系数1.56，若遇做法与本分部定额不同时，按2015年《四川省建设工程工程量清单计价定额——房屋建筑与装饰工程》中相应项目执行。

⑧隔离层刷冷底子油是按两遍考虑的。

⑨块料面层以平面砌块料面层为准，立面砌块料面层，执行平面砌块料面层相应项目，其人工乘以系数1.38。

⑩池、沟、槽块料面层按定额相应项目计算。

⑪防腐涂料适用于平面、立面的防腐工程的混凝土及抹灰面表面的刷涂。

2)工程量计算规则说明

(1)保温、隔热工程。

①保温、隔热体的厚度，按保温隔热材料净厚(不包括打底及胶结材料的厚度)计

算。

②屋面、天棚保温、隔热楼地面工程量按设计图示尺寸以“m^3”或“m^2”计算。不扣除≤0.3 m^2孔洞、柱、垛所占面积，计算保温、隔热楼(地)面的工程量，其门洞、空圈、壁龛的开口部分不增加面积。

③保温隔热墙工程量计算规则：外墙外保温(板材)，外墙内、外保温(浆料)项目工程量按设计图示尺寸以展开外围面积计算。其余项目工程量按设计图示尺寸以“m^3”计算。扣除门窗洞口所占面积，门窗洞口侧壁及突出墙面的砖垛需做保温时，并入保温墙体工程量内。计算带木框或龙骨的保温隔热墙工程量时，不扣除木框和龙骨所占面积。

④沥青贴软木、聚苯乙烯泡沫塑料板的柱、梁保温按设计图示尺寸以“m^3”计算。

⑤墙、柱、梁保温装饰板，应按设计图示尺寸以面积计算。扣除门窗洞口以及面积>0.3 m^2孔洞所占面积，门窗洞口侧壁以及与墙相连的柱，并入保温墙体工程量内。

(2)防腐工程。

①防腐工程量按设计图示尺寸以“m^2”或“m^3”计算。

a. 平面防腐：扣除凸出地面的构筑物、设备基础等以及面积>0.3 m^2孔洞、柱、垛等所占面积，门洞、空圈、暖气包槽、壁龛的开口部分不增加面积。

b. 立面防腐：扣除门、窗、洞口以及面积>0.3 m^2孔洞、梁所占面积，门、窗、洞口侧壁、垛突出部分按展开面积并入墙面积内。

③砌筑沥青浸渍砖工程量按设计图示尺寸以面积计算。

④池、槽块料防腐面层按设计图示尺寸以展开面积计算。

4.11.2 防腐面层

1. “工程量计算规范”清单项目设置

防腐面层工程量清单项目设置、项目特征描述、计量单位及工程量计算规则应按“工程量计算规范”附录 K.2 的规定执行。如表 4.11.2 所示。

2. “工程量计算规范”与计价规则说明

防腐踢脚线，应按按“工程量计算规范”附录 L 楼地面装饰工程“踢脚线”项目编码列项。

表 4.11.2　防腐面层(编码：011002)

项目编码	项目名称	项目特征	计量单位	工程量计算规则	工作内容
011002001	防腐混凝土面层	1. 防腐部位 2. 面层厚度 3. 混凝土种类 4. 胶泥种类、配合比	m^2	按设计图示尺寸以面积计算 1. 平面防腐：扣除凸出地面的构筑物、设备基础等以及面积＞0.3 m^2 孔洞、柱、垛等所占面积，门洞、空圈、暖气包槽、壁龛的开口部分不增加面积 2. 立面防腐：扣除门、窗、洞口以及面积＞0.3 m^2 孔洞、梁所占面积，门、窗、洞口侧壁、垛突出部分按展开面积并入墙面积内	1. 基层清理 2. 基层刷稀胶泥 3. 混凝土制作、运输、摊铺、养护
011002002	防腐砂浆面层	1. 防腐部位 2. 面层厚度 3. 砂浆、胶泥种类、配合比			1. 基层清理 2. 基层刷稀胶泥 3. 砂浆制作、运输、摊铺、养护
011002003	防腐胶泥面层	1. 防腐部位 2. 面层厚度 3. 胶泥种类、配合比			1. 基层清理 2. 胶泥调制、摊铺
011002004	玻璃钢防腐面层	1. 防腐部位 2. 玻璃钢种类 3. 贴布材料的种类、层数 4. 面层材料品种			1. 基层清理 2. 刷底漆、刮腻子 3. 胶浆配制、涂刷 4. 粘布、涂刷面层
011002005	聚氯乙烯板面层	1. 防腐部位 2. 面层材料品种、厚度 3. 黏结材料种类			1. 基层清理 2. 配料、涂胶 3. 聚氯乙烯板铺设
011002006	块料防腐面层	1. 防腐部位 2. 块料品种、规格 3. 黏结材料种类 4. 勾缝材料种类			1. 基层清理 2. 铺贴块料 3. 胶泥调制、勾缝
011002007	池、槽块料防腐面层	1. 防腐池、槽名称、代号 2. 块料品种、规格 3. 黏结材料种类 4. 勾缝材料种类	m^2	按设计图示尺寸以展开面积计算	1. 基层清理 2. 铺贴块料 3. 胶泥调制、勾缝

3. 配套定额相关说明

详见 4.11.1 相关部分说明。

4.11.3　其他防腐

1. “工程量计算规范”清单项目设置

其他防腐工程量清单项目设置、项目特征描述、计量单位及工程量计算规则应按“工程量计算规范”附录 K.3 的规定执行。如表 4.11.3 所示。

表 4.11.3　其他防腐(编码：011003)

项目编码	项目名称	项目特征	计量单位	工程量计算规则	工作内容
011003001	隔离层	1. 隔离层部位 2. 隔离层材料品种 3. 隔离层做法 4. 粘贴材料种类	m^2	按设计图示尺寸以面积计算 1. 平面防腐：扣除凸出地面的构筑物、设备基础等以及面积＞0.3 m^2 孔洞、柱、垛等所占面积，门洞、空圈、暖气包槽、壁龛的开口部分不增加面积 2. 立面防腐：扣除门、窗、洞口以及面积＞0.3 m^2 孔洞、梁所占面积，门、窗、洞口侧壁、垛突出部分按展开面积并入墙面积内	1. 基层清理、刷油 2. 煮沥青 3. 胶泥调制 4. 隔离层铺设
011003002	砌筑沥青浸渍砖	1. 砌筑部位 2. 浸渍砖规格 3. 胶泥种类 4. 浸渍砖砌法	m^3	按设计图示尺寸以体积计算	1. 基层清理 2. 胶泥调制 3. 浸渍砖铺砌
011003003	防腐涂料	1. 涂刷部位 2. 基层材料类型 3. 刮腻子的种类、遍数 4. 涂料品种、刷涂遍数	m^2	按设计图示尺寸以面积计算 1. 平面防腐：扣除凸出地面的构筑物、设备基础等以及面积＞0.3 m^2 孔洞、柱、垛等所占面积、门洞、空圈、暖气包槽，壁龛的开口部分不增加面积 2. 立面防腐：扣除门、窗、洞口以及面积＞0.3 m^2 孔洞、梁所占面积，门、窗、洞口侧壁、垛突出部分按展开面积并入墙面积内	1. 基层清理 2. 刮腻子 3. 刷涂料

2. “工程量计算规范”与计价规则说明

浸渍砖砌法指平砌、立砌。

3. 配套定额相关说明

详见 4.11.1 相关部分说明。

习　　题

4-11-1　防腐、隔热、保温工程中，柱面保温层工程量计算按设计图示尺寸以(　　)计算。

A. 保温层中心线展开长度乘以保温层高度以平方米

B. 保温层外皮展开长度乘以柱高度以平方米

C. 保温层平均厚度乘以柱高乘以柱断面周长以平方米

D. 保温层内皮展开长度乘以柱高度以平方米

4-11-2　根据《房屋建筑与装饰工程工程量计算规范》(GB 50854—2013)，下列关于防腐、隔热、保温工程的工程量计算规则的表述中，正确的是(　　)。

A. 平面防腐：按设计图示尺寸以面积计算，扣除凸出地面的构筑物、设备基础所占面积

B. 平面防腐：按设计图示尺寸以面积计算，不扣除凸出地面的构筑物、设备基础所占面积

C. 立面防腐：按设计图示尺寸以面积计算，砖垛等凸出部分展开面积不计算

D. 立面防腐：按设计图示尺寸以面积计算，砖垛等凸出部分按展开面积并入墙面积内

E. 保温隔热墙：按设计图示尺寸以面积计算，扣除门窗洞口所占面积；门窗洞口侧壁需做保温时，并入保温墙体工程量内

4-11-3　某冷藏工程室内(包括柱子)均用石油沥青粘贴 100 mm 厚的聚苯乙烯泡沫塑料板，尺寸如图 4.11.1 所示，保温门为 800 mm×2000 mm，先铺顶棚、地面，后铺墙、柱面，保温门居内安装，洞口周围不需另铺保温材料，计算清单工程量。

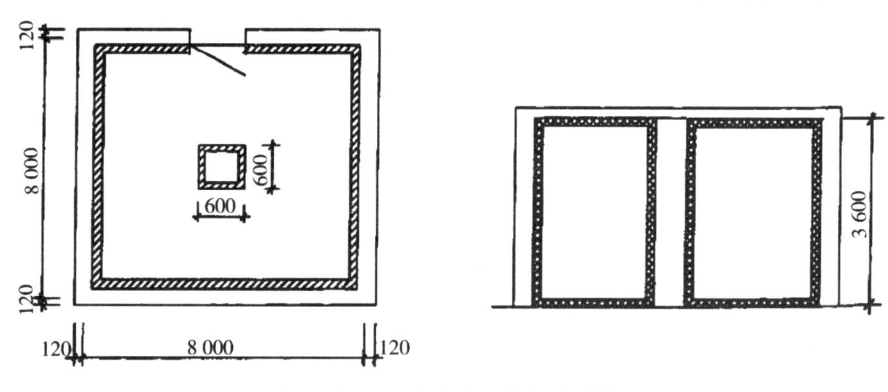

图 4.11.1　某冷藏工程室示意图

4.12　楼地面装饰工程

楼地面是指楼面和地面，其面层按使用材料和施工方法的不同分为整体面层和块料面层。整体面层为现场浇筑，整体性好，比如现浇水磨石楼地面等。块材面层为工厂批量预制，现场铺贴，比如地砖楼地面等。楼地面装饰工程包括 8 个子分部，即整体面层及找平层、块料面层、橡塑面层、其他材料面层、踢脚线、楼梯面层、台阶装

饰、零星装饰项目。

4.12.1　整体面层及找平层

1. “工程量计算规范”清单项目设置

“工程量计算规范”附录 L.1 中整体面层及找平层常见项目见表 4.12.1。

表 4.12.1　整体面层及找平层(编号：011101)

<table>
<tr><th>项目编码</th><th>项目名称</th><th>项目特征</th><th>计量单位</th><th>工程量计算规则</th><th>工作内容</th></tr>
<tr><td>011101001</td><td>水泥砂浆楼地面</td><td>1. 垫层材料种类、厚度
2. 找平层厚度、砂浆配合比
3. 素水泥浆遍数
3. 面层厚度、砂浆配合比
4. 面层做法要求</td><td rowspan="5">m²</td><td rowspan="4">按设计图示尺寸以面积计算。扣除凸出地面构筑物、设备基础、室内管道、地沟等所占面积，不扣除间壁墙及≤0.3 m² 柱、垛、附墙烟囱及孔洞所占面积。门洞、空圈、暖气包槽、壁龛的开口部分不增加面积</td><td>1. 基层清理
2. 抹找平层
3. 抹面层
4. 材料运输</td></tr>
<tr><td>011101002</td><td>现浇水磨石楼地面</td><td>1. 垫层材料种类、厚度
2. 找平层厚度、砂浆配合比
3. 面层厚度、水泥石子浆配合比
4. 嵌条材料种类、规格
5. 石子种类、规格、颜色
6. 颜料种类、颜色
7. 图案要求
8. 磨光、酸洗、打蜡要求</td><td>1. 基层清理
2. 抹找平层
3. 面层铺设
4. 嵌缝条安装
5. 磨光、酸洗打蜡
6. 材料运输</td></tr>
<tr><td>011101003</td><td>细石混凝土楼地面</td><td>1. 垫层材料种类、厚度
2. 找平层厚度、砂浆配合比
3. 而层厚度、混凝土强度等级</td><td>1. 基层清理
2. 抹找平层
3. 面层铺设
4. 材料运输</td></tr>
<tr><td>011101004</td><td>菱苦土楼地面</td><td>1. 垫层材料种类、厚度
2. 找平层厚度、砂浆配合比
3. 面层厚度
4. 打蜡要求</td><td>1. 基层清理
2. 抹找平层
3. 面层铺设
4. 打蜡
5. 材料运输</td></tr>
<tr><td>011101005</td><td>自流坪楼地面</td><td>1. 垫层材料种类、厚度
2. 找平层厚度、砂浆配合比</td><td>按设计图示尺寸以面积计算。扣除凸出地面构筑物、设备基础、室内管道、地沟等所占面积，不扣除间壁墙及≤0.3 m² 柱、垛、附墙烟囱及孔洞所占面积。门洞、空圈、暖气包槽、壁龛的开口部分不增加面积</td><td>1. 基层处理
2. 抹找平层
3. 涂界面剂
4. 涂刷中层漆
5. 打磨、吸尘
6. 镘自流平面漆(浆)
7. 拌合自流平浆料
8. 铺面层</td></tr>
</table>

续表

项目编码	项目名称	项目特征	计量单位	工程量计算规则	工作内容
011101006	平面砂浆找平层	1. 找平层砂浆配合比、厚度 2. 界面剂材料种类 3. 中层漆材料种类、厚度 4. 面漆材料种类、厚度 5. 面层材料种类	m^2	按设计图示尺寸以面积计算	1. 基层清理 2. 抹找平层 3. 材料运输

2. “工程量计算规范”与计价规则说明

(1)水泥砂浆面层处理是拉毛还是提浆压光应在面层做法要求中描述。

(2)平面砂浆找平层只适用于仅做找平层的平面抹灰。

(3)间壁墙指墙厚≤120 mm 的墙。

(4)楼地面混凝土垫层另外按混凝土及纲吉混凝土子分部中垫层项目编码列项，除了混凝土外的其他材料垫层按砌体工程子分部中垫层项目编码列项。

3. 配套定额相关规定

1)定额说明

(1)一般说明：本分部整体面层及块料面层楼地面垫层按本定额“D 砌筑工程”及“E 混凝土及钢筋混凝土工程”相应垫层项目执行。

(2)水泥砂浆整体面层的砂浆厚度与定额不同时，按平面水泥砂浆找平层“每增减”相应定额项目调整。

(3)整体面层除楼梯外，定额均未包括踢脚线工料，按相应定额项目计算。

(4)水磨石楼地面如采用金属嵌条时，取消定额中的玻璃条用量。

(5)彩色水磨石楼地面嵌条分色以四边形分格为准，如采用多边形或美术图案者人工乘以系数 1.2。

(6)彩色水磨石楼地面定额项目中，颜料是按矿物颜料考虑的，如设计规定颜料用量和品种与定额不同时，允许调整(颜料损耗 3%)。

2)定额工程量计算

楼地面面层、找平层按墙与墙间的净面积计算，应扣除凸出地面的构筑物、设备基础、室内铁道、单个面积>0.3 m^2 的落地沟槽、放物柜、炉灶、柱和不做面层的地沟盖板等所占的面积。不扣除垛、间壁墙(厚 120 mm 以内的砌体)、烟囱及单个面积≤0.3 m^2 孔洞、柱所占面积，但门洞圈开口部分亦不增加。

例 4.12.1　某建筑平面图如图 4.12.1 所示，墙体为 240 mm 砖墙，室内为现浇水磨石楼地面，现浇水磨石的做法如表4.12.2所示，试计算该工程现浇水磨石楼地面清单工程量，并编制其工程量清单(C1515：1500 mm×1500 mm；M0921：900 mm×2100 mm；M1521：1500 mm×2100 mm)。

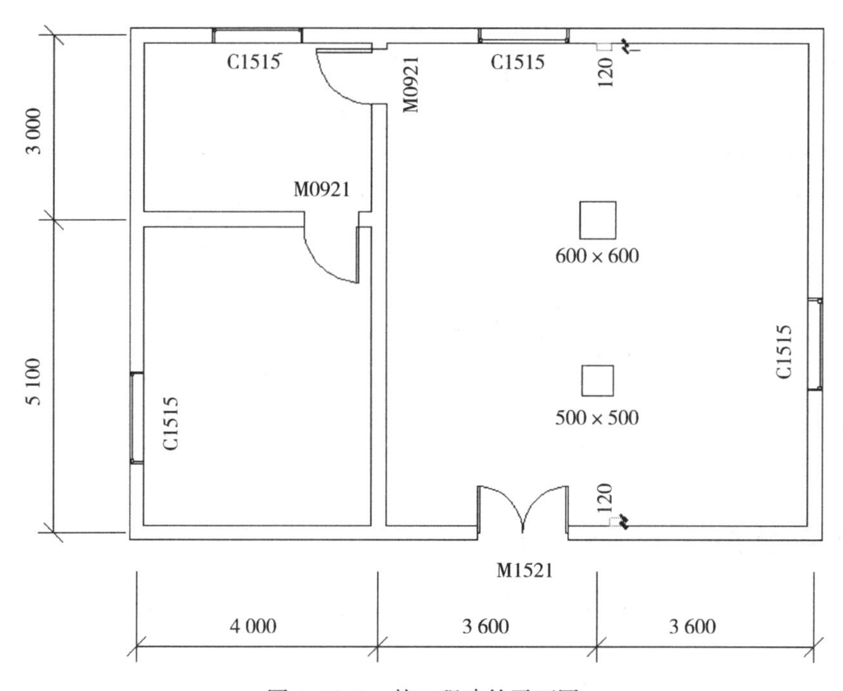

图4.12.1　某工程建筑平面图

表4.12.2　现浇水磨石做法表

项目名称	做法
现浇水磨石	1. 土建已有混凝土垫层(或结构层) 2. 水泥砂浆结合层一道 3. 20厚1∶3水泥砂浆找平层 4. 15厚1∶2水泥石粒水磨石面层 5. 表面草酸处理后打蜡上光

解题思路：①计算工程量时注意分房间按顺序计算，可以避免漏算工程量，比如本例，可以按照从左往右，从上往下的顺序。②在计算的时候遵循一定的逻辑顺序，一般按照先算整体，再考虑是否增加某些工程量，以及是否减去某些工程量。③600 mm×600 mm的柱子的面积大于0.3 m^2，其面积应该扣除；而500 mm×500 mm的柱子的面积不大于0.3 m^2，其面积不扣除。④两个附墙剁的面积都小于0.3 m^2，其面积不扣除。

解：

(1)计算清单工程量。

现浇水磨石楼地面工程量＝(4－0.12×2)×(3－0.12×2)＋(4－0.12×2)×(5.1－0.12×2)＋(3.6×2－0.12×2)×(5.1＋3－0.12×2)－0.6×0.6
＝83.00(m^2)

(2)该分项的工程量清单如表 4.12.3 所示。

表 4.12.3　现浇水磨石楼地面工程量清单

项目编码	项目名称	项目特征	计量单位	工程量
011101001001	现浇水磨石楼地面	1. 找平层厚度、砂浆配合比：1：3 水泥砂浆 20 mm 厚 2. 面层厚度、水泥石子浆配合比：15 mm 厚 1∶2 水泥石子浆 3. 嵌条材料种类、规格：3 mm 厚玻璃嵌条 4. 石子种类、规格、颜色：方解石、白色 5. 磨光、酸洗、打蜡要求：表面草酸处理后打蜡上光	m^2	83.00

4.12.2　块料面层及其他面层

1. “工程量计算规范”清单项目设置

“工程量计算规范”附录 L.2 中块料面层常见项目见表 4.12.4。

表 4.12.4　块料面层(编号：011102)

项目编码	项目名称	项目特征	计量单位	工程量计算规则	工作内容
011102001	石材楼地面	1. 找平层厚度、砂浆配合比 2. 结合层厚度、砂浆配合比 3. 面层材料品种、规格、颜色 4. 嵌缝材料种类 5. 防护层材料种类 6. 酸洗、打蜡要求	m^2	按设计图示尺寸以面积计算。门洞、空圈、暖气包槽、壁龛的开口部分并入相应的工程量内。	1. 基层清理 2. 抹找平层 3. 面层铺设、磨边 4. 嵌缝 5. 刷防护材料 6. 酸洗、打蜡 7. 材料运输
011102002	碎石材楼地面				
011102003	块料楼地面	1. 垫层材料种类、厚度 2. 找平层厚度、砂浆配合比 3. 结合层厚度、砂浆配合比 4. 面层材料品种、规格、颜色 5. 嵌缝材料种类 6. 防护层材料种类 8. 酸洗、打蜡要求			

“工程量计算规范”附录 L.3 中橡塑面层常见项目见表 4.12.5。

表 4.12.5　橡塑面层(编号：011103)

项目编码	项目名称	项目特征	计量单位	工程量计算规则	工作内容
011103001	橡胶板楼地面	1. 黏结层厚度、材料种类 2. 面层材料品种、规格、颜色 3. 压线条种类	m^2	按设计图示尺寸以面积计算。门洞、空圈、暖气包槽、壁龛的开口部分并入相应的工程量内	1. 基层清理 2. 面层铺贴 3. 压缝条装钉 4. 材料运输
011103002	橡胶板卷材楼地面				
011103003	塑料板楼地面				
011103004	塑料卷材楼地面				

“工程量计算规范”附录 L.4 中其他面层常见项目见表 4.12.6。

表 4.12.6　其他材料面层(编号：011104)

项目编码	项目名称	项目特征	计量单位	工程量计算规则	工作内容
010104001	地毯楼地面	1. 面层材料品种、规格、颜色 2. 防护材料种类 3. 黏结材料种类 4. 压线条种类	m^2	按设计图示尺寸以面积计算。门洞、空圈、暖气包槽、壁龛的开口部分并入相应的工程量内	1. 基层清理 2. 铺贴面层 3. 刷防护材料 4. 装订压条 5. 材料运输
010104002	竹木地板	1. 龙骨材料种类、规格 2. 基层材料种类、规格 3. 面层材料品种、规格 4. 防护材料种类 5. 铺设间距颜色			1. 基层清理 2. 龙骨铺设 3. 基层铺设 4. 面层铺贴 5. 刷防护材料 6. 材料运输
010104003	金属复合地板	1. 龙骨材料种类、规格 2. 基层材料种类、规格 3. 面层材料品种、规格 4. 防护材料种类 5. 铺设间距颜色			
010104004	防静电活动地板	1. 支架高度、材料种类 2. 面层材料品种、规格、颜色 3. 防护材料种类			1. 基层清理 2. 固定支架安装 3. 活动面层安装 4. 刷防护材料 5. 材料运输

2. “工程量计算规范”与计价规则说明

(1)块料楼地面、橡塑面层、其他材料面层的计算规则是一致的。

(2)在描述碎石材项目的面层材料特征时可不用描述规格、品牌、颜色。

(3)石材、块料与粘接材料的结合面刷防渗材料的种类在防护层材料种类中描述。

(4)上表工作内容中的磨边指施工现场磨边，后面章节工作内容中涉及的磨边含义同此条。

3. 配套定额相关规定

1)定额说明

(1)块料面层的材料规格不同时，定额用量不得调整。

(2)块料面层项目内只包括结合层砂浆，结合层厚度为 15 mm，如与设计不同时，按平面找平层相应“每增减”项目调整。

(3)定额已包括石材施工现场的侧边磨平，其他磨边按本定额“Q 其他装饰工程”相应定额执行。

(4)木龙骨未包括刷防火涂料，按本定额“P 油漆、涂料、裱糊工程”相应定额项目执行。

2)工程量计算规则

(1)楼地面装饰面积按实铺面积计算，不扣除单个面积≤0.3 m^2 的孔洞、柱所占面积。

(2)点缀拼花按点缀实铺面积计算，在计算主体铺贴地面面积时，不扣除点缀拼花所占的面积。

例 4.12.2　某建筑平面图如图 4.12.2 所示，墙体为 240 mm 砖墙，室内为玻化砖 600 mm×600 mm 楼地面，玻化砖楼地面的做法如表 4.12.7 所示，试计算该工程现浇水磨石楼地面清单工程量，并编制其工程量清单。

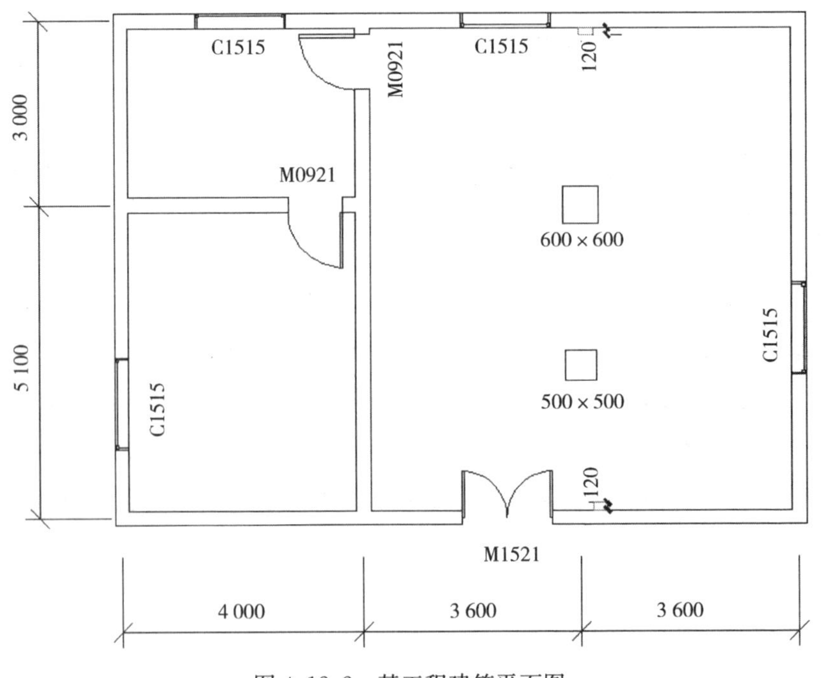

图 4.12.2　某工程建筑平面图

表 4.12.7　玻化砖楼地面做法表

项目名称	做法
玻化砖楼地面	1. 土建已有混凝土垫层(或结构层) 2. 水泥浆结合层一道 3. 1∶3 水泥砂浆找坡层，最薄处 20 厚 4. 20 厚 1∶2 干硬性水泥砂浆黏合层，上洒 1～2 厚干水泥并洒清水适量 5. 米白色玻化砖(600 mm×600 mm)，专用勾缝剂擦缝 6. 表面草酸处理后打蜡上光

解题思路：①注意分房间计算。②在计算时遵循先算整体，然后考虑是否增加某些工程量，最后考虑是否减少某些工程量。③在计算块料楼地面工程量时，注意与整体楼地面工程量计算规则的区别(块料楼地面按实际铺贴面积)。④600 mm×600 mm 的柱子的面积大于 0.3 m^2，其面积应该扣除；而 500 mm×500 mm 的柱子的面积尽管不大于 0.3 m^2，其面积也要扣除。⑤附墙剁的面积也需要扣除。⑥门洞口的铺贴面积并入工程量

解：

(1)计算清单工程量。

玻化砖楼地面工程量＝(4－0.12×2)×(3－0.12×2)＋(4－0.12×2)×(5.1－0.12×2)＋(3.6×2－0.12×2)×(5.1＋3－0.12×2)＋0.24×0.9＋0.24×0.9＋0.24×1.5－0.6×0.6－0.5×0.5－0.24×0.12×2＝83.48(m^2)

(2)该分项的工程量清单如表 4.12.8 所示。

表 4.12.8　玻化砖楼地面工程量清单

项目编码	项目名称	项目特征	计量单位	工程量
011101003001	600 mm×600 mm 米白色玻化砖楼地面	1. 找平层厚度、砂浆配合比：1∶3 水泥砂浆 20mm 厚 2. 结合层厚度、砂浆配合比：20mm 厚 1∶2 干硬性水泥砂浆 3. 面层材料品种、规格、颜色：600 mm×600 mm 米白色玻化砖 4. 嵌缝材料种类：专用勾缝剂擦缝	m^2	83.48

问题：通过现浇水磨石楼地面和玻化砖楼地面清单工程量的计算，你能找出整体楼地面和块料楼地面计算规则之间的区别吗?

4.12.3　踢脚线

1. “工程量计算规范”清单项目设置

“工程量计算规范”附录 L.5 中踢脚线常见项目见表 4.12.9。

表 4.12.9　踢脚线(编码：011105)

<table>
<tr><th>项目编码</th><th>项目名称</th><th>项目特征</th><th>计量单位</th><th>工程量计算规则</th><th>工作内容</th></tr>
<tr><td>010105001</td><td>水泥砂浆踢脚线</td><td>1. 踢脚线高度
2. 底层厚度、砂浆配合比
3. 面层厚度、砂浆配合比</td><td>1. m²
2. m</td><td rowspan="7">1. 按设计图示长度乘高度以面积计算
2. 按延长米计算</td><td>1. 基层清理
2. 底层和面层抹灰
3. 材料运输</td></tr>
<tr><td>010105002</td><td>石材踢脚线</td><td rowspan="2">1. 踢脚线高度
2. 粘贴层厚度、材料种类
3. 面层材料品种、规格、颜色
4. 防护材料种类</td><td rowspan="6">1. m²
2. m</td><td rowspan="2">1. 基层清理
2. 底层抹灰
3. 面层铺贴、磨边
4. 擦缝
5. 磨光、酸洗、打蜡
6. 刷防护材料
7. 材料运输</td></tr>
<tr><td>010105003</td><td>块料踢脚线</td></tr>
<tr><td>010105004</td><td>塑料板踢脚线</td><td rowspan="4">1. 踢脚线高度
2. 基层材料种类、规格
3. 面层材料品种、规格、颜色</td><td rowspan="4">1. 基层清理
2. 基层铺贴
3. 面层铺贴
4. 材料运输</td></tr>
<tr><td>010105005</td><td>木质踢脚线</td></tr>
<tr><td>010105006</td><td>金属踢脚线</td></tr>
<tr><td>010105007</td><td>防静电踢脚线</td></tr>
</table>

2. “工程量计算规范”与计价规则说明

(1)踢脚线的清单计量单位有 m² 和 m，可以根据工程项目的实际情况进行选择，一般推荐依据各地区的定额选择相应的单位。

(2)所有种类的踢脚线的工程量计算规则都是一致的。

(3)石材、块料与粘接材料的结合面刷防渗材料的种类在防护层材料种类中描述。

3. 配套定额相关规定

踢脚线按设计图示长度乘以高度以面积计算。

例 4.12.3　某建筑平面图如图 4.12.3 所示，墙体为 240 mm 砖墙，室内踢脚线为高 150 mm 的水泥砂浆踢脚线，独立柱子和门口两侧不做踢脚线，水泥砂浆踢脚线底层为 20 mm 厚 1∶3 的水泥砂浆打底，面层为 6 mm 厚 1∶2 的水泥砂浆罩面压光，试计算该工程水泥砂浆踢脚线的清单工程量，并编制其工程量清单。

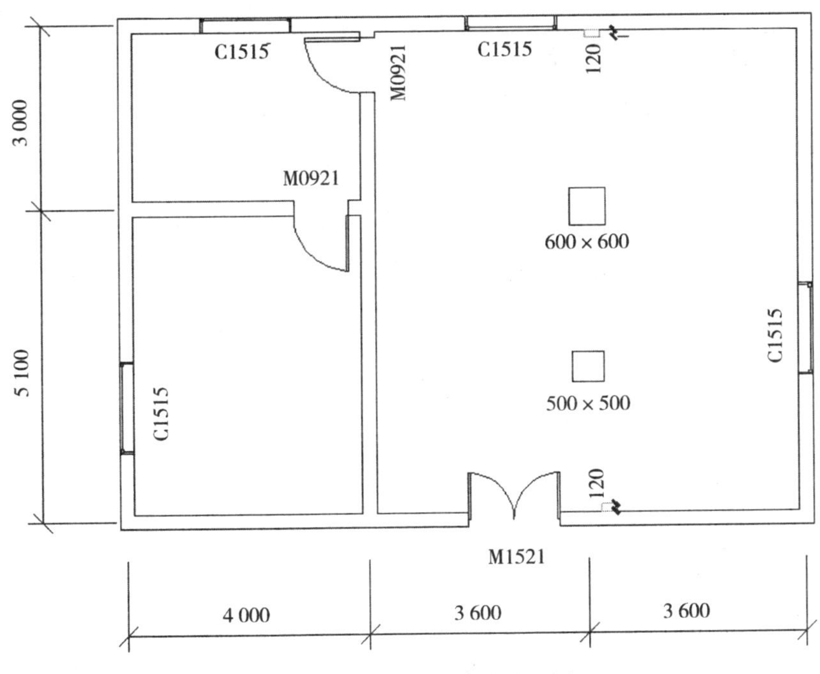

图 4.12.3　某工程建筑平面图

解题思路：①注意分房间计算。②在计算时遵循先算整体，然后考虑是否增加某些工程量，最后考虑是否减少某些工程量。③由于踢脚线的高度是相同的，可以先算出踢脚线的总长度，然后乘以高度，最终算出踢脚线的面积。

解：

(1)计算清单工程量。

水泥砂浆踢脚线的长度＝(4－0.12×2＋3－0.12×2)×2－0.9－0.9＋(4－0.12×2＋5.1－0.12×2)×2－0.9＋(3.6×2－0.12×2＋3＋5.1－0.12×2)×2＋0.12×2＋0.12×2－0.9－1.5＝55.30(m)

水泥砂浆踢脚线的面积＝水泥砂浆踢脚线的长度×高度＝55.30×0.15＝8.30(m^2)

(2)该分项的工程量清单如表 4.12.10 所示。

表 4.12.10　水泥砂浆踢脚线工程量清单

项目编码	项目名称	项目特征	计量单位	工程量
011105001001	水泥砂浆踢脚线	1. 踢脚线高度：150 mm 2. 底层厚度、砂浆配合比：20 mm 厚 1∶3 水泥砂浆 3. 面层厚度、砂浆配合比：6 mm 厚 1∶2 水泥砂浆	m^2	8.30

4.12.4　楼梯、台阶面层及其他

1. “工程量计算规范”清单项目设置

“工程量计算规范”附录 L.6 中楼梯面层常见项目见表 4.12.11。

表 4.12.11　楼梯面层(编码：011106)

项目编码	项目名称	项目特征	计量单位	工程量计算规则	工作内容
011106001	石材楼梯面层	1. 找平层厚度、砂浆配合比 2. 贴结层厚度、材料种类 3. 面层材料品种、规格、颜色 4. 防滑条材料种类、规格 5. 勾缝材料种类 6. 防护层材料种类 7. 酸洗、打蜡要求	m^2	按设计图示尺寸以楼梯(包括踏步、休息平台及≤500 mm的楼梯井)水平投影面积计算。楼梯与楼地面相连时，算至梯口梁内侧边沿；无梯口梁者，算至最上一层踏步边沿加 300 mm 按设计图示尺寸以楼梯(包括踏步、休息平台及≤500 mm的楼梯井)水平投影面积计算。楼梯与楼地面相连时，算至梯口梁内侧边沿；无梯口梁者，算至最上一层踏步边沿加 300 mm	1. 基层清理 2. 抹找平层 3. 面层铺贴、磨边 4. 贴嵌防滑条 5. 勾缝 6. 刷防护材料 7. 酸洗、打蜡 8. 材料运输
011106002	块料楼梯面层				
011106003	拼碎块料面层				
011106004	水泥砂浆楼梯面层	1. 找平层厚度、砂浆配合比 2. 面层厚度、砂浆配合比 3. 防滑条材料种类、规格			1. 基层清理 2. 抹找平层 3. 抹面层 4. 抹防滑条 5. 材料运输
011106005	现浇水磨石楼梯面层	1. 找平层厚度、砂浆配合比 2. 面层厚度、水泥石子浆配合比 3. 防滑条材料种类、规格 4. 石子种类、规格、颜色 5. 颜料种类、颜色 6. 磨光、酸洗打蜡要求			1. 基层清理 2. 抹找平层 3. 抹面层 4. 贴嵌防滑条 5. 磨光、酸洗、打蜡 6. 材料运输
011106006	地毯楼梯面层	1. 基层种类 2. 面层材料品种、规格、颜色 3. 防护材料种类 4. 黏结材料种类 5. 固定配件材料种类、规格			1. 基层清理 2. 铺贴面层 3. 固定配件安装 4. 刷防护材料 5. 材料运输
011106007	木板楼梯面层	1. 基层材料种类、规格 2. 面层材料品种、规格、颜色 3. 黏结材料种类 4. 防护材料种类			1. 基层清理 2. 基层铺贴 3. 面层铺贴 4. 刷防护材料 5. 材料运输
011106008	橡胶板楼梯面层	1. 黏结层厚度、材料种类 2. 面层材料品种、规格、颜色 3. 压线条种类			1. 基层清理 2. 面层铺贴 3. 压缝条装订 4. 材料运输
011106009	塑料板楼梯面层				

“工程量计算规范”附录 L.7 中台阶装饰常见项目见表 4.12.12。

表4.12.12 台阶装饰(编码：011107)

项目编码	项目名称	项目特征	计量单位	工程量计算规则	工作内容
011107001	石材台阶面	1. 找平层厚度、砂浆配合比 2. 黏结层材料种类 3. 面层材料品种、规格、颜色 4. 勾缝材料种类 5. 防滑条材料种类、规格 6. 防护材料种类	m²	按设计图示尺寸以台阶(包括最上层踏步边沿加300 mm)水平投影面积计算。	1. 基层清理 2. 抹找平层 3. 面层铺贴 4. 贴嵌防滑条 5. 勾缝 6. 刷防护材料 7. 材料运输
011107002	块料台阶面				
011107003	拼碎块料台阶面				
011107004	水泥砂浆台阶面	1. 垫层材料种类、厚度 2. 找平层厚度、砂浆配合比 3. 面层厚度、砂浆配合比 4. 防滑条材料种类			1. 基层清理 2. 抹找平层 3. 抹面层 4. 抹防滑条 5. 材料运输
011107005	现浇水磨石台阶面	1. 垫层材料种类、厚度 2. 找平层厚度、砂浆配合比 3. 面层厚度、水泥石子浆配合比 4. 防滑条材料种类、规格 5. 石子种类、规格、颜色 6. 颜料种类、颜色 7. 磨光、酸洗、打蜡要求			1. 清理基层 2. 抹找平层 3. 抹面层 4. 贴嵌防滑条 5. 打磨、酸洗、打蜡 6. 材料运输
011107006	剁假石台阶面积	1. 垫层材料种类、厚度 2. 找平层厚度、砂浆配合比 3. 面层厚度、砂浆配合比 4. 剁假石要求			1. 清理基层 2. 抹找平层 3. 抹面层 4. 朵口假石 5. 材料运输

“工程量计算规范”附录L.8中零星装饰项目常见项目见表4.12.13。

表4.12.13 零星项目(编号：011108)

项目编码	项目名称	项目特征	计量单位	工程量计算规则	工作内容
011108001	石材零星项目	1. 工程部位 2. 找平层厚度、砂浆配合比 3. 贴结合层厚度、材料种类 4. 面层材料品种、规格、颜色 5. 勾缝材料种类 6. 防护材料种类 7. 酸洗、打蜡要求	m²	按设计图示尺寸以面积计算	1. 清理基层 2. 抹找平层 3. 面层铺贴、磨边 4. 勾缝 5. 刷防护材料 6. 酸洗、打蜡 7. 材料运输
011108002	拼碎石材零星项目				
011108003	块料零星项目				
011108005	水泥砂浆零星项目	1. 工程部位 2. 找平层厚度、砂浆配合比 3. 面层厚度、砂浆厚度			1. 清理基层 2. 抹找平层 3. 抹面层 4. 材料运输

2. “工程量计算规范”与计价规则说明

(1)楼梯的组成如图4.12.4所示，包括踏步段、休息平台、楼梯井和栏杆。楼梯踏步段与楼地面相连接处的分界线有两种情况：第一种，楼梯踏步段与楼地面相连接的地方有梯口梁时，其分界线为梯口梁的内侧边沿，如图 4.12.5 所示；第二种，楼梯踏步段与楼地面相连接的地方无梯口梁时，其分界线为最上一层踏步边沿加300 mm，如图 4.12.6 所示。

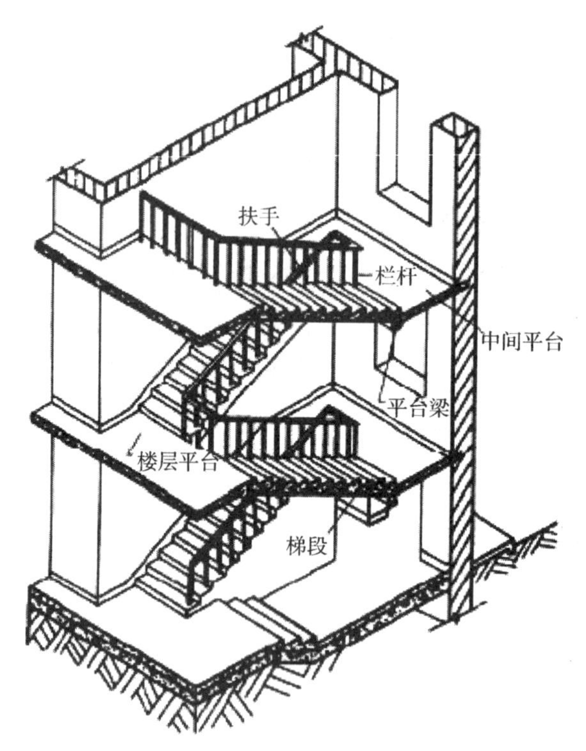

图 4.12.4　楼梯的组成

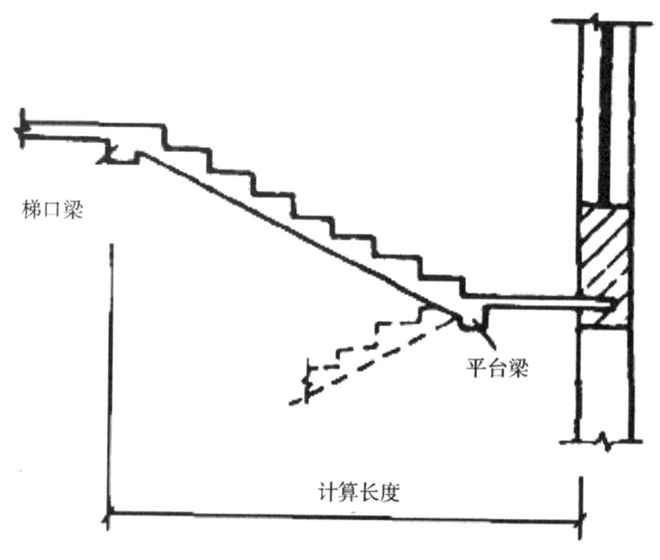

图 4.12.5　有梯口梁时的计算长度

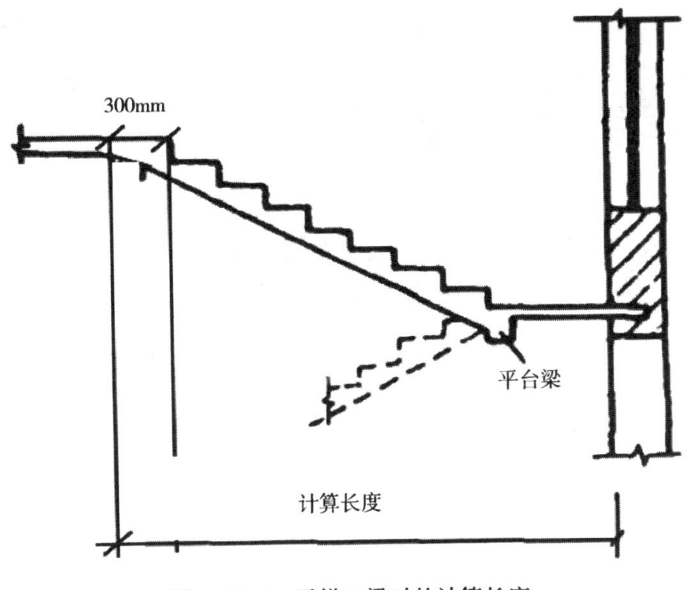

图 4.12.6　无梯口梁时的计算长度

(2)在描述碎石材项目的面层材料特征时可以不用描述规格、品牌、颜色。

(3)石材、块料与粘接材料的结合面刷防渗材料的种类在防护层材料种类中描述。

3. 配套定额相关规定

1)定额说明

(1)螺旋形楼梯装饰面执行相应楼梯项目，乘以系数 1.15。

(2)零星装饰项目指楼梯、台阶牵边和侧面装饰及 0.5 m^2 以内少量分散的楼地面装修。

2)定额工程量计算规则

(1)找平层、水泥砂浆、水泥豆石浆及水磨石、石材、块料楼梯面层以水平投影面积(包括踏步、休息平台、锁口梁)计算。楼梯井宽 500 mm 以内者不予扣除。楼梯与楼层相连接时，算至最后一个踏步外边缘加 300 mm 为界。

(2)台阶：按设计图示尺寸以台阶(包括最上层踏步外沿加 300 mm)水平投影面积计算。

(3)楼梯压辊、压板按延长米计算。

(4)零星装饰项目按设计图示尺寸以面积计算。

(5)防滑条、嵌条、封口条按设计图示尺寸以延长米计算。楼梯防滑条按楼梯踏步两端间距离减 300 mm，以延长米计算。

例 4.12.4　某楼梯剖面图如图 4.12.7 所示，平面图如图 4.12.8 所示。块料楼梯的做法见表 4.12.14，试计算该工程的楼梯地面的清单工程量，并编制工程量清单。

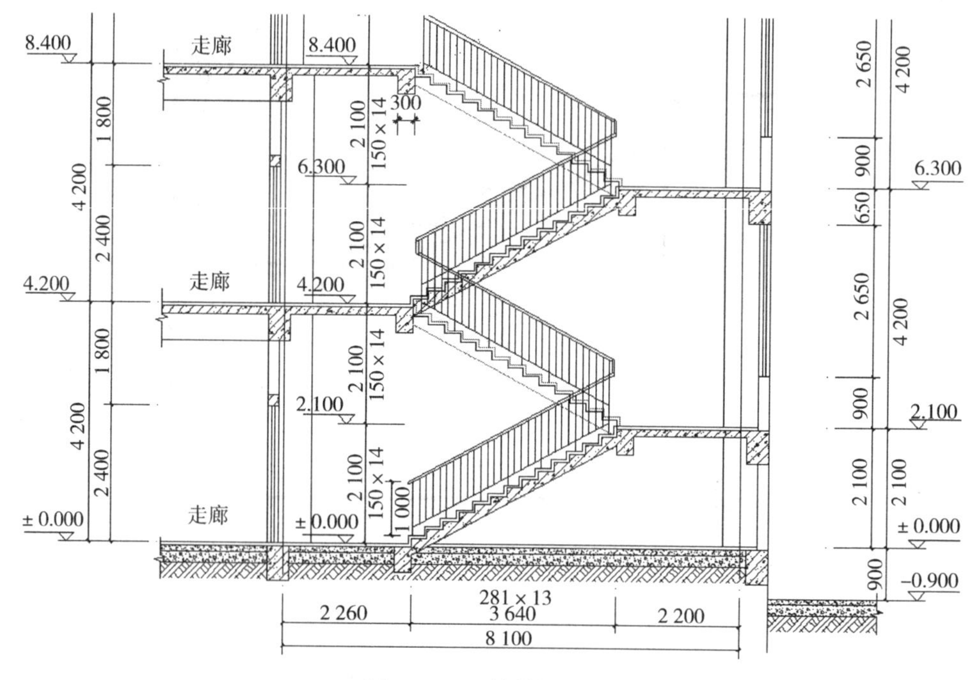

图 4.12.7　楼梯剖面图

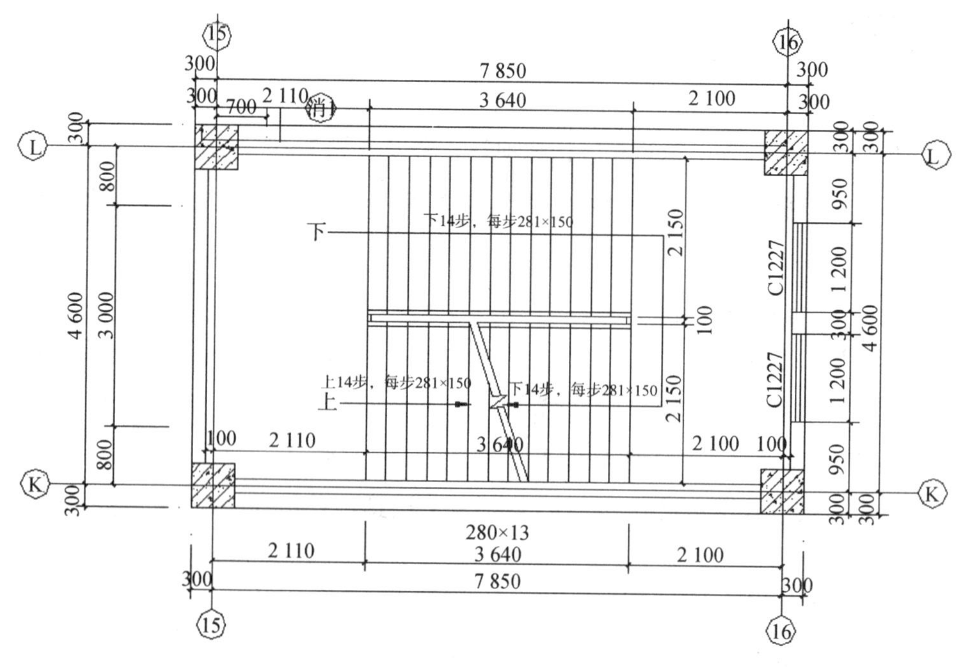

图 4.12.8　楼梯平面图

表 4.12.14　彩釉砖块料楼梯地面做法

项目名称	做法
块料楼梯地面	1. 土建已有混凝土垫层(或结构层) 2. 水泥浆结合层一道 3. 1∶2 水泥砂浆找坡层，最薄处 20 厚 4. 20 厚 1∶2 干硬性水泥砂浆黏合层，上洒 1∶2 厚干水泥并洒清水适量 5. 彩釉砖(300 mm×300 mm)，水泥砂浆擦缝 6. 防滑条采用与成品地砖配套的防滑条

解题思路：①计算楼梯清单工程量需注意楼梯数量，本工程为 2 层。②判断楼梯水平投影的宽度，本工程的宽度为 2.15＋0.1＋2.15 的合计。③判断楼梯水平投影的长度，此时需要区别有无梯口梁的情况，本工程为有梯口梁，其长度为 2.2＋3.64＋0.3(梯口梁宽度)的合计。④判断楼梯井的宽度，本工程的楼梯井为 0.1 m，不于 0.3 m，不需要扣除楼梯井的水平投影面积。

解：

(1)计算清单工程量。

块料楼梯地面的工程量＝(2.15＋0.1＋2.15)×(2.2＋3.64＋0.3)×2＝54.03(m^2)

(2)该分项的工程量清单如表 4.12.15 所示。

表 4.12.15　块料楼梯工程量清单

项目编码	项目名称	项目特征	计量单位	工程量
11106001001	300 mm×300 mm 彩釉地砖楼梯地面	1. 找平层厚度、砂浆配合比：素水泥砂浆一遍，20 mm 厚 1∶2 水泥砂浆 2. 黏结层厚度、砂浆配合比：20 mm 厚 1∶2 干硬性水泥砂浆 3. 面层材料品种、规格、颜色：彩釉砖(300 mm×300 mm) 4. 嵌缝材料种类：水泥砂浆擦缝 5. 防滑条材料种类，规格：铜条做防滑条	m^2	54.03

例 4.12.5　计算例 4.12.4 中的防滑条的定额工程量。

解题思路：楼梯防滑条的长度是先按楼梯踏步两端间距离减 300 mm 算出单根长度，然后乘以踏步数量，计算出防滑条总长度。

解：

防滑条单根长度＝2.15－0.3＝1.85(m)

防滑条工程量＝1.85×14×4＝103.6(m)

习　　题

4-12-1　整体面层与块料面层的区别是什么？

4-12-2　整体楼地面的清单计算规则是什么？

4-12-3　块料楼地面的清单计算规则是什么？

4-12-4　踢脚线的清单计算规则是什么？

4-12-5　楼梯的清单计算规则是什么？

4-12-6　某建筑平面图如图 4.12.9 所示，墙体厚度 240 mm，室内为现浇水磨石楼地面，试分别计算该工程现浇水磨石楼地面和块料踢脚线的清单工程量。

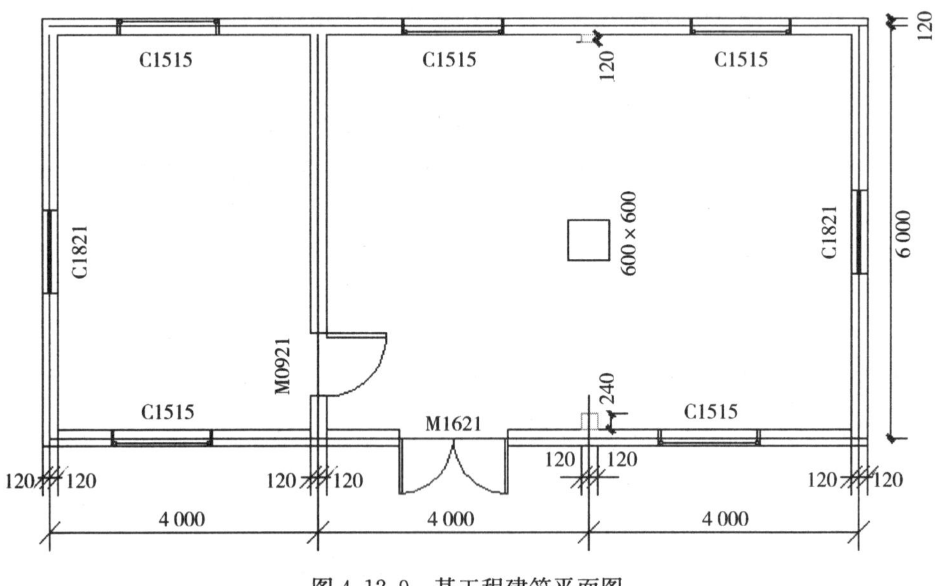

图 4.12.9　某工程建筑平面图

4-12-7　假设题 4-12-6 的楼地面为玻化砖 600 mm×600 mm 的块料楼地面，试计算该工程块料楼地面的清单工程量。

4-12-8　假设题目 4-12-6 的踢脚线为高 150 mm 的块料踢脚线，其中独立柱子和门口两侧不做踢脚线，试计算该工程的块料踢脚线的清单工程量。

4.13　墙、柱面装饰与隔断幕墙工程

4.13.1　墙、柱(梁)面抹灰

1. “工程量计算规范”清单项目设置

“工程量计算规范”附录 M.1 中墙面抹灰常见项目见表 4.13.1。

表 4.13.1　墙面抹灰(编号：011201)

项目编码	项目名称	项目特征	计量单位	工程量计算规则	工作内容
011201001	墙面一般抹灰	1. 墙体类型 2. 底层厚度、砂浆配合比 3. 面层厚度、砂浆配合比 4. 装饰面材料种类 5. 分格缝宽度、材料种类	m^2	按设计图示尺寸以面积计算。扣除墙裙、门窗洞口及单个＞0.3 m^2的孔洞面积，不扣除踢脚线、挂镜线和墙与构件交接处的面积，门窗洞口和孔洞的侧壁及顶面不增加面积。附墙柱、梁、垛、烟囱侧壁并入相应的墙面积内	1. 基层清理 2. 砂浆制作、运输 3. 底层抹灰 4. 抹面层 5. 抹装饰面 6. 勾分格缝
011201002	墙面装饰抹灰				
011201003	墙面勾缝	1. 墙体类型 2. 找平的砂浆厚度、配合比		1. 外墙抹灰面积按外墙垂直投影面积计算 2. 外墙裙抹灰面积按其长度乘以高度计算 3. 内墙抹灰面积按主墙间的净长乘以高度计算 (1)无墙裙的，高度按室内楼地面至天棚底面计算 (2)有墙裙的，高度按墙裙顶至天棚底面计算 4. 内墙裙抹灰面按内墙净长乘以高度计算。	1. 基层清理 2. 砂浆制作、运输 3. 抹灰找平
011201004	立面砂浆找平层	1. 墙体类型 2. 勾缝类型 3. 勾缝材料种类			1. 基层清理 2. 砂浆制作、运输 3. 勾缝

“工程量计算规范”附录 M.2 中柱(梁)面抹灰常见项目见表 4.13.2。

表 4.13.2　柱(梁)面抹灰

项目编码	项目名称	项目特征	计量单位	工程量计算规则	工作内容
011202001	柱、梁面一般抹灰	1. 柱体类型 2. 底层厚度、砂浆配合比 3. 面层厚度、砂浆配合比 4. 装饰面材料种类 5. 分格缝宽度、材料种类	m^2	1. 柱面抹灰：按设计图示柱断面周长乘高度以面积计算 2. 梁面抹灰：按设计图示梁断面周长乘长度以面积计算	1. 基层清理 2. 砂浆制作、运输 3. 底层抹灰 4. 抹面层 5. 勾分格缝
011202002	柱、梁面装饰抹灰				
011202003	柱、梁面砂浆找平	1. 柱体类型 2. 找平的砂浆厚度、配合比			1. 基层清理 2. 砂浆制作、运输 3. 抹灰找平
011202004	柱、梁面勾缝	1. 墙体类型 2. 勾缝类型 3. 勾缝材料种类		按设计图示柱断面周长乘高度以面积计算。	1. 基层清理 2. 砂浆制作、运输 3. 勾缝

“工程量计算规范”附录 M.3 中零星抹灰常见项目见表 4.13.3。

表 4.13.3　零星抹灰(编码：011203)

项目编码	项目名称	项目特征	计量单位	工程量计算规则	工作内容
011203001	零星项目一般抹灰	1. 墙体类型 2. 底层厚度、砂浆配合比 3. 面层厚度、砂浆配合比 4. 装饰面材料种类 5. 分格缝宽度、材料种类	m^2	按设计图示尺寸以面积计算	1. 基层清理 2. 砂浆制作、运输 3. 底层抹灰 4. 抹面层 5. 抹装饰面 6. 勾分格缝
011203002	零星项目装饰抹灰	1. 墙体类型 2. 底层厚度、砂浆配合比 3. 面层厚度、砂浆配合比 4. 装饰面材料种类 5. 分格缝宽度，材料种类			
011203003	零星项目砂浆找平	1. 基层类型 2. 找平的砂浆厚度、配合比			1. 基层清理 2. 砂浆制作、运输 3. 底层抹灰

2. “工程量计算规范”与计价规则说明

(1)立面砂浆找平项目适用于仅做找平层的立面抹灰。

(2)抹石灰砂浆、水泥砂浆、混合砂浆、聚合物水泥砂浆、麻刀石灰浆、石膏灰浆等按墙面一般抹灰列项，水刷石、斩假石、干粘石、假面砖等按墙面装饰抹灰列项。

(3)飘窗凸出外墙面增加的抹灰并入外墙工程量。

(4)有吊顶天棚的内墙面抹灰，抹灰至吊顶以上部分在综合单价中考虑。

(5)柱(梁)砂浆找平项目适用于仅做找平层的柱(梁)面抹灰。

(6)柱(梁)面抹石灰砂浆、水泥砂浆、混合砂浆、聚合物水泥砂浆、麻刀石灰浆、石膏灰浆等按柱(梁)面一般抹灰编码列项，水刷石、斩假石、干粘石、假面砖等按柱(梁)面装饰抹灰编码列项。

(7)墙、柱(梁)面≤0.5 m^2 的少量分散的抹灰按“工程量计算规范”L.3 零星抹灰项目编码列项。

3. 配套定额相关规定

1)定额说明

(1)一般说明：本章定额柱、梁的抹灰、粘贴块料及饰面等适用于不与墙或天棚相连的独立柱、梁。

(2)本章设计砂浆种类、厚度与定额不同时，允许材料耗量按比例调整，人工工日不变。

(3)墙、柱面设计抹灰厚度与定额不同时，按相应立面砂浆找平层每增减一遍的项目调整。

(4)墙面水泥砂浆分为普通和高级：

①普通抹灰：一遍底层、一遍中层、一遍面层，三遍成活。

②高级抹灰：二遍底层、一遍中层、一遍面层，四遍成活。

(5)本章考虑的抹灰厚度为一般抹灰。一般抹灰：石灰砂浆 15 mm，混合砂浆 21 mm，水泥砂浆(普通)18 mm，水泥砂浆(高级)25 mm。混凝土基层在此基础上另增一遍 4 mm 水泥砂浆刮糙层。

(6)块料面层结合层砂浆厚度为 8 mm。

(7)一般抹灰和装饰抹灰定额内均不包括基层刷素水泥浆工料，另按相应项目计算。

(8)护角线工料已包括在抹灰定额内，不另计算。

(9)门窗洞口和空圈侧壁、顶面抹灰已包括在定额内，不再单独计算。

(10)圆弧形、锯齿形、不规则形墙柱面抹灰，按相应项目人工乘以系数 1.15。

(11)凡使用白水泥、彩色石子或白水泥、白石子浆掺颜料者，均属彩色水磨石、美术水刷石、美术干粘石、美术剁假石。

(12)立面砂浆找平项目适用于仅做找平的立面抹灰。

2)定额计算规则

(1)本章抹灰工程量均按设计结构尺寸(有保温隔热、防潮层者，按其外表面尺寸)计算。扣除墙裙、门窗洞口及单个孔洞$>0.3\ m^2$的面积，不扣除踢脚线、挂镜线和墙与构件交接处的面积，单个孔洞$\leqslant 0.3\ m^2$的侧壁及顶面不增加面积。附墙柱、梁、垛、烟囱侧壁并入相应的墙面面积内。

(2)内墙抹灰计算规则：

①内墙抹灰的长度，以墙与墙间图示净长尺寸计算，其高度按下列规定计算：

a. 无墙裙的，其高度以室内地坪面至板底面计算；

b. 有墙裙的，其高度按墙裙顶点至板底面计算。

②吊顶天棚，其高度以室内地坪面(或墙裙顶点)至天棚下皮，另加 200 mm 计算。

(3)内墙面和内墙裙抹灰面积，按设计图示尺寸以面积计算。

(4)外墙面抹灰计算规则：

①外墙面和外墙裙抹灰面积，按外墙垂直投影以平方米计算。

②外墙裙抹灰面积按其长度乘以其高度以平方米计算。

③单独的外窗台抹灰长度，如设计图纸无规定时，可按窗洞宽度两边共加 200 mm 计算，窗台展开宽度按 360 mm 计算。

④墙面立面砂浆找平，应将门窗洞口侧壁面积展开并入墙面找平项目内计算。

⑤抹灰分格、嵌缝按抹灰面面积计算。

⑦独立柱和单梁等的抹灰，按设计图示柱断面周长乘以高度(有保温隔热、防潮层者，按其外表面尺寸)以面积计算。

⑧零星项目抹灰按设计图示尺寸以展开面积计算。

⑨水泥黑板、玻璃黑板按框外围面积计算。

⑩飘窗凸出外墙面增加的抹灰，以外墙外边线为分界线分别并入内、外墙工程量。墙、柱、梁及零星项目勾缝按勾缝面的面积以“m^2”计算。

例 4.13.1　某建筑平面图如图 4.13.1 所示，剖面图如 4.13.2 所示，室内外高差为 0.3 m，墙体为 240 mm 砖墙，室内外墙面为一般抹灰，独立柱子也为一般抹灰，一般抹灰做法如表 4.13.4 所示，试分别计算该工程室内外一般抹灰和独立柱子的清单工程量，并编制它们的工程量清单。

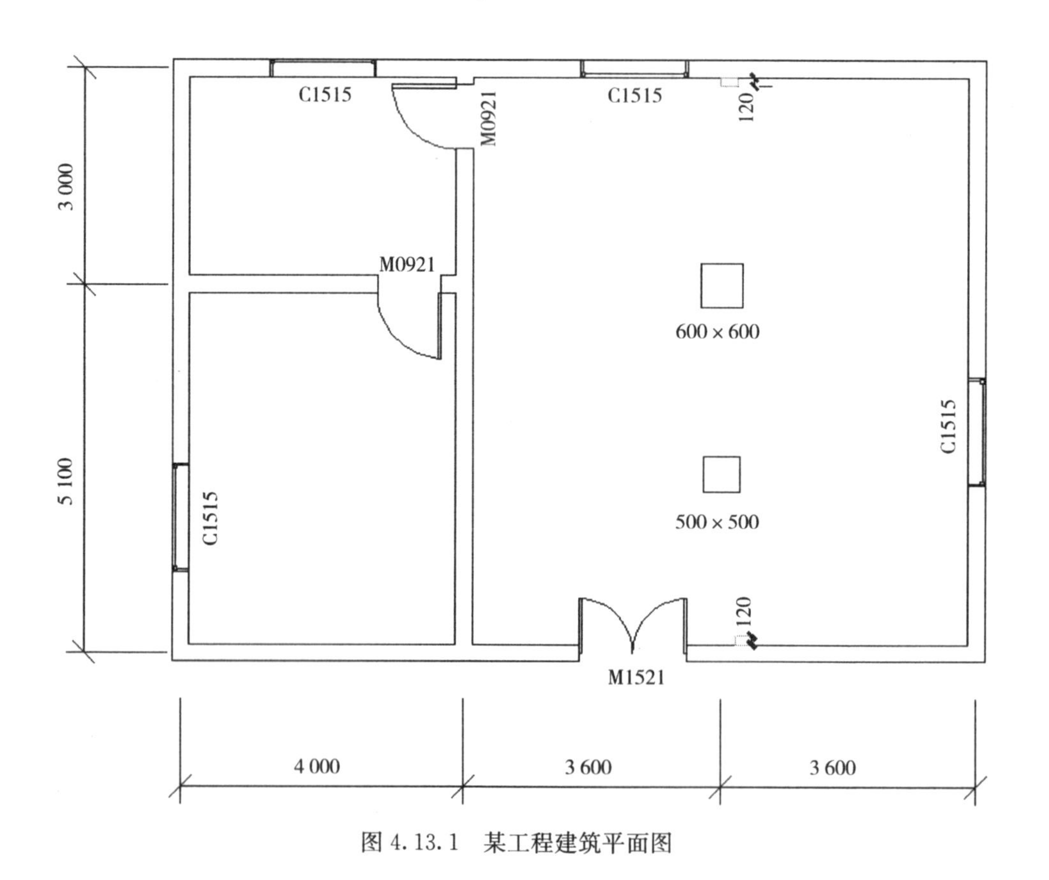

图 4.13.1　某工程建筑平面图

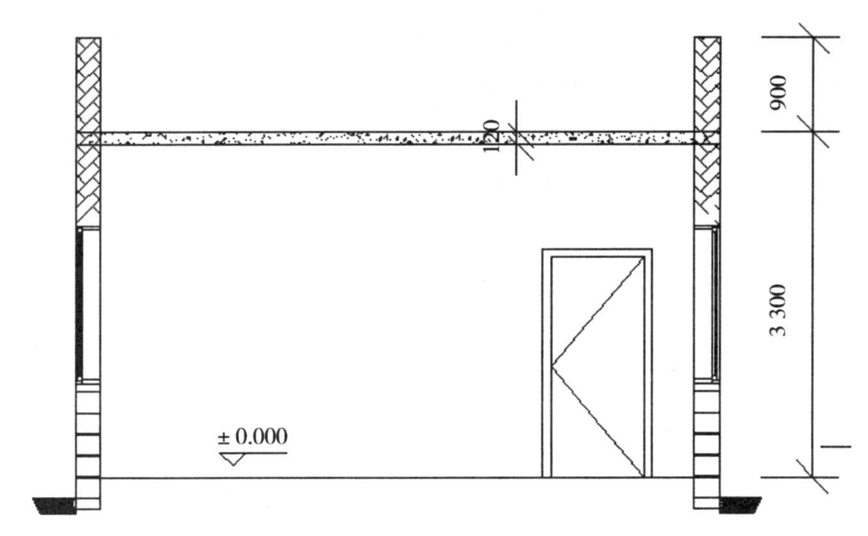

图 4.13.2　某工程建筑剖面图

表 4.13.4　一般抹灰做法表

项目名称	做法
墙面一般抹灰	1.9 厚 1∶1∶6 水泥石灰砂浆打底扫毛 2.9 厚 1∶1∶6 水泥石灰砂浆垫层 3.5 厚 1∶3 水泥砂浆罩面压光 4. 刮腻子三遍
独立柱子一般抹灰	1.7 mm 厚 1∶3 水泥砂浆打底两次成活，7 mm 1∶3 厚水泥砂浆找平 2.6 mm 厚 1∶2.5 水泥砂浆罩面压光 3. 面层满刮腻子胶两遍、外墙刷乳胶漆三遍 4. 贴 20 mm 塑料条

解题思路：①注意分房间计算。②在计算时应先算整体，然后考虑是否增加某些工程量，最后考虑是否减少某些工程量。③注意室内剁的侧壁增加的工程量要并入。④判断室内抹灰的高度，本工程为 3.3−0.12(板厚)。⑤室外抹灰高度由室外地坪到女儿墙顶，并包括女儿墙内侧，本工程为 3.3−(−0.3)+0.9+0.9 的合计。⑥独立柱子的工程量需要单独计算，并单列工程量清单。

解：

(1)计算清单工程量。

室内一般抹灰的工程量＝(4−0.12×2+3−0.12×2)×2×(3.3−0.12)−0.9×2.1×2−1.5×1.5+(4−0.12×2+5.1−0.12×2)×2×(3.3−0.12)−0.9×2.1−1.5×1.5+［(3.6+3.6−0.12×2+3+5.1−0.12×2)×2+0.12×2+0.12×2］×(3.3−0.12)−1.5×2.1−1.5×1.5×2

＝174.25(m^2)

室外一般抹灰工程量＝(4＋3.6×2＋0.12×2＋3＋5.1＋0.12×2)×2×［3.3－(0.3)＋0.9＋0.9］－1.5×2.1－1.5×1.5×4
＝210.47(m²)

独立柱子一般抹灰工程量＝0.6×4×(3.3－0.12)＋0.5×4×(3.3－0.12)
＝13.99(m²)

(2)该分项的工程量清单如表 4.13.5 所示。

表 4.13.5　室内外墙柱面工程量清单

项目编码	项目名称	项目特征	计量单位	工程量
011201001001	内墙一般抹灰	1. 墙体类型：砖内墙 2. 底层厚度、砂浆配合比：9 mm 厚 1∶1∶6 水泥石灰砂浆 3. 中层厚度、砂浆配合比：9 mm 厚 1∶1∶6 水泥石灰砂浆 4. 面层厚度、砂浆配合比：5 mm 厚 1∶3 水泥砂浆罩面 5. 装饰面层种类：满刮腻子胶三遍	m²	174.25
011201001002	外墙一般抹灰	1. 墙体类型：砖外墙 2. 底层厚度、砂浆配合比：9 mm 厚 1∶1∶ 6 水泥石灰砂浆 3. 中层厚度、砂浆配合比：9 mm 厚 1∶1∶6 水泥石灰砂浆 4. 面层厚度、砂浆配合比：5 mm 厚 1∶3 水泥砂浆罩面 5. 装饰面层种类：满刮腻子胶三遍	m²	201.47
011202001001	柱子一般抹灰	1. 柱体类型：砖基础 2. 底层厚度、砂浆配合比：7 mm 厚 1∶3 水泥砂浆打底两次成活、7 mm 厚 1∶3 水泥砂浆找平 3. 面层厚度、砂浆配合比：6 mm 厚 1∶2.5 水泥砂浆罩面压光 4. 装饰面材料种类：满刮腻子胶两遍、外墙乳胶漆三遍 5. 分格缝宽度、材料种类：20 mm 塑料条	m²	13.99

4.13.2　墙、柱(梁)面镶贴块料

1. "工程量计算规范"清单项目设置

"工程量计算规范"附录 M.4 中墙面块料面层项目常见项目见表 4.13.6。

表 4.13.6　墙面块料面层(编码：011204)

项目编码	项目名称	项目特征	计量单位	工程量计算规则	工作内容
011204001	石材墙面	1. 墙体类型 2. 安装方式 3. 面层材料品种、规格、颜色 4. 缝宽、嵌缝材料种类 5. 防护材料种类 6. 磨光、酸洗、打蜡要求	m²	按镶贴表面积算	1. 基层清理 2. 砂浆制作、运输 3. 黏结层铺贴 4. 面层安装 5. 嵌缝 6. 刷防护材料 7. 磨光、酸洗、打蜡
011204002	拼碎石材墙面				
011204003	块料墙面				
011204004	干挂石材钢骨架	1. 骨架种类、规格 2. 防锈漆品种遍数	t	按设计图示以质量计算	1. 骨架制作、运输、安装 2. 刷漆

"工程量计算规范"附录 M.5 中柱(梁)面镶贴块料常见项目见表 4.13.7。

表 4.13.7 柱(梁)面镶贴块料(编码：011205)

项目编码	项目名称	项目特征	计量单位	工程量计算规则	工作内容
011205001	石材柱面	1. 柱截面类型、迟寸 2. 安装方式 3. 面层材料品种、规格、颜色 4. 缝宽、嵌缝材料种类 5. 防护材料种类 6. 磨光、酸洗、打蜡要求	m²	按镶贴表面积计算	1. 基层清理 2. 砂浆制作、运输 3. 黏结层铺贴 4. 面层安装 5. 嵌缝 6. 刷防护材料 7. 磨光、酸洗、打蜡
011205002	块料柱面				
011205003	拼碎块柱面				
011205004	石材梁面	1. 安装方式 2. 面层材料品种、规格、颜色 3. 缝宽、嵌缝材料种类 4. 防护材料种类 5. 磨光、酸洗、打蜡要求			
011205005	块料梁面				

“工程量计算规范”附录 M.6 中镶贴零星块料常见项目见表 4.13.8。

表 4.13.8 镶贴零星块料(编码：011206)

项目编码	项目名称	项目特征	计量单位	工程量计算规则	工作内容
011206001	石材零星项目	1. 基层类型、部位 2. 安装方式 3. 面层材料品种，规格、颜色 4. 缝宽、嵌缝材料种类 5. 防护材料种类 6. 磨光、酸洗、打蜡要求	m²	按镶贴表面积计算	1. 基层清理 2. 砂浆制作、运输 3. 面层安装 4. 嵌缝 5. 刷防护材料 6. 磨光、酸洗、打蜡
011206002	块料零星项目				
011206003	拼碎块零星项目				

2. “工程量计算规范”与计价规则说明

(1)在描述碎块项目的面层材料特征时可不用描述规格、品牌、颜色。

(2)石材、块料与粘接材料的结合面刷防渗材料的种类在防护层材料种类中描述。

(3)安装方式可描述为砂浆或黏结剂粘贴、挂贴、干挂等，不论哪种安装方式，都要详细描述与组价相关的内容。

(4)柱梁面干挂石材的钢骨架按“工程量计算规范”表 L.4 相应项目编码列项。

(5)墙柱面≤0.5 m² 的少量分散的镶贴块料面层应按零星项目执行。

3. 配套定额相关规定

1)定额说明

(1)圆弧形、锯齿形和其他不规则的墙柱面镶贴块料面层时，人工乘以系数 1.15。

(2)砂浆粘贴块料面层不包括找平层，只包括结合层砂浆。

(3)仿石砖按面砖定额执行，人工乘以系数 1.20。

(4)瓷砖、面砖面层如带腰线者，在计算面层面积时不扣除腰线所占面积，但腰线材料费按实计算，其损耗率为 2%。

(5)干挂大理石(花岗石)项目中的不锈钢连接件与设计不同时，可以调整。

(6)设计面砖用量与定额不同时，可以调整。

(7)带美术图案的陶瓷艺术砖按面砖定额执行，人工乘以系数 1.20。

(8)零星抹灰和零星镶贴块料项目适用于面积≤0.5 m^2 少量分散的装饰，门窗、空圈、侧壁粘贴块料及零星粘贴块料。

2)定额工程量计算规则

(1)镶贴块料面层按设计图示尺寸以镶贴表面积计算，扣除门窗洞口及单个面积>0.3 m^2 的孔洞所占的面积。

(2)柱墩、柱帽以“个”计算。

(3)干挂石材钢龙骨架按设计图示尺寸以质量计算。

例 4.13.2　某建筑平面图、剖面图如例 4.13.1 中的图 4.13.1 和图 4.13.2 所示，室内外高差为 0.3 m，墙体为 240 mm 砖墙，室内墙面为墙砖，室外墙面为石材，独立柱子贴面砖，其做法见表 4.13.9，试分别计算该工程室内墙砖、室外墙面石材和独立柱子面砖的清单工程量，并编制它们的工程量清单。

表 4.13.9　块料墙柱面做法表

项目名称	做法
室内面砖墙面	1. 在混凝土墙上刷界面处理剂，14 mm 厚 1∶3 水泥砂浆打底 2. 8 mm 厚 1∶0.15∶2 水泥石灰砂浆(内掺建筑胶) 3. 粘贴 300 mm×300 mm 的灰色纸皮砖 4. 缝款、嵌缝材料种类：好亦特勾缝剂勾缝、缝宽 5 mm 5. 磨光、酸洗、打蜡：棉纱清洁表面
室外石材墙面	1. 在墙上预埋 Φ6 钢筋长 150 伸出 15 2. 按板材尺寸绑扎 Φ6 钢筋网，与上述钢筋焊接 3. 安装啡网纹大理石板(600 mm×600 mm)，以钢筋绑牢在钢筋网上 4. 20 mm 厚 1∶2.5 水泥砂浆分层关注，插捣密实 5. 表面处理，擦净、抛光
室内面砖柱子	1. 在混凝土墙上刷界面处理剂，14 mm 厚 1∶3 水泥砂浆打底 2. 8 mm 厚 1∶0.15∶2 水泥石灰砂浆(内掺建筑胶) 3. 粘贴 300 mm×300 mm 的灰色纸皮砖 4. 缝款、嵌缝材料种类：好亦特勾缝剂勾缝、缝宽 5 mm 5. 磨光、酸洗、打蜡：棉纱清洁表面

解题思路：①注意分房间计算。②在计算时应先算整体，然后考虑是否增加某些工程量，最后考虑是否减少某些工程量。③注意室内剁的侧壁增加的工程量要并入。④判断室内抹灰的高度，本工程为 3.3－0.12(板厚)。⑤室外抹灰高度由室外地坪到女儿墙顶，并包括女儿墙内侧，本工程为 3.9－(－0.3)＋0.9＋0.9 的合计。⑥独立柱子的工程量需要单独计算，并单列工程量清单。⑦窗户侧壁的工程量要分别并入内外墙面。

解：

(1)计算清单工程量。

室内块料墙面的工程量=(4－0.12×2＋3－0.12×2)×2×(3.3－0.12)－0.9×2.1×2－1.5×1.5＋(4－0.12×2＋5.1－0.12×2)×2×(3.3－0.12)－0.9×2.1－1.5×1.5＋[(3.6＋3.6－0.12×2＋3＋5.1－0.12×2)×2＋0.12×2＋0.12×2]×(3.3－0.12)－1.5×2.1－1.5×1.5×2－0.9×2.1＋1.5×4×0.24×4

=178.12(m^2)

室外石材墙面工程量=(4＋3.6×2＋0.12×2＋3＋5.1＋0.12×2)×2×[3.3－(0.3)＋0.9＋0.9]－1.5×2.1－1.5×1.5×4

=201.47(m^2)

块料独立柱子程量=0.6×4×(3.3－0.12)＋0.5×4×(3.3－0.12)

=13.99(m^2)

(2)该分项的工程量清单如表 4.13.10 所示。

表 4.13.10　室内外墙柱面工程量清单

项目编码	项目名称	项目特征	计量单位	工程量
011204003001	面砖墙面	1. 墙体类型：混凝土基层 2. 底层厚度、砂浆配合比：刷界面处理剂、14 mm 厚 1∶3 水泥砂浆打底 3. 贴结合层厚度、材料种类：8 mm 厚 1∶0.15∶2 水泥石灰砂浆(内掺建筑胶) 4. 挂贴方式：粘贴 5. 面层材料品种、规格、品格、颜色：300 mm×300 mm 的灰色纸皮砖 6. 缝款、嵌缝材料种类：好亦特勾缝剂勾缝、缝宽 5 mm 7. 磨光、酸洗、打蜡：棉纱清洁表面	m^2	178.12
011204001001	石材墙面	1. 墙体类型：砖墙 2. 安装方式：Φ6 双向钢筋网挂石材，在石材和墙体间分层灌注 50 mm 厚 1∶2.5 水泥砂浆 3. 面层材料品种、规格、颜色：600 mm×600 mm 啡网纹大理石板 4. 缝宽、嵌缝材料种类：缝宽 5 mm、白水泥勾缝 5. 磨光、酸洗、打蜡要求：表面擦净、抛光	m^2	201.47
011205002001	块料柱面	1. 墙体类型：混凝土 2. 柱截面类型、尺寸：0.6 mm×0.6 mm 3. 底层厚度、砂浆配合比：刷界面处理剂、14 mm 厚 1∶3 水泥砂浆打底 4. 贴结合层厚度、材料种类：8 mm 厚 1∶0.15∶2 水泥石灰砂浆(内掺建筑胶) 5. 挂贴方式：粘贴 6. 面层材料品种、规格、品格、颜色：粉红色面砖 7. 缝款、嵌缝材料种类：好亦特勾缝剂勾缝、缝宽 5 mm 8. 磨光、酸洗、打蜡：棉纱清洁表面	m^2	13.99

4.13.3 墙、柱(梁)面饰面及其他

1. “工程量计算规范”清单项目设置

“工程量计算规范”附录 M.7 中墙饰面项目常见项目见表 4.13.11。

表 4.13.11 墙饰面(编码：011207)

项目编码	项目名称	项目特征	计量单位	工程量计算规则	工作内容
011207001	墙面装饰板	1. 龙骨材料种类、规格、中距 2. 隔离层材料种类、规格 3. 基层材料种类、规格 4. 面层材料品种、规格、颜色 5. 压条材料种类、规格	m^2	按设计图示墙净长乘净高以面积计算。扣除门窗洞口及单个>0.3 m^2的孔洞所占面积	1. 基层清理 2. 龙骨制作、运输、安装 3. 钉隔离层 4. 基层铺钉 5. 面层铺贴
011207001	墙面装饰浮雕	1. 基层类型 2. 浮雕材料种类 3. 浮雕样式		按设计图示尺寸以面积计算	1. 基层处理 2. 材料制作、运输 3. 安装成型

“工程量计算规范”附录 M.8 中柱(梁)饰面常见项目见表 4.13.12。

表 4.13.12 柱(梁)饰面(编码：011208)

项目编码	项目名称	项目特征	计量单位	工程量计算规则	工作内容
011208001	柱(梁)面装饰	1. 龙骨材料种类、规格、中距 2. 隔离层材料种类 3. 基层材料种类、规格 4. 面层材料品种、规格、颜色 5. 压条材料种类、规格	m^2	按设计图示饰面外围尺寸以面积计算。柱帽、柱墩并入相应柱饰面工程量内	1. 清理基层 2. 龙骨制作、运输、安装 3. 钉隔离层 4. 基层铺钉 5. 面层铺贴
011208002	成品装饰柱	1. 柱截面、高度尺寸 2. 柱材质	1. 根 2. 米	1. 以“根”计算，按设计数量计算 2. 以“m”计算，按设计长度计算	柱运输、固定、安装

“工程量计算规范”附录 M.9 中幕墙常见项目见表 4.13.13。

表 4.13.13 幕墙工程(编号：011209)

项目编码	项目名称	项目特征	计量单位	工程量计算规则	工作内容
011209001	带骨架幕墙	1. 骨架材料种类、规格、中距 2. 面层材料品种、规格、颜色 3. 面层固定方式 4. 隔离带、框边封闭材料品种、规格 5. 嵌缝、塞口材料种类	m^2	按设计图示框外围尺寸以面积计算。与幕墙同种材质的窗所占面积不扣除	1. 骨架制作、运输、安装 2. 面层安装 3. 隔离带、框边封闭 4. 嵌缝、塞口 5. 清洗
011209002	全玻(无框玻璃)幕墙	1. 玻璃品种、规格、颜色 2. 黏结塞口材料种类 3. 固定方式		按设计图示尺寸以面积计算。带肋全玻幕墙按展开面积计算	1. 幕墙安装 2. 嵌缝、塞口 3. 清洗

“工程量计算规范”附录M.10中隔断常见项目见表4.13.14。

表4.13.14　隔断(编码：011210)

<table>
<tr><th>项目编码</th><th>项目名称</th><th>项目特征</th><th>计量单位</th><th>工程量计算规则</th><th>工作内容</th></tr>
<tr><td>011210001</td><td>木隔断</td><td>1. 骨架、边框材料种类、规格
2. 隔板材料品种、规格、颜色
3. 嵌缝、塞口材料品种
4. 压条材料种类</td><td rowspan="4">m²</td><td>按设计图示框外围尺寸以面积计算。不扣除单个≤0.3 m²的孔洞所占面积；浴厕门的材质与隔断相同时，门的面积并入隔断面积内</td><td>1. 骨架及边框制作、运输、安装
2. 隔板制作、运输、安装
3. 嵌缝、塞口
4. 装钉压条</td></tr>
<tr><td>011210002</td><td>金属隔断</td><td>1. 骨架、边框材料种类、规格
2. 隔板材料品种、规格、颜色
3. 嵌缝、塞口材料品种</td><td>按设计图示框外围尺寸以面积计算。不扣除单个≤0.3 m²的孔洞所占面积；浴厕门的材质与隔断相同时，门的面积并入隔断面积内</td><td>1. 骨架及边框制作、运输、安装
2. 隔板制作、运输、安装
3. 嵌缝、塞口</td></tr>
<tr><td>011210003</td><td>玻璃隔断</td><td>1. 边框材料种类、规格
2. 玻璃品种、规格、颜色
3. 嵌缝、塞口材料品种</td><td rowspan="2">按设计图示框外围尺寸以面积计算。不扣除单个≤0.3 m²的孔洞所占面积</td><td>1. 边框制作、运输、安装
2. 玻璃制作、运输、安装
3. 嵌缝、塞口</td></tr>
<tr><td>011210004</td><td>塑料隔断</td><td>1. 边框材料种类、规格
2. 隔板材料品种、规格、颜色
3. 嵌缝、塞口材料品种</td><td>1. 骨架及边框制作、运输、安装
2. 隔板制作、运输、安装
3. 嵌缝、塞口</td></tr>
<tr><td>011210005</td><td>成品隔断</td><td>1. 隔断材料品种、规格、颜色
2. 配件品种、规格。</td><td>1. m²
2. 间</td><td>1. 按设计图示框外围尺寸以面积计算
2. 按设计间的数量以间计算</td><td>1. 隔断运输、安装
2. 嵌缝、塞口</td></tr>
<tr><td>011210006</td><td>其他隔断</td><td>1. 骨架、边框材料种类、规格
2. 隔板材料品种、规格、颜色
3. 嵌缝、塞口材料品种</td><td>m²</td><td>按设计图示框外围尺寸以面积计算。不扣除单个≤0.3 m²的孔洞所占面积</td><td>1. 骨架及边框安装
2. 隔板安装
3. 嵌缝、塞口</td></tr>
</table>

2. “工程量计算规范”与计价规则说明

幕墙钢骨架按本附录表干挂石材钢骨架编码列项。

3. 配套定额相关规定

1)定额说明

(1)墙柱(梁)饰面。

①本章木作墙柱面是按龙骨、基层、面层分别列项编制的。综合单(基)价中已含普通防腐处理。若有特殊工艺要求的防腐处理，费用按实计入木材材料单价中。

②凡是本章说明了材料规格、龙骨间距者，如设计与定额不同时，允许换算。

③本章木龙骨未包括刷防火涂料，应按“P 油漆、涂料、裱糊工程”分部相应定额项目调整。

④饰面面层定额中均未包括墙裙压顶线、压条、踢脚线、阴(阳)角线、装饰线等，设计要求时，按本定额“Q 其他装饰工程”分部相应定额计算。

⑤墙、柱梁面的凸凹造型，龙骨、基层、面层每平方米凸凹造型增加细木工 0.1 工日。

⑥墙、柱面装饰面层，如果用两种及以上材料构成，执行拼色拼图案项目，人工乘以系数 1.30，材料乘以系数 1.10。

(2)其他。

①柱、梁面及零星项目干挂石材的钢骨架按墙面干挂石材钢骨架项目执行，人工乘以系数 1.1。

②墙、柱饰面定额未包括刷油漆、涂料、裱糊工程内容，应按“P 油漆、涂料、裱糊工程”分部相应定额项目调整。

③幕墙上带窗者，增加的工料按相应定额计算。

④幕墙龙骨架材料与设计用量不同时，可按设计调整，损耗按 7%计算。

2)定额工程量计算规则

(1)墙柱饰面。

①墙、柱、梁面木装饰龙骨、基层、面层工程量按设计图示墙净长乘以净高以面积计算，附墙垛、门窗侧壁、柱帽柱墩按展开面积并入相应的墙柱面面积内。扣除门窗洞口及单个面积>0.3 m^2的孔洞所占的面积。

②墙、柱、梁面的凹凸造型展开计算，合并在相应的墙柱梁面面积内。

③墙面装饰浮雕按设计图示尺寸以面积计算。

④成品装饰柱按设计图示尺寸以面积计算。

(2)幕墙。

①幕墙按设计图示框外围尺寸以面积计算。与幕墙同种材质的窗所占面积不扣除。

②幕墙与建筑顶端、两端的封边按图示尺寸以平方米计算，自然层的水平隔离与建筑物的连接按延长米计算。

③全玻幕墙按设计图示尺寸以面积计算。如有加强肋者，按平面展开面积并入幕墙工程量面积计算。

(3)隔断。

①按设计图示框外围尺寸以面积计算。扣除单个面积>0.3 m^2 的孔洞所占的面积。

②浴厕门的材质与隔断相同时，门的面积并入隔断面积内。

③全玻隔断的不锈钢边框工程量按边框展开面积计算。

例 4.13.3　某建筑墙面做玻璃隔断，其立面图如图 4.13.3 所示，计算玻璃隔断的清单工程量，并编制其清单。

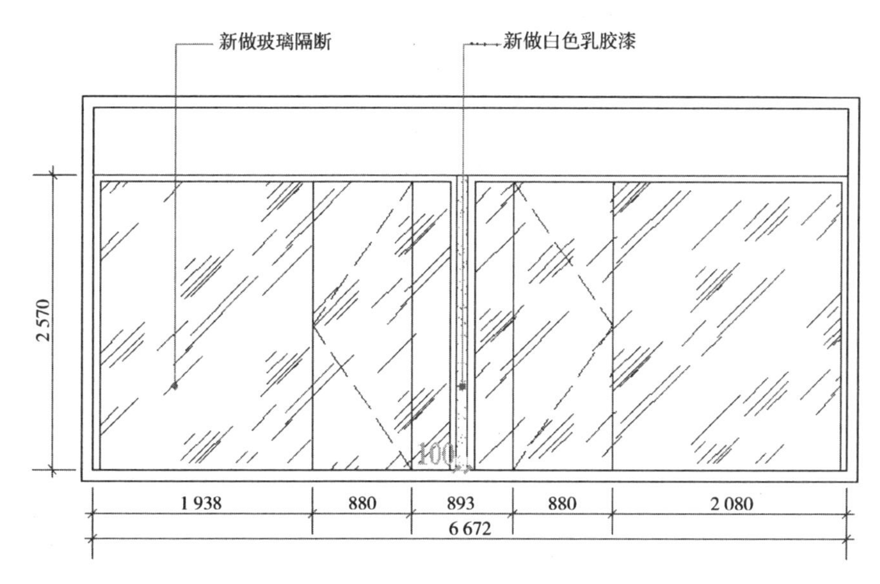

图 4.13.3　某墙面立面图

解题思路：玻璃隔断的清单工程量计算是以框外围尺寸计算，而不是按玻璃的面积计算。

解：(1)计算清单工程量。

玻璃隔断的清单工程量＝2.57×(1.938＋0.88＋0.893－0.1＋0.88＋2.08)

＝16.89(m^2)

该分项的工程量清单如表 4.13.15 所示。

表 4.13.15　玻璃隔断工程量清单

项目编码	项目名称	项目特征	计量单位	工程量
011210003001	玻璃隔断	1. 边框材料种类、规格 ：铝合金 2. 玻璃品种、规格：钢化玻璃，10 mm 厚 3. 五金件、把手、滑轮要求：品质优等	m^2	16.89

习　　题

4-13-1　抹灰墙面的基本组成结构有哪些？

4-13-2　抹灰墙面的清单计算规则是什么？

4-13-3　柱(梁)面抹灰的清单计算规则是什么?

4-13-4　块料墙面的清单计算规则是什么?

4-13-5　柱(梁)面镶贴块料的清单计算规则是什么?

4-13-6　玻璃幕墙的计算规则是什么?

4-13-7　某建筑平面图如图 4.13.4 所示，剖面图如 4.13.5 所示，室内外高差为 0.3 m，墙体为 240 mm 砖墙，室内外墙面为一般抹灰，独立柱子也为一般抹灰，试分别计算该工程室内外一般抹灰和独立柱子的清单工程量。

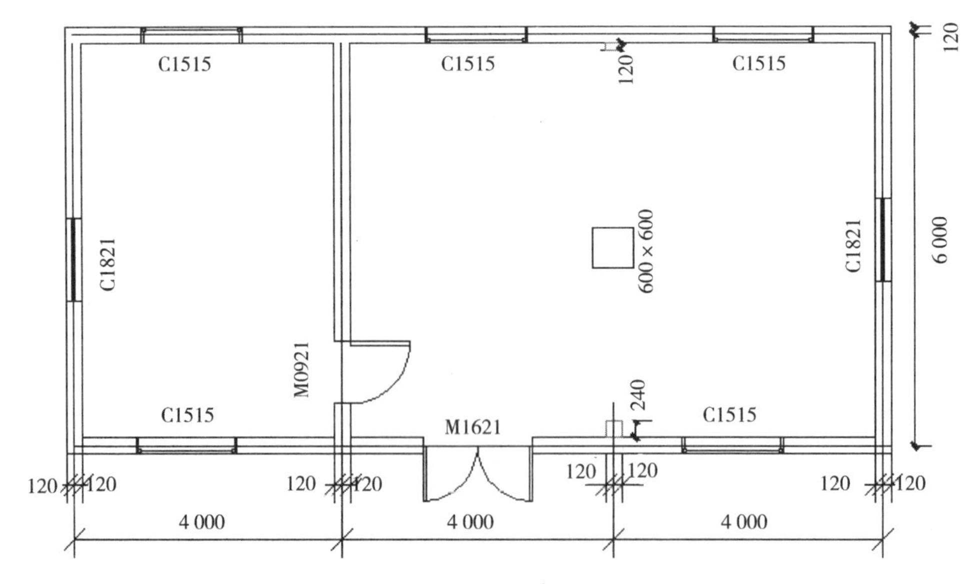

图 4.13.4　某工程建筑平面图

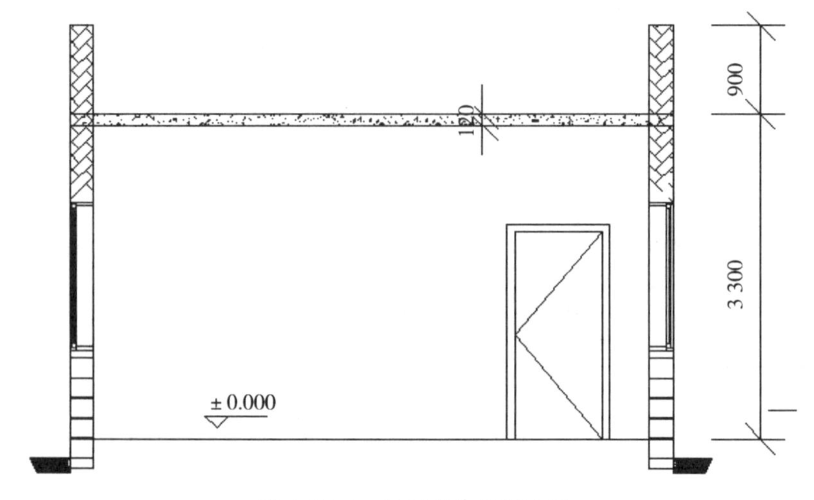

图 4.13.5　某工程建筑剖面图

4.14　天 棚 工 程

4.14.1　天棚抹灰

1. “工程量计算规范”清单项目设置

“工程量计算规范”附录 N.1 中天棚抹灰常见项目见表 4.14.1。

表 4.14.1　天棚抹灰(编码：011301)

项目编码	项目名称	项目特征	计量单位	工程量计算规则	工作内容
011301001	天棚抹灰	1. 基层类型 2. 抹灰厚度、材料种类 3. 砂浆配合比	m^2	按设计图示尺寸以水平投影面积计算。不扣除间壁墙、垛、柱、附墙烟囱、检查口和管道所占的面积，带梁天棚、梁两侧抹灰面积并入天棚面积内，板式楼梯底面抹灰按斜面积计算，锯齿形楼梯底板抹灰按展开面积计算	1. 基层清理 2. 底层抹灰 3. 抹面层

2. 配套定额相关规定

1)定额说明

(1)天棚抹灰定额内已包括基层刷水泥 801 胶浆一遍的工料。

(2)装饰线系指天棚面或内墙面抹灰起线，形成突出的棱角，每一个突出棱角为一道线。装饰线抹灰定额中只包括突出部分的工料，不包括底层抹灰的工料。

(3)井字梁天棚系指井内面积≤5 m^2 的密肋不梁天棚。

2)定额工程量计算规则

(1)天棚抹灰面积按墙与墙间的净空面积计算，不扣除间壁墙(厚度≤120 mm 的墙体)、垛、附墙烟囱、检查口、天棚装饰线脚、管道以及单个面积≤0.3 m^2 的孔洞及占位面积。

(2)槽形板底、混凝土折瓦板、密肋板底、井字梁板底抹灰工程量按表 4.14.2 规定乘以系数计算。

表 4.14.2　折算系均表

项目	系数	工程量计算方法
槽形底板、混凝土折瓦板底	1.35	梁肋不展开，以长乘以宽计算
密肋板底、井字梁板底	1.50	

(3)有梁板底抹灰按展开面积计算，梁两侧抹灰面积并入天棚面积内。

(4)天棚抹灰定额内已综合考虑了小圆角的工料，如带有装饰线角者，分别按小于或等于三道线或小于或等于五道线，以延长米计算。

(5)阳台底面抹灰按设计图示尺寸以水平投影面积计算，并入相应天棚抹灰面积内。阳台如带悬臂梁者，其工程量乘以系数 1.30。

(6)雨篷底面抹灰按设计图示尺寸以水平投影面积计算，并入相应天棚抹灰面积内。雨篷如带悬臂梁者，其工程量乘以系数 1.20。

(7)檐口天棚的抹灰并入相应的天棚工程量内计算。

(8)板式楼梯底面抹灰按斜面积计算，锯齿形楼梯底面抹灰按展开面积计算。

例 4.14.1　某建筑天棚平面图如图 4.14.1 所示，剖面图如图 4.14.2 所示，墙体为 240 mm 砖墙，天棚抹灰的做法如表 4.14.3 所示，试计算该工程天棚抹灰的工程量，并编制其的工程量清单。

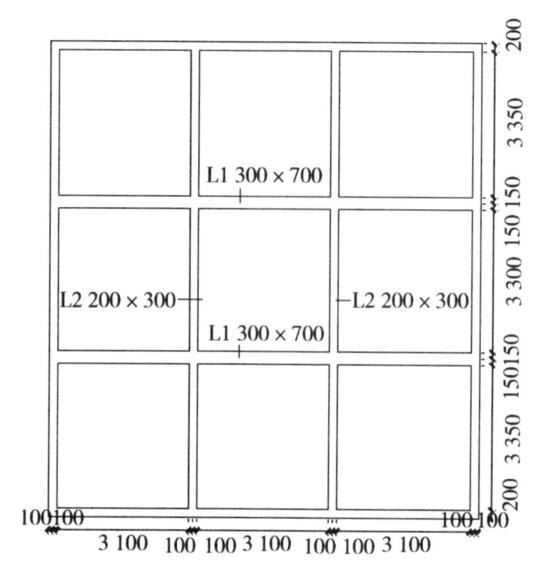

图 4.14.1　某工程天棚抹灰平面图

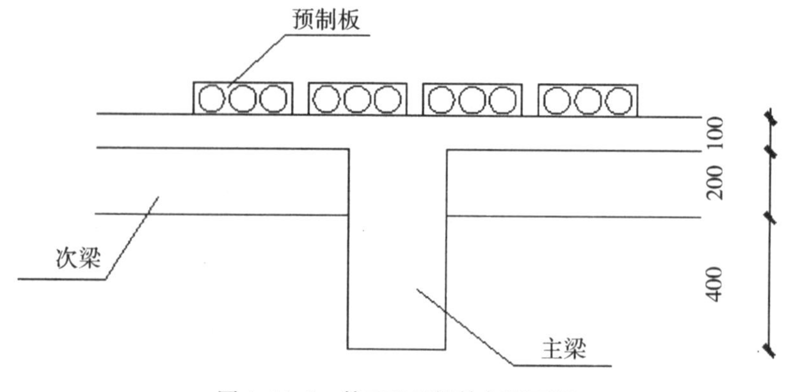

图 4.14.2　某工程天棚抹灰剖面图

表 4.14.3　天棚一般抹灰做法表

项目名称	做法
天棚一般抹灰	1. 刷素水泥浆一道 2. 15 mm 厚 1∶1∶4 水泥石灰砂浆抹底灰 3. 3 mm 厚 1∶2 水泥砂

解题思路：①先计算主墙间的净面积，然后计算梁两侧增加的面积。②注意判断主梁与次梁抹灰的抹灰高度。③注意主梁与次梁相交的部位。

解：

(1)计算清单工程量。

主墙间抹灰净面积＝(3.1×3＋0.2×2)×(3.35×2＋3.3＋0.3×2)＝108.82(m^2)

主梁增加的抹灰面积＝[(3.1×2＋3.1)×2×(0.7－0.1)＋0.2×(0.7－0.3)×2×2]×2＝22.96(m^2)

主梁增加的抹灰面积＝[(单根 L_1 的第一段净长×2 段＋中间段净长)×单根梁两面×次梁的抹灰净高度＋主次梁相交部位增加抹灰]×L_1 根数

次梁增加的抹灰面积＝(3.35×2＋3.3)×2×(0.3－0.1)×2＝4.00(m^2)

次梁增加的抹灰面积＝(单根 L_2 的第一段净长×2 段＋中间段净长)×单根梁两面×次梁的抹灰净高度×L_2 根数

天棚一般抹灰的工程量＝108.82＋22.96＋4＝135.78(m^2)

(2)该分项的工程量清单如表 4.14.4 所示。

表 4.14.4　天棚一般抹灰工程量清单

项目编码	项目名称	项目特征	计量单位	工程量
011301001001	天棚一般抹灰	1. 基层类型：现浇混凝土板 2. 抹灰厚度、材料种类：刷素水泥浆一道 15 mm 厚 1∶1∶4 水泥石灰砂浆抹底灰、3 mm 厚 1∶2 水泥砂浆	m^2	135.78

4.14.2　天棚吊顶

1. “工程量计算规范”清单项目设置

“工程量计算规范”附录 N.2 中天棚吊顶常见项目见表 4.14.5。

表 4.14.5　天棚吊顶(编码：011302)

<table>
<tr><th>项目编码</th><th>项目名称</th><th>项目特征</th><th>计量单位</th><th>工程量计算规则</th><th>工作内容</th></tr>
<tr><td>011302001</td><td>吊顶天棚</td><td>1. 吊顶形式、吊杆规格、高度
2. 龙骨材料种类、规格、中距
3. 基层材料种类、规格
4. 面层材料品种、规格、
5. 压条材料种类、规格
6. 嵌缝材料种类
7. 防护材料种类</td><td rowspan="6">m²</td><td>按设计图示尺寸以水平投影面积计算。天棚面中的灯槽及跌级、锯齿形、吊挂式、藻井式天棚面积不展开计算。不扣除间壁墙、检查口、附墙烟囱、柱垛和管道所占面积，扣除单个>0.3 m² 的孔洞、独立柱及与天棚相连的窗帘盒所占的面积</td><td>1. 基层清理、吊杆安装
2. 龙骨安装
3. 基层板铺贴
4. 面层铺贴
5. 嵌缝
6. 刷防护材料</td></tr>
<tr><td>011302002</td><td>格栅吊顶</td><td>1. 龙骨材料种类、规格、中距
2. 基层材料种类、规格
3. 面层材料品种、规格、
4. 防护材料种类</td><td rowspan="5">按设计图示尺寸以水平投影面积计算</td><td>1. 基层清理
2. 安装龙骨
3. 基层板铺贴
4. 面层铺贴
5. 刷防护材料</td></tr>
<tr><td>011302003</td><td>吊筒吊顶</td><td>1. 吊筒形状、规格
2. 吊筒材料种类
3. 防护材料种类</td><td>1. 基层清理
2. 吊筒制作安装
3. 刷防护材料</td></tr>
<tr><td>011302004</td><td>藤条造型悬挂吊顶</td><td rowspan="2">1. 骨架材料种类、规格
2. 面层材料品种、规格</td><td rowspan="2">1. 基层清理
2. 龙骨安装
3. 铺贴面层</td></tr>
<tr><td>011302005</td><td>织物软雕吊顶</td></tr>
<tr><td>011302006</td><td>网架(装饰)吊顶</td><td>1. 网架材料品种、规格</td><td>1. 基层清理
2. 网架制作安装</td></tr>
</table>

2. “工程量计算规范”与计价规则说明

吊顶天棚由天棚龙骨、天棚基层和天棚面板组成，如图 4.14.3 所示。

3. 配套定额相关规定

1)定额说明

(1)天棚吊顶是按龙骨、基层、面层分别列项编制，使用时，根据设计选用。

(2)天棚龙骨是按常用材料、规格和常用做法编制的，如与设计要求不同时，材料允许调整，人工及其他材料不变。

(3)天棚龙骨项目未包括灯具、电器设备等安装所需的吊挂件，发生时另行计算。

(4)吊筋安装，定额中上人型按预埋铁件计算，不上人型按射钉固定计算。如为砖墙上钻洞、搁放骨架者，按相应天棚项目，每 100 m² 增加一般装饰技工 1.4 工日；上人型天棚吊筋改为射钉固定者，每 100 m² 减少一般装饰技工 0.25 工日，吊筋 3.8 kg，

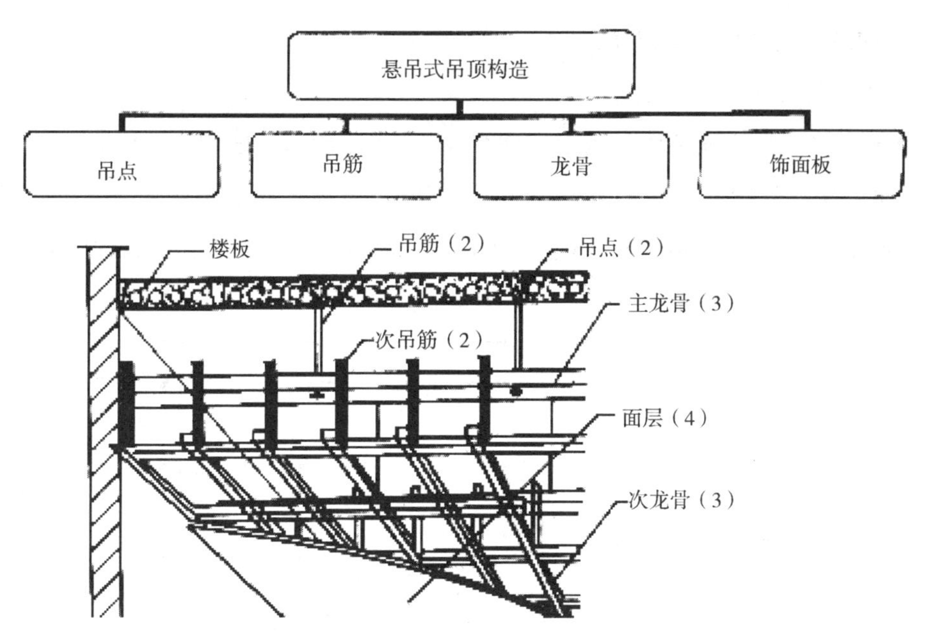

图 4.14.3　吊顶天棚的组成

增加钢板 27.6 kg，射钉 585 个。不上人型天棚龙骨吊筋改为预埋时，每 100 m^2 增加一般装饰技工 0.97 工日，吊筋 30 kg。

(5)天棚圆木骨架，用于板条、钢板网、木丝板天棚面层时，扣除定额中的 1.13 m^3 的原木；天棚方木骨架，用于板条、钢板网、木丝板天棚面层时，扣除定额中的 0.904 m^3 的锯材。

(6)天棚面层定额中已包括检查孔的工料，不另计算，但未包括各种装饰线条，设计要求时，另行计算。

(7)天棚面层在同一标高者为平面天棚，天棚面层不在同一标高者为跌级天棚。跌级造型天棚，其面层安装人工费乘以系数 1.20。

(8)胶合板如钻吸音孔时，每 100 m^2 增加装饰技工 6.5 工日。

(9)天棚木龙骨未包括刷防火涂料，按本定额“P 油漆、涂料、裱糊工程”相应定额项目执行。

2)定额工程量计算规则

(1)天棚龙骨按主墙间净空面积计算，不扣除间壁墙、检查口、附墙烟囱、柱、垛和管道所占的面积，但天棚中的折线、迭落等圆弧形、高低灯槽等面积也不展开计算。

(2)天棚基层及面层按实铺面积计算，扣除单个面积>0.3 m^2 的占位面积及与天棚相连的窗帘盒所占的面积。天棚中的折线、迭落等圆弧形、拱形、高低灯槽及其他艺术形式天棚面层，按展开面积计算。

(3)楼梯底面的装饰工程量按实铺面积计算。

(4)凹凸天棚按展开面积计算。

(5)镶贴镜面按实铺面积计算。

例 4.14.2　某建筑吊顶天棚平面图如图 4.14.4 所示，四周为 500 mm 宽的窗帘盒，其吊顶层高分别为 2.9 m、2.8 m 和 2.7 m，吊顶天棚的做法如表 14.2.6 所示，试计算该工程吊顶天棚的清单工程量，龙骨、纸面石膏板和面层乳胶漆的定额工程量。并编制吊顶天棚的工程量清单。

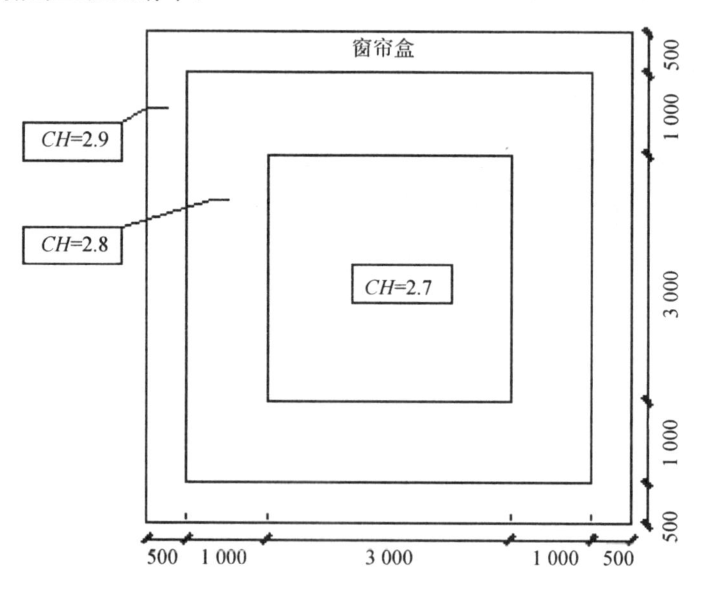

图 4.14.4　某工程吊顶天棚平面图

表 4.14.6　吊顶天棚做法表

项目名称	做法
吊顶天棚	1. 钢筋混凝土板 2. Φ6.5 钢筋吊杆，双向吊点、中距 900～1200 mm 3. 安装轻钢主龙骨(38×12×1 mm) 4. 安装轻钢次龙骨(50×19×0.5 mm) 5. 铺纸面石膏板(2400×1200×9.5 mm) 6. 纸面石膏板上满刮腻子两遍，刷乳胶漆(底漆一遍，面漆两遍)

解题思路：注意区分吊顶天棚的清单工程量和龙骨、基层和面层定额工程量计算规则的不同。

解：

(1)计算清单工程量。

吊顶天棚清单工程量＝(1＋3＋1)×(1＋3＋1)＝25.00(m^2)

(2)计算定额工程量。

龙骨定额工程量＝(0.5＋1＋3＋1＋0.5)×(0.5＋1＋3＋1＋0.5)＝36.00(m^2)

纸面石膏板定额工程量=(1+3+1)×(1+3+1)+(1+3+1)×4×(2.9−2.8)+3×4×(2.8−2.7)=28.20(m^2)

乳胶漆的定额工程量=(1+3+1)×(1+3+1)+(1+3+1)×4×(2.9−2.8)+3×4×(2.8−2.7)=28.20(m^2)

(3)该分项的工程量清单如表 4.14.7 所示。

表 4.14.7　吊顶天棚工程量清单

项目编码	项目名称	项目特征	计量单位	工程量
011302001001	吊顶天棚	1. 吊顶形式：不上人型 U 型轻钢龙骨吊顶，平面 2. 吊杆规格、高度：Φ6.5 钢筋吊杆，双向吊点、中距 900 mm 3. 龙骨材料种类、规格、中距：U 型轻钢主龙骨 38 mm×12 mm×1 mm，中距 1000 mm，次龙骨 50 mm×19 mm×0.5 mm，中距 450 mm，覆面横撑龙骨 50 mm×19 mm×0.5 mm，中距 600 mm 4. 基层材料种类、规格：纸面石膏板基层，2400 mm×1200 mm×9.5 mm，防潮型普通板，用镀锌螺丝和覆面龙骨固定 5. 面层材料品种、规格：天棚面满刮腻子两遍，刷白色乳胶漆底漆一遍，面漆两遍 6. 嵌缝材料种类纸面石膏板接缝处嵌缝腻子，贴嵌缝纸带	m^2	25.00

4.14.3　采光天棚及其他

1. “工程量计算规范”清单项目设置

“工程量计算规范”附录 N.3 中采光天棚工程常见项目见表 4.14.8。

表 14.3.8　采光天棚工程(编码：011303)

项目编码	项目名称	项目特征	计量单位	工程量计算规则	工作内容
011303001	采光天棚	1. 骨架类型 2. 固定类型、固定材料品种、规格 3. 面层材料品种、规格 4. 嵌缝、塞口材料种类	m^2	按框外围展开面积计算	1. 清理基层 2. 面层制安 3. 嵌缝、塞口 4. 清洗

“工程量计算规范”附录 N.4 中天棚其他装饰常见项目见表 4.14.9。

表 4.14.9　天棚其他装饰(编码：011304)

项目编码	项目名称	项目特征	计量单位	工程量计算规则	工作内容
011304001	灯带(槽)	1. 灯带型式、尺寸 2. 格栅片材料品种、规格 3. 安装固定方式	m^2	按设计图示尺寸以框外围面积计算	安装、固定
011304002	送风口、回风口	1. 风口材料品种、规格、 2. 安装固定方式 3. 防护材料种类	个	按设计图示数量计算	1. 安装、固定 2. 刷防护材料

2. “工程量计算规范”与计价规则说明

采光天棚骨架不包括在本节中，应单独按规范附录F相关项目编码列项目。

3. 配套定额相关规定

1)定额说明

中空玻璃采光天棚、钢化玻璃采光天棚的金属结构骨架按定额“F金属结构工程”相应定额项目计算。

2)定额工程量计算规则

(1)采光天棚按框外围展开面积计算。

(2)灯带、灯槽：按设计图示尺寸以框外围面积计算。

(3)送风口、回风口：按设计图示数量以个计算。

例4.14.3 某建筑天棚平面图如图4.14.5所示，天棚上布置长4160 mm、宽300 mm的软膜灯带，试计算该工程软膜灯带的清单工程量，并编制其工程量清单。

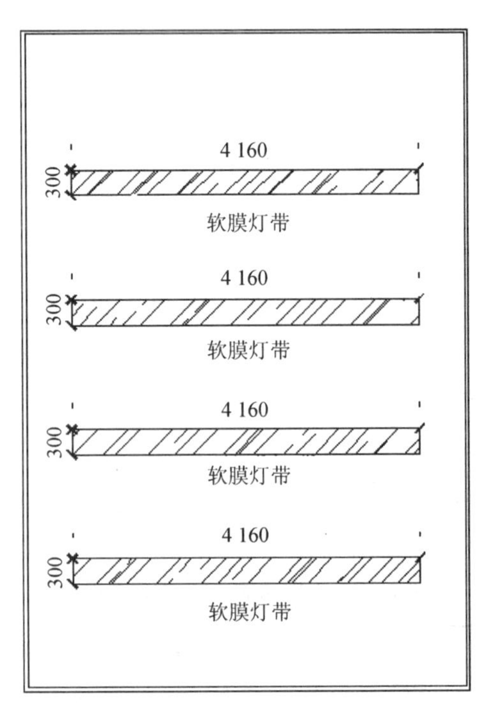

图4.14.5 某工程天棚灯带布置图

解题思路：灯带的清单工程量是按设计图示尺寸以框外围面积计算。首先算出单根软膜的面积，再乘以其数量计算总面积。

解：

(1)计算清单工程量。

软膜灯带的清单工程量＝4.16×0.3×4＝4.99(m^2)

(2)该分项的工程量清单如表 4.14.10 所示

表 4.14.10　软膜灯带的工程量清单

项目编码	项目名称	项目特征	计量单位	工程量
011304001001	软膜灯带	1. 灯带型式、尺寸：条形 4.16 mm×0.3 mm 2. 格栅片材料品种、规格：软膜 3. 安装固定方式：内嵌	m^2	4.99

例 4.14.4　某建筑天棚平面图如图 4.14.6 所示，天棚上设置有送风口和回风口，试计算该工程送风口和回风口的清单工程量，并编制其工程量清单。

图 4.14.6　某工程送风口和回风口的布置图

解题思路：送风口和回风口的清单工程量是按照个数计算，只需要分别数出送风口和回风口的数量即可，注意送风口和回风口的图示区别。

解：

(1)计算清单工程量。

送风口的清单工程量＝2 个

回风口的清单工程量＝2 个

(2)该分项的工程量清单如表 4.14.11 所示。

表 4.14.11　吊顶天棚工程量清单

项目编码	项目名称	项目特征	计量单位	工程量
011304002001	送风口	1. 风口材料品种、规格：铝合金送风口、600 mm×600 mm 2. 安装固定方式：自攻螺丝固定	个	2
011304002002	回风口	1. 风口材料品种、规格：铝合金送风口、600 mm×600 mm 2. 安装固定方式：自攻螺丝固定	个	2

习　题

4-14-1　天棚装饰的种类有哪些？

4-14-2　抹灰天棚的清单计算规则是什么？

4-14-3　吊顶天棚的清单计算规则是什么？

4-14-4　吊顶天棚的定额计算规则是什么？

4-14-5　某建筑天棚平面图如图 4.14.7 所示，其墙厚为 200 mm，试计算其天棚抹灰的清单工程量。

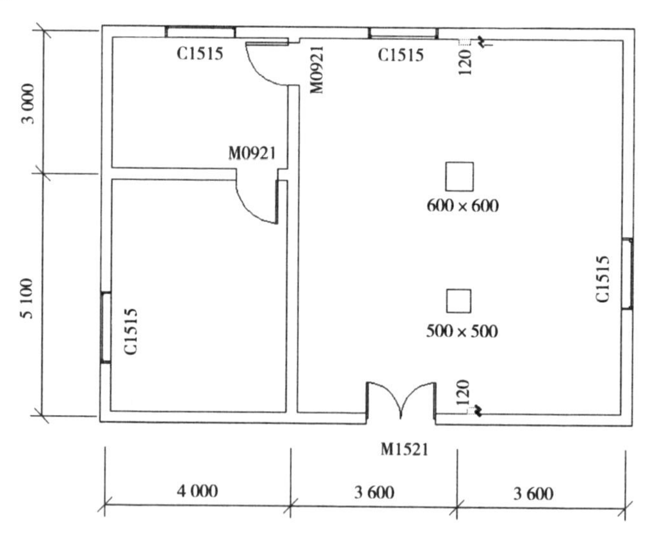

图 4.14.7　某工程天棚平面图

4.15　油漆、涂料、裱糊工程

4.15.1　油漆工程

1. “工程量计算规范”清单项目设置

“工程量计算规范”附录 P.1 中门油漆常见项目见表 4.15.1。

表 4.15.1　门油漆(编号：011401)

项目编码	项目名称	项目特征	计量单位	工程量计算规则	工作内容
011401001	木门油漆	1. 门类型 2. 门代号及洞口尺寸 3. 腻子种类 4. 刮腻子遍数 5. 防护材料种类 6. 油漆品种、刷漆遍数	1.樘 2. m^2	1. 以“樘”计量，按设计图示数量计量 2. 以“m^2”计量，按设计图示洞口尺寸以面积计算以樘计量，按设计图示数量计量	1. 基层清理 2. 刮腻子 3. 刷防护材料、油漆
011401002	金属门油漆				1. 除锈、基层清理 2. 刮腻子 3. 刷防护材料、油漆

“工程量计算规范”附录 P.2 中窗油漆常见项目见表 4.15.2。

表 4.15.2　窗油漆(编号：011402)

项目编码	项目名称	项目特征	计量单位	工程量计算规则	工作内容
011402001	木窗油漆	1. 窗类型 2. 窗代号及洞口尺寸 3. 腻子种类 4. 刮腻子遍数 5. 防护材料种类 6. 油漆品种、刷漆遍数	1.樘 2. m^2	1. 以“樘”计量，按设计图示数量计量 2. 以“m^2”计量，按设计图示洞口尺寸以面积计算	1. 基层清理 2. 刮腻子 3. 刷防护材料、油漆
011402002	金属窗油漆				1. 除锈、基层清理 2. 刮腻子 3. 刷防护材料、油漆

“工程量计算规范”附录 P.3 中木扶手及其他板条、线条油漆常见项目见表 4.15.3。

表 4.15.3　木扶手及其他板条、线条油漆(编号：011403)

项目编码	项目名称	项目特征	计量单位	工程量计算规则	工作内容
011403001	木扶手油漆	1. 断面尺寸 2. 腻子种类 3. 刮腻子遍数 4. 防护材料种类 5. 油漆品种、刷漆遍数	m	按设计图示尺寸以长度计算	1. 基层清理 2. 刮腻子 3. 刷防护材料、油漆
011403002	窗帘盒油漆				
011403003	封檐板、顺水板油漆				
011403004	挂衣板、黑板框油漆				
011403005	挂镜线、窗帘棍单独木线油漆				

“工程量计算规范”附录 P. 4 中木材面油漆常见项目见表 4. 15. 4。

表 4. 15. 4　木材面油漆(编号：011404)

项目编码	项目名称	项目特征	计量单位	工程量计算规则	工作内容
011404001	木护墙、木墙裙油漆	1. 腻子种类 2. 刮腻子遍数 3. 防护材料种类 4. 油漆品种、刷漆遍数	m^2	按设计图示尺寸以面积计算	1. 基层清理 2. 刮腻子 3. 刷防护材料、油漆
011404002	窗台板、筒子板、盖板、门窗套、踢脚线油漆				
011404003	清水板条天棚、檐口油漆				
011404004	木方格吊顶天棚油漆				
011404005	吸音板墙面、天棚面油漆				
011404006	暖气罩油漆				
011404007	其他木材面				
011404008	木间壁、木隔断油漆			按设计图示尺寸以单面外围面积计算	
011404009	玻璃间壁露明墙筋油漆	1. 腻子种类 2. 刮腻子遍数 3. 防护材料种类 4. 油漆品种、刷漆遍数	m^2	按设计图示尺寸以单面外围面积计算	1. 基层清理 2. 刮腻子 3. 刷防护材料、油漆
0114040010	木栅栏、木栏杆(带扶手)油漆				
0114040011	衣柜、壁柜油漆			按设计图示尺寸以油漆部分展开面积计算	
0114040012	梁柱饰面油漆				
0114040013	零星木装修油漆				
0114040014	木地板油漆			按设计图示尺寸以面积计算。空洞、空圈、暖气包槽、壁龛的开口部分并入相应的工程量内	1. 基层清理 2. 烫蜡
0114040015	木地板烫硬蜡面	1. 硬蜡品种 2. 面层处理要求			

“工程量计算规范”附录 P. 5 中金属面油漆常见项目见表 4. 15. 5。

表 4. 15. 5　金属面油漆(编号：011405)

项目编码	项目名称	项目特征	计量单位	工程量计算规则	工作内容
011405001	金属面油漆	1. 构件名称 2. 腻子种类 3. 刮腻子要求 4. 防护材料种类 5. 油漆品种、刷漆遍数	1. t 2. m^2	1. 以“t”计量，按设计图示尺寸以质量计算 2. 以“m^2”计量，按设计展开面积计算	1. 基层清理 2. 刮腻子 3. 刷防护材料、油漆

“工程量计算规范”附录 P. 6 中抹灰面常见项目见表 4. 15. 6。

表 4.15.6　抹灰面油漆(编号：011406)

项目编码	项目名称	项目特征	计量单位	工程量计算规则	工作内容
011406001	抹灰面油漆	1. 基层类型 2. 腻子种类 3. 刮腻子遍数 4. 防护材料种类 5. 油漆品种、刷漆遍数	m^2	按设计图示尺寸以面积计算	1. 基层清理 2. 刮腻子 3. 刷防护材料、油漆
011406002	抹灰线条油漆	1. 线条宽度、道数 2. 腻子种类 3. 刮腻子遍数 4. 防护材料种类 5. 油漆品种、刷漆遍数	m	按设计图示尺寸以长度计算	
011406003	满刮腻子	1. 基层类型 2. 腻子种类 3. 刮腻子遍数	m^2	按设计图示尺寸以面积计算	1. 基层清理 2. 刮腻子

2. “工程量计算规范”与计价规则说明

1)门油漆

(1)木门油漆应区分木大门、单层木门、双层(一玻一纱)木门、双层(单裁口)木门、全玻自由门、半玻自由门、装饰门及有框门或无框门等项目，分别编码列项。

(2)金属门油漆应区分平开门、推拉门、钢制防火门列项。

(3)以“m^2”计量，项目特征可不必描述洞口尺寸。

2)窗油漆

(1)木窗油漆应区分单层木门、双层(一玻一纱)木窗、双层框扇(单裁口)木窗、双层框三层(二玻一纱)木窗、单层组合窗、双层组合窗、木百叶窗、木推拉窗等项目，分别编码列项。

(2)金属窗油漆应区分平开窗、推拉窗、固定窗、组合窗、金属隔栅窗分别列项。

(3)以“m^2”计量，项目特征可不必描述洞口尺寸。

3)木材面油漆

木扶手应区分带托板与不带托板，分别编码列项，若是木栏杆代扶手，木扶手不应单独列项，应包含在木栏杆油漆中。

3. 配套定额相关规定

1)定额说明

(1)本定额刷涂、刷油采用手工操作；喷塑、喷涂采用机械操作。操作方法不同时，不予调整。

(2)油漆浅、中、深各种颜色，已综合在定额内。颜色不同，不作调整。

(3)本定额在同一平面上的分色及门窗内外分色已综合考虑。如需做美术图案者，另行计算。

(4)定额内规定的喷、涂、刷遍数与设计要求不同时，可按每增加一遍定额项目进行调整。

(5)喷塑(一塑三油)、底油、装饰漆、面油，其规格划分如下：

①大压花：喷点压平、点面积在 1.2 cm^2以上。

②中压花：喷点压平、点面积为 1～1.2 cm^2。

③喷中点、幼点：喷点面积为 1 cm^2以下。

(6)定额中的双层木门窗(单裁口)是指双层框扇。三层二玻一纱窗是指双层框三层扇。

(7)定额中的单层木门刷油是按双面刷油考虑的。如采用单面刷油，其定额含量乘以系数 0.49 计算。

(8)定额中的木扶手油漆为不带托板考虑。

(9)线条与所附着的基层同色同油漆者，不再单独计算线条油漆。

2)定额工程量计算规则

(1)楼地面、天棚、墙、柱、梁面的喷(刷)涂料、抹灰面油漆及裱糊工程，均按附表相应的计算规则计算。

(2)木材油漆工程量分别按附表相应的计算规则计算。

(3)定额中的隔墙、护壁、柱、天棚木龙骨及木地板中木龙骨带毛地板，刷防火涂料工程量计算规则如下：

①隔墙、护壁木龙骨按其面层正立面投影面积计算。

②柱木龙骨按其面层外围面积计算。

③天棚木龙骨按其水平投影面积计算。

④木地板油漆按设计图示尺寸以面积计算。空洞、空圈、暖气包槽、壁龛的开口部分并入相应的工程量内。

(4)金属构件面油漆工程量：构件单体质量≤500 kg 者，按图示尺寸以质量计算。构件单体质量>500 kg 者，按涂刷面积以“m^2”计算。

(5)附表。

①门油漆。执行木门油漆的其他项目工程量，乘以以下系数(见表 4.15.7)。

表 4.15.7

项目名称	系数	工程量计算方法
单层木门油漆	1.00	按设计图示单面洞口尺寸以面积计算
双层(一玻一纱)木门油漆	1.36	
双层(单裁口)木门油漆	2.00	
单层全玻门油漆	0.83	
木百叶门油漆	1.25	
厂库房大门油漆	1.10	
装饰门扇	0.90	按扇外围面积计算

执行金属门窗油漆的其他项目工程量，乘以以下系数(见表 4.15.8)。

表 4.15.8

项目名称	系数	工程量计算方法
单层钢门窗油漆	1.00	洞口面积
双层(一玻一纱)钢门窗油漆	1.48	
钢百叶钢门油漆	2.74	
半截百叶钢门油漆	2.22	
钢门或包铁皮门油漆	1.63	
钢折叠门油漆	2.30	
射线防护门油漆	2.96	框(扇)外围面积
厂库房平开、推拉门油漆	1.70	
钢丝网大门油漆	0.81	
金属间壁油漆	1.90	长×宽
平板屋面油漆	0.74	斜长×宽
瓦楞板屋面油漆	0.89	
排水、伸缩缝盖板油漆	0.78	展开面积
吸气罩油漆	1.63	水平投影面积

②窗油漆。执行木窗油漆的其他项目工程量，乘以以下系数(见表 4.15.9)。

表 4.15.9

项目名称	系数	工程量计算方法
单层玻璃窗油漆	1.00	按设计图示单面洞口尺寸以面积计算
双层(一玻一纱)木窗油漆	1.36	
双层(单裁口)木窗油漆	2.00	
双层框三层(二玻一纱)木窗油漆	2.60	
单层组合窗油漆	0.83	
双层组合窗油漆	1.13	
木百叶窗油漆	1.50	

③木扶手及其他板条、线条油漆。执行木扶手定额的其他项目工程量，乘以以下系数(见表 4.15.10)。

表 4.15.10

项目名称	系数	工程量计算方法
木扶手油漆(不带托板)	1.00	按设计图示尺寸以长度计算
木扶手油漆(带托板)	2.60	
窗帘盒油漆	2.04	
封檐板、博风板油漆	1.74	
挂衣板、黑板框、单独木线条油漆 100 mm 以外	0.52	
挂镜线、窗帘棍、单独木线条油漆 100 mm 以内	0.40	

④木材面油漆。执行木护墙、木墙裙油漆定额的其他项目工程量，乘以以下系数(见表 4.15.11)。

表 4.15.11

项目名称	系数	工程量计算方法
木护墙、木墙裙油漆	1.00	按设计图示尺寸以面积计算
木板、纤维板、胶合板天棚、门窗套、踢脚线油漆	1.00	
窗台板、筒子板、盖板油漆	0.82	
清水板条天棚、檐口油漆	1.07	
木方格吊顶天棚油漆	1.20	
鱼鳞板墙油漆	2.48	
吸音板墙面、天棚面油漆	0.87	
木间壁、木隔断油漆	1.90	按设计图示尺寸以单面外围面积设计
玻璃间壁露明墙筋油漆	1.65	
木栅栏、木栏杆(带扶手)油漆	1.82	
衣柜、壁柜油漆	1.00	按设计图示尺寸以油漆部分展开面积计算
梁、柱饰面油漆	1.00	
零星木装修油漆	0.87	

⑤金属面油漆。执行平板屋面油漆定额的其他项目，工程量乘以以下系数(见表 4.15.12)。

表 4.15.12

项目名称	系数	工程量计算方法
平板屋面油漆	1.00	斜长×宽
瓦楞板屋面油漆	1.20	
排水、伸缩缝盖板油漆	1.05	展开面积
吸气罩油漆	2.20	水平投影面积
包镀锌铁皮门油漆	2.20	洞口面积

⑥抹灰面油漆。

a. 抹灰面油漆、涂料、满刮腻子(除另有规定和说明外)按设计图示尺寸以喷、刷面积计算。

b. 以下的抹灰面油漆计算方法(见表 4.15.13)仅供参考，不作为办理结算的依据。

表 4.15.13

项目名称	系数	工程量计算方法
楼地面、天棚、墙、柱、梁面油漆	1.00	展开面积
混凝土楼梯底油漆(斜平顶)	1.30	水平投影面积(包括休息平台)
混凝土楼梯底油漆(锯齿形)	1.50	水平投影面积(包括休息平台)
混凝土花格窗、栏杆花饰油漆	1.82	单面外围面积

⑦按质量计算的金属构件油漆，可参考表 4.15.14 计算，但不作为办理结算的依据。

表 4.15.14　金属构件油漆面积换算参考表

项目名称	每吨面积/m^2
钢屋架、天窗架、挡风架、屋架梁、支撑、檩条	38
墙架(空腹式)	19
墙架(格板式)	1.05
钢柱、吊车梁、花式	2.20
包镀锌铁皮门油漆	2.20

例 4.15.1　某建筑平面图如图 4.15.1 所示，门为木质门，窗为金属窗，其表面涂刷油漆做法见表 4.15.15 所示。试分别计算门和窗的油漆的清单工程量，并编制其工程量清单(C1215：1200 mm×1500 mm；M1221：1200 mm×2100 mm)。

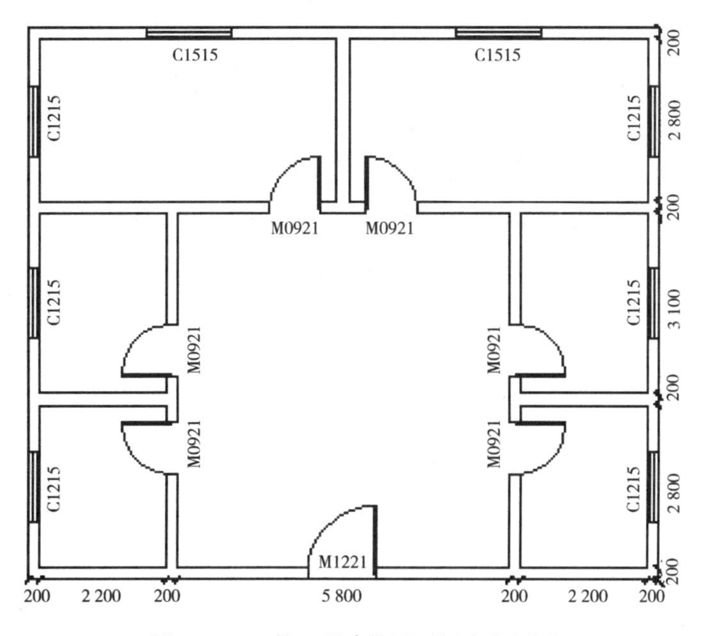

图 4.15.1　某工程建筑平面门窗布置图

表 4.15.15　门窗油漆做法表

项目名称	做法
木门窗刷油漆	1. 木材表面清扫，出污；砂纸打磨；刷透明腻子一遍 2. 木基层上防火涂料三遍 3. 硝基清漆喷涂底漆两遍，喷涂面漆两遍
金属窗刷油漆	1. 钢窗表面除锈、清理，打磨 2. 刷红丹防锈漆两遍，局部腻子，打磨，满刮腻子，打磨 3. 刷调和漆三遍

解题思路：门窗涂刷油漆的清单工程量是按照樘或者 m^2 计算的。

解：

(1)计算清单工程量。

木门油漆清单工程量＝1.2×2.1＋0.9×2.1×6＝13.86(m^2)

金属窗油漆清单工程量＝1.2×1.5×6＋1.5×1.5×2＝15.30(m^2)

(2)该分项的工程量清单如表 4.15.16 所示。

表 4.15.16　木门和金属窗的工程量清单

项目编码	项目名称	项目特征	计量单位	工程量
011401001001	木门油漆	1. 门类型：胶合板木门 M0921、M1221 2. 腻子种类：透明腻子 3. 刮腻子遍数：木材表面清扫，出污；砂纸打磨；刷透明腻子一遍 4. 防护材料种类：木基层防火涂料三遍 5. 油漆品种、刷漆遍数：硝基清漆喷涂底漆两遍，喷涂面漆两遍	m^2	13.86
011401002001	金属窗油漆	1. 窗类型：钢窗 C1215、C1515 2. 腻子种类：原子灰腻子 3. 刮腻子要求：单层钢窗表面除锈、清理，打磨；刷红丹防锈漆两遍，局部腻子，打磨，满刮腻子，打磨 4. 防护材料种类：刷红丹防锈漆两遍 5. 油漆品种、涂刷遍数：调和漆三遍	m^2	15.30

例 4.15.2　某金属栏杆如图 4.15.2 所示，其中左右立柱是 50×50 的矩管，上下横杆是 40×40 的矩管，竖杆是 30×30 的矩管。矩管壁厚 10 mm，矩管的比重如下：50×50 矩管：12.56 kg/m，40×40 矩管：9.42 kg/m，30×30 矩管：6.28 kg/m。试计算金属栏杆刷油漆的清单工程量。

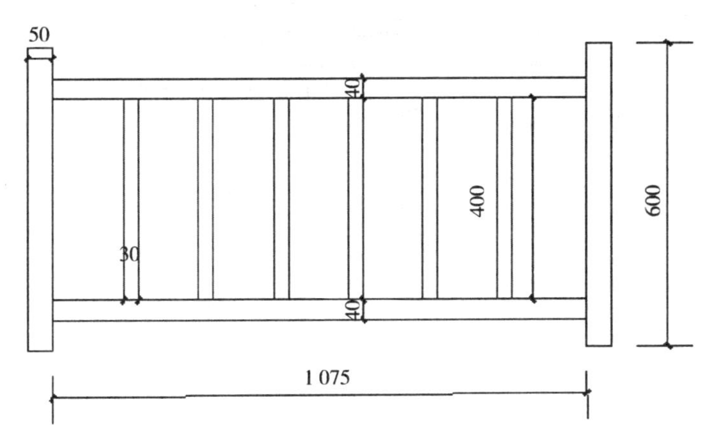

图 4.15.2　栏杆图示

解题思路：①金属面的油漆工程是按“t”或“m^2”计算的清单工程量。②如果按质量计算，可以先算出长度，然后乘以比重汇总质量。

解：

50×50 矩管长度＝0.6×2＝1.25(m)

50×50 矩管质量＝1.25×12.56＝15.7(kg)

40×40 矩管长度＝1.075×2＝2.15(m)

40×40 矩管质量＝2.15×9.42＝20.25(kg)

30×30 矩管长度＝0.4×6＝2.4(m)

30×30 矩管质量＝2.4×6.28＝15.07(kg)

金属总质量＝15.7＋20.25＋15.07＝51.02(kg)

4.15.2　涂料和裱糊工程

1. “工程量计算规范”清单项目设置

“工程量计算规范”附录 P.7 中常见项目见表 4.15.17。

表 4.15.17 喷刷涂料(编号：011407)

项目编码	项目名称	项目特征	计量单位	工程量计算规则	工作内容
011407001	墙面喷刷涂料	1. 基层类型 2. 喷刷涂料部位 3. 腻子种类 4. 刮腻子要求 5. 涂料品种、喷刷遍数	m^2	按设计图示尺寸以面积计算	1. 基层清理 2. 刮腻子 3. 刷、喷涂料
011407002	天棚喷刷涂料				
011407003	空花格、栏杆刷涂料	1. 腻子种类 2. 刮腻子遍数 3. 涂料品种、刷喷遍数		按设计图示尺寸以单面外围面积计算	
011407004	线条刷涂料	1. 基层清理 2. 线条宽度 3. 刮腻子遍数 4. 刷防护材料、油漆	m	按设计图示尺寸以长度计算	
011407005	金属构件刷防火涂料	1. 喷刷防火涂料构件名称 2. 防火等级要求 3. 涂料品种、喷刷遍数	1. m^2 2. t	1. 以“t”计量，按设计图示尺寸以质量计算。 2. 以“m^2”计量，按设计展开面积计算	1. 基层清理 2. 刷防护材料、油漆
011407006	木材构件喷刷防火涂料		m^2	以平方米计量，按设计图示尺寸以面积计算	1. 基层清理 2. 刷防火材料

注：喷刷墙面涂料部位要注明内墙或外墙

“工程量计算规范”附录 P. 8 中裱糊工程常见项目见表 4. 15. 18。

表 4.15.18 裱糊(编号：011408)

项目编码	项目名称	项目特征	计量单位	工程量计算规则	工作内容
011408001	墙纸裱糊	1. 基层类型 2. 裱糊部位 3. 腻子种类 4. 刮腻子遍数 5. 黏结材料种类 6. 防护材料种类 7. 面层材料品种、规格、颜色	m^2	按设计图示尺寸以面积计算	1. 基层清理 2. 刮腻子 3. 面层铺粘 4. 刷防护材料
011408002	织锦缎裱糊				

2. “工程量计算规范”与计价规则说明

喷刷墙面涂料部位要注明内墙或外墙。

3. 配套定额相关规定

1)定额说明

(1)天棚喷刷涂料除执行第 P. 7. 2 节以外，其余涂料均按第 P. 7. 1 节相应项目执行。

(2)隔墙、护壁、柱、天棚面层及木地板刷防火涂料，执行其他木材面刷防火涂料相应子目。

(3)由于涂料品种繁多，如材料品种不同时，可以换算，人工、机械不变。

2)定额工程量

涂料工程：按设计图示尺寸以面积计算。

裱糊工程：按设计图示尺寸以面积计算。

例 4.15.3 某建筑平面图如图 4.15.3 所示，墙体为 200 mm 的砖墙，墙体高度为 3300 mm，其中房间 A 的墙面涂刷乳胶漆，房间 B、C、D、E 和 F 的墙面贴墙纸。窗侧壁不贴墙纸也不刷乳胶漆，门的侧壁按半墙厚刷乳胶漆或者贴墙纸。具体的做法如表 4.15.19 所示。试计算该工程墙面和天棚刷乳胶漆和贴墙纸的清单工程量，并编制其工程量清单(M1021：1000 mm×2100 mm)。

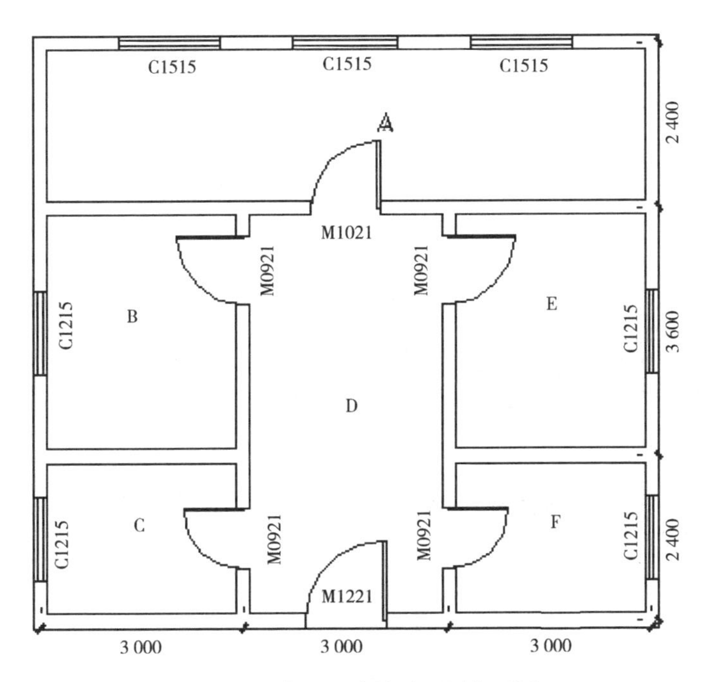

图 4.15.3 某工程建筑平面图布置图

表 4.15.19 墙面做法表

项目名称	做法
乳胶漆墙面	1. 一般抹灰基层 2. 刮腻子要求：清理基层，修补，砂纸打磨；满刮腻子一遍，找补两遍 3. 涂料品种、喷刷遍数：乳胶漆底漆两遍面漆三遍
墙纸墙面	1. 一般抹灰基层 2. 刮腻子要求：清理基层，修补，砂纸打磨；满刮腻子一遍，找补两遍 3. 粘贴 530 mm 墙纸(对花) 4. 防护材料种类：调和漆两遍

解题思路：①墙面涂料的清单工程量是按图示设计尺寸以面积计算。②墙面裱糊的清单工程量是按图示设计尺寸以面积计算。③注意门洞口侧壁的工程量，如果设计侧壁有做相应项目，应该增加至工程量中；如果设计不做相应项目，不应增加至工程量中。

解：

(1)计算清单工程量。

A房间墙面乳胶漆清单工程量$=(3\times3-0.1\times2+2.4-0.1\times2)\times3.3-1\times2.1-1.5\times1.5\times3+(2.1\times2+1)\times0.1=27.97(m^2)$

B房间墙面墙纸清单工程量$=(3-0.1\times2+3.6-0.1\times2)\times3.3-0.9\times2.1-1.2\times1.5+(2.1\times2+0.9)\times0.1=17.28(m^2)$

C房间墙面墙纸清单工程量$=(3-0.1\times2+2.4-0.1\times2)\times3.3-0.9\times2.1-1.2\times1.5+(2.1\times2+0.9)\times0.1=13.32(m^2)$

D房间墙面墙纸清单工程量$=(3-0.1\times2+2.4+3.6-0.1\times2)\times3.3-0.9\times2.1\times4-1\times2.1-1.2\times2.1+(2.1\times2+0.9)\times0.1\times4+(2.1\times2+1)\times0.1+(2.1\times2+1.2)\times0.1=19.30(m^2)$

E房间墙面墙纸清单工程量=B房间墙面墙纸清单工程量

F房间墙面墙纸清单工程量=C房间墙面墙纸清单工程量

墙面墙纸清单工程量$=17.08\times2+13.32\times2+19.30=80.50(m^2)$

(2)该分项的工程量清单如表4.15.20所示。

表4.15.20 墙面刷乳胶漆贴墙纸的工程量清单

项目编码	项目名称	项目特征	计量单位	工程量
011407001001	墙面刷乳胶漆	1. 基层类型：墙面一般抹灰 2. 喷刷涂料部位：内墙面 3. 腻子种类：石膏粉腻子 4. 刮腻子要求：清理基层，修补，砂纸打磨；满刮腻子一遍，找补两遍 5. 涂料品种、喷刷遍数：乳胶漆底漆两遍面漆三遍	m^2	27.97
011408001001	墙面贴墙纸	1. 基层类型：墙面一般抹灰 2. 裱糊构件部位：内墙面 3. 腻子种类：石膏粉腻子 4. 刮腻子要求：清理基层，修补，砂纸打磨；满刮腻子一遍，找补两遍 5. 黏结材料种类：墙纸粉 6. 防护材料种类：调和漆两遍 7. 面层材料品种、规格、颜色：530 mm宽对花	m^2	80.50

习　　题

4-15-1　门窗油漆的清单工程量计算规则是什么?

4-15-2　喷刷涂料的清单工程量计算规则是什么?

4-15-3　裱糊工程的清单工程量计算规则是什么?

4-15-4　金属面油漆工程的清单工程量计算规则是什么?

4-15-5　某建筑平面如图 4.15.4 所示，墙厚 200 mm，门为木门，窗为钢窗，均涂刷油漆。墙面贴墙纸，墙高 3000 mm，门窗侧壁不贴墙纸。试计算木门、金属窗和墙纸的清单工程量。

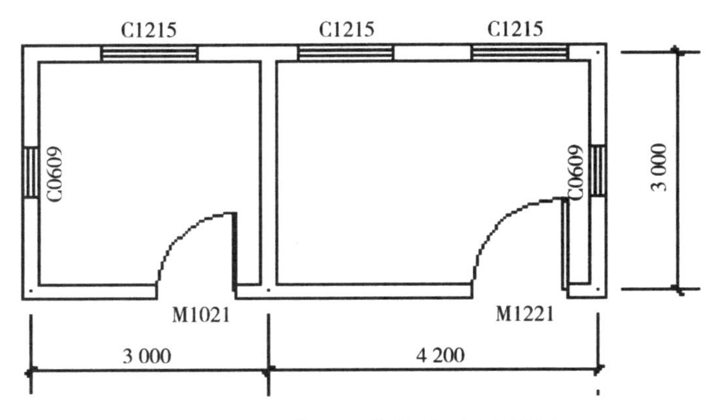

图 4.15.4　某工程建筑平面图布置图

4.16　其他装饰工程

4.16.1　柜类、货架

1. “工程量计算规范”清单项目设置

“工程量计算规范”附录 Q.1 中柜类、货架常见项目见表 4.16.1。

表 4.16.1 柜类、货架(编号：011501)

项目编码	项目名称	项目特征	计量单位	工程量计算规则	工作内容
011501001	柜台	1. 台柜规格 2. 材料种类、规格 3. 五金种类、规格 4. 防护材料种类 5. 油漆品种、刷漆遍数	1. 个 2. m 3. m^3	1. 以“个”计量，按设计图示数量计量 2. 以“m”计量，按设计图示尺寸以延长米计算 3. 以“m^3”计量，按设计图示尺寸以体积计算	1. 台柜制作、运输、安装(安放) 2. 刷防护材料、油漆 3. 五金件安装 1. 台柜制作、运输、安装(安放) 2. 刷防护材料、油漆 3. 五金件安装
011501002	酒柜				
011501003	衣柜				
011501004	存包柜				
011501005	鞋柜				
011501006	书柜				
011501007	厨房壁柜				
011501008	木壁柜				
011501009	厨房低柜				
011501010	厨房吊柜				
011501011	矮柜				
011501012	吧台背柜				
011501013	酒吧吊柜				
011501014	酒吧台				
011501015	展台				
011501016	收银台				
011501017	试衣间				
011501018	货架				
011501019	书架				
011501020	服务台				

2. 配套定额相关规定

1)定额说明

(1)本章项目材质相同而规格品种不同时，可以换算。

(2)柜类项目不包括柜门拼花。定额中的材料与设计含量不同时，可以调整。

(3)柜台项目分别按龙骨、面板(隔板)、柜类五金及装饰线套用相应定额项目。

(4)酒柜、衣柜、存包柜、鞋柜、书柜、厨房壁柜、木壁柜、厨房低柜、厨房吊柜、矮柜、吧台背柜、酒吧吊柜、酒吧台、展台、收银台、试衣间、货架、书架、服务台等均按柜台相应定额项目执行。

2)定额工程量计算规则

柜台龙骨按延长米计算；镶板龙骨、面板(隔板)按展开面积计算；柜类五金柜锁执手、合页、玻璃夹等按数量计算；金属滑槽(轮)按延长米计算。

例 4.16.1　某墙面现场制作内嵌入式书柜，其立面图如图 4.16.1 所示，其大样详图(1)详见图 4.16.2，大样详图(2)见图 4.16.3。试计算书柜的清单工程量，并编制其工程量清单。

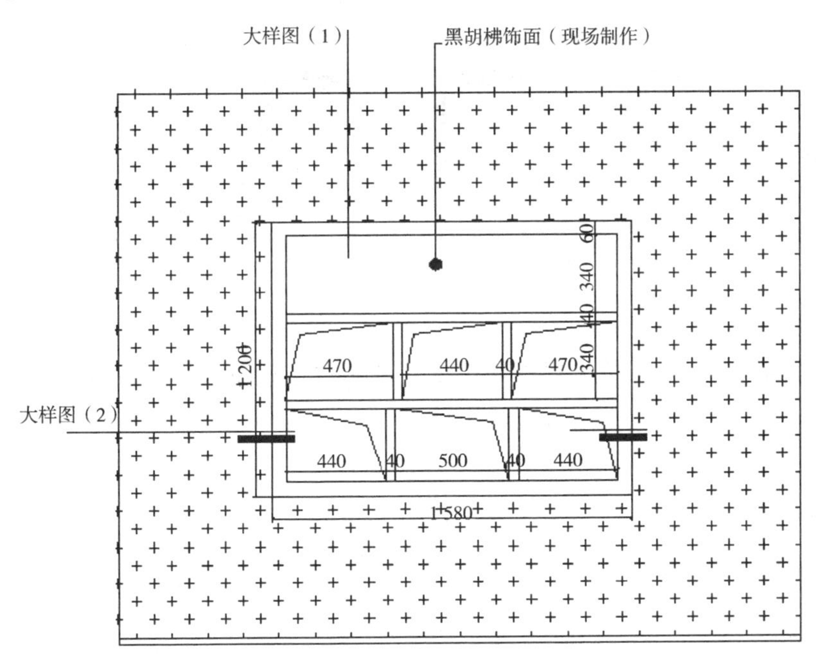

图 4.16.1　某墙面书柜立面图

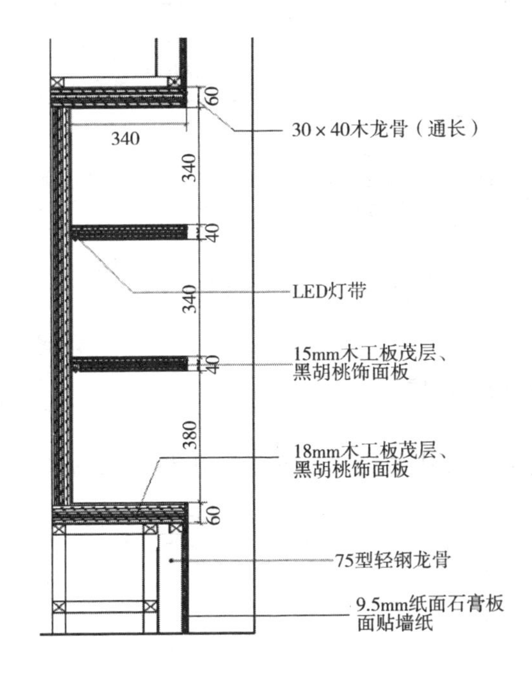

图 4.16.2　书柜大样图(1)

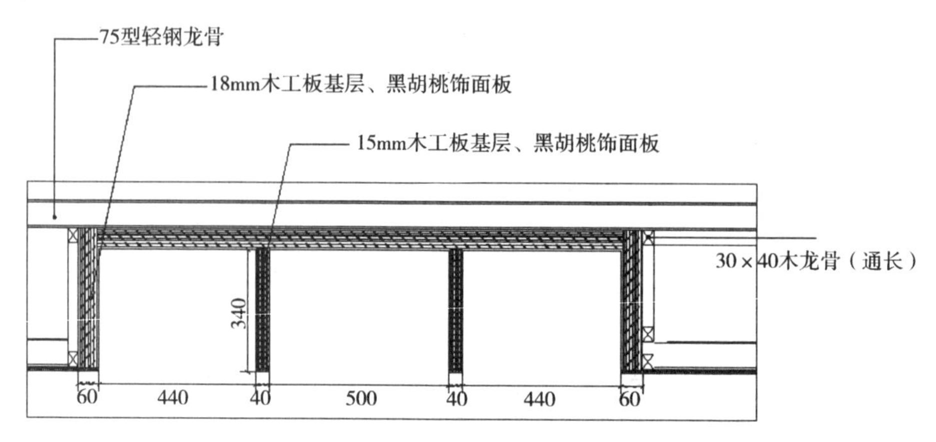

图 4.16.3　书柜大样图(2)

解题思路：书柜的清单工程量是按设计图示数量计量或者按设计图示尺寸以延长米计算，或者按设计图示尺寸以体积计算。

解：

(1)计算清单工程量。

书柜的清单工程量=1 个

(2)该分项的工程量清单如表 4.16.2 所示。

表 4.16.2　书柜工程量清单

项目编码	项目名称	项目特征	计量单位	工程量
011501006001	书柜	1. 台柜规格：1580 mm×1200 mm×380 mm 2. 材料种类、规格：：30 mm×40 mm 木龙骨，15 mm 木工板基层，黑胡桃饰面 3. 五金种类、规格 ：综合 4. 油漆品种、刷漆遍数：木龙骨防火涂料两遍、木作面刷透明腻子两遍、醇酸清漆五	个	1

4.16.2　装饰线、扶手、栏杆、栏板装饰

1. “工程量计算规范”清单项目设置

“工程量计算规范”附录 Q.2 中装饰线常见项目见表 4.16.3。

表 4.16.3　装饰线(编号：011502)

项目编码	项目名称	项目特征	计量单位	工程量计算规则	工作内容
011502001	金属装饰线	1. 基层类型 2. 线条材料品种、规格、颜色 3. 防护材料种类	m	按设计图示尺寸以长度计算	1. 线条制作、安装 2. 刷防护材料
011502002	木质装饰线				
011502003	石材装饰线				
011502004	石膏装饰线				
011502005	镜面玻璃线	1. 基层类型 2. 线条材料品种、规格、颜色 3. 防护材料种类			
011502006	铝塑装饰线				
011502007	塑料装饰线				
011502008	GRC 装饰线条	1. 基层类型 2. 线条规格 3. 线条安装部位 4. 填充材料种类			线条制作安装

“工程量计算规范”附录 Q.3 中扶手、栏杆装饰常见项目见表 4.16.4。

表 4.16.4　扶手、栏杆、栏板装饰(编码：011503)

项目编码	项目名称	项目特征	计量单位	工程量计算规则	工作内容
011503001	金属扶手、栏杆、栏板	1. 扶手材料种类、规格、品牌 2. 栏杆材料种类、规格、品牌 3. 栏板材料种类、规格、品牌、颜色 4. 固定配件种类 5. 防护材料种类	m	按设计图示以扶手中心线长度(包括弯头长度)计算	1. 制作 2. 运输 3. 安装 4. 刷防护材料 1. 制作 2. 运输 3. 安装 4. 刷防护材料
011503002	硬木扶手、栏杆、栏板				
011503003	塑料扶手、栏杆、栏板				
011503004	GRC 栏杆、扶手	1. 栏杆的规格 2. 安装的间距 3. 扶手类型规格 4. 填充材料种类			
011503005	金属靠墙扶手	1. 扶手材料种类、规格、品牌 2. 固定配件种类 3. 防护材料种类			
011503006	硬木靠墙扶手				
011503007	塑料靠墙扶手				
011503008	玻璃栏板	1. 栏杆玻璃的种类、规格、颜色、品牌 2. 固定方式 3. 固定配件种类			

2. 配套定额相关规定

1)定额说明

(1)压条、装饰条：

①木装饰线、石膏装饰线、石材装饰线均以成品安装为准。

②石材磨边、台面开孔项目均为现场磨制。

③如在天棚面上钉直形装饰条者，其人工乘以系数 1.34；钉弧形装饰条者，其人工乘以系数 1.6，材料乘以系数 1.1。

④墙面安装弧形装饰线条者，人工乘以系数 1.2，材料乘以系数 1.1。

⑤装饰线条做图案者，人工乘以系数 1.8，材料乘以系数 1.1。

(2)栏杆、栏板、扶手项目适用于楼梯、走廊、回廊及其他装饰性栏杆、栏板和扶手，实际使用材料、规格、耗量与定额不同时，允许换算。

2)定额工程量计算规则

(1)压条、装饰条均按延长米计算。

(2)栏杆、栏板、扶手按设计图示尺寸以扶手中心线长度(包括弯头长度)计算。

例 4.16.2　某墙面布置有木质装饰线条，立面图如图 4.16.4 所示，试计算该装饰线条的清单工程量，并编制其工程量清单。

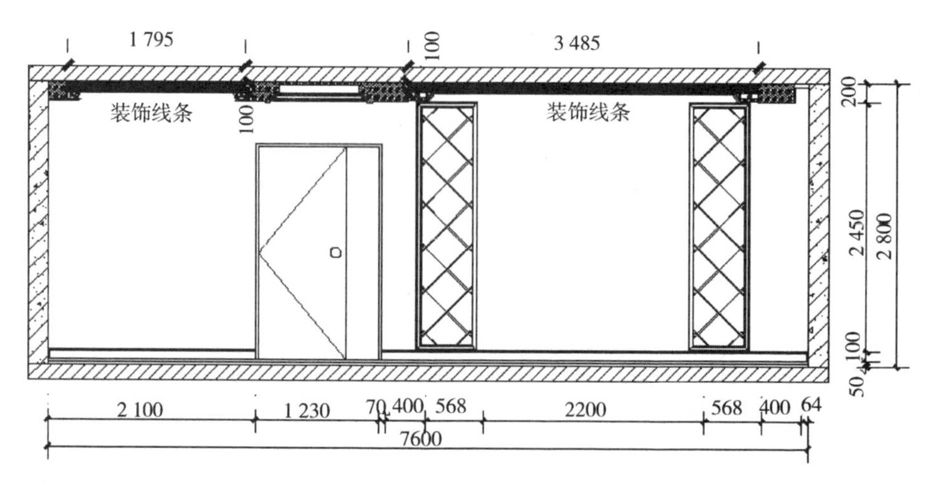

图 4.16.4　墙面装饰线布置立面图

解题思路：装饰线的清单工程量是按照设计图示尺寸以长度计算的。

解：

(1)计算清单工程量。

装饰线的清单工程量＝1.795＋3.485＝5.28(m)

(2)该分项的工程量清单如表 4.16.5 所示。

表 4.16.5　装饰线工程量清单

项目编码	项目名称	项目特征	计量单位	工程量
011502002001	木质装饰线	1. 基层类型：抹灰面 2. 线条材料品种、规格、颜色：成品 100 mm×50 mm 实木装饰线	m	5.28

例 4.16.3 某楼梯栏杆如图 4.16.5 所示，试计算该栏杆的清单工程量，并编制其工程量清单。

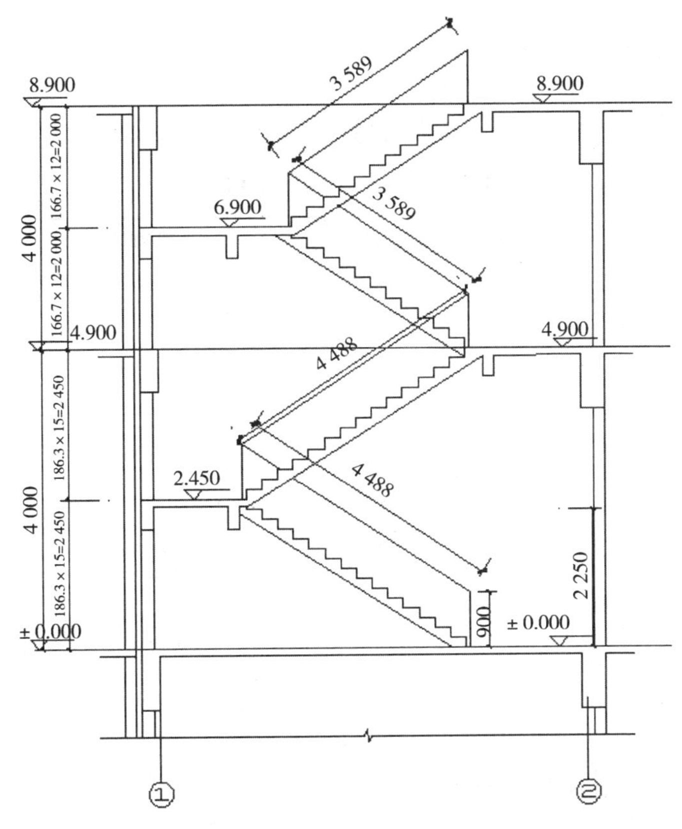

图 4.16.5 某楼梯栏杆图

解题思路：栏杆的清单工程量是按照按设计图示以扶手中心线长度(包括弯头长度)计算。

解：

(1)计算清单工程量。

栏杆的清单工程量=4.488×2+3.589×2=16.15(m)

(2)该分项的工程量清单如表 4.16.5 所示。

表 4.16.6 装饰线工程量清单

项目编码	项目名称	项目特征	计量单位	工程量
011503001001	金属扶手、栏杆、栏板	1. 扶手材料种类、规格、品牌：直径 50 mm，厚度 2.5 mm 的钢管扶手 2. 栏杆材料种类、规格、品牌：25 mm×25 mm×1.2 mm 的铝合金方钢 3. 栏板材料种类、规格、品牌、颜色：10 mm(半玻)的钢化玻璃 4. 防护材料种类：钢管扶手刷白色醇酸清磁漆三遍	m	16.15

4.16.3　其他装饰工程

1. “工程量计算规范”清单项目设置

“工程量计算规范”附录 Q.4 中暖气罩常见项目见表 4.16.7。

表 4.16.7　暖气罩(编号：011504)

项目编码	项目名称	项目特征	计量单位	工程量计算规则	工作内容
011504001	饰面板暖气罩	1. 暖气罩材质 2. 防护材料种类	m^2	按设计图示尺寸以垂直投影面积(不展开)计算	1. 暖气罩制作、运输、安装 2. 刷防护材料、油漆
011504002	塑料板暖气罩				
011504003	金属暖气罩				

“工程量计算规范”附录 Q.5 中浴厕配件常见项目见表 4.16.8。

表 4.16.8　浴厕配件(编号：011505)

项目编码	项目名称	项目特征	计量单位	工程量计算规则	工作内容
011505001	洗漱台	1. 材料品种、规格、品牌、颜色 2. 支架、配件品种、规格、品牌	1. m^2 2. 个	1. 按设计图示尺寸以台面外接矩形面积计算。不扣除孔洞、挖弯、削角所占面积，挡板、吊沿板面积并入台面面积内 2. 按设计图示数量计算	1. 台面及支架运输、安装 2. 杆、环、盒、配件安装 3. 刷油漆
011505002	晒衣架	1. 材料品种、规格、品牌、颜色 2. 支架、配件品种、规格、品牌	个	按设计图示数量计算	
011505003	帘子杆				
011505004	浴缸拉手				
011505005	卫生间扶手				
011505006	毛巾杆(架)	1. 材料品种、规格、品牌、颜色 2. 支架、配件品种、规格、品牌	套	按设计图示数量计算	1. 台面及支架制作、运输、安装 2. 杆、环、盒、配件安装 3. 刷油漆
011505007	毛巾环		副		
011505008	卫生纸盒		个		
011505009	肥皂盒				
011505010	镜面玻璃	1. 镜面玻璃品种、规格 2. 框材质、断面尺寸 3. 基层材料种类 4. 防护材料种类	m^2	按设计图示尺寸以边框外围面积计算	1. 基层安装 2. 玻璃及框制作、运输、安装
011505011	镜箱	1. 箱材质、规格 2. 玻璃品种、规格 3. 基层材料种类 4. 防护材料种类 5. 油漆品种、刷漆遍数	个	按设计图示尺寸以边框外围面积计算	1. 基层安装 2. 箱体制作、运输、安装 3. 玻璃安装 4. 刷防护材料、油漆

“工程量计算规范”附录 Q.6 中雨棚、旗杆常见项目见表 4.16.9。

表 4.16.9　雨篷、旗杆(编号：011506)

项目编码	项目名称	项目特征	计量单位	工程量计算规则	工作内容
011506001	雨篷吊挂饰面	1. 基层类型 2. 龙骨材料种类、规格、中距 3. 面层材料品种、规格、品牌 4. 吊顶(天棚)材料品种、规格、品牌 5. 嵌缝材料种类 6. 防护材料种类	m^2	按设计图示尺寸以水平投影面积计算	1. 底层抹灰 2. 龙骨基层安装 3. 面层安装 4. 刷防护材料、油漆
011506002	金属旗杆	1. 旗杆材料、种类、规格 2. 旗杆高度 3. 基础材料种类 4. 基座材料种类 5. 基座面层材料、种类、规格	根	按设计图示数量计算	1. 土石挖、填、运 2. 基础混凝土浇筑 3. 旗杆制作、安装 4. 旗杆台座制作、饰面
011506003	玻璃雨篷	1. 玻璃雨篷固定方式 2. 龙骨材料种类、规格、中距 3. 玻璃材料品种、规格、品牌 4. 嵌缝材料种类 5. 防护材料种类	m^2	按设计图示尺寸以水平投影面积计算	1. 龙骨基层安装 2. 面层安装 3. 刷防护材料、油漆

“工程量计算规范”附录 Q. 7 中招牌、灯箱常见项目见表 4.16.10。

表 4.16.10　招牌、灯箱(编号：011507)

项目编码	项目名称	项目特征	计量单位	工程量计算规则	工作内容
011507001	平面、箱式招牌	1. 箱体规格 2. 基层材料种类 3. 面层材料种类 4. 防护材料种类	m^2	按设计图示尺寸以正立面边框外围面积计算。复杂形的凸凹造型部分不增加面积	1. 基层安装 2. 箱体及支架制作、运输、安装 3. 面层制作、安装 4. 刷防护材料、油漆
011507002	竖式标箱		个	按设计图示数量计算	
011507003	灯箱				
011507004	信报箱	1. 箱体规格 2. 基层材料种类 3. 面层材料种类 4. 保护材料种类			

“工程量计算规范”附录 Q. 8 中美术字常见项目见表 4.16.11。

表 4.16.11　美术字(编号：011508)

项目编码	项目名称	项目特征	计量单位	工程量计算规则	工作内容
011508001	泡沫塑料字	1. 基层类型 2. 镌字材料品种、颜色 3. 字体规格 4. 固定方式 5. 油漆品种、刷漆遍数	个	按设计图示数量计算	1. 字制作、运输、安装 2. 刷油漆
011508002	有机玻璃字				
011508003	木质字				
011508004	金属字				
011508005	吸塑字				

2. 配套定额相关规定

1)定额说明

(1)招牌基层。

①平面招牌是指安装在门前的墙面上；箱式招牌、竖式标箱是指六面体固定在墙体上。沿雨篷、檐口、阳台走向立式招牌，套用平面招牌的复杂项目。

②一般招牌和矩形招牌是指正立面平整无凸出面，复杂招牌和异形招牌是指正立面有凸起或造型。招牌的灯饰均不包括在定额内。

③招牌的面层套用天棚相应面层项目，其人工费乘以系数 0.8。

④雨篷吊挂饰面的龙骨、基层、面层按天棚工程相应项目计算。

(2)雨篷、旗杆。

①雨篷吊挂饰面的龙骨、基层、面层按天棚工程相应定额计算。

②旗杆基座按本册相关章节相应定额计算，其基座装饰按楼地面和墙、柱面工程相应定额计算。

③杆体按设计另行计算。

(3)美术字：

①美术字不分字体，均执行本定额。

②其他面指铝合金扣板面、钙塑板面。

2)定额工程量计算规则

(1)平面招牌基层按正立面面积计算，复杂形凹凸造型部分不增减。

(2)沿雨篷、檐口或阳台走向的立式招牌基层按平面招牌复杂形执行时，应按展开面积计算。

(3)箱式招牌和竖式标箱基层按外围体积计算。突出箱外的灯饰、店徽及其他艺术装潢等，另行计算。

(4)美术字安装按字的最大外接矩形面积以“个”计算。

(5)窗帘盒、窗帘轨按延长米计算。

(6)其他装饰项目按项目表中所示的计量单位计算。

例 4.16.4　某建筑入户门口设置铝板雨棚，其平面图如图 4.16.6 所示，试计算其清单工程量，编制其工程量清单。

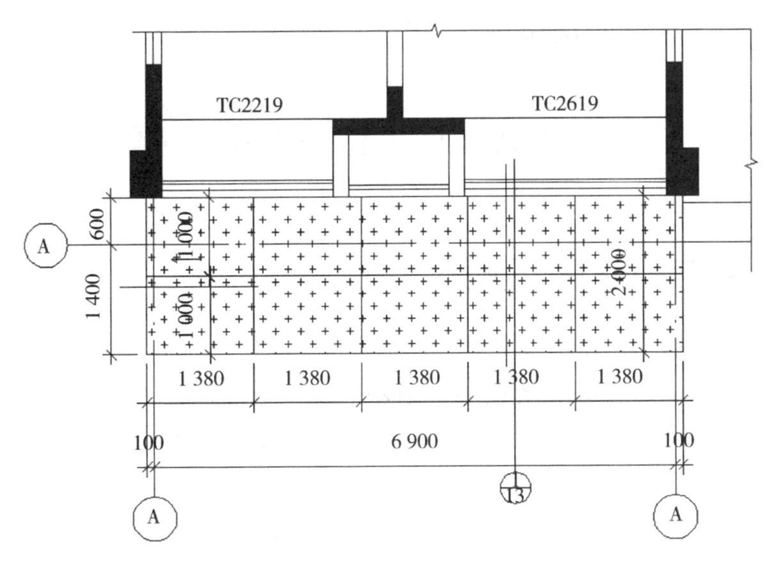

图 4.16.6　某工程玻璃雨棚平面图

解题思路：玻璃雨棚的清单工程量是以水平投影面积计算。

解：

(1)计算清单工程量。

玻璃雨棚的清单工程量＝(6.9＋0.1×2)×(0.6＋1.4)＝14.20(m^2)

(2)该分项的工程量清单如表 4.16.12 所示。

表 4.16.12　玻璃雨棚的工程量清单

项目编码	项目名称	项目特征	计量单位	工程量
011506003001	玻璃雨篷	1. 玻璃雨篷固定方式：详见大样图 2. 龙骨材料种类、规格、中距：40 mm×40 mm 矩管，间距 1380 mm×10000 mm 3. 玻璃材料品种、规格、品牌：8 mm＋1.14PVB＋8 mm 钢化夹胶玻璃 4. 嵌缝材料种类 ：缝隙打耐候胶	m^2	14.20

习　　题

4-16-1　柜类、货架的清单计算规则是什么?

4-16-2　压条装饰线的清单计算规则是什么?

4-16-3　扶手栏杆栏板装饰的清单计算规则是什么?

4-16-4　洗刷台的清单计算规则是什么?

4-16-5　镜面玻璃的清单计算规则是什么?

4-16-6　招牌灯箱的清单计算规则是什么?

4-16-7　美术字的清单计算规则是什么?

4.17　拆除装饰工程

1. “工程量计算规范”清单项目设置

“工程量计算规范”附录 R. 1 中砖砌体拆除常见项目见表 4. 17. 1

表 4.17.1　砖砌体拆除(编码：011601)

项目编码	项目名称	项目特征	计量单位	工程量计算规则	工作内容
011601001	砖砌体拆除	1. 砌体名称 2. 砌体材质 3. 拆除高度 4. 拆除砌体的截面尺寸 5. 砌体表面的附着物种类	1. m^3 2. m	1. 以“m^3”计量，按拆除的体积计算 2. 以“m”计量，按拆除的延长米计算	1. 拆除 2. 控制扬尘 3. 清理 4. 建渣场内、外运输

“工程量计算规范”附录 R. 2 中混凝土及钢筋混凝土构件拆除常见项目见表 4. 17. 2。

表 4.17.2　混凝土及钢筋混凝土构件拆除(编码：011602)

项目编码	项目名称	项目特征	计量单位	工程量计算规则	工作内容
011602001	混凝土构件拆除	1. 构件名称 2. 拆除构件的厚度或规格尺寸 3. 构件表面的附着物种类	1. m^3 2. m^2 3. m	1. 以“m^3”计算，按拆除构件的混凝土体积计算 1. 以“m^2”计算，按拆除部位的面积计算 3. 以“m”计算，按拆除部位的延长米计算	1. 拆除 2. 控制扬尘 3. 清理 4. 建渣场内、外运输
011602002	钢筋混凝土构件拆除				

“工程量计算规范”附录 R. 3 中木构件拆除常见项目见表 4. 17. 3。

表 4.17.3　木构件拆除(编码：011603)

项目编码	项目名称	项目特征	计量单位	工程量计算规则	工作内容
011603001	木构件拆除	1. 构件名称 2. 拆除构件的厚度或规格尺寸 3. 构件表面的附着物种类	1. m^3 2. m	1. 以“m^3”计量，按拆除的体积计算 2. 以“m”计量，按拆除的延长米计算	1. 拆除 2. 控制扬尘 3. 清理 4. 建渣场内、外运输

“工程量计算规范”附录 R. 4 中抹灰层拆除常见项目见表 4. 17. 4。

表 4.17.4　抹灰层拆除(编码：011604)

项目编码	项目名称	项目特征	计量单位	工程量计算规则	工作内容
011604001	平面抹灰层拆除	1. 拆除部位 2. 抹灰层种类	m^2	按拆除部位的面积计算	1. 拆除 2. 控制扬尘 3. 清理 4. 建渣场内、外运输
011604002	立面抹灰层拆除				
011604003	天棚抹灰层拆除				

“工程量计算规范”附录 R. 5 中块料面层拆除常见项目见表 4. 17. 5 。

表 4. 17. 5　块料面层拆除(编码：011605)

项目编码	项目名称	项目特征	计量单位	工程量计算规则	工作内容
011605001	平面块料拆除	1. 拆除的基层类型 2. 饰面材料种类	m^2	按拆除面积计算	1. 拆除楼地面龙骨及饰面拆除 2. 控制扬尘 3. 清理 4. 建渣场内、外运输
11605002	立面块料拆除				

“工程量计算规范”附录 R. 6 中龙骨及饰面拆除常见项目见表 4. 17. 6。

表 4. 17. 6　龙骨及饰面拆除(编码：011606)

项目编码	项目名称	项目特征	计量单位	工程量计算规则	工作内容
011606001	楼地面龙骨及饰面拆除	1. 拆除的基层类型 2. 龙骨及饰面类型	m^2	按拆除面积计算	1. 拆除 2. 控制扬尘 3. 清理 4. 建渣场内、外运输
011606002	墙柱面龙骨及饰面拆除				
011606003	天棚面龙骨及饰面拆除				

“工程量计算规范”附录 R. 7 中屋面拆除常见项目见表 4. 17. 7。

表 4. 17. 7　屋面拆除(编码：011607)

项目编码	项目名称	项目特征	计量单位	工程量计算规则	工作内容
011607001	刚性层拆除	刚按拆除性层厚度	m^2	部位的面积计算	1. 铲除 2. 控制扬尘 3. 清理 4. 建渣场内、外运输
011607002	防水层拆除	防水层种类			

“工程量计算规范”附录 R. 8 中铲除油漆涂料裱糊面见表 4. 17. 8。

表 17. 1. 8　铲除油漆涂料裱糊面(编码：011608)

项目编码	项目名称	项目特征	计量单位	工程量计算规则	工作内容
011608001	铲除油漆面	1. 铲除部位名称 2. 铲除部位的截面尺寸	1. m^2 2. m	1. 以“m^2”计算，按铲除部位的面积计算 2. 以“m”计算，按按铲除部位的延长米计算	1. 拆除 2. 控制扬尘 3. 清理 4. 建渣场内、外运输
011608002	铲除涂料面				
011608003	铲除裱糊面				

“工程量计算规范”附录 R. 9 中栏杆、轻质隔断隔墙拆除常见项目见表 4. 17. 9。

表 4. 17. 9　栏杆、轻质隔断隔墙拆除(编码：011609)

项目编码	项目名称	项目特征	计量单位	工程量计算规则	工作内容
011609001	栏杆、栏板拆除	1. 栏杆(板)的高度 2. 栏杆、栏板种类	1. m^2 2. m	1. 按“m^2”计量，按拆除部位的面积计算 2. 以“m”计量，按拆除部位的延长米计算	1. 拆除 2. 控制扬尘 3. 清理 4. 建渣场内、外运输
11609002	隔断隔墙拆除	1. 栏杆(板)的高度 2. 栏杆、栏板种类	m^2	按拆除部位的面积计算	

“工程量计算规范”附录 R.10 中门窗拆除常见项目见表 4.17.10。

表 4.17.10　门窗拆除(编码：011610)

项目编码	项目名称	项目特征	计量单位	工程量计算规则	工作内容
011601001	木门窗拆除	1. 高度 2. 门窗洞口尺寸	1. m^2 2. 樘	1. 以“m^2”计量，按拆除面积计算 2. 以“樘”计量，按拆除樘数计算。	1. 铲除 2. 控制扬尘 3. 清理 4. 建渣场内、外运输
011601002	金属门窗拆除				

“工程量计算规范”附录 R.11 中金属构件拆除常见项目见表 4.17.11。

表 4.17.11　金属构件拆除(编码：011611)

项目编码	项目名称	项目特征	计量单位	工程量计算规则	工作内容
011611001	钢梁拆除	1. 构件名称 2. 拆除构件的规格尺寸	1. t 2. m	1. 以“t”计算，按拆除构件的质量计算 2. 以“m”计算，按拆除延长米计算	1. 拆除 2. 控制扬尘 3. 清理 4. 建渣场内、外运输
011611002	钢柱拆除				
011611003	钢网架拆除		t	按拆除构件的质量计算	
011611004	钢支撑、钢墙架拆除		1. t 2. m	1. 以“t”计算，按拆除构件的质量计算 2. 以“m”计算，按拆除延长米计算。	
011611005	其他金属构件拆除				

“工程量计算规范”附录 R.12 中管道及卫生洁具拆除常见项目见表 4.17.12。

表 4.17.12　管道及卫生洁具拆除(编码：011612)

项目编码	项目名称	项目特征	计量单位	工程量计算规则	工作内容
0116012001	管道拆除	1. 管道种类、材质 2. 管道上的附着物种类	m	按拆除管道的延长米计算	1. 拆除 2. 控制扬尘 3. 清理 4. 建渣场内、外运输
116012002	卫生洁具拆除	卫生洁具种类	1. 套 2. 个	按拆除部位的数量计算	

“工程量计算规范”附录 R.13 中灯具、玻璃拆除常见项目见表 4.17.13。

表 4.17.13　灯具、玻璃拆除(编码：011613)

项目编码	项目名称	项目特征	计量单位	工程量计算规则	工作内容
0116013001	灯具拆除	1. 拆除灯具高度 2. 灯具种类	套	按拆除的数量计算	1. 拆除 2. 控制扬尘 3. 清理 4. 建渣场内、外运输
116013002	玻璃拆除	1. 玻璃厚度 2. 拆除部位	m^2	按拆除部位的面积计算	

“工程量计算规范”附录 R.14 中其他构件拆除常见项目见表 4.17.14。

表 4.17.14 其他构件拆除(编码：011614)

项目编码	项目名称	项目特征	计量单位	工程量计算规则	工作内容
011614001	暖气罩拆除	暖气罩材质	1.个 2.m	1. 以“个”为单位计量，按拆除个数计算 2. 以“m”为单位计量，按拆除延长米计算	1. 拆除 2. 控制扬尘 3. 清理 4. 建渣场内、外运输
011614002	柜体拆除	1. 柜体材质 2. 柜体尺寸：长宽高			
011614003	窗台板拆除	窗台板平面尺寸	1.块 2.m	1. 以“块”计量，按拆除数量计算 2. 以“m”计量，按拆除的延长米计算	
011614004	筒子板拆除	筒子板平面尺寸			
011614005	窗帘盒拆除	窗帘盒平面尺寸	m	按拆除的延长米计算	
011614006	窗帘轨拆除	窗帘轨的材质			

“工程量计算规范”附录 R.15 中开孔(打洞)常见项目见表 4.17.15。

表 4.17.15 开孔(打洞)(编码：011615)

项目编码	项目名称	项目特征	计量单位	工程量计算规则	工作内容
011615001	开孔	1. 部位 2. 打洞部位材质 3. 洞尺寸	个	按数量计算	1. 铲除 2. 控制扬尘 3. 清理 4. 建渣场内、外运输

2. “工程量计算规范”与计价规则说明

1)砖砌体拆除

(1)砌体名称指墙、柱、水池等。

(2)砌体表面的附着物种类指抹灰层、块料层、龙骨及装饰面层等。

(3)以“m”计量，如砖地沟、砖明沟等必须描述拆除部位的截面尺寸；以“m^3”计量，截面尺寸则不必描述。

2)混凝土及钢筋混凝土构件拆除

(1)以“m^3”作为计量单位时，可不描述构件的规格尺寸，以“m^2”作为计量单位时，则应描述构件的厚度，以“m”作为计量单位时，则必须描述构件的规格尺寸。

(2)构件表面的附着物种类指抹灰层、块料层、龙骨及装饰面层等。

3)木构件拆除

(1)拆除木构件应按木梁、木柱、木楼梯、木屋架、承重木楼板等分别在构件名称中描述。

(2)以“m”作为计量单位时，可不描述构件的规格尺寸，以“m^3”作为计量单位时，则应描述构件的厚度，以“m”作为计量单位时，则必须描述构件的规格尺寸。

(3)构件表面的附着物种类指抹灰层、块料层、龙骨及装饰面层等。

4)抹灰面拆除

(1)单独拆除抹灰层应按表 4.17.4 项目编码列项。

(2)抹灰层种类可描述为一般抹灰或装饰抹灰。

5)块料面层拆除

(1)如仅拆除块料层，拆除的基层类型不用描述。

(2)拆除的基层类型的描述指砂浆层、防水层、干挂或挂贴所采用的钢骨架层等。

6)屋面拆除

(1)基层类型的描述指砂浆层、防水层等。

(2)如仅拆除龙骨及饰面，拆除的基层类型不用描述。

(3)如只拆除饰面，不用描述龙骨材料种类。

7)铲除油漆涂料裱糊面

(1)单独铲除油漆涂料裱糊面的工程按表 4.17.8 编码列项。

(2)铲除部位名称的描述指墙面、柱面、天棚、门窗等。

(3)按“m”计量，必须描述铲除部位的截面尺寸；以“m^3”计量时，则不用描述铲除部位的截面尺寸。

8)栏杆、轻质隔断隔墙拆除

以“m^3”计量，不用描述栏杆(板)的高度。

9)门窗拆除

门窗拆除以“m^2”计量，不用描述门窗的洞口尺寸。室内高度指室内楼地面至门窗的上边框。

10)灯具、玻璃拆除

拆除部位的描述指门窗玻璃、隔断玻璃、墙玻璃、家具玻璃等。

11)其他构件拆除

双轨窗帘轨拆除按双轨长度分别计算工程量。

12)开孔(打洞)

(1)部位可描述为墙面或楼板。

(2)打洞部位材质可描述为页岩砖或空心砖或钢筋混凝土等。

3. 配套定额相关规定

1)定额说明

(1)本分部适用于已建、在建项目及建筑物抗震加固工程中的局部拆除，不适用于控制爆破拆除或机械整体性拆除。

(2)本分部定额中已包括了不损伤原有结构所引起的工效降低因素，对原有结构的保护措施费另行计算。

(3)对拆除后旧料的回收、利用，承发包双方应在承发包合同中约定。

(4)定额中包括拆除材料水平运距≤30 m的清理、集中、分类堆码和垃圾、废土归堆。拆除场内水平运距>30 m时，超过部分的运费按签证计算。

(5)拆除不包括材料的加工，如剔砖灰、起钉、断料等。在拆除时，如需搭设脚手架、支撑，按本定额“S措施项目”相应定额项目执行。

(6)各种地面面层的拆除不包括地面垫层的拆除。地面垫层、整体面层拆除按相应材料“地面面层拆除”定额项目执行。楼地面、墙面块料面层拆除未包含其水泥砂浆找平层的拆除，水泥砂浆找平层的拆除按抹灰章节相应定额项目执行。

(7)“地面不带龙骨的木地板拆除”包括地板及踢脚板等全部拆除，“带龙骨的木地板拆除”项目除包括地板、踢脚板的拆除外，还包括龙骨及垫木的拆除。

(8)木楼梯拆除包括梁、柱、搁栅、三角木、踏板、踢脚板、栏杆及扶手等构件的拆除。

(9)木扶手拆除包括木扶手和扶手垫板的拆除。

(10)踢脚线拆除包括各种踢脚线面层及结合层的拆除。

(11)墙面块料面层拆除包括面层及结合层的拆除。

(12)护墙板、隔断的拆除包括面层、龙骨的拆除。

(13)各种天棚拆除包括吊杆、龙骨架及面层的拆除。

(14)整樘门窗的拆除包括门、窗框及扇的整体拆除。

(15)中式装修的拆除包括楣子、各种槛框间柱、门窗扇及附件的全部拆除。金属门窗、厂库房门、特种门拆除包括门、窗框扇及连接件拆除。

(16)筒子板拆除包括面层及骨架拆除，窗帘棍、窗台板拆除包括主附件拆除。

(17)屋面柔性防水层、刚性防水层拆除不包括找平层、保温层的拆除，找平层、保温层拆除另按本章相应定额项目执行。

(18)瓦屋面拆除不包括木基层的拆除。

(19)屋架拆除包括切割锚固件、风撑、水平撑和屋架的各种附件拆除。

(20)天沟、水落管拆除包括附属铁件的拆除，水落管拆除还包括水斗拆除。

(21)预制、现浇钢筋混凝土拆除包括断钢筋、剔凿、落料等工序。

(22)楼梯表面块料拆除按楼地面块料拆除项目执行，人工乘以系数1.4。

(23)剪刀撑、水平撑按檩条拆除定额执行。

(24)零星砌体拆除适用于小便槽、污水池、窨井、砖砌明暗沟、花池、台阶、踏步、砌体墙局部拆除等。

(25)零星混凝土拆除适用于砌体拉结带、压顶、垫块、挂板拆除等。

(26)混凝土梁、板、柱单个构件的局部拆除按相应定额项目乘以系数 1.25。

(27)牛肋板、花格窗按木窗拆除定额项目执行。

(28)石挡土墙不露面部分拆除按石砌基础执行。

(29)“表 4.17.12 管道及卫生洁具拆除”“表 4.17.13 灯具拆除”未编制的项目按 2015 年《四川省建设工程工程量清单计价定额——通用安装工程》的规定执行。

2)定额工程量计算规则

(1)砖砌体拆除。

①基础拆除按实拆基础体积以“m^3”计算。

②各种墙体的拆除按实拆墙体的体积以“m^3”计算，抹灰及镶嵌块料面层与墙体同时拆除时，其体积并入墙体体积内。

③石砌明(暗)沟拆除按实拆体积以“m^3”计算。

(2)混凝土及钢筋混凝土拆除。

①混凝土及钢筋混凝土的拆除按实拆体积以“m^3”计算。

②钢筋混凝土楼梯、楼板、阳台雨篷拆除按水平投影面积以“m^2”计算。

③楼地面垫层拆除按水平投影面积乘以厚度以“m^3”计算。

④钢筋混凝土栏板拆除以延长米计算。

(3)木构件拆除。

①拆除普通人字屋架、中式屋架按不同跨度以“榀”计算。

②檩条、椽子、木梁拆除不分长短以“根”计算。

(4)块料面层拆除。

①块料面层拆除按实拆面积以“m^2”计算。

②楼梯表面块料按水平投影面积以“m^2”计算。

(5)龙骨及饰面拆除。

按水平投影面积以“m^2”计算，不扣除室内柱子所占的面积。

(6)屋面拆除。

瓦屋面、柔性屋面防水、刚性屋面防水、屋面保温层按实拆面积以“m^2”计算。

(7)铲除油漆涂料裱糊面。

按实际铲除的面积以“m^2”计算。

(8)栏杆、轻质隔断隔墙拆除。

①石栏杆拆除按实拆体积以“m^3”计算。其余栏杆按实拆长度以“m”计算。

②拆除扶手按实拆长度以“m”计算。

③木楼梯拆除包括拆除楼梯的踏步、休息平台，按水平投影面积以“m^2”计算。

④木龙骨架墙、轻钢龙骨架墙按实拆面积以“m^2”计算。

(9)门窗拆除。

①门窗拆除按门窗洞口面积以“m^2”计算。

②木天窗拆除按“座”计算。

(10)金属构件拆除。

①钢梁、钢柱、钢网架、钢支撑等按实拆质量以“t”计算。

②钢楼板、彩色涂层钢板拆除按实拆面积以“m^2”计算。

(11)管道及卫生洁具拆除。

①白铁天沟、檐沟泛水按实际拆除长度以“m”计算。

②各种水落管拆除按其垂直长度以“m”计算。

(12)其他构件拆除。

①木窗台板的拆除按实拆面积以“m^2”计算。

②门、窗套的拆除按实拆面积以“m^2”计算。

③窗帘盒、轨的拆除按实拆长度以“m”计算。

例 4.17.1　某建筑平面图如图 4.17.1 所示，墙体为 240 mm 砖墙，墙体高度 3.3 m，其中窗户的安装高度为离地 800 mm。现需拆除有图案填充的两道墙体，两个窗户 C1515 和相应的窗帘盒，以及大厅的花岗石楼地面。试计算拆除填充墙体、窗户、窗帘盒和花岗石楼地面的清单工程量，并编制其的工程量清单。

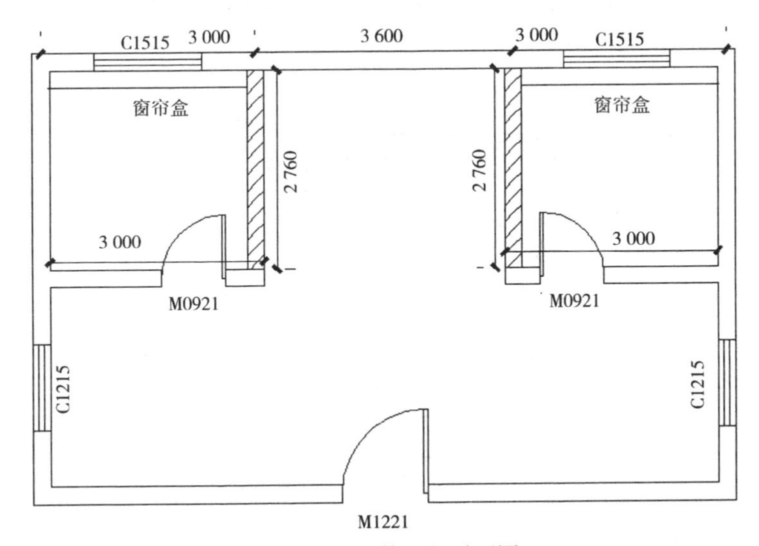

图 4.17.1　某工程平面图

解题思路：①砌体墙的拆除可以按“m”和“m^3”计量。②窗帘盒的拆除可以按“m^2”和“樘”计量。③窗帘盒的拆除何以按照“m”计量。④块料楼地面的拆除可以按“m^2”计量。

解：

(1)计算清单工程量。

砌体墙体拆除的工程量＝2.76×3.3×0.24×2＝4.37(m^3)

窗户拆除的工程量＝1.5×1.5×2＝4.50(m^2)

窗帘盒拆除的工程量＝(3－0.24)×2＝5.52(m)

花岗石楼地面拆除的工程量＝(3＋3.6＋3－0.12×2)×(3＋3－0.12×2)

－[3×(2.76＋0.24)×2]＝35.91(m^2)

(2)该分项的工程量清单如表 4.17.16 所示。

表 4.17.16　拆除工程量清单

项目编码	项目名称	项目特征	计量单位	工程量
011601001001	砖砌体拆除	1. 砌体名称：墙体 2. 砌体材质：空心砖 3. 拆除高度：3.3 m 4. 拆除砌体的截面尺寸：0.24 宽 5. 砌体表面的附着物种类：抹灰砖	m^3	4.37
011605001001	花岗石楼地面拆除	1. 拆除的基层类型：水泥砂浆 2. 饰面材料种类：花岗石	m^2	35.91
011601002001	金属门窗拆除	1. 高度：900 mm 2. 门窗洞口尺寸：1500 mm×1500 mm	m^2	4.5
011614005001	窗帘盒拆除	窗帘盒平面尺寸：0.1 mm×2.76 mm	m	5.52

例 4.17.2　某建筑吊顶天棚平面图如图 4.17.2 所示，墙体为 200 mm 砖墙，试计算吊顶天棚的清单工程量，并编制其的工程量清单。

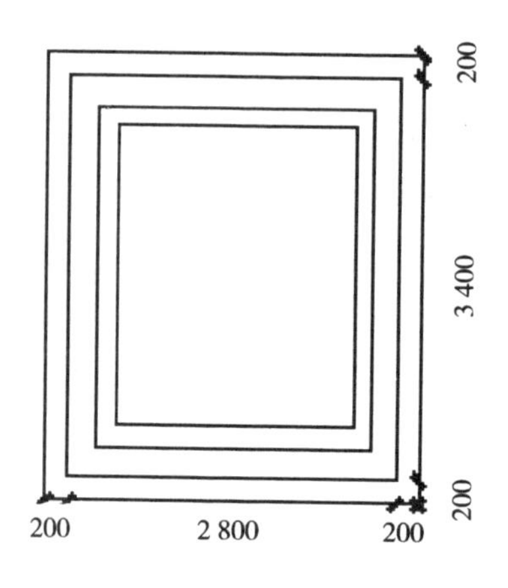

图 4.17.2　某工程吊顶天棚平面图

解题思路：拆除吊顶天棚的清单工程量是按照按拆除面积计算。

解：

(1)计算清单工程量。

吊顶天棚拆除的工程量＝2.8×3.4＝9.52(m^2)

(2)该分项的工程量清单如表 4.17.17 所示。

表 4.17.17　拆除吊顶天棚的工程量清单

项目编码	项目名称	项目特征	计量单位	工程量
011606003001	天棚面龙骨及饰面拆除	1. 拆除的基层类型：混凝土板 2. 龙骨及饰面类型：轻钢龙骨和石膏板面板	m^2	9.52

例 4.17.3　某工程栏杆如图 4.17.3 所示，试计算拆除该栏杆的清单工程量，并编制其工程量清单。

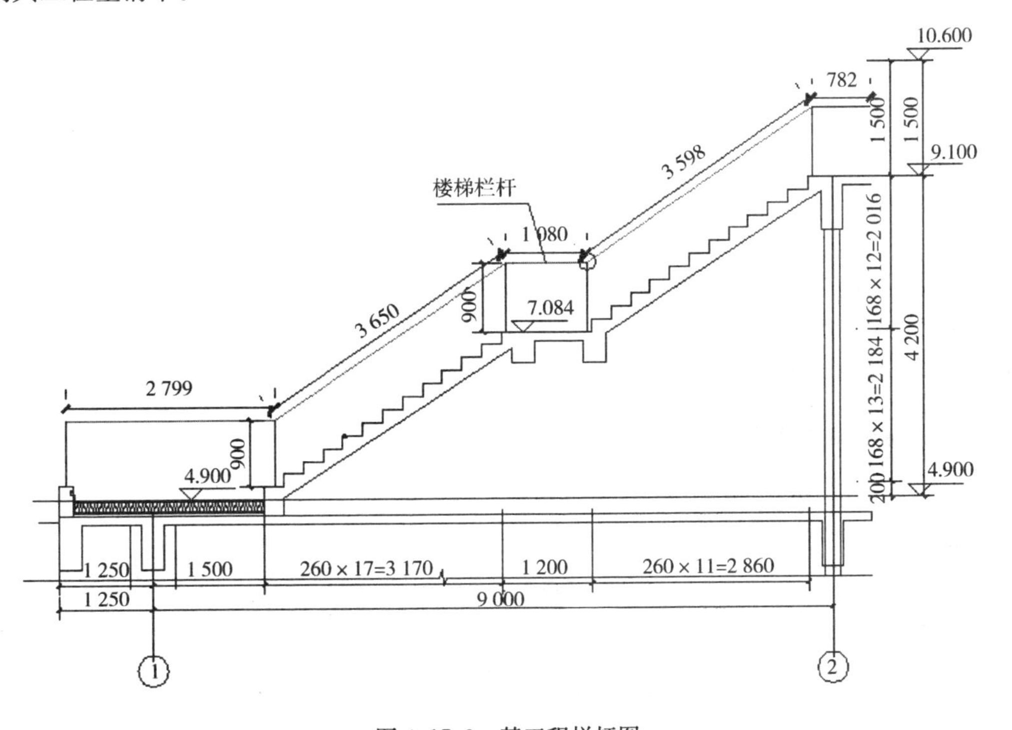

图 4.17.3　某工程栏杆图

解题思路：栏杆拆除的工程量是按拆除部位的面积计算或者按拆除部位的延长米计算。

解：

(1)计算清单工程量。

栏杆拆除清单工程量＝2.799＋3.65＋1.08＋3.598＋0.782＝11.91(m)

(2)该分项的工程量清单如表 4.17.18 所示。

表 4.17.18　拆除吊顶天棚的工程量清单

项目编码	项目名称	项目特征	计量单位	工程量
011609001001	栏杆、栏板拆除	1. 栏杆(板)的高度：900 mm 2. 栏杆、栏板种类：栏杆为直径为 60 mm 的镀锌钢管，栏板为 10 mm 钢化玻璃	m	11.91

例 4.17.4　某面墙体的立面图如图 4.17.4 所示，在砌砖墙体上开直径为 100 mm 的圆洞，试计算墙体开洞的清单工程量，并编制其的工程量清单。

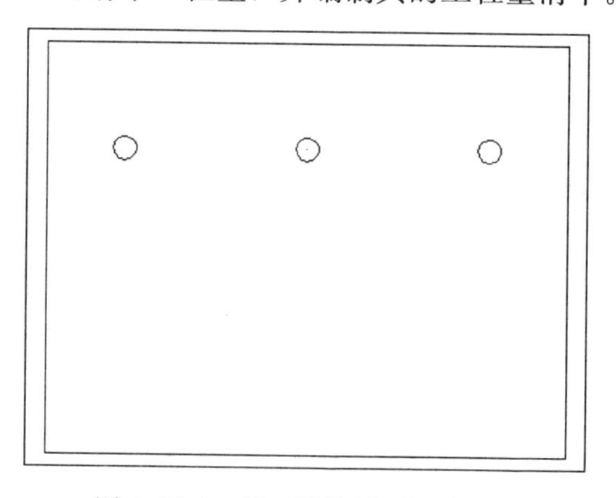

图 4.17.4　某工程吊顶天棚平面图

解题思路：墙体开洞的清单工程量是按个数计算，只需要数清开洞的个数，但是一定主要不要数漏掉某些洞口。

解：

(1)计算清单工程量。

吊顶天棚拆除的工程量＝3 个

(2)该分项的工程量清单如表 4.17.19 所示。

表 4.17.19　拆除吊顶天棚的工程量清单

项目编码	项目名称	项目特征	计量单位	工程量
011615001001	开孔	1. 部位：墙体 2. 打洞部位材质：空心砖 3. 洞尺寸：直径 100 mm	个	3

习　　题

4-17-1　拆除工程中以“m^3”为计量单位的有哪些项目？

4-17-2　拆除工程中以“m^2”为计量单位的有哪些项目？

4-17-3　拆除工程中以“m”为计量单位的有哪些项目？

4-17-4　拆除工程中可以"m^3""m^2""m"为单位的项目有哪些?

4-17-5　某墙面如图 4.17.5 所示，试计算拆除木质踢脚线、拆除墙纸墙面、拆除装饰门的清单工程量。

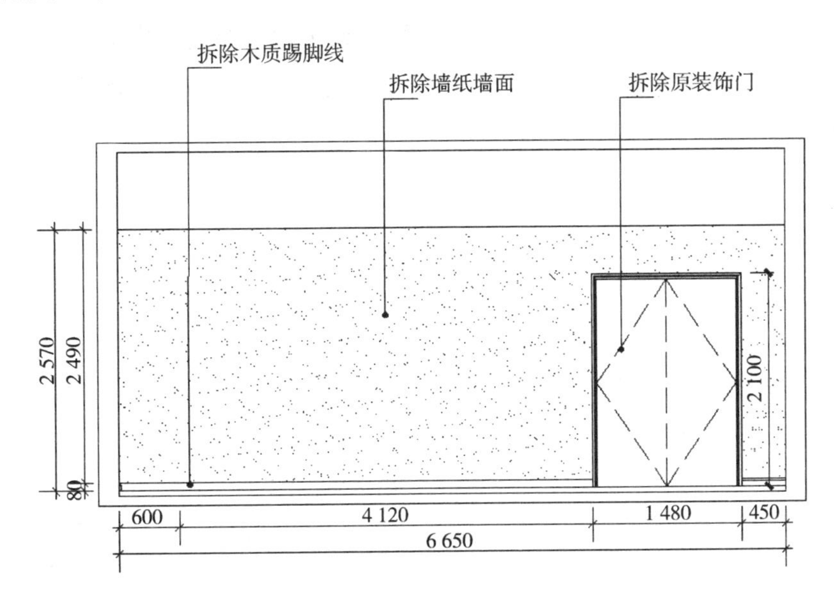

图 4.17.5　某墙面立面图

4-17-6　某刚性屋面层如图 4.17.6 所示，试计算拆除该屋面屋的清单工程量。

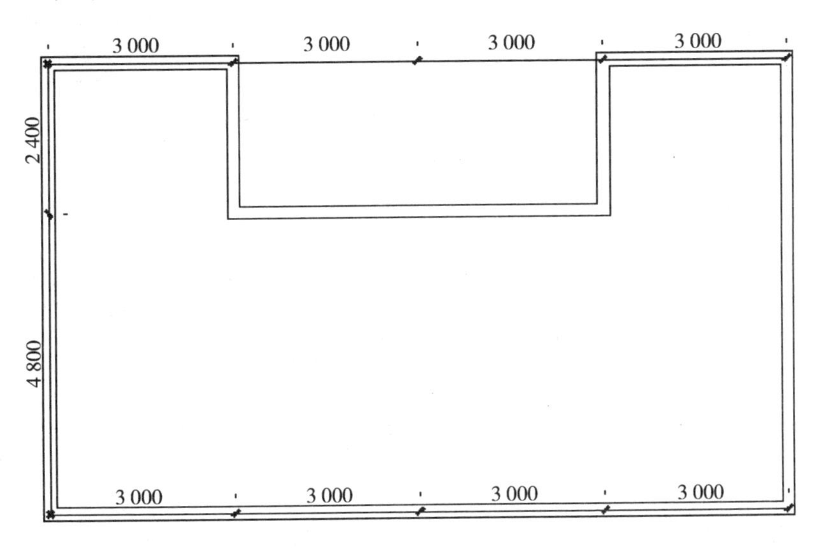

图 4.17.6　某工程屋面层平面图

4.18　措施项目

措施项目包括7个子分部项目，即包括脚手架工程、混凝土模板及支架(撑)、垂直运输、超高施工增加、大型机械设备进出场及安拆、施工排水、降水、安全文明施工及其他措施项目等7个部分。

4.18.1　脚手架工程

1. “工程量计算规范”清单项目设置

脚手架工程工程量清单项目设置、项目特征描述的内容、计量单位及工程量计算规则，应按“工程量计算规范”附录S.1的规定执行，见表4.18.1。

表4.18.1　脚手架工程(编码：011701)

<table>
<tr><th>项目编码</th><th>项目名称</th><th>项目特征</th><th>计量单位</th><th>工程量计算规则</th><th>工程量</th></tr>
<tr><td>011701001</td><td>综合脚手架</td><td>1. 建筑结构形式
2. 檐口高度</td><td rowspan="3">m²</td><td>按建筑面积计算</td><td>1. 场内、场外材料搬运
2. 搭、拆脚手架、斜道、上料平台
3. 安全网的铺设
4. 选择附墙点与主体连接
5. 测试电动装置、安全锁等
6. 拆除脚手架后材料的堆放</td></tr>
<tr><td>011701002</td><td>外脚手架</td><td rowspan="2">1. 搭设方式
2. 搭设高度
3. 脚手架材质</td><td rowspan="2">按所服务对象的垂直投影面积计算</td><td rowspan="5">1. 场内、场外材料搬运
2. 搭、拆脚手架、斜道、上料平台
3. 安全网的铺设
4. 拆除脚手架后材料的堆放</td></tr>
<tr><td>011701003</td><td>里脚手架</td></tr>
<tr><td>011701004</td><td>悬空脚手架</td><td rowspan="2">1. 搭设方式
2. 悬挑宽度
3. 脚手架材质</td><td>m²</td><td>按搭设的水平投影面积计算</td></tr>
<tr><td>011701005</td><td>挑脚手架</td><td rowspan="3">m²</td><td>按搭设长度乘以搭设层数以延长米计算</td></tr>
<tr><td>011701006</td><td>满堂脚手架</td><td>1. 搭设方式
2. 搭设高度
3. 脚手架材质</td><td>按搭设的水平投影面积计算</td></tr>
<tr><td>011701007</td><td>整体提升架</td><td>1. 搭设方式及启动装置
2. 搭设高度</td><td>按所服务对象的垂直投影面积计算</td><td>1. 场内、场外材料搬运
2. 选择附墙点与主体连接
3. 搭、拆脚手架、斜道、上料平台
4. 安全网的铺设
5. 测试电动装置、安全锁等
6. 拆除脚手架后材料的堆放</td></tr>
</table>

续表

项目编码	项目名称	项目特征	计量单位	工程量计算规则	工程量
011701008	外装饰吊篮	1. 升降方式及启动装置 2. 搭设高度及吊篮型号	m^2	按所服务对象的垂直投影面积计算	1. 场内、场外材料搬运 2. 吊篮的安装 3. 测试电动装置、安全器、平衡控制器等 4. 吊篮的拆卸

2. “工程量计算规范”与计价规则说明

(1)使用综合脚手架时，不再使用外脚手架、里脚手架等单项脚手架；综合脚手架适用于能够按“建筑面积计算规则”计算建筑面积的建筑工程脚手架，不适用于房屋加层、构筑物及附属工程脚手架。

(2)同一建筑物有不同檐高时，按建筑物竖向切面分别按不同檐高编列清单项目。

(3)整体提升架已包括 2 m 高的防护架体设施。

(4)脚手架材质可以不描述，但应注明由投标人根据工程实际情况按照国家现行标准《建筑施工扣件式钢管脚手架安全技术规范》(JGJ130)、《建筑施工附着升降脚手架管理暂行规定》(建筑〔2000〕230 号)等规范自行确定。

例 4.18.1　试计算如图 4.18.1 所示建筑物的脚手架工程量。

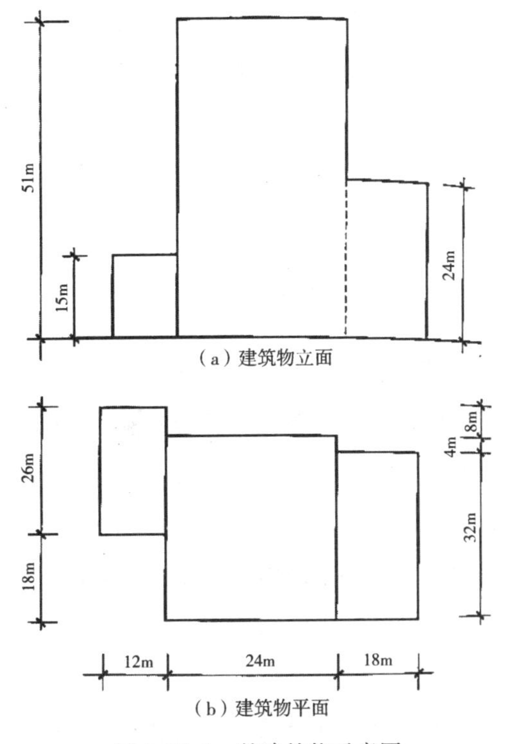

图 4.18.1　某建筑物示意图

解：

单排脚手架(15 m 高)＝(26＋12×2＋8)×15＝87(m^2)

双排脚手架(24 m 高)＝(18×2＋32)×24＝1632(m^2)

双排脚手架(27 m 高)＝32×27＝864(m^2)

双排脚手架(36 m 高)＝(26－8)×36＝648(m^2)

双排脚手架(51 m 高)＝(18＋24×2＋4)×51＝3570(m^2)

3. 配套定额相关规定

1)一般说明

本定额综合脚手架和单项脚手架已综合考虑了斜道、上料平台、安全网，不再另行计算。

(1)综合脚手架。

①凡能够按“建筑面积计算规则”计算建筑面积的房屋建筑与装饰工程均按综合脚手架定额项目计算脚手架摊销费。

②综合脚手架已综合考虑了砌筑、浇筑、吊装、抹灰、油漆、涂料等脚手架费用。满堂基础(独立柱基或设备基础投影面积超过 20 m^2)按满堂脚手架基本层费用乘以50%计取，当使用泵送混凝土时则按满堂脚手架基本层乘以 40%计。外墙装饰(以单项脚手架计取脚手架摊销费除外)按外脚手架项目乘以系数 40%计算。

③本定额的檐口高度系指檐口滴水高度，平屋顶系指屋面板底高度，凸出屋面的电梯间、水箱间不计算檐高。

④檐口高度＞50 m 的综合脚手架中，外墙脚手架是按附着式外脚手架综合的，实际施工不同时，不作调整。

(2)单项脚手架说明。

凡不能按“建筑面积计算规则”计算建筑面积的房屋建筑与装饰工程，但施工组织设计规定需搭设脚手架时，均按相应单项脚手架定额计算脚手架摊销费。

2)工程量计算规则说明

(1)综合脚手架计算规则。

①综合脚手架应分单层、多层和不同檐高，按建筑面积计算。

②满堂基础脚手架工程量按其地板面积计算。

(2)单项脚手架计算规则。

①外脚手架、里脚手架均按所服务对象的垂直投影面积计算。

②砌砖工程高度为 1.35～3.6 m 者，按里脚手架计算；高度在 3.6 m 以上者按外

脚手架计算。独立砖柱高度在 3.6 m 以内者，按柱外围周长乘以实砌高度按里脚手架计算；高度在 3.6 m 以上者，按柱外围周长加 3.6 m 乘以实砌高度按单排脚手架计算。独立混凝土柱按柱外围周长加 3.6 m 乘以浇筑高度按外脚手架计算。

③砌石工程(包括砌块)高度超过 1 m 时，按外脚手架计算。独立石柱高度在 3.6 m 以内者，按柱外围周长乘以实砌高度计算工程量；高度在 3.6 m 以上者，按柱外围周长加 3.6 m 乘以实砌高度计算工程量。

④围墙高度从自然地坪至围墙顶计算，长度按墙中心线计算，不扣除门所占的面积，但门柱和独立门柱的砌筑脚手架不增加。

⑤凡高度超过 1.2 m 的室内外混凝土贮水(油)池、贮仓、设备基础以构筑物的外围周长乘以高度按外脚手架计算。池底按满堂基础脚手架计算。

⑥挑脚手架按搭设长度乘以搭设层数以“延长米”计算。

⑦悬空脚手架按搭设的水平投影面积计算。

⑧满堂脚手架按搭设的水平投影面积计算，不扣除垛、柱所占的面积。满堂脚手架高度从设计地坪至施工顶面计算，高度为 4.5～5.2 m 时，按满堂脚手架基本层计算；高度超过 5.2 m 时，每增加 0.6～1.2 m，按增加一层计算，增加层的高度若在 0.6 m 内时，舍去不计。

例如：设计地坪到施工顶面为 9.2 m，其增加层数为：(9.2－5.2)/1.2＝3(层)，余 0.4 m 舍去不计。

⑨吊篮脚手架按外墙垂直投影面积计算，不扣除门窗洞口所占面积。

4.18.2　混凝土模板及支架(撑)

1. “工程量计算规范”清单项目设置

混凝土模板及支架(撑)工程量清单项目设置、项目特征描述的内容、计量单位、工程量计算规则及工作内容，应按“工程量计算规范”附录 S.2 的规定执行，见表 4.18.2。

表 4.18.2　混凝土模板及支架(撑)(编码：011702)

项目编码	项目名称	项目特征	计量单位	工程量计算规则	工程量
011702001	基础	基础类形	m^2	按模板与现浇混凝土构件的接触面积计算 1. 现浇钢筋混凝土墙、板单孔面积≤0.3 m^2 的孔洞不予扣除，洞侧壁模板亦不增加；单孔面积＞0.3 m^2 时应予扣除，洞侧壁模板面积并入墙、板工程量内计算 2. 现浇框架分别按梁、板、柱有关规定计算；附墙柱、暗梁、暗柱并入墙内工程量内计算 3. 柱、梁、墙、板相互连接的重叠部分，均不计算模板面积 4. 构造柱按图示外露部分计算模板面积	1. 模板制作 2. 模板安装、拆除、整理堆放及场内外运输 3. 清理模板粘结物及模内杂物、刷隔离剂等
011702002	矩形柱				
011702003	构造柱				
011702004	异形柱	柱截面形状			
011702005	基础梁	梁截面形状			
011702006	矩形梁	支撑高度			
011702007	异形梁	1. 梁截面形状 2. 支撑高度			
011702008	圈梁				
011702009	过梁				
011702010	弧形、拱形梁	1. 梁截面形状 2. 支撑高度			
011702011	直形墙			按模板与现浇混凝土构件的接触面积计算 1. 现浇钢筋混凝土墙、板单孔面积≤0.3 m^2 的孔洞不予扣除，洞侧壁模板亦不增加；单孔面积＞0.3 m^2 时应予扣除，洞侧壁模板面积并入墙、板工程量内计算 2. 现浇框架分别按梁、板、柱有关规定计算：附墙柱、暗梁、暗柱并入墙内工程量内计算 3. 柱、梁、墙、板相互连接的重叠部分，均不计算模板面积 4. 构造柱按图示外露部分计算模板面积	
011702012	弧形墙				
011702013	短肢剪力墙、电梯井壁				
011702014	有梁板	支撑高度			
011702015	无梁板				
011702016	平板				
011702017	拱板				
011702018	薄壳板				
011702019	空心板				
011702020	其他板				
011702021	栏板				
011702022	天沟、檐沟	构件类型		按模板与现浇混凝土构件的接触面积计算	
011702023	雨篷、悬挑台、阳台板	1. 沟件类型 2. 板厚度		按图示外挑部分尺寸的水平投影面积计算，挑出墙外的悬臂梁及板边不另计算	

续表

项目编码	项目名称	项目特征	计量单位	工程量计算规则	工程量
011702024	楼梯	类型	m^2	按楼梯(包括休息平台、平台梁、斜梁和楼层板的连接梁)的水平投影面积计算，不扣除宽度≤500 mm的楼梯井所占面积，楼梯踏步、踏步板、平台梁等侧面模板不另计算，伸入墙内部分亦不增加	1. 模板制作 2. 模板安装、拆除、整理堆放及场内外运输 3. 清理模板粘结物及模内杂物、刷隔离剂等
011702025	其他现浇构件	构件类型		按模板与现浇混凝土构件的接触面积计算	
011702026	电缆沟、地沟	1. 沟类型 2. 沟截面		按模板与电缆沟、地沟接触的面积计算	
011702027	台阶	台阶踏步宽		按图示台阶水平投影面积计算，台阶端头两侧不另计算模板面积。架空式混凝土台阶，按现浇楼梯计算	
011702028	扶手	扶手断面尺寸		按模板与扶手的接触面积计算	
011702029	散水			按模板与散水的接触面积计算	
011702030	后浇带	后浇带部位		按模板与后浇带的接触面积计算	
011702031	化粪池	1. 化粪池部位 2. 化粪池规格		按模板与混凝土接触面积计算	
011702032	检查井	1. 检查井部位 2. 检查井规格			

2. “工程量计算规范”与计价规则说明

(1)原槽浇灌的混凝土基础，不计算模板。

(2)混凝土模板及支撑(架)项目，只适用于以平方米计量，按模板与混凝土构件的接触面积计算。以立方米计量的模板及支撑(支架)，按混凝土及钢筋混凝土实体项目执行，其综合单价中应包含模板及支撑(支架)。

(3)采用清水模板时，应在特征中注明。

(4)若现浇混凝土梁、板支撑高度超过 3.6 m 时，项目特征应描述支撑高度。

3. 配套定额相关规定

1)一般说明

(1)现浇混凝土模板是按组合钢模、木模、复合模板和目前施工技术、方法编制的。复合模板项目适用于木、竹胶合板、复合纤维板等品种的复合模板；建筑工程砖砌现浇混凝土构件地胎模按零星砌砖项目计算，抹灰工程按零星抹灰计算。

(2)现浇混凝土梁、板、柱、墙，支模高度是按层高≤3.9 m编制的，层高超过3.9 m时，超过部分梁、板、柱、墙均应按完整构件的混凝土模板工程量套用相应梁、板、柱、墙支撑高度超高费定额项目，按梁、板、柱、墙支撑高度超高费每超过1 m增加模板费项目以层高计算，超高不足1 m的按1 m计算。

(3)坡屋面模板按相应定额项目执行，人工乘以系数1.1。

(4)清水模板按相应定额项目执行，其人工按表4.18.3增加技工工日，其他费用不变。

表4.18.3　增加技工工日表　　单位：100 m²

项目	柱			梁			墙	有梁板、无梁板、平板
	矩形柱	圆形柱	异形柱	矩形梁	拱、弧形梁	异形梁		
工日	4	5.2	6.2	5	5.2	5.8	3	4

(5)别墅(独立别墅、连排别墅)各模板按相应定额项目执行，材料用量乘以系数1.2。

(6)异形柱指模板接触面超过4个面的柱，异形柱组合钢模板适用于圆形柱、多边形柱模板。

(7)圈梁模板适用于叠合梁模板。

(8)异形梁模板适用于圆形梁模板。

(9)直形墙模板适用于电梯井壁模板。

(10)墙模板中的“对拉螺栓”用量以批准的施工方案计算重量，地下室墙按一次摊销进入材料费，地面以上墙按12次摊销进入材料费。周转使用的对拉螺栓摊销量按定额执行不作调整，如经批准施工组织设计为一次性摊销使用的，则按一次性摊销使用进入材料费，并扣除定额已含的铁件用量。

(11)后浇带模板按相应构件模板项目综合单价乘以系数2.5，包含后浇带模板、支架的保留，重新搭设、恢复、清理等费用。

(12)现浇混凝土L、Y、T、Z、十字形等短墙单肢中心线长度≤0.4 m的，其模板按异形柱项目执行；现浇混凝土L、Y、T、Z、十字形等短墙单肢中心线长度≤0.8 m

的，其模板按墙定额执行，定额乘以系数1.4。现浇混凝土一字形短墙中心线长度大于0.4 m且小于等于1 m的，其模板按墙的定额项目执行，定额乘以系数1.2；现浇混凝土一字形短墙中心线长度≤0.4 m的，其模板按矩形柱定额项目执行。

(13)有梁板模板定额项目已综合考虑了有梁板中弧形梁的情况，梁和板应作为整体套用。弧形梁模板为独立弧形梁模板。圈梁、基础梁的弧形部分模板按相应圈梁、基础梁模板套用定额乘以系数1.2计算。

(14)凸出混凝土柱、梁、墙面的线条，并入相应构件计算，再按凸出的线条道数执行模板增加费项目。凸出宽度大于200 mm的凸出部分执行雨篷项目，不再执行线条模板增加费项目。

2)工程量计算规则说明

(1)现浇混凝土及钢筋混凝土模板工程量，按混凝土与模板接触面的面积以“m^2”计算。

(2)现浇混凝土构件模板工程量的分界规则与现浇混凝土构件工程量分界规则一致。

(3)现浇钢筋混凝土墙、板上单孔面积≤0.3 m^2的孔洞不予扣除，洞侧壁模板亦不增加；单孔面积>0.3 m^2时应予扣除，洞侧壁模板面积并入墙、板模板工程量内计算。

(4)柱与梁、柱与墙、梁与梁等连接重叠部分以及伸入墙内的梁头、板头与砖接触部分，均不计算模板面积。

(5)构造柱外露面均应按图示外露部分计算模板面积。构造柱与墙接触面不计算模板面积。带马牙槎构造柱的宽度按马牙槎处的宽度计算。

(6)现浇钢筋混凝土悬挑板(挑檐、雨篷、阳台)按图示外挑部分尺寸的水平投影面积计算。挑出墙外的牛腿梁及板边模板不另计算。

(7)现浇钢筋混凝土楼梯，以图示露明尺寸的水平投影面积计算，不扣除小于500 mm楼梯井所占面积。楼梯的踏步、踏步板平台梁等侧面模板，不另计算。阶梯形(锯齿形)现浇楼板每一梯步宽度大于300 mm时，模板工程按板的相应项目执行，综合单价乘以系数1.65。

(8)现浇混凝土台阶按图示台阶尺寸的水平投影面积计算，台阶端头两侧不另计算模板面积。

(9)现浇空心板成品蜂巢芯板(块)安装按设计图示面积计算，不包括肋梁、暗梁面积，现浇空心板管状芯模按设计图示尺寸以长度计算。

(10)凸出的线条模板增加费，以凸出棱线的道数分别按长度计算，两条及多条线条相互之间的净距小于100 mm的，每两条按一条计算，不足一条按一条计算。

(11)对拉螺栓堵眼增加费按相应部位构件的模板面积计算。

4.18.3　垂直运输

1. “工程量计算规范”清单项目设置

垂直运输工程量清单项目设置、项目特征描述的内容、计量单位及工程量计算规则应按“工程量计算规范”附录 S.3 的规定执行，见表 4.18.4。

表 4.18.4　垂直运输(编码：011703)

项目编码	项目名称	项目特征	计量单位	工程量计算规则	工作内容
011703001	垂直运输	1. 建筑物建筑类型及结构形式 2. 地下室建筑面积 3. 建筑物檐口高度、层数	1. m^2 2. 天	1. 按建筑面积计算 2. 按施工工期日历天数计算	1. 垂直运输机械的固定装置、基础制作、安装 2. 行走式垂直运输机械轨道的铺设、拆除、摊销

2. “工程量计算规范”与计价规则说明

(1)建筑物的檐口高度是指设计室外地坪至檐口滴水的高度(平屋顶系指屋面板底高度)，突出主体建筑物屋顶的电梯机房、楼梯出口间、水箱间、瞭望塔、排烟机房等不计入檐口高度。

(2)垂直运输指施工工程在合理工期内所需垂直运输机械。

(3)同一建筑物有不同檐高时，按建筑物的不同檐高做纵向分割，分别计算建筑面积，以不同檐高分别编码列项。

3. 配套定额相关规定

1)一般说明

(1)定额中的工作内容包括单位工程在合理工期内完成所承包的全部工程项目所需的垂直运输机械费。除本定额有特殊规定外，其他垂直运输机械的场外往返运输、一次安拆费用已包括在台班单价中。

(2)同一建筑物带有裙房者或檐高不同者，应分别计算建筑面积，分别套用不同檐高的定额项目。

(3)同一檐高建筑物多种结构类型按不同结构类型分别计算，分别计算后的建筑物檐高均以该建筑物总檐高为准。

(4)檐高≤3.6 m 的单层建筑物，不计算垂直运输机械费。

(5)垂直运输项目是按檐高≤20 m(6 层)和檐高>20 m(6 层)分别编制，檐高≤20 m(6 层)(包括地面以上层高>2.2 m 的技术层)的建筑，不分檐高和层数；超过 6 层的建筑物均以檐高为准。

(6)定额中的垂直运输机械系综合考虑，不论实际采用何种机械均应执行本定额。

(7)连同土建一起施工的装饰工程，其垂直运输机械费不再单独计算。

(8)地下室垂直运输的规定：

①地下室无地面建筑物(或无地面建筑物的部分)，按设计室外地坪至地下室底板结构上表面高差(以下简称“地下室深度”)作为檐口高度。

②地下室有地面建筑的部分，地下室深度大于其上的地面建筑檐高时，以地下室深度作为檐高。

③以地下室深度作为檐高时，檐口高度＞3.6 m 时，垂直运输机械费按檐高≤20 m(6 层)和檐高＞20 m(6 层)情况分别套用。

(9)建筑物的檐高是指设计室外地坪至檐口滴水的高度，突出主体建筑物屋顶的电梯机房、楼梯出口间、水箱间、瞭望塔、排烟机房等不计檐高和层数，但要计算面积；平顶屋面有天沟的算至天沟板底，无天沟的算至屋面板底，多跨厂房或仓库按主跨划分。屋顶上的特殊构筑物(如葡萄架等)、女儿墙不计算面积和高度。

2)工程量计算规则说明

(1)建筑物垂直运输的面积均按本定额“建筑面积计算规则”计算。

(2)二次装饰装修工程：

①多层建筑垂直运输费分别以不同的垂直运输高度按定额人工费计算。

②单层建筑垂直运输费分别以不同的檐高按定额人工费计算。

4.18.4　超高施工增加

1. “工程量计算规范”清单项目设置

超高施工增加工程量清单项目设置、项目特征描述的内容、计量单位及工程量计算规则应按“工程量计算规范”附录 S.4 的规定执行，见表 4.18.5。

表 4.18.5　超高施工增加(编码：011704)

项目编码	项目名称	项目特征	计量单位	工程量计算规则	工作内容
011704001	超高施工增加	1. 建筑物建筑类型及结构形式 2. 建筑物檐口高度、层数 3. 单层建筑物檐口高度超过 20 m，多层建筑物超过 6 层部分的建筑面积	m^2	按建筑物超高部分的建筑面积计算	1. 建筑物超高引起的人工工效降低以及由于人工工效降低引起的机械降效 2. 高层施工用水加压水泵的安装、拆除及工作台班 3. 通信联络设备的使用及摊销

2. “工程量计算规范”与计价规则说明

(1)单层建筑物檐口高度超过 20 m，多层建筑物超过 6 层时，可按超高部分的建筑面积计算超高施工增加。计算层数时，地下室不计入层数。

(2)同一建筑物有不同檐高时，可按不同高度的建筑面积分别计算建筑面积，以不同檐高分别编码列项。

3. 配套定额相关规定

1)一般说明

(1)单层建筑物檐高>20 m 或高层建筑物大于 6 层，均应按超高部分的建筑面积计算超高施工增加费。

(2)建筑物超高施工增加费是指单层建筑物檐高>20 m、多层建筑物大于 6 层的人工、机械降效、施工电梯使用费、安全措施增加费、通信联络、建筑垃圾清理及排污费、高层加压水泵的台班费。

(3)超高施工增加费的垂直运输机械的机型已综合考虑，不论实际采用何种机械均不得换算。

(4)同一建筑物的不同檐高应按不同高度的建筑面积分别计算超高施工增加费。

(5)连同土建一起施工的装饰工程超高施工增加费不得另行计算，二次装饰装修工程其超高施工增加费按下表计算。取费基础为超高部分的定额人工费。

①多层建筑，见表 4.18.6。

表 4.18.6　多层建筑二次装饰装修超高施工增加费系数表

垂直运输高度/m	≤40	≤60	≤80	≤100	≤120	≤150	≤180	≤200
系数/%	4.92	11.01	16.84	20.40	23	27.37	32.84	37.77

②单层建筑物，见表 4.18.7。

表 4.18.7　单层建筑二次装饰装修超高施工增加费系数表

檐高/m	≤30	≤40	≤50
系数/%	2.64	3.97	5.76

2)工程量计算规则说明

(1)建筑物超高施工增加的面积均按本定额“建筑面积计算规则”计算。

(2)二次装饰装修工程按超过部分的定额综合单价(基价)乘以系数。

4.18.5 大型机械设备进出场及安拆

1. “工程量计算规范”清单项目设置

大型机械设备进出场及安拆工程量清单项目设置、项目特征描述的内容、计量单位及工程量计算规则应按“工程量计算规范”附录S.5的规定执行，见表4.18.8。

表4.18.8 大型机械设备进出场及安拆(编码：011705)

项目编码	项目名称	项目特征	计量单位	工程量计算规则	工作内容
011705001	大型机械设备进出场及安拆	1. 机械设备名称 2. 机械设备规格型号	台次	按使用机械设备的数量计算	1. 安拆费包括施工机械、设备在现场进行安装拆卸所需人工、材料、机械和试运转费用以及机械辅助设施的折旧、搭设、拆除等费用 2. 进出场费包括施工机械、设备整体或分体自停放地点运至施工现场或由一施工地点运至另一施工地点所发生的运输、装卸、辅助材料等费用

2. 配套定额相关规定

1)一般说明

(1)大型机械设备进出场。

①大型机械进场费定额是按≤25 km编制的，进场或返回全程≤25 km者，按“大型机械进场费”的相应定额执行；全程超过25 km者，大型机械进出场的台班数量按实计算，台班单价按施工机械台班费用定额计算。

②大型机械在施工完毕后，无后续工程使用，必须返回施工单位机械停放场(库)者，经建设单位签字认可，可计算大型机械回程费；在施工中途，施工机械需回库(场、站)修理者，不得计算大型机械进、出场费。

③进场费定额内未包括回程费用，实际发生时按相应进场费项目执行。

④进场费未包括架线费、过路费、过桥费、过渡费等，发生时按实计算。

⑤松土机、除荆机、除根机、湿地推土机的场外运输费，按相应规格的履带式推土机计算。

⑥拖式铲运机的进场费按相应规格的履带式推土机乘以系数1.1。

(2)大型机械一次安拆费。

大型机械一次安拆费定额中已包括机械安装完毕后的试运转费用。

(3)塔式起重机基础及施工电梯基础。

①塔式起重机轨道式基础包括铺设和拆除的费用，轨道铺设以直线为准，如铺设

为弧线时，弧线部分定额人工、机械乘以系数 1.15。

②固定式基础如需打桩时，其打桩费用按“C 桩基工程”相应定额项目计算。

③本定额不包括轨道和枕木之间增加其他型钢或钢板的轨道、自升塔式起重机行走轨道和混凝土搅拌站的基础、不带配重的自升式起重机固定式基础、施工电梯基础等。

2)工程量计算规则说明

(1)塔式起重机轨道式基础铺设按两轨中心线的实际铺设长度以“m”计算，固定式基础以“座”计算。

(2)大型机械一次安拆费，大型机械进场费均以“台·次”计算。

4.18.6 施工排水、降水

1. “工程量计算规范”清单项目设置

施工排水、降水工程量清单项目设置、项目特征描述的内容、计量单位及工程量计算规则应按“工程量计算规范”附录 S.6 的规定执行，见表 4.18.9。

表 4.18.9 施工排水、降水(编码：011706)

项目编码	项目名称	项目特征	计量单位	工程量计算规则	工程内容
011706001	成井	1. 成井方式 2. 地层情况 3. 成井直径 4. 井(滤)管类型、直径	m	按设计图示尺寸以钻孔深度计算	1. 准备钻孔机械、埋设护筒、钻机就位；泥浆制作、固壁；成孔、出渣、清孔等 2. 对接上、下井管(滤)管，焊接，安放，下滤料，洗井，连接试抽等
011706002	排水、降水	1. 机械规格型号 2. 降排水管规格	昼夜	按排、降水日历天数计算	1. 管道安装、拆除，场内搬运等 2. 抽水、值班、降水设备维修等

2. “工程量计算规范”与计价规则说明

相应专项设计不具备时，可按暂估量计算。

3. 配套定额相关规定

1)一般说明

(1)小孔径深井降水指孔径≤300 mm、井管≤150 mm 的降水。

(2)大孔径深井降水指孔径>300 mm，井管(井笼)>150 mm 的降水。

(3)轻型井点降水系指在被降水建筑物基坑的四周设置许多较细井点管(支管)，打入地下蓄水层内，井点管的上端与总管相连接，利用抽水设备将地下水位降低至基坑底以下。

(4)轻型井点每天降水费用是24 h的降水费用。

(5)泥浆运输费按“C桩基工程”相应定额项目另行计算。

(6)排水用沉砂池、砖砌排水沟、混凝土排水管，按2015年《四川省建设工程工程量清单计价定额——房屋建筑与装饰工程》和《四川省建设工程工程量清单计价定额——市政工程》相应分部的定额项目计算。

(7)深井降水的潜水泵定额中仅包含机械费，不包含人工费和电费，每昼夜人工费用工按表4.18.10计算，其单价按定额技工单价计算，每昼夜定额电费为：潜水泵额定功率×24 h×定额电价计算。

表4.18.10　每昼夜用工表

单个工地降水井数/个	1～10	11～20	21～30	31～40	41～50	51～60
每昼夜用工工日	3	6	9	12	15	18

2)工程量计算规则说明

(1)深井降水钻孔分不同地层按设计钻孔深度以“m”计算。

(2)井管安装分混凝土井管、混凝土滤管以“m”计算。

(3)排水管道安装、拆除及摊销分不同管径按布设延长米乘以使用天数计算。

(4)深井降水抽水分不同出口口径按运转的降水井数乘以运转的天数计算。

(5)轻型井点安装拆除按井点深度以“m”计算。

(6)轻型井点降水按运转天数计算。

4.18.7　安全文明施工及其他措施项目

1. “工程量计算规范”清单项目设置

安全文明施工及其他措施项目工程量清单项目设置、项目特征描述的内容、计量单位及工程量计算规则应按“工程量计算规范”附录S.7的规定执行，见表4.18.11。

表 4.18.11　安全文明施工及其他措施项目(编码：011707)

项目编码	项目名称	工作内容及包含范围
011707001	安全文明施工	1. 环境保护：现场施工机械设备降低噪声、防扰民措施；水泥和其他易飞扬细颗粒建筑材料密闭存放或采取覆盖措施等；工程防扬尘洒水；土石方、建渣外运车辆防护措施等；现场污染源的控制、生活垃圾清理外运、场地排水排污措施；其他环境保护措施 2. 文明施工："五牌一图"；现场围挡的墙面美化(包括内外粉刷、刷白、标语等)、压顶装饰；现场厕所便槽刷白、贴面砖，水泥砂浆地面或地砖，建筑物内临时便溺措施；其他施工现场临时设施的装饰装修、美化措施；现场生活卫生设施；符合卫生要求的饮水设备、淋浴、消毒等设施；生活用洁净燃料；防煤气中毒、防蚊虫叮咬等措施；施工现场操作场地的硬化；现场绿化、治安综合治理；现场配备医药保健器材、物品和急救人员培训；现场工人的防暑降温、电风扇、空调等设备及用电；其他文明施工措施 3. 安全施工：安全资料、特殊作业专项方案的编制，安全施工标志的购置及安全宣传；"三宝"(安全帽、安全带、安全网)、"四口"(楼梯口、电梯井口、通道口、预留洞口)、"五临边"(阳台围边、楼板围边、屋面围边、槽坑围边、卸料平台两侧)，水平防护架、垂直防护架、外架封闭等防护；施工安全用电，包括配电箱三级配电、两级保护装置要求、外电防护措施；起重机、塔吊等起重设备(含井架、门架)及外用电梯的安全防护措施(含警示标志)及卸料平台的临边防护、层间安全门、防护棚等设施；建筑工地起重机械的检验检测；施工机具防护棚及其围栏的安全保护设施；施工安全防护通道；工人的安全防护用品、用具购置；消防设施与消防器材的配置；电气保护、安全照明设施；其他安全防护措施 4. 临时设施：施工现场采用彩色、定型钢板，砖、混凝土砌块等围挡的安砌、维修、拆除；施工现场临时建筑物、构筑物的搭设、维修、拆除，如临时宿舍、办公室，食堂、厨房、厕所、诊疗所、临时文化福利用房、临时仓库、加工场、搅拌台、临时简易水塔、水池等；施工现场临时设施的搭设、维修、拆除，如临时供水管道、临时供电管线、小型临时设施等；施工现场规定范围内临时简易道路铺设，临时排水沟、排水设施安砌、维修、拆除；其他临时设施搭设、维修、拆除
011707002	夜间施工	1. 夜间固定照明灯具和临时可移动照明灯具的设置、拆除 2. 夜间施工时，施工现场交通标志、安全标牌、警示灯等的设置、移动、拆除 3. 包括夜间照明设备及照明用电、施工人员夜班补助、夜间施工劳动效率降低等
011707003	非夜间施工照明	为保证工程施工正常进行，在地下室等特殊施工部位施工时所采用的照明设备的安拆、维护及照明用电等
011707004	二次搬运	由于施工场地条件限制而发生的材料、成品、半成品等一次运输不能到达堆放地点，必须进行的二次或多次搬运
011707005	冬雨季施工	1. 冬雨(风)季施工时增加的临时设施(防寒保温、防雨、防风设施)的搭设、拆除 2. 冬雨(风)季施工时，对砌体、混凝土等采用的特殊加温、保温和养护措施 3. 冬雨(风)季施工时，施工现场的防滑处理、对影响施工的雨雪的清除 4. 包括冬雨(风)季施工时增加的临时设施、施工人员的劳动保护用品、冬雨(风)季施工劳动效率降低等

续表

项目编码	项目名称	工作内容及包含范围
011707006	地上、地下设施、建筑物的临时保护设施	在工程施工过程中，对已建成的地上、地下设施和建筑物进行的遮盖、封闭、隔离等必要保护措施
011707007	已完工程及设备保护	对已完工程及设备采取的覆盖、包裹、封闭、隔离等必要保护措施

2. "工程量计算规范"与计价规则说明

表 4.8.11 所列项目应根据工程实际情况计算措施项目费用，需分摊的应合理计算摊销费用。

3. 配套定额相关规定

1)一般说明

除"已完工程及设备保护"外均按 2015 年《四川省建设工程工程量清单计价定额——建筑安装工程费用》有关规定执行。

2)工程量计算规则说明

已完工程及设备保护费按被保护面积以"m^2"计算。

习　　题

4-18-1　(　　)是指为完成外墙局部的个别部位和个别构件、构筑物的施工及安全所搭设的脚手架。

A. 综合脚手架　　B. 单排脚手架　　C. 满堂脚手架　　D. 里脚手架

4-18-2　综合脚手架按外墙外边线的凹凸(包括凸出阳台)总长度乘以(　　)至外墙的顶板面或檐口的高度以面积计算。

A. 柱基础底面　　B. 设计室内地坪

C. 设计室外地坪　　D. 墙基与墙身分界处

4-18-3　(　　)一般是指沿建筑物外墙外围搭设的脚手架，它综合了外墙砌筑、勾缝、捣制外轴线柱以及外墙的外部装饰等所用脚手架。

A. 单排脚手架　　B. 满堂脚手架

C. 综合脚手架　　D. 里脚手架

4-18-4　满堂脚手架工程量按(　　)计算，附墙柱、垛、内轴独立柱等所占面积不扣除。

A. 室内净面积　　B. 建筑面积

C. 天棚抹灰面积　　D. 实际搭设面积

4-18-5　现浇混凝土悬挑板、挑板(挑檐、雨篷、阳台)模板按外挑部分的(　　)计算，伸出墙外的牛腿、挑梁及板边的模板不另计算。

A. 展开面积　　B. 混凝土与模板接触面积

C. 水平投影面积　　D. 混凝土体积

4-18-6　预制混凝土的模板工程量，除另有规定外，均按(　　)计算。

A. 展开面积　　B. 混凝土与模板接触面积

C. 实际装模面积　　D. 构件体积

4-18-7　如图 4.18.2 所示，求外墙脚手架工程量(施工中一般使用钢管脚手架)及内墙脚手架工程量。

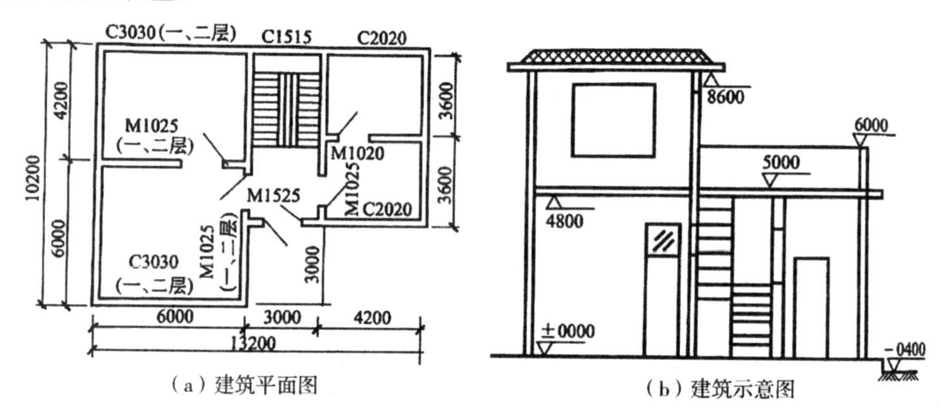

图 4.18.2　某建筑示意图

第 5 章　建筑工程计价

5.1　工程造价计价概述

5.1.1　工程造价的含义

工程造价有两种含义。第一种含义：从投资者(业主)的角度分析，工程造价是指建设一项工程预期开支或实际开支的全部固定资产投资费用。第二种含义：从市场交易的角度分析，工程造价是指为建成一项工程，预计或实际在发承包交易活动中所形成的建筑安装工程费用或建设工程总费用，详见第 1 章和第 2 章内容。

5.1.2　工程造价文件分类

工程造价文件包括投资估算、设计概算、施工图预算、工程结算及竣工决算等，详见第 1 章和第 2 章内容介绍。

5.1.3　工程造价计算方法

在我国由于建设行业发展的特殊性，工程造价计算的主要方法有两种，即定额计价和工程量清单计价。

定额计价是我国计划经济时期以及计划经济向市场经济过渡时期采取的有效的计价方式和方法。定额计价主要采用单位估价法来实现建筑工程造价计算过程，其单价和消耗量都是按照国家或地方统一的规定计算，费率计取标准也是按相关规定执行。这种方法可有效打击高估冒算和低价计算，但不能体现企业间的竞争，不利于促进生产水平提高，企业间没有竞争，就会导致行业发展缺乏动力。同时，定额计价采用“量价合一”，以接近标底价中标的原则，滋生了一些腐败等问题。

中国加入 WTO 后，建筑行业也迎来了新一轮的变革，工程量清单计价在国内广泛推行，凡采用国有资金或国有资金为主的建设工程都必须采用工程量清单计价。工程量清单计价是招标人按照国家统一的工程量计算规则提供工程量清单，由投标人依据工程量清单进行自主标价的过程。这种计价方法充分体现竞争，企业根据企业定额结合招标文件和市场要求自主报价。工程量清单计价主要采用综合单价法来实现建筑工程造价计算过程。

5.2　工程造价构成

5.2.1　工程造价构成

第一种含义的工程造价是由建筑安装工程费用、设备及工器具购置费用、工程建设其他费用、预备费、建设期贷款利息、固定资产投资方向调节税构成的。关于第二种含义的工程造价，2013年3月21日发布的《住房城乡建设部 财政部关于印发〈建筑安装工程费用项目组成〉的通知》（建标〔2013〕44号文），明确了建安工程费的组成及计算方法，建筑安装工程费用项目按费用构成要素组成划分为人工费、材料费、施工机具使用费、企业管理费、利润、规费和税金。为指导工程造价专业人员计算，按工程造价形成顺序划分为分部分项工程费、措施项目费、其他项目费、规费和税金，详见第1章和第2章内容介绍。

5.2.2　建安工程费计算原理以及数学模型

工程造价＝分部分项工程费＋措施项目费＋其他项目费＋规费＋税金

1. 分部分项工程费计算

$$\text{分部分项工程}=\sum_{i=1}^{n}(\text{分部分项工程量}\times\text{综合单价})_i$$

综合单价＝人工费＋材料费＋机械费＋企业管理费＋利润

$$\text{人工费}=\sum_{i=1}^{n}(\text{人工消耗量}\times\text{日工资单价})_i$$

$$\text{材料费}=\sum_{i=1}^{n}(\text{材料消耗量}\times\text{材料单价})_i$$

$$\text{机械费}=\sum_{i=1}^{n}(\text{机械台班消耗量}\times\text{台班单价})_i$$

企业管理费计算：

(1)以分部分项工程费为计算基础：

$$\text{企业管理费费率}(\%)=\frac{\text{生产工人年平均管理费}}{\text{年有效施工天数}\times\text{人工单价}}\times\text{人工费占分部分项工程费比例}(\%)$$

(2)以人工费和机械费合计为计算基础：

$$企业管理费费率(\%)=\frac{生产工人年平均管理费}{年有效施工天数\times(人工单价+每一工日机械使用费)}\times 100\%$$

(3)以人工费为计算基础：

$$企业管理费费率(\%)=\frac{生产工人年平均管理费}{年有效施工天数\times人工单价}\times 100\%$$

2. 措施项目费计算

措施项目费＝单价措施项目费＋总价措施项目费

$$单价措施项目费=\sum_{i=1}^{n}(措施项目工程量\times综合单价)_i$$

$$总价措施项目=\sum_{i=1}^{n}(计算基础\times费率)_i$$

3. 其他项目费计算

其他项目费＝暂列金额＋暂估价＋计日工＋总承包服务费

暂列金额＝计算基础×比例（暂列金额由招标人确定，余额归招标人）

暂估价主要是指专业工程暂估，材料暂估价计入分部分项工程费的综合单价中。

计日工＝工日数×人工单价＋材料量×材料单价＋机械台班×台班单价
　　　　＋管理费和利润

4. 规费、税金计算

规费＝社会保险费＋住房公积金＋工程排污费

其中，社会保险费＝计算基础×费率；住房公积金＝计算基础×费率；工程排污费按工程所在地环保部门规定计取。

5. 税金

增值税＝税前造价×税率

2016 年“营改增”在建筑行业中正式实行，税金的计算发生了变化，具体计算方法详见本章 5.3 节相应内容。

5.3　工程量清单计价方式下的工程造价计算

5.3.1　招标工程量清单编制方法

招标工程量清单是招标人依据国家标准、招标文件、设计文件以及施工现场实际情况编制的，随招标文件发布供投标报价的工程量清单，包括分部分项工程量清单、措施项目清单、其他项目清单、规费和税金项目清单。

招标工程量清单是投标人投标报价的重要依据之一，其准确性和完整性由招标人负责。

1. 分部分项工程量清单编制

分部分项工程量清单包括序号、项目编码、项目名称、项目特征描述、计量单位、工程量等内容，如表 5.3.1 所示。

表 5.3.1　分部分项工程清单与计价表

工程名称：　　　　标段：　　　　第　页　共　页

序号	项目编码	项目名称	项目特征描述	计量单位	工程量	金额/元		
						综合单价	合价	其中
								暂估价
本页小计								
合　计								

编制分部分项工程量清单时应注意以下几点：

(1)项目编码：项目编码一共五级十二位，最后三位为自编码，起始码为 001。例如某建筑物的钢筋项目列项时，应区分钢筋直径进行列项(不同直径钢筋的材料价格不同)，可以按 010515001001 现浇构件钢筋 Φ10 以内，010515001002 现浇构件高强钢筋 Φ25 两个项目来处理。

(2)项目名称：在编制项目名称时，可根据工程的实际情况对《房屋建筑与装饰工程工程量计算规范》中的项目名称进行细化。例如，某工程的“抹灰面油漆”项目可细化为“内墙面乳胶漆”。

(3)项目特征描述：项目特征描述是组价的重要依据。例如表 5.3.2 所示“余土弃置”的几种项目特征描述方式对组价将会有影响。

表 5.3.2　特征描述比较

项目编码	项目名称	特征描述 1	特征描述 2	特征描述 3	特征描述 4
010103002001	余土弃置	1. 挖填余土 2. 运距由投标人自行考虑	1. 挖填余土 2. 运距 2 km	1. 挖填余土 2. 运至政府指定堆放地点，结算时运距不在调整	1. 挖填余土 2. 运距 50 km

背景资料：通过现场勘察发现，现场无堆放余土的场地，余土需运至 5 km 以外的堆放场。

分析：招标人的特征描述主要是明确运距因素，并考虑在综合单价中，结算时运距发生变化，综合单价不再调整。

特征描述 1：在实际工作中很多造价人员采取这种方式表述，这也是规范允许的描述方式，旨在让投标人根据现场踏勘后自主报价，体现竞争。但可能出现投标人以零公里计算并在技术标中确认，评标时没有发现的情况，在结算时可能发生纠纷，不利于造价控制。采取这种描述方式，宜在合同中有关于“投标人应充分考虑各种运距，结算时一律不得调整”的意思表示，同时评标时注意这个问题。

特征描述 2：在本题的背景资料下，在结算时该种描述方法必然会调整综合单价。

特征描述 3：该种描述方法已明确运距不再调整，大大减少了招标人对造价控制的风险。

特征描述 4：工程量清单计价方式的评标原则是合理低价中标，投标人在投标的时候会按照实际情况来报价，一般不会引起运距的结算纠纷，但是过分夸大运距，抬高了招标控制价，也不利于造价控制。

(4)计量单位：《房屋建筑与装饰工程工程量计算规范》附录中有两个或两个以上计量单位的，应结合拟建工程项目的实际情况，选择其中一个确定。

(5)工程量：工程计量时每一项目汇总的有效位数应遵守下列规定：

①以“t”为单位，应保留小数点后三位数字，第四位小数四舍五入；

②以“m”“m^2”“m^3”“kg”为单位，应保留小数点后两位数字，第三位小数四舍五入；

③以“个”“件”“根”“组”“系统”为单位，应取整数。

(6)编制工程量清单出现附录中未包括的项目，编制人应作补充，并报省级或行业工程造价管理机构备案，省级或行业工程造价管理机构应汇总报住房和城乡建设部标准定额研究所。

补充项目的编码由本规范的代码 01 与 B 和三位阿拉伯数字组成，并应从 01B001 起顺序编制，同一招标工程的项目不得重码。工程量清单中需附有补充项目的名称、项目特征、计量单位、工程量计算规则、工程内容。

2. 措施项目清单编制

措施项目清单包括单价措施项目和总价措施项目两类。

1)单价措施项目清单

单价措施项目的编制方法和分部分项工程量清单的编制方法类似，单价措施项目清单表格如表 5.3.3 所示，招标人可按自己习惯选择不同格式的措施项目清单表输出，即可以将单价措施项目清单单独输出，或并入分部分项工程量清单中一并输出，也可并入总价措施项目中一并输出。

表 5.3.3 单价措施项目清单与计价表

工程名称：　　标段：　　第　页　共　页

序号	项目编码	项目名称	项目特征描述	计量单位	工程量	金额/元		
						综合单价	合价	其中
								暂估价
本页小计								
合　计								

编制单价措施项目清单时应注意以下几点：

(1)招标人在编制单价措施项目清单时需参考单位工程的施工方案或施工组织设

计；没有施工方案或施工组织设计时，可按常规施工方案和施工组织设计编制；

(2)单价措施项目是开口清单，投标人在投标时可以根据企业的情况对单价措施项目进行竞争和调整。

2)总价措施项目清单

《房屋建筑与装饰工程工程量计算规范》中总价措施项目仅列出项目编码、项目名称，未列出项目特征、计量单位和工程量计算规则的项目，编制工程量清单时，应按照《房屋建筑与装饰工程工程量计算规范》附录 S 措施项目规定的项目编码、项目名称确定。

表 5.3.4　总价措施项目清单与计价表

工程名称：　　　　　　　　　　标段：　　　　　　　　　　第　页　共　页

序号	项目编码	项目名称	计算基础	费率/%	金额/元	调整费率/%	调整后金额/元	备注
		安全文明施工费						
		夜间施工增加费						
		二次搬运费						
		冬雨季施工增加费						
		已完工程及设备保护						
合计								

3. 其他项目清单编制

其他项目清单包括暂列金额、暂估价(包含材料暂估单价、工程设备暂估单价、专业工程暂估价)、计日工和总承包服务费四项内容。其他项目清单及相应的明细如表 5.3.5～表 5.3.10 所示。

表 5.3.5　其他项目清单与计价汇总表

工程名称：　　　　　　　　　　标段：　　　　　　　　　　第　页　共　页

序号	项目名称	金额/元	结算金额/元	备注
1	暂列金额			
2	暂估价			
2.1	材料(工程设备)暂估价/结算价	—		
2.2	专业工程暂估价/结算价			
3	计日工			
4	总承包服务费			
5	索赔与现场签字	—		

续表

序号	项目名称	金额/元	结算金额/元	备注
合　计				—

表 5.3.6　暂列金额明细表

工程名称：　　　　标段：　　　　第　页　共　页

序号	项目名称	计量单位	暂定金额/元	备注
1	暂列金额			
合　计				—

表 5.3.7　材料(工程设备)暂估单价及调整表

工程名称：　　　　标段：　　　　第　页　共　页

序号	材料(工程设备)名称、规格、型号	计量单位	数量		暂估/元		确认/元		差额±/元	
			暂估	确认	单价	合价	单价	合价	单价	合价
合计										

表 5.3.8　专业工程暂估及结算价表

工程名称：　　　　标段：　　　　第　页　共　页

序号	项目名称	工程内容	暂估金额/元	结算金额/元	差额±/元	备注

续表

序号	项目名称	工程内容	暂估金额/元	结算金额/元	差额±/元	备注
合　计				—	—	—

表 5.3.9　计日工表

工程名称：　　　　　　　标段：　　　　　　　第　页　共　页

编号	项目名称	单位	指定数量	实际数量	综合单价/元	合价/元	
						暂定	实际
一	人工						
1	土建技工	工日					
2	土建普工	工日					
3	装饰抹灰工	工日					
4	装饰普工(抹灰工程除外)	工日					
5	装饰技工(抹灰工程除外)	工日					
6	装饰细木工	工日					
7	适用安装技工	工日					
8	适用安装普工	工日					
人工小计							
二	材料						
材料小计							
三	施工机械						
施工机械小计							
四、综合费							
总　计							

表 5.3.10　总承包服务费计价表

工程名称：　　　　　　　标段：　　　　　　　第　页　共　页

序号	项目名称	项目价值/元	服务内容	计算基础	费率/%	金额/元
1	发包人发包专业工程					
2	发包人供应材料					

续表

序号	项目名称	项目价值/元	服务内容	计算基础	费率/%	金额/元
	合计	—	—	—	—	

编制其他项目清单及明细表时应注意以下几点：

(1)暂列金额由招标人确定。《建设工程工程量清单计价规范》规定暂列金额根据工程特点、工期长短，按有关计价规定进行估算，一般可以分部分项工程费的10%～15%为参考；《四川省建设工程工程量清单计价定额》规定暂列金额可按分部分项工程费和措施项目费的10%～15%计取；如某项目是以自有资金或自有资金投资为主项目招标人也可综合项目情况自主确定。

(2)暂估价由招标人确定。暂估价中的材料、工程设备暂估价应根据工程造价信息或参照市场价格估算；专业工程暂估价应分不同专业，按有关计价规定估算，列出明细表格。

(3)计日工由招标人确定数量。计日工数量包括人工、材料、机械数量，招标人根据工程情况对计日工进行暂估，但暂估数量不宜过少也不宜过多，暂估数量不填写(或填0)投标人可能会提高计日工单价以获取丰厚利润，暂估数量过多会提高工程总造价，不利于工程造价控制。

(4)总承包服务费。总承包服务费是由发包人支付给总承包人的配合服务费用，一般情况下当有甲供材料或专业工程暂估时计取，填写时注意对服务内容进行详细描述，招标人要求配合的服务内容不同，则总包计取的总承包服务费不同。

4. 规费、税金项目清单编制

规费、税金项目按照《建筑安装工程费用项目组成》的规定编制，对《建筑安装工程费用项目组成》未包括的规费项目，在编制规费项目清单时应根据省级政府或省级有关权利部分的规定列项，详见表5.3.11。

表5.3.11　规费、税金项目计价表

工程名称：　　　　　　　　标段：　　　　　　　　第　页　共　页

序号	项目名称	计算基础	计算基数	计算费率/%	金额/元
1	规费				
1.1	社会保险费				

续表

序号	项目名称	计算基础	计算基数	计算费率/%	金额/元
(1)	养老保险费	定额人工费			
(2)	失业保险费	定额人工费			
(3)	医疗保险费	定额人工费			
(4)	工伤保险费	定额人工费			
(5)	生育保险费	定额人工费			
1.2	住房公积金	定额人工费			
1.3	工程排污费	按工程所在地环境保护部门取收标准，按实计人			
2	销项增值税额				
合　计					

5.3.2　招标控制价编制方法

1. 分部分项工程费计算

$$分部分项工程=\sum_{i=1}^{n}(分部分项工程量\times综合单价)_i$$

其中，不完全综合单价包含人工费、材料费、机械费、企业管理费、利润；完全综合单价包括人工费、材料费、机械费、企业管理费、利润、措施项目费、规费、税金。在四川主要采用不完全综合单价法。

由于计价规范和定额中的工程内容、工程量计算规则等内容不尽相同，综合单价的计算方法主要有直接套用定额计算和重新计算工程量组价两种方法：

1) 直接套用定额组价

当计价规范和定额中的工程内容、工程量计算规则的内容相同时，可采用直接套用定额组价。

例 5.3.1　某工程在招标控制价中的混凝土独立基础综合单价计算，招标工程量清单摘录见表 5.3.12(以四川省相关计价依据为例)。

表 5. 3. 12　单价措施项目清单与计价表

工程名称：　　　　标段：　　　　第　页　共　页

序号	项目编码	项目名称	项目特征描述	计量单位	工程量	金额/元			
						综合单价	合价	其中	
								定额人工费	暂估价
1	010501003002	独立基础	混凝土强度等级：C30 商品混凝土	m^3	25. 81				

解：

综合单价分析见表 5. 3. 13。

(1)套用相应定额

由于规范和定额中的工程内容、工程量计算规则的内容相同，直接套用《四川省建设工程工程量清单计价定额》(2015 版)。

综合单价分析表中定额数量等于采用组价工程量除以清单工程量后再进行单位换算：

综合单价分析表中定额数量＝25. 81/25. 81×0. 1＝0. 1

(2)调整人工费、材料费等。

①人工费调整：根据《四川省建设工程工程量清单计价定额》(2015 版)要求，人工费需按四川省造价总站批复的调整文件调整人工费，故

定额人工费×(1＋费率)＝29. 39(元/m^3)

②材料费：根据《四川省建设工程工程量清单计价定额》(2015 版)要求，编制招标控制价时按照工程造价信息上提供的价格进行调整，如信息价中没有则按市场价格调整。

根据公式：材料费$=\sum_{i=1}^{n}$(材料消耗量×材料单价)$_i$

四川省工程造价信息 2017 年第 3 期中商品混凝土 C30 的价格为 360 元/m^3，故

材料费＝1. 005×360＋0. 254×0. 69＋0. 34＝362. 83(元/m^3)

③机械费、企业管理费、利润：根据《四川省建设工程工程量清单计价定额》(2015 版)要求，本项目在编制招标控制价时，机械费、企业管理费、利润不用调整，直接套用即可。

(3)计算综合单价

综合单价＝人工费＋材料费＋机械费＋企业管理费＋利润

＝29. 39＋362. 83＋0. 93＋6. 64

＝399. 79(元/m^3)

表 5.3.13　综合单价分析表

工程名称：* * 工程　　　　标段：　　　　第　页　共　页

项目编号	10501003001			项目名称		独立基础		计量单位	m³	工程量	25.81
清单综合单价组成明细											
定额编号	定额项目名称	定额单位	数量	单价/元				合价/元			
				人工费	材料费	机械费	综合费	人工费	材料费	机械费	综合费
AE0030	基础商品混凝土 C30	10 m³	0.1	293.85	3628.29	9.33	66.42	29.39	362.83	0.93	6.64
人工单价	小计							29.39	362.83	0.92	6.64
元/工日	未计价材料费										
清单项目综合单价								399.79			
材料费明细	主要材料名称、规格、型号				单位	数量		单价/元	合价/元	暂估单价/元	暂估合价/元
	商品混凝土 C30				m³	1.005		360.00	361.80		
	水				m³	0.254		2.70	0.69		
	其他材料费							—	0.34	—	
	材料费小计							—	362.83	—	

独立基础分项工程费计算见表 5.3.14。

独立基础分项工程费＝25.81×399.79＝10318.58(元)

表 5.3.14　分部分项工程和单价措施项目清单与计价表

工程名称：　　　　标段：　　　　第　页　共　页

序号	项目编码	项目名称	项目特征描述	计量单位	工程量	金额/元			
						综合单价	合价	其中	
								定额人工费	暂估价
1	010501003001	独立基础	1. 混凝土强度等级：C30 商品混凝土	m³	25.81	399.79	10318.58	602.15	

2)重新计算工程量组价

当计价规范和定额中的工程内容、工程量计算规则的内容不全相同时，可采用重新计算工程量组价的方法。

例 5.3.2　某工程在招标控制价中的混凝土独立基础综合单价计算，招标工程量清单摘录见表 5.3.15(以四川省相关计价依据为例)。

表 5.3.15　分部分项工程和单价措施项目清单与计价表

工程名称：　　　　标段：　　　　第　页　共　页

序号	项目编码	项目名称	项目特征描述	计量单位	工程量	金额/元			
						综合单价	合价	其中	
								定额人工费	暂估价
1	011406001001	外墙月白色乳胶漆	1. 基层类型：墙面一般抹灰面（该项另列） 2. 腻子种类：成品耐水性腻子 3. 刮腻子要求：清理基层，修补，砂纸打磨；满刮腻子一遍，找补一遍 4. 油漆品种、刷漆遍数：外墙防水型月白色乳胶漆底漆一遍，面漆两遍	m²	165.82				

解：

综合单价分析见表 5.3.16。

(1)根据定额计算组价工程量后套用定额。

本例题属于规范和定额中的工程内容不同的类型，规范上的“墙面乳胶漆”项目对应定额中“刮腻子”和“墙面乳胶漆”两个项目，但规范与定额计算规则一致，故可直接套用《四川省建设工程工程量清单计价定额》相应项目后计算综合单价。

综合单价分析表中定额数量＝165.82/165.82×0.01＝0.01

(2)综合单价计算。

后续综合单价计算过程同例 5.3.1 中综合单价计算过程。

表 5.3.16　综合单价分析表

工程名称：＊＊工程　　　　标段：　　　　第　页　共　页

项目编码		11406001001		项目名称		外墙月白色乳胶漆	计量单位	m²	工程量	165.82	
清单综合单价组成明细											
定额编号	定额项目名称	定额单位	数量	单价				合价			
				人工费	材料费	机械费	综合费	人工费	材料费	机械费	综合费
AP0329	抹灰面满刮成品腻子青耐水型(N)	100 m²	0.01	928.60	750.00		232.19	9.29	7.50		2.32
AP0304	外墙抹灰面乳胶漆底漆一遍面漆两遍	100 m²	0.01	935.91	1054.61		234.01	9.36	10.55		2.34
人工单价		小　计						18.65	18.05		4.66
元/工日		未计价材料费									
清单项目综合单价								41.35			

续表

	主要材料名称、规格、型号	单位	数量	单价/元	合价/元	暂估单价/元	暂估合价/元
材料费明细	成品腻子膏　耐水性(Y)	kg	2.5	3.00	7.50		
	乳胶漆面漆	kg	0.353	22.00	7.77		
	乳胶漆底漆	kg	0.1357	20.00	2.71		
	嵌缝腻子　kf80	kg	0.01	1.50	0.02		
	其他材料费			—	0.05	—	
	材料费小计			—	18.05	—	

针对四川省营改增文件，采用 15 定额以及相关价格，综合单价还需按要求调整：①营改增后《四川省建设工程工程量清单计价定额》相关费用调整见表 5.3.17。

表 5.3.17　营改增后 15 定额费用调整表

调整项目	机械费（其他机械费）	综合费	其他材料费，安装定额计价材料费，轨道，市政定额部分计价材料费	摊销材料费	调整方法
调整系数/%	92.8	105	88	87	以定额项目按价的相应费同乘以对应调整系数

②四川省造价管理机构从 5 月起在工程造价信息中发布不含税价格信息，包括除税的原价、运杂费、运输损耗费和采购及保管费。材料预算价格(信息价)调整方法如下。

a. 材料价格计算公式。

材料单价＝[(材料原价＋运杂费)×〔1＋运输损耗率(%)〕]×[1＋采购保管费率(%)]

材料不含税预算价格(信息价)＝不含税材料原价＋不含税运杂费＋不含税运输损耗费＋不含税采购及保管费

b. 材料单价组成内容调整。

材料单价各项组成调整方法见表 5.3.18。

表 5.3.18　材料单价各项组成调整法

序号	材料单价组成内容	调整方法及适用税率
1	“两票制”材料	材料原价、运杂费及运输损耗费按以下方法分别扣减
1.1	材料原价	以购进货物适用的税率(17%、13%)或征收率(3%)扣减
1.2	运杂费	以接受交通运输业服务适用税率 11%扣减
1.3	运输损耗费	运输过程所发生损耗增加费，以运输损耗率计算，随材料原价和运杂费扣减而扣减

续表

序号	材料单价组成内容	调整方法及适用税率
2	“一票制”材料	材料原价和运杂费、运输损耗费按以下方法分别扣减
2.1	材料原价＋运杂费	以购进货物适用的税率(17%、13%)或征收率(3%)扣减
2.2	运输损耗费	运输过程所发生损耗增加费，以运输损耗率计算，随材料原价和运杂费扣减而扣减
3	采购及保管费	主要包括材料的采购、供应和保管部门工作人员工资、办公费、差旅交通费、固定资产使用费、工具用具使用费及材料仓库存储损耗费等。调整分析测定可扣除费用比例和扣减系数调整采购及保管费

注：1. 表中“两票制”材料，指材料供应商就收取的货物销售价款和运杂费向建筑业企业分别提供货物销售和交通运输两张发票的材料；2. “一票制”的材料，指材料供应商就收取的货物销售价款和运杂费合计金额向建筑业企业仅提供一张货物销售发票的材料；3. 材料价格包括材料原价和运杂费等。其中，材料原价按以下《建筑材料适用增值税税率表》进行扣减，运杂费均按交通运输业增值税税率11%进行扣减

2. 措施项目费计算

措施项目费＝单价措施项目费＋总价措施项目费

1)单价措施项目费计算

单价措施项目费计算同分部分项工程费计算。

$$单价措施项目费=\sum_{i=1}^{n}(措施项目工程量\times综合单价)_i$$

2)总价措施项目费计算

$$总价措施项目=\sum_{i=1}^{n}(计算基础\times费率)_i$$

注意：总价措施中安全文明施工费不能参与竞争。

按照《四川省建设工程工程量清单计价定额》相关规定，计算总价措施项目费计算应注意的以下两点。

(1)计算安全文明施工费不能参与竞争，安全文明施工费计算应按相应规定计算。

《四川省建设工程工程量清单计价定额》规定：安全文明施工费不得作为竞争性费用。环境保护费、文明施工、安全施工、临时设施费分基本费、现场评价费两部分计取，根据工程所在位置分别执行工程在市区时、工程在县城、镇时、工程不在市区县城、镇时三种标准，其口径与税金相同。在编制招标控制价(最高投标限价、标底)时应足额计取，即环境保护费、文明施工、安全施工、临时设施费费率按基本费费率加现场评价费最高费率计列。

环境保护费费率＝环境保护基本费费率×2

文明施工费费率＝文明施工基本费费率×2

安全施工费费率＝安全施工基本费费率×2

临时设施费费率＝临时设施基本费费率×2

目前，安全四川省安全文明施工费基本费率需在四川省住房和城乡建设厅关于印发《建筑业营业税改增值税四川省建设工程计价依据调整办法》的通知(川建造价〔2016〕349 号文)中查阅。

(2)编制招标控制价时，其他总价措施按定额规定的费率计取。

3. 其他项目费计算

其他项目费＝暂列金额＋暂估价＋计日工＋总承包服务费

按照《四川省建设工程工程量清单计价定额》相关规定，计算其他项目费项目费时应注意以下几点：

1)计日工

《四川省建设工程工程量清单计价定额》规定在编制招标控制价(最高投标限价、标底)时，计日工项目和数量应按其他项目清单列出的项目和数量，计日工中的人工单价和施工机械台班单价应按工程造价管理机构公布的单价计算。计日工人工单价综合费费率按 25%计算，计日工人工单价＝工程造价管理机构发布的工程所在地相应工种计日工人工单价＋相应工种定额人工单价×25%；计日工中的材料单价应按工程造价管理机构发布的工程造价信息中的材料单价计算，工程造价信息未发布材料单价的材料，其价格应按市场调查确定的单价计算。

2)总承包服务费

《四川省建设工程工程量清单计价定额》规定编制招标控制价(最高投标限价、标底)时，总承包服务费应根据招标文件列出的服务内容和要求按下列规定计算。

(1)当招标人仅要求总包人对其发包的专业工程进行施工现场协调和统一管理、对竣工资料进行统一汇总整理等服务时，总包服务费按发包的专业工程估算造价的 1.5%左右计算。

(2)当招标人要求总包人对其发包的专业工程既进行总承包管理和协调，又要求提供相应配合服务时，总承包服务费根据招标文件列出的配合服务内容，按发包的专业工程估算造价的 3%～5%计算。

(3)招标人自行供应材料、设备的，按招标人供应材料、设备价值的 1%计算。

4. 规费计算

规费＝社会保险费＋住房公积金＋工程排污费

注意：规费不能参与竞争。

按照《四川省建设工程工程量清单计价定额》相关规定，计算规费项目费时应注意以下几点：

(1)《四川省建设工程工程量清单计价定额》规定规费应按规定标准计算，不得作为竞争性费用。规费的计取基础为“分部分项清单定额人工费＋单价措施项目清单定额人工费”，定额人工费应按照工程量清单的项目特征等内容套用定额项目确定，对定额项目中定额人工费的调整必须按照定额的规定进行调整，凡定额未作调整规定的定额人工费一律不得调整。

(2)《四川省建设工程工程量清单计价定额》规定编制招标控制价(最高投标限价标底)时，规费标准有幅度的，按上限计列。

5. 税金计算

1)增值税纳税人分类

年应税销售额大于等于500万元为一般纳税人，年应税销售额小于500万元为小规模纳税人。

2)计税方法

(1)小规模纳税人应纳税额的计算。

①应纳税额的计算公式。

小规模纳税人销售货物或者应税劳务实行按照销售额和征收率计算应纳税额的简易办法，并不得抵扣进项税额。

应纳税额计算公式为

应纳税额＝销售额×征收率

公式中销售额是小规模纳税人销售货物或提供应税劳务而向购买方收取的全部价款和价外费用，但不包括按照征收率收取的增值税税额。小规模纳税人的征收率为3%，征收率的调整由国务院规定。

②含税销售额的换算。

由于小规模纳税人销售货物自行开具的发票是普通发票，发票上列示的是含税销售额，因此，在计税时需要将其换算为不含税销售额。换算公式为

不含税销售额＝含税销售额÷(1＋征收率)

小规模纳税人因销售货物退回或者折让退还给购买方的销售额，应从发生销售货物退回或者折让当期的销售额中扣减。

(2)一般纳税人应纳税额的计算。

①应纳税额的计算公式。

一般纳税人销售货物或者提供应税劳务，应纳税额为当期销项税额抵扣当期进项税额后的余额，应纳税额的大小主要取决于这两个因素。计算公式为

应纳税额＝当期销项税额－当期进项税额

如果当期销项税额小于当期进项税额不足抵扣时，其不足部分可以结转下期继续抵扣。

纳税人销售货物或者提供应税劳务，按照销售额和税法规定的税率计算并向购买方收取的增值税额，为销项税额。销项税额的计算公式为

销项税额＝销售额×税率

②含税销售额的换算。

价款和税款合并收取情况下的销售额确定，发生销售额和增值税额合并收取的情况，必须将开具的普通发票上的含税销售额换算成不含税销售额，来作为增值税的税基。其换算公式为

不含税销售额＝含税销售额÷(1＋税率)

同时也应注意，按照税法规定，对纳税人向购买方收取的价外费用和包装物押金，应视为含税收入，在并入销售额征税时，应将其换算为不含税收入再并入销售额征税。

. 价格汇总及表格整理装订成册

根据《建设工程工程量清单计价规范》相关要求，单位工程汇总表如表5.3.19所示，单位工程费计算完成后，将单位工程费进行汇总得到单项工程费(如表5.3.20所示)，再将单项工程费汇总得到建设项目费(如表5.3.21所示)，最后填写总说明、封页并装订成册。

表5.3.19 单位工程招标控制价/投标报价汇总表

工程名称： 标段： 第 页 共 页

序号	汇总内容	金额/元	其中：暂估价/元
1	分部分分项及单价措施项目		
1.1	土石方工程		
	……		
2	总价措施项目		—

续表

序号	汇总内容	金额/元	其中：暂估价/元
2.1	安全文明施工费		—
3	其他项目		—
3.1	暂列金额		—
3.2	专业工程暂估价		—
3.3	计日工		—
3.4	总承包服务费		—
4	规费		—
5	税前工程造价		—
6	销项增值税额		—
招标控制价/投标报价合计＝税前工程造价＋销项措施税额			

表 5.3.20　单位工程招标控制价/投标报价汇总表

工程名称：　　　　　　　　标段：　　　　　　　　第　页　共　页

序号	单位工程名称	金额/元	其中：（元）		
			暂估价	安全文明施工费	规费
合　计					

表 5.3.21　建设项目招标控制价/投标报价汇总表

工程名称：　　　　　　　　标段：　　　　　　　　第　页　共　页

序号	单位工程名称	金额/元	其中：（元）		
			暂估价	安全文明施工费	规费

续表

序号	单位工程名称	金额/元	其中：（元）		
			暂估价	安全文明施工费	规费
合　计					

5.3.3　投标价编制注意事项

按照《四川省建设工程工程量清单计价定额》相关规定，投标价编制方法与招标控制价编制的方法基本一致，但也有些异同，编制投标报价时应注意以下几点。

1. 分部分项工程费计算

(1)人工费调整：编制投标报价时，投标人参照市场价格自主确定人工费调整，但不得低于工程造价管理部门发布的人工费调整标准。

(2)材料费调整：编制投标报价时，投标人参照市场价格信息或工程造价管理部门发布的工程造价信息自主确定材料价格并调整材料费。

(3)企业管理费与利润：投标人根据企业水平报价。

2. 措施项目费计算

(1)单价措施：措施项目金额应根据招标文件及投标时拟定的施工组织设计或施工方案自主确定，应积极参与竞争。

(2)总价措施：编制投标报价时，安全文明施工费应按招标人在招标文件中公布的安全文明施工费金额计取，不得参与竞争。其他总价措施，投标人应按照招标人在总价措施项目清单中列出的项目和计算基础自主确定相应费率并计算措施项目费。

3. 其他项目费计算

(1)暂列金额：编制投标报价时，暂列金额应按招标人在其他项目清单中列出的金额填写。

(2)暂估价：编制投标报价时，材料暂估价应按招标人在其他项目清单中列出的单价计入综合单价；专业工程暂估价应按招标人在其他项目清单中列出的金额填写。

(3)计日工：编制投标报价时，计日工按招标人在其他项目清单中列出的项目和数量，投标人自主确定综合单价并计算计日工费用。

(4)总承包服务费：编制投标报价时，总承包服务费应依据招标人在招标文件中列出的分包专业工程内容和供应材料设备情况，按照招标人提出的协调、配合与服务内容和施工现场管理需要由投标人自主确定。

4. 规费

编制投标报价时，规费按投标人持有的《四川省施工企业工程规费计取标准》证书中核定标准计取，不得纳入投标竞争的范围。投标人未持有《四川省施工企业工程规费计取标准》证书，规费标准有幅度的，按规费标准下限计取。

5. 税金

税金应按规定标准计算，不得作为竞争性费用。

习　　题

5-1　单选题

1. 投资估算由(　　)编制。

A. 设计单位　　B. 建设单位

C. 施工单位　　D. 监理单位

2. 设计概算的编制依据是(　　)。

A. 估算指标　　B. 概算指标

C. 预算定额　　D. 施工定额

3. 工程结算由(　　)编制。

A. 设计单位　　B. 建设单位

C. 施工单位　　D. 监理单位

4. 工程决算由(　　)编制。

A. 设计单位　　B. 建设单位

C. 施工单位　　D. 监理单位

5-2 多选题

1. 根据44号文相关规定，建筑安装工程费按照费用构成要素划分为(　　)。

A. 人工费、材料费、施工机具使用费
B. 企业管理费
C. 利润
D. 规费和税金

2. 根据44号文相关规定，以下描述正确的是(　　)。

A. 塔吊操作人员的工资计入人工费
B. 工地上造价人员工资计入企业管理费
C. 项目经理的工资计入企业管理费
D. 抹灰工的工资计入人工费

3. 根据44号文相关规定，材料费包括(　　)。

A. 材料原价
B. 运杂费
C. 运输损耗费
D. 采购及保管费

3. 根据44号文相关规定，社会保险费包括(　　)。

A. 养老保险费
B. 失业保险费
C. 医疗保险费
D. 生育保险费
E. 工伤保险费

4. 根据44号文相关规定，安全文明施工费包括(　　)。

A. 环境保护费
B. 文明施工费
C. 安全施工费
D. 临时设施费

5. 根据44号文相关规定，以下对暂列金额描述正确的是(　　)。

A. 是建设单位在工程量清单中暂定并包括在工程合同价款中的一笔款项
B. 由施工单位确定
C. 用于施工合同签订时尚未确定或者不可预见的所需材料、工程设备、服务的采购
D. 工程结算时余额归甲方

6. 招标工程量清单包括(　　)。

A. 分部分项工程量清单
B. 措施项目清单
C. 其他项目清单
D. 规费和税金项目清单

7. 分部分项工程量清单包括(　　)。

A. 项目编码
B. 项目名称
C. 项目特征描述
D. 计量单位
E. 工程量

5-3　判断题

1. 固定资产投资就是工程造价。(　　)。

2. 总承包服务费由发包人支付给总承包人。(　　)。

3. 招标工程量清单由投标人编制。(　　)。

4. 项目编码一共五级十二位，最后三位为自编码，起始码为001。(　　)。

5. 所有总价措施在投标时都不能参与竞争。(　　)。

6. 招标工程量清单是投标人投标报价的重要依据之一，其准确性和完整性由招标人负责。(　　)。

第6章 实　　例

限于篇幅原因，本章内容请读者自行扫描下方二维码（手机）或登录网站 http：//br. sciencepeditor. com/brsp/static/dist/index. html ＃/common/resource/detail? id＝258898878727168（电脑）阅读。登录方式：短信验证码登录。

参 考 文 献

编委会，2014. 建筑工程造价速成与实例讲解第二版. 北京：北京化学工业出版社.

贵州省建筑设计研究院，2012. 刚性、柔性防水隔热层面. 北京：中国建筑工业出版社.

黄伟典，2015. 建筑工程计量与计价(第三版). 北京：中国电力出版社.

金玉山，2005. 编制工程量清单综合单价信息的探讨. 福建建筑，(2)：127—128.

景巧玲，王建芳，2013. 建筑工程计量与计价. 天津：中国地质大学出版社.

《建设工程工程量清单计价规范》编制组，2013. 建设工程工程量清单计价规范(GB 50500—2013)宣辅导教材. 北京：中国计划出版社.

中华人民共和国人力资源与社会保障部，中华人民共和国住房与城乡建议部，2009. 建设工程劳动定额建筑工程. 北京：中国计划出版社.

闵光辉，2014. 建筑工程造价速成与实例讲解. 北京：化学工业出版社.

四川省建设工程造价管理总站，2014. 2015 四川省建设工程工程量清单计价定额. 北京：中国计划出社.

四川省住房和城乡建设厅，2016. 建筑业营业税改征增税四川省建设工程计价依据调整办法(川建造发〔2016〕349 号).

王广军，徐晓峰，2013. 建筑工程计量与计价. 天津：天津科学技术出版社.

王静晓，2006. 工程量清单投标报价及报价模型研究. 天津：天津大学.

王武齐，2016. 建筑工程计量与计价(第四版). 中国建筑工业出版社.

王雪青，尹志健，2001. 工程项目投标报价策略及利润率模型. 重庆建筑大学学报，23，61—63.

武育秦，胡晓娟，2012. 建筑工程计量与计价. 重庆：重庆大学出版社.

袁建新，2014. 建筑工程计量与计价. 天津：重庆大学出版社.

袁建新，2015. 建筑工程预算(第五版). 北京：中国建筑工业出版社.

云南省设计院，2012. 室外附属工程(西南 11J812). 北京：中国建筑工业出版社.

中国建筑标准设计研究院，2016. 国家建筑标准设计图集(16G101). 北京：中国计划出版社.

中华人民共和国住房和城乡建设部，财政部，2013. 关于印发建筑安装工程费用项目组成的通知(建标〔2013〕44 号).

中华人民共和国住房和城乡建设部，2013. 房屋建筑与装饰工程工程量计算规范(GB 50854—2013). 北京：中国计划出版社.

中华人民共和国住房和城乡建设部，2015. 房屋建筑与装饰工程消耗量定额(TY 01—31—2015). 北京中国计划出版社.

中华人民共和国住房和城乡建设部，2013. 建设工程工程量清单计价规范(GB 50500—2013).

中华人民共和国住房和城乡建设部，2013. 建筑工程建筑面积计算规范(GB/T50353—2013). 北京：中国计划出版社.

中华人民共和国住房和城乡建设部，2013. 建筑工程施工发包与承包计价管理办法(建设部令第 16 号)